Photoshop CC ²⁰¹⁸

基础与实战教程

王展 编著

人民邮电出版社

北京

图书在版编目（CIP）数据

Photoshop CC 2018基础与实战教程 / 王展编著. --
北京 ： 人民邮电出版社，2020.10
ISBN 978-7-115-52103-3

Ⅰ. ①P… Ⅱ. ①王… Ⅲ. ①图象处理软件－教材
Ⅳ. ①TP391.413

中国版本图书馆CIP数据核字(2019)第220280号

内 容 提 要

本书共分为 14 章，在内容安排上基本涵盖了日常工作所使用的 Photoshop CC 2018 的全部工具与命令。前 13 章主要从 Photoshop 的应用领域和 Photoshop CC 2018 新增功能开始，循序渐进地讲解了 Photoshop CC 2018 基本操作、图像的基本编辑方法、选区、图层、绘画、颜色与色调调整、照片修饰、蒙版与通道、矢量工具与路径、文字、滤镜、动作与任务自动化等功能，深入剖析了图层、蒙版和通道等软件核心功能与应用技巧。书中精心安排了有针对性的实战案例，帮助读者轻松掌握软件的使用方法，应对数码照片处理、平面设计、特效制作、淘宝装修、UI 设计等实际工作需求。读者还可以通过本书附录查询 Photoshop 各种工具命令。

随书附赠学习资源，包括全部实战案例的素材文件和效果源文件、在线教学视频，以及丰富的资源库，包括动作库、高清画笔、超酷渐变、填充图案、图层样式、形状样式、色卡与颜色对照表、Photoshop 常用快捷键速查表、配色方案参考等，供读者学习使用。

本书面向广大 Photoshop 初学者，适合有志于从事平面设计、插画设计、包装设计、网页制作、三维动画设计、影视广告设计等工作的人员使用，同时也适合高等院校相关专业的学生、各类培训班的学员和设计爱好者阅读参考。

◆ 编　著　王　展
　　责任编辑　张丹阳
　　责任印制　马振武

◆ 人民邮电出版社出版发行　　北京市丰台区成寿寺路 11 号
　　邮编　100164　电子邮件　315@ptpress.com.cn
　　网址　https://www.ptpress.com.cn
　　北京市艺辉印刷有限公司印刷

◆ 开本：787×1092　1/16
　　印张：23.5
　　字数：685 千字　　　　　　　　2020 年 10 月第 1 版
　　印数：1 – 2 500 册　　　　　　2020 年 10 月北京第 1 次印刷

定价：59.80 元

读者服务热线：(010)81055410　印装质量热线：(010)81055316
反盗版热线：(010)81055315
广告经营许可证：京东市监广登字 20170147 号

前言

Photoshop 作为 Adobe 公司旗下有名的图像处理软件，在数码照片处理、视觉创意合成、数码插画设计、网页设计、淘宝装修设计、UI 设计等领域深受广大设计人员和计算机美术爱好者喜爱。

鉴于 Photoshop 强大的图像处理功能，我们力图编写一本全方位介绍 Photoshop CC 2018 基本技能和实战技巧的工具书，帮助读者掌握 Photoshop CC 2018 的使用方法。

■ 内容安排

本书共 14 章，涵盖了 Photoshop CC 2018 各个方面的功能，从简单的界面调整到各个命令的实际应用，再到各应用领域的综合实战，内容全面，可以说是入门者的"完全学习手册"。从第 2 章开始，每章设置了课后习题，方便读者进行实操训练，熟练掌握软件的使用技巧。

■ 版面说明

为了达到让读者轻松学习并深入了解软件功能的目的，本书专门设计了"延伸讲解""实战""答疑解惑""相关链接""综合案例"等板块，简要介绍如下。

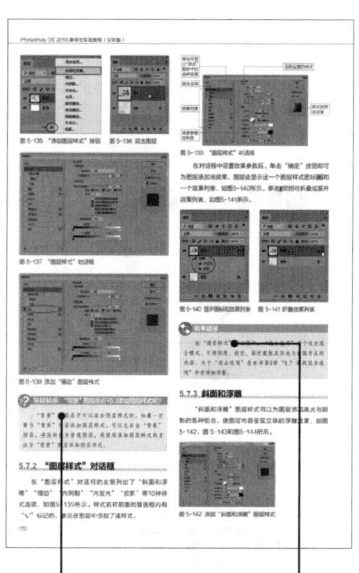

延伸讲解：对基础部分的相关知识进行扩展讲解，帮助读者理解和加深认识，达到"举一反三、灵活运用"的目的。

实战：书中提供了多个实战案例，且每个案例均提供素材、源文件和教学视频，读者扫码即可观看视频，这些实战案例可以帮助读者轻松掌握软件的使用方法。

答疑解惑：对Photoshop初学者最容易困惑的地方做出解答，同时进行部分延伸讲解，有利于读者进行深入研究。

相关链接：Photoshop软件体系庞杂，许多功能之间都有联系，该板块列出了当前操作与本书其他内容之间的联系，可以让读者更好地理解。

综合案例：书中提供了多个综合案例，涉及特效制作、照片处理、创意合成、淘宝装修设计、UI设计等领域。

■ 本书特色

1. 难易安排有节奏

本书在编写时特别考虑到读者的水平可能有高有低，因此在内容上有所区分。

- **重点**：带有 **重点** 的章节为重点内容，多是实际应用中使用较频繁的操作，需重点掌握。
- **难点**：带有 **难点** 的章节为难点内容，有一定的难度，适合学有余力的读者深入钻研。
- **新功能**：带有 **新功能** 的章节为 Photoshop CC 2018 新增的功能，读者可以与以往版本的功能比较学习。

其余则为基础内容，熟练掌握即可应付绝大多数的工作需要。

2. 实战技巧细心解说

本书所有实战案例都包含相应工具和功能的使用方法和技巧讲解。在一些重点内容处，还添加了大量的知识拓展和延伸讲解，帮助读者加深理解，从而真正掌握所学内容，达到"举一反三、灵活运用"的目的。

3. 丰富案例轻松学

本书的每个实战案例都经过作者精挑细选，具有典型性和实用性，以及重要的参考价值，读者可以边做边学，从新手快速成长为能手。

4. 配套资源完善

- 案例素材文件和源文件。
- 案例在线教学视频。
- 丰富的资源库：动作库、高清画笔、超酷渐变、填充图案、图层样式、形状样式、色卡与颜色对照表、Photoshop 常用快捷键速查表、配色方案参考等。

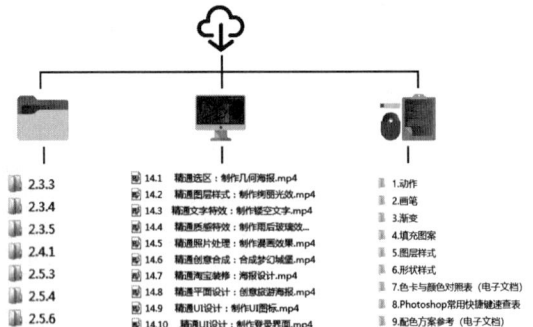

2.3.3	14.1 精通选区：制作几何海报.mp4	1.动作
2.3.4	14.2 精通图层样式：制作炫彩光效.mp4	2.画笔
2.3.5	14.3 精通文字特效：制作镂空文字.mp4	3.渐变
2.4.1	14.4 精通质感特效：制作雨后玻璃效.mp4	4.填充图案
2.5.3	14.5 精通照片处理：制作漫画效果.mp4	5.图层样式
2.5.4	14.6 精通创意合成：合成梦幻城堡.mp4	6.形状样式
2.5.6	14.7 精通淘宝装修：海报设计.mp4	7.色卡与颜色对照表（电子文档）
	14.8 精通平面设计：创意旅游海报.mp4	8.Photoshop常用快捷键速查表
	14.9 精通UI设计：制作UI图标.mp4	9.配色方案参考（电子文档）
	14.10 精通UI设计：制作登录界面.mp4	

5. 配备读者交流 QQ 群

扫描封底或"资源与支持"页上的二维码，关注"数艺设"微信公众号，根据提示进入本书学习交流 QQ 群。

麓山文化

2020 年 5 月

资源与支持

本书由"数艺设"出品，"数艺设"社区平台（www.shuyishe.com）为您提供后续服务。

■ 配套资源

案例素材文件和效果源文件。

案例在线教学视频。

丰富的资源库：动作库、高清画笔、超酷渐变、填充图案、图层样式、形状样式、色卡与颜色对照表、Photoshop常用快捷键速查表、配色方案参考等。

■ 资源获取请扫码

"数艺设"社区平台，为艺术设计从业者提供专业的教育产品。

■ 与我们联系

我们的联系邮箱是 szys@ptpress.com.cn。如果您对本书有任何疑问或建议，请您发邮件给我们，并请在邮件标题中注明本书书名及国际标准书号（ISBN），以便我们更高效地做出反馈。

如果您有兴趣出版图书、录制教学课程，或者参与技术审校等工作，可以发邮件给我们；有意出版图书的作者也可以到"数艺设"社区平台在线投稿（直接访问 www.shuyishe.com 即可）。如果学校、培训机构或企业想批量购买本书或"数艺设"出版的其他图书，也可以发邮件联系我们。

如果您在网上发现针对"数艺设"出品图书的各种形式的盗版行为，包括对图书全部或部分内容的非授权传播，请您将怀疑有侵权行为的链接通过邮件发给我们。您的这一举动是对作者权益的保护，也是我们持续为您提供有价值的内容的动力之源。

■ 关于"数艺设"

人民邮电出版社有限公司旗下品牌"数艺设"，专注于专业艺术设计类图书出版，为艺术设计从业者提供专业的图书、U 书、课程等教育产品。出版领域涉及平面、三维、影视、摄影与后期等数字艺术门类，字体设计、品牌设计、色彩设计等设计理论与应用门类，UI 设计、电商设计、新媒体设计、游戏设计、交互设计、原型设计等互联网设计门类，环艺设计手绘、插画设计手绘、工业设计手绘等设计手绘门类。更多服务请访问"数艺设"社区平台 www.shuyishe.com，我们将提供及时、准确、专业的学习服务。

目 录

第01章 初识Photoshop CC 2018 视频讲解 0分钟

重点 **1.1 Photoshop的应用领域** 14

1.1.1 在平面设计中的应用 14

1.1.2 在界面设计中的应用 14

1.1.3 在插画设计中的应用 14

1.1.4 在网页设计中的应用 15

1.1.5 在绘画与数字艺术中的应用 15

1.1.6 在数码摄影后期处理中的应用 16

1.1.7 在CG设计中的应用 16

1.1.8 在效果图后期制作中的应用 16

新功能 **1.2 Photoshop CC 2018新增功能** 16

重点 **1.3 Adobe帮助资源** 20

1.3.1 Photoshop CC 2018帮助文件和
支持中心 20

1.3.2 关于Photoshop CC 2018的法律
声明和系统信息 20

1.3.3 产品注册、取消激活和更新 21

1.3.4 远程连接 22

第02章 Photoshop CC 2018基本操作 视频讲解 24分钟

新功能 **2.1 Photoshop CC 2018"开始"工作区** 23

2.2 Photoshop CC 2018工作界面 23

2.2.1 了解工作界面组件 23

2.2.2 了解文档窗口 24

2.2.3 了解工具箱 25

2.2.4 了解工具选项栏 26

2.2.5 了解菜单 27

2.2.6 了解面板 28

新功能 2.2.7 实战: 用"学习"面板美化图像 29

2.2.8 了解状态栏 30

2.3 查看图像 31

重点 2.3.1 在不同屏幕模式下工作 31

2.3.2 在多个窗口中查看图像 31

2.3.3 实战: 用"旋转视图工具"旋转画布 33

2.3.4 实战: 用"缩放工具"调整窗口比例 34

2.3.5 实战: 用"抓手工具"移动画面 34

2.3.6 用"导航器"面板查看图像 35

2.3.7 了解窗口缩放命令 36

2.4 设置工作区 36

重点 2.4.1 实战: 创建自定义工作区 37

2.4.2 实战: 自定义彩色菜单命令 37

重点 2.4.3 实战: 自定义工具快捷键 38

2.5 使用辅助工具 38

2.5.1 使用智能参考线 38

2.5.2 使用网格 39

重点 2.5.3 实战: 使用标尺 39

2.5.4 实战: 使用参考线 40

2.5.5 导入注释 42

2.5.6 实战: 为图像添加注释 42

2.5.7 启用对齐功能 43

重点 2.5.8 显示或隐藏额外内容 43

2.6 管理工具预设 44

2.6.1 载入Photoshop CC 2018资源库 44

2.6.2 载入外部资源库 44

2.7 课后习题 45

2.7.1 制作特色风景照片 45

2.7.2 制作家具海报 45

第03章 图像的基本编辑方法 视频讲解 69分钟

3.1 数字图像基础 46

3.1.1 位图的特征 46

3.1.2 矢量图的特征 46

重点 3.1.3 像素与分辨率的关系 47

3.2 新建文件 47

3.3 打开文件 48

3.4 置入文件 49

3.4.1 实战: 置入EPS格式文件 50

3.4.2 实战: 置入AI格式文件 51

3.5 导入文件 52

3.6 导出文件 52

3.7 保存文件 52

   3.7.1 执行"存储"命令保存文件 52

   3.7.2 用"存储为"命令保存文件 53

   3.7.3 选择正确的格式保存文件 53

3.8 关闭文件 53

3.9 修改像素尺寸和画布大小 53

 重点 3.9.1 修改画布大小 54

   3.9.2 旋转画布 54

   3.9.3 显示画布之外的图像 55

 重点 3.9.4 实战：修改图像的尺寸 55

   3.9.5 实战：将照片设置为电脑桌面 57

3.10 复制与粘贴 59

   3.10.1 复制文档 59

   3.10.2 复制、合并复制与剪切 59

   3.10.3 粘贴与选择性粘贴 60

   3.10.4 清除图像 61

重点 3.11 从错误中恢复 61

   3.11.1 还原与重做 61

   3.11.2 前进一步与后退一步 61

   3.11.3 恢复文件 61

3.12 用"历史记录"面板进行还原操作 61

   3.12.1 "历史记录"面板 62

   3.12.2 实战：用"历史记录"面板还原图像 62

   3.12.3 用快照还原图像 63

   3.12.4 删除快照 65

   3.12.5 创建非线性历史记录 65

3.13 清理内存 65

3.14 图像的变换与变形操作 66

   3.14.1 定界框、中心点和控制点 66

   3.14.2 移动图像 66

   3.14.3 实战：旋转与缩放 68

   3.14.4 实战：斜切与扭曲 69

   3.14.5 实战：透视变换 69

   3.14.6 实战：精确变换 69

   3.14.7 实战：变换选区内的图像 70

   3.14.8 实战：通过变换制作飞鸟 71

   3.14.9 实战：通过变形为咖啡杯贴图 72

重点 3.15 内容识别缩放 73

   3.15.1 实战：用内容识别缩放图像 73

   3.15.2 实战：用Alpha通道保护图像 74

3.16 操控变形 75

   3.16.1 实战：用操控变形修改图像 75

   3.16.2 "操控变形"工具选项栏 76

3.17 课后习题 77

   3.17.1 制作卡通衣服 77

   3.17.2 创建魔幻路灯 78

第04章 选区

视频讲解
58分钟

4.1 认识选区 79

4.2 选区的基本操作 79

   4.2.1 全选与反选 79

   4.2.2 取消选择与重新选择 80

 重点 4.2.3 选区运算 80

   4.2.4 移动选区 81

   4.2.5 隐藏与显示选区 81

4.3 基本选择工具 81

   4.3.1 实战：用"矩形选框工具"制作矩形选区 81

   4.3.2 实战：用"椭圆选框工具"制作圆形选区 82

   4.3.3 实战：使用"单行选框工具"和

   "单列选框工具" 83

   4.3.4 实战：用"套索工具"徒手绘制选区 84

   4.3.5 实战：用"多边形套索工具"制作选区 ...86

   4.3.6 实战：用"磁性套索工具"制作选区 87

4.4 "魔棒工具"与"快速选择工具" 88

   4.4.1 实战：用"魔棒工具"选取人体 89

 重点 4.4.2 实战：用"快速选择工具"抠图 91

4.5 "色彩范围"命令 92

   4.5.1 "色彩范围"对话框 92

 重点 4.5.2 实战：用"色彩范围"命令抠图 93

4.6 快速蒙版 94

4.7 细化选区 95

   4.7.1 选择视图模式 95

   4.7.2 调整选区边缘 96

   4.7.3 指定输出方式 97

4.8 选区的编辑操作 97

   4.8.1 创建选区边界效果 97

   4.8.2 平滑选区 97

   4.8.3 扩展与收缩选区 98

重点 4.8.4 对选区进行羽化 98

4.8.5 扩大选取与选取相似 98

4.8.6 对选区应用变换 99

4.8.7 存储选区 99

4.8.8 载入选区 100

4.9 课后习题 **101**

4.9.1 添加猫咪图案 101

4.9.2 合成花瓣头饰 101

第 05 章 图层

视频讲解
35 分钟

5.1 什么是图层 **102**

重点 5.1.1 图层的原理 102

5.1.2 "图层"面板 102

5.1.3 图层的类型 103

5.2 创建图层 **104**

5.3 编辑图层 **106**

5.3.1 选择图层 106

5.3.2 复制图层 107

5.3.3 链接图层 108

5.3.4 修改图层的名称和颜色 109

重点 5.3.5 显示与隐藏图层 109

重点 5.3.6 锁定图层 110

5.3.7 查找图层 111

5.3.8 删除图层 111

5.3.9 栅格化图层内容 111

5.3.10 清除图像的杂边 112

5.4 排列与分布图层 **112**

5.4.1 调整图层的顺序 113

5.4.2 实战：分布图层 113

5.4.3 将图层与选区对齐 114

5.4.4 实战：对齐图层 115

5.5 合并与盖印图层 **116**

5.5.1 合并图层 116

5.5.2 向下合并图层 116

5.5.3 合并可见图层 116

5.5.4 拼合图层 116

5.5.5 盖印图层 116

5.6 用图层组管理图层 **117**

5.6.1 创建图层组 117

5.6.2 从所选图层创建图层组 118

5.6.3 创建嵌套结构的图层组 118

5.6.4 将图层移入或移出图层组 118

5.6.5 取消图层编组 118

5.7 图层样式 **119**

5.7.1 添加图层样式 119

5.7.2 "图层样式"对话框 120

5.7.3 斜面和浮雕 120

5.7.4 描边 122

5.7.5 内阴影 122

5.7.6 内发光 123

5.7.7 光泽 124

5.7.8 颜色叠加 124

5.7.9 渐变叠加 124

5.7.10 图案叠加 125

5.7.11 外发光 125

5.7.12 投影 126

5.8 编辑图层样式 **126**

5.8.1 显示与隐藏图层样式效果 126

5.8.2 修改图层样式效果 127

5.8.3 复制、粘贴与清除图层样式效果 ...128

5.8.4 使用"全局光" 129

5.8.5 使用"等高线" 129

重点 5.8.6 "等高线"在图层样式中的应用 ...129

5.8.7 实战：针对图像大小缩放效果 130

5.8.8 实战：将效果创建为图层 131

5.8.9 实战：制作绚丽彩条字 132

5.8.10 实战：用自定义的纹理制作糖果字 ...133

5.9 使用"样式"面板 **135**

5.9.1 "样式"面板 135

重点 5.9.2 创建样式 135

5.9.3 删除样式 136

5.9.4 存储样式库 136

5.9.5 载入样式库 137

5.9.6 实战：使用外部样式创建特效字 ...137

5.10 图层复合 **138**

5.10.1 "图层复合"面板 138

5.10.2 更新图层复合 139

5.10.3 实战：用图层复合展示网页设计方案 140

5.11 课后习题 **141**

5.11.1 为文字自定义纹理 141

5.11.2 为星空添加烟花..................141

第 06 章 绘画
视频讲解 94分钟

6.1 设置颜色..................142
6.1.1 前景色与背景色..................142
重点 6.1.2 了解拾色器..................143
6.1.3 实战：用"颜色"面板调整颜色..................144
6.1.4 实战：用"色板"面板设置颜色..................144

6.2 渐变工具..................145
重点 6.2.1 "渐变工具"选项栏..................145
6.2.2 实战：用"渐变工具"制作水晶按钮..................146
6.2.3 设置杂色渐变..................147
6.2.4 实战：用杂色渐变制作放射线背景..................148
6.2.5 实战：创建透明渐变..................149
6.2.6 存储渐变..................150
6.2.7 载入渐变库..................151
6.2.8 重命名与删除渐变..................151

重点 6.3 填充与描边..................151
6.3.1 实战：用"油漆桶工具"为卡通画填色..................151
6.3.2 "油漆桶工具"选项栏..................152

6.4 "画笔"面板..................153
6.4.1 画笔预设选取器与"画笔"面板..................153
6.4.2 "画笔设置"面板..................155
6.4.3 画笔笔尖形状..................155
6.4.4 形状动态..................156
6.4.5 散布..................157
6.4.6 纹理..................157
6.4.7 双重画笔..................157
6.4.8 颜色动态..................158
6.4.9 传递..................159
6.4.10 画笔笔势..................159
6.4.11 其他选项..................159
6.4.12 实战：创建自定义画笔..................160

6.5 绘画工具..................161
6.5.1 画笔工具..................161
新功能 6.5.2 实战：启用绘画对称绘制图形..................162
6.5.3 铅笔工具..................163
6.5.4 实战：用"颜色替换工具"为头发换色..................163
6.5.5 混合器画笔工具..................163
6.5.6 实战：用"历史记录画笔工具"

恢复局部色彩..................164
6.5.7 实战：用"历史记录艺术画笔工具"
制作手绘效果..................165

重点 6.6 橡皮擦工具..................165
6.6.1 橡皮擦工具..................165
6.6.2 实战：用"背景橡皮擦工具"抠取动物毛发.....166

6.7 课后习题..................167
6.7.1 绘制彩虹..................167
6.7.2 为热气球描边..................168

第 07 章 颜色与色调调整
视频讲解 38分钟

7.1 Photoshop CC 2018 "调整"命令概览...169
7.1.1 "调整"命令的分类..................169
重点 7.1.2 "调整"命令的使用方法..................169

7.2 转换图像的颜色模式..................170
7.2.1 位图模式..................170
7.2.2 灰度模式..................171
7.2.3 双色调模式..................171
7.2.4 索引颜色模式..................172
7.2.5 RGB颜色模式..................172
7.2.6 CMYK颜色模式..................172
7.2.7 Lab颜色模式..................173
7.2.8 多通道模式..................173
7.2.9 位深度..................174
7.2.10 颜色表..................174

7.3 快速调整图像..................174
7.3.1 "自动色调"命令..................174
7.3.2 "自动对比度"命令..................174
7.3.3 "自动颜色"命令..................175

7.4 "亮度/对比度"命令：粗略调整照片........175

7.5 "色相/饱和度"命令：制作趣味照片........175

7.6 "色调均化"命令：使照片亮部色调均化...176

7.7 "色彩平衡"命令：制作粉红色的回忆........177

7.8 "阈值"命令：制作涂鸦效果卡片 177

7.9 "照片滤镜"命令：制作版画风格艺术海报 ...179

7.10 "反相"命令：反转图像颜色 179

7.11 "渐变映射"命令：制作可爱猪猪 180

7.12 "阴影/高光"命令：调整逆光高反差照片 ...180

7.13 "匹配颜色"命令：匹配两张照片的颜色 .. 181

7.14 "替换颜色"命令：制作风光明信片 182

7.15 课后习题 183

7.15.1 调整图像颜色 183

7.15.2 提亮画面效果 184

第08章 照片修饰

视频讲解
77分钟

8.1 裁剪图像 185

重点 8.1.1 裁剪工具 185

8.1.2 限制图像大小 185

8.1.3 实战：用"裁剪工具"裁剪图像 186

8.1.4 实战：用"透视裁剪工具"校正透视畸变 ...186

8.1.5 实战：用"裁剪"命令裁剪图像 187

8.1.6 实战：用"裁切"命令裁切图像 187

8.2 照片修饰工具 188

8.2.1 "模糊工具"与"锐化工具" 188

8.2.2 "减淡工具"与"加深工具" 188

8.2.3 海绵工具 189

8.2.4 涂抹工具 189

难点 8.3 照片修复工具 189

8.3.1 实战：用"仿制图章工具"去除照片中的
多余人物 189

8.3.2 实战：用"图案图章工具"绘制特效纹理 ...190

8.3.3 实战：用"修复画笔工具"去除鱼尾纹和
眼中血丝 191

8.3.4 实战：用"污点修复画笔工具"
去除面部色斑 192

8.3.5 实战：用"修补工具"复制人像 193

8.3.6 实战：用"内容感知移动工具"修复照片 ...194

8.4 用"液化"滤镜扭曲图像 195

8.4.1 "液化"对话框 195

8.4.2 使用变形工具 196

8.4.3 设置"画笔工具选项" 196

8.4.4 设置"画笔重建选项" 197

8.4.5 设置"蒙版选项" 197

8.4.6 设置"视图选项" 197

8.5 用"消失点"滤镜编辑照片 198

8.5.1 "消失点"对话框 198

8.5.2 实战：在透视状态下复制图像 198

8.6 用Photomerge创建全景图 199

8.6.1 自动对齐图层 199

8.6.2 自动混合图层 200

8.6.3 实战：将多张照片拼接成全景图 200

8.7 编辑HDR照片 201

8.7.1 调整HDR图像的色调 201

8.7.2 调整HDR图像的曝光 202

8.7.3 调整HDR图像的动态范围视图 202

8.7.4 实战：将多张照片合并为HDR图像 202

难点 8.8 镜头缺陷校正滤镜 204

8.8.1 实战：自动校正镜头缺陷 204

8.8.2 实战：校正出现色差的照片 205

8.8.3 实战：校正出现晕影的照片 206

8.8.4 实战：用"自适应广角"滤镜校正照片 ... 207

8.8.5 实战：用"自适应广角"滤镜制作大头照 ... 208

难点 8.9 镜头特效制作滤镜 209

8.9.1 实战：用"镜头模糊"滤镜制作景深效果 ... 209

8.9.2 实战：用"场景模糊"滤镜编辑照片 ... 210

8.9.3 实战：用"移轴模糊"滤镜模拟移轴摄影 ... 211

8.10 课后习题 213

8.10.1 减淡荷花颜色 213

8.10.2 用"修补工具"去除拖鞋 213

第09章 蒙版与通道

视频讲解
46分钟

9.1 蒙版总览 214

重点 9.1.1 蒙版的种类和用途 214

9.1.2 "属性"面板 214

9.2 矢量蒙版 215

9.2.1 实战：创建矢量蒙版 215

9.2.2 实战：为矢量蒙版添加效果 216

9.2.3 实战：向矢量蒙版中添加形状 217

9.2.4 实战：编辑矢量蒙版中的图形 217

9.2.5 变换矢量蒙版 218

9.2.6 将矢量蒙版转换为图层蒙版 219

9.3 剪贴蒙版 219

9.3.1 实战：创建剪贴蒙版 219

重点 9.3.2 剪贴蒙版的图层结构 220

9.3.3 设置剪贴蒙版的不透明度 220

重点 9.3.4 设置剪贴蒙版的图层混合模式 ...221

9.3.5 将图层加入或移出剪贴蒙版 221

9.3.6 释放剪贴蒙版 221

9.4 图层蒙版 221
重点 9.4.1 图层蒙版的原理 221
9.4.2 实战：创建图层蒙版 222
9.4.3 实战：从通道中生成蒙版 224
9.4.4 复制与转移蒙版 226
9.4.5 链接与取消链接蒙版 226

9.5 通道总览 226
9.5.1 "通道"面板 226
9.5.2 颜色通道 227
9.5.3 Alpha通道 227
9.5.4 专色通道 228

9.6 编辑通道 228
9.6.1 通道的基本操作 228
重点 9.6.2 Alpha通道与选区互相转换 ... 228
9.6.3 实战：在图像中定义专色 229
9.6.4 编辑与修改专色 230
9.6.5 重命名、复制与删除通道 230
9.6.6 同时显示Alpha通道和图像 230
9.6.7 实战：通过分离通道创建灰度图像 .. 230
9.6.8 实战：通过合并通道创建彩色图像 .. 231
9.6.9 实战：将通道图像粘贴到图层中 232
9.6.10 实战：将图层图像粘贴到通道中 ... 233

9.7 高级混合选项 233
9.7.1 常规混合与高级混合 233
9.7.2 限制混合通道 233
9.7.3 挖空 234
9.7.4 将内部效果混合成组 235
9.7.5 将剪贴图层混合成组 235
9.7.6 透明形状图层 236
9.7.7 图层蒙版隐藏效果 236
9.7.8 矢量蒙版隐藏效果 237

9.8 高级蒙版 237
9.8.1 实战：闪电抠图 239
9.8.2 实战：用设定的通道抠取花瓶 240

9.9 高级通道混合工具 241
9.9.1 "应用图像"命令 241
9.9.2 "计算"命令 243
9.9.3 实战：用通道和"钢笔工具"抠取冰雕 ... 244

9.10 课后习题 247

9.10.1 使用蒙版制作趣味效果 247
9.10.2 创建七夕节广告海报 247

第 10 章 矢量工具与路径
视频讲解
39 分钟

10.1 了解绘图模式 248
重点 10.1.1 选择绘图模式 248
10.1.2 形状 248
10.1.3 路径 250
10.1.4 像素 250

10.2 了解路径和锚点的特征 250
重点 10.2.1 认识路径 250
重点 10.2.2 认识锚点 251

10.3 用"钢笔工具"绘图 251
10.3.1 实战：绘制直线 251
10.3.2 实战：绘制曲线 252
10.3.3 实战：绘制转角曲线 253
10.3.4 实战：创建自定义形状 254
新功能 10.3.5 实战：用"弯度钢笔工具"绘制图形 ... 255
10.3.6 自由钢笔工具 256
10.3.7 磁性钢笔工具 257

10.4 编辑路径 257
10.4.1 选择与移动锚点、路径段和路径 ... 257
10.4.2 添加锚点与删除锚点 257
重点 10.4.3 转换锚点的类型 258
10.4.4 调整路径形状 259
10.4.5 路径的运算方法 259
10.4.6 路径的变换操作 260
10.4.7 对齐与分布路径 260
10.4.8 调整路径排列方式 260
重点 10.4.9 实战：用"钢笔工具"抠图 260

10.5 "路径"面板 262
10.5.1 了解"路径"面板 262
10.5.2 了解工作路径 263
10.5.3 新建路径 264
10.5.4 选择路径与隐藏路径 264
10.5.5 复制与删除路径 264
10.5.6 实战：路径与选区相互转换 265
10.5.7 实战：用历史记录填充路径区域 ... 266
10.5.8 实战：用"画笔工具"描边路径 ... 267

10.6 使用形状工具绘图 268

10.6.1 矩形工具 268

10.6.2 圆角矩形工具 269

10.6.3 椭圆工具 269

10.6.4 多边形工具 269

10.6.5 直线工具 270

10.6.6 自定形状工具 271

10.6.7 实战：载入形状库 272

10.7 课后习题 272

10.7.1 用"钢笔工具"绘制笑脸 272

10.7.2 用"描边路径"命令添加花草 273

第11章 文字

视频讲解
29 分钟

11.1 解读Photoshop CC 2018中的文字 274

重点 11.1.1 文字的类型 274

11.1.2 文字工具选项栏 274

重点 11.2 创建点文字和段落文字 275

11.2.1 实战：创建点文字 275

11.2.2 实战：编辑文字内容 276

11.2.3 实战：创建段落文字 277

11.2.4 实战：编辑段落文字 278

11.2.5 转换点文字与段落文字 280

重点 11.2.6 转换水平文字与垂直文字 280

11.3 创建变形文字 280

重点 11.3.1 实战：创建变形文字 280

11.3.2 设置变形选项 281

11.3.3 重置变形与取消变形 283

11.4 创建路径文字 283

11.4.1 实战：移动与翻转路径文字 284

11.4.2 实战：编辑文字路径 285

11.5 格式化字符 286

11.5.1 使用"字符"面板 286

11.5.2 实战：设置特殊字体样式 287

重点 11.6 基于文字创建工作路径 288

重点 11.7 将文字转换为形状 288

11.8 课后习题 289

11.8.1 制作早餐海报 289

11.8.2 制作文字人像海报 290

11.8.3 制作圣诞海报文字 290

第12章 滤镜

视频讲解
11 分钟

12.1 智能滤镜 291

重点 12.1.1 智能滤镜与普通滤镜的区别 291

12.1.2 实战：用智能滤镜制作网点照片 292

12.1.3 实战：修改智能滤镜 293

12.1.4 实战：遮盖智能滤镜效果 294

重点 12.1.5 重新排列智能滤镜 294

重点 12.1.6 显示与隐藏智能滤镜 295

12.1.7 复制智能滤镜 295

12.1.8 删除智能滤镜 295

12.2 "油画"滤镜 295

12.3 滤镜库 296

重点 12.3.1 滤镜库概览 296

12.3.2 效果图层 297

12.3.3 实战：用滤镜库制作抽丝效果照片 297

12.4 "风格化"滤镜组 298

12.4.1 查找边缘 298

12.4.2 拼贴 299

12.4.3 照亮边缘 299

12.5 "画笔描边"滤镜组 299

12.5.1 成角的线条 299

12.5.2 喷色描边 300

12.6 "模糊"滤镜组 300

12.6.1 高斯模糊 300

12.6.2 动感模糊 300

12.6.3 表面模糊 301

12.6.4 径向模糊 301

12.7 "扭曲"滤镜组 302

12.7.1 极坐标 302

12.7.2 切变 302

12.8 "锐化"滤镜组 303

12.8.1 "锐化边缘"与"USM锐化" 303

12.8.2 智能锐化 304

12.9 "素描"滤镜组 305

12.9.1 半调图案 305

12.9.2 影印 305

12.10 "像素化"滤镜组 305

12.10.1 彩色半调 306

12.10.2 马赛克 306

12.10.3 铜版雕刻 306

12.11 "渲染"滤镜组 307

12.11.1 "云彩"和"分层云彩" 307

12.11.2 镜头光晕 307

12.12 "艺术效果"滤镜组 308

12.12.1 壁画 308

12.12.2 彩色铅笔 308

12.12.3 水彩 309

12.13 "杂色"滤镜组 309

12.13.1 蒙尘与划痕 309

12.13.2 添加杂色 309

12.14 "其他"滤镜组 310

12.14.1 高反差保留 310

12.14.2 "最大值"与"最小值" 310

12.15 课后习题 311

12.15.1 使用滤镜库打造手绘效果 311

12.15.2 用"马赛克"滤镜制作趣味照片 311

第 13 章 动作与任务自动化
视频讲解
17分钟

13.1 动作 312

重点 13.1.1 "动作"面板 312

13.1.2 实战：在动作中插入命令 313

13.1.3 实战：在动作中插入菜单项目 313

13.1.4 实战：在动作中插入停止 314

13.1.5 实战：在动作中插入路径 315

13.1.6 重排、复制与删除动作 315

13.1.7 修改动作的名称和参数 315

13.1.8 指定回放速度 316

13.1.9 载入外部动作库 316

13.1.10 实战：载入外部动作制作照片魔方 316

13.1.11 条件模式更改 317

重点 13.2 批处理与图像编辑自动化 317

13.2.1 实战：处理一批图像文件 318

13.2.2 实战：创建一个快捷批处理程序 319

13.3 脚本 319

13.4 数据驱动图形 320

13.4.1 定义变量 320

13.4.2 定义数据组 321

13.4.3 预览与应用数据组 321

13.4.4 实战：用数据驱动图形创建多版本图像 321

13.5 课后习题 322

13.5.1 应用动作 322

13.5.2 合并到HDR Pro 323

第 14 章 综合案例
视频讲解
191分钟

14.1 精通选区：制作几何海报 324

14.2 精通图层样式：制作绚丽光效 328

14.3 精通文字特效：制作镂空文字 333

14.4 精通质感特效：制作雨后玻璃效果 337

14.5 精通照片处理：制作漫画效果 340

14.6 精通创意合成：合成梦幻城堡 343

14.7 精通淘宝装修：海报设计 347

14.8 精通平面设计：创意旅游海报 353

14.9 精通UI设计：制作UI图标 360

14.10 精通UI设计：制作登录界面 365

14.11 课后习题 371

14.11.1 简约图标设计 371

14.11.2 瓶中的世界 371

附 录
视频讲解
146分钟

Photoshop CC 2018快捷键总览 372

初识Photoshop CC 2018

第**01**章

Photoshop是美国Adobe公司出品的集图像扫描、图像编辑修改、图像制作、广告创意及图像输入和输出功能于一体的图形图像处理软件，被誉为"图像处理大师"。它的功能十分强大，并且使用方便，深受广大设计人员和计算机美术爱好者的喜爱。版本升级之后的Photoshop CC 2018可以让用户体验更多的设计自由、更快的编辑速度和更强大的制作功能，从而创作出令人惊叹的图像效果。

学习重点与难点

● Photoshop的应用领域 14 页　　● Photoshop CC 2018新增功能 16 页
● Adobe帮助资源 20 页

1.1 Photoshop的应用领域 重点

Photoshop已经广泛应用于我们的工作和生活中。无论是在平面设计、界面设计、插画设计、网页设计、绘画与数字艺术方面，还是在数码摄影后期处理等方面，Photoshop都起着无可替代的作用。

1.1.1 在平面设计中的应用

平面设计是Photoshop应用十分广泛的领域。平面广告、杂志、包装、海报等，这些具有丰富图像的平面"印刷品"，几乎都需要用Photoshop进行图像处理，如图1-1和图1-2所示。

图1-1 平面广告设计

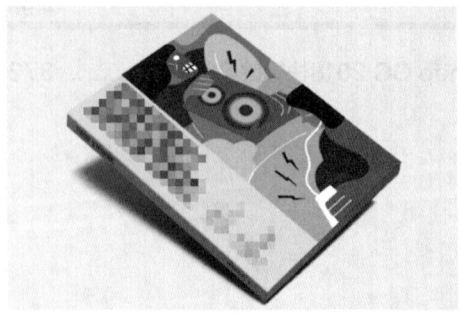

图1-2 杂志封面设计

1.1.2 在界面设计中的应用

界面设计是一个新兴领域，受到了越来越多软件企业及开发者的重视。从软件界面到手机的操作界面，都离不开界面设计。界面的设计与制作主要由Photoshop来完成，使用Photoshop的渐变、图层样式和滤镜等功能可以制作出真实的质感和特效，如图1-3和图 1-4所示。

图1-3 手机的界面设计

图1-4 手机游戏的界面设计

1.1.3 在插画设计中的应用

随着IT行业的迅速发展，插画设计在各行各业中崛起。插画的应用主要有文学插画与商业插画两大类型。文学插画是再现文章情节、体现文学精神的视觉艺术，如图1-5所示。商业插画是为企业或产品传递商品信息，集艺术与商业于一体的一种图像表现形式，如图1-6所示。Photoshop具有良好的绘画与调色功能，插画设计制作者使用Photoshop绘制作品，可以设计出绚丽色彩风格的插画。

图1-5 文学插画

图1-6 商业插画

1.1.4 在网页设计中的应用

随着网络的普及，网站已成为商业公司的形象标志，成为推广公司产品、搜集市场信息的新渠道。在全球共享资源的网络上，创建独特的网站，是网页设计者们追求的目标。图1-7所示为使用Photoshop设计和制作，然后使用Dreamweaver对其进行处理，再用Flash添加动画内容后生成的互动式网页页面。

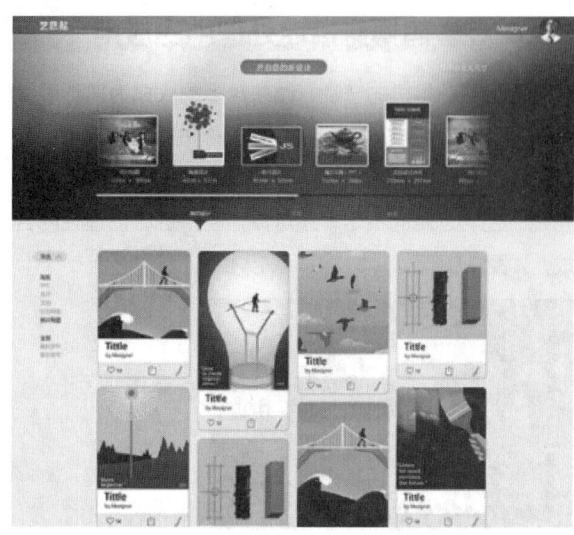

图1-7 网页设计

1.1.5 在绘画与数字艺术中的应用

随着数字时代的发展，数字绘画在新的绘画语言表达上有着得天独厚的优势。在艺术创作中巧用软件技巧，可以制作出超出想象力的艺术作品。例如，使用Photoshop对图像进行合成设计，可以为作品注入生动的灵魂，如图1-8所示。

图1-8 图像合成

1.1.6 在数码摄影后期处理中的应用

随着数码相机的普及，越来越多的人成为摄影爱好者。Photoshop可以对数码摄影图像进行色彩校正、调色、修复与润饰等专业处理，以弥补在摄影过程中构图、光线、色彩运用的不足，还可以对图像进行创造性的合成，如图1-9所示。

图 1-9 摄影后期处理

1.1.7 在CG设计中的应用

3ds Max、Maya等三维软件的贴图制作功能都比较弱，因此模型贴图通常都要用Photoshop来完成。使用Photoshop制作人物皮肤贴图、场景贴图和各种有质感的材质，不仅效果逼真，还可以为动画渲染节省宝贵的时间，如图1-10所示。此外，Photoshop还常用来绘制各种风格的CG艺术作品，如图1-11所示。

图 1-10 三维动画场景制作

图 1-11 CG 人物绘画

1.1.8 在效果图后期制作中的应用

Photoshop在效果图后期制作中的应用也极为广泛，如三维纹理制作、效果图中光影效果处理、室内效果图后期制作、建筑效果图制作和平面规划图后期制作等。用Photoshop做后期处理，不仅能够节省渲染时间，还能增强画面的美感，如图1-12和图 1-13所示。

图 1-12 三维场景效果图后期制作

图 1-13 室内效果图后期制作

1.2 Photoshop CC 2018新增功能 新功能

Photoshop CC 2018对操作界面做了进一步改进，并增强了许多功能，带给用户全新的体验。本节将详细地介绍Photoshop CC 2018版本的新增功能。

直观的工具动态演示

在Photoshop CC 2018中，将鼠标指针移至左侧工具箱中的工具上时，会出现动态演示，用户可以直观地学习该工具的使用方法，如图1-14所示。

 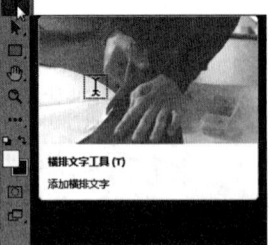

图 1-14 工具动态演示

"学习"面板提供教程

Photoshop CC 2018添加了"学习"面板,用户可以从摄影、修饰、合并图像、图形设计4个方面来学习教程。用户根据需要选取合适的主题进行学习,跟着提供的操作步骤演练即可,如图1-15所示,满足了Photoshop爱好者的学习需求。

图 1-15 "学习"面板

同步访问Lightroom

Photoshop CC 2017的"开始"工作区可以从"创意云"中获取同步的图片,而Photoshop CC 2018则增加了从Lightroom中获取同步的照片的功能,并且可以直接打开Lightroom云照片。此外,如果用Photoshop CC 2017打开Lightroom中的图片,则要再次通过Lightroom修改图片,而在Photoshop CC 2018中只需刷新即可显示修改后的效果,如图1-16所示。

图 1-16 同步访问 Lightroom

共享文件

执行"文件"→"共享"命令,或单击工具选项栏中的"共享图像" 按钮,可以打开"共享"面板,如图1-17所示。新增的"共享"功能可以将图片分享到各类App,也可以从商店下载更多的应用。此外,"共享"面板会根据系统的不同而显示不同的选项。

图 1-17 "共享"面板

弯度钢笔工具

使用全新的"弯度钢笔工具"可以轻松地创建曲线和直线。在绘制的图形上,无须切换工具即可直接对路径进行切换、编辑、添加/删除平滑点或角点等操作,如图1-18所示。

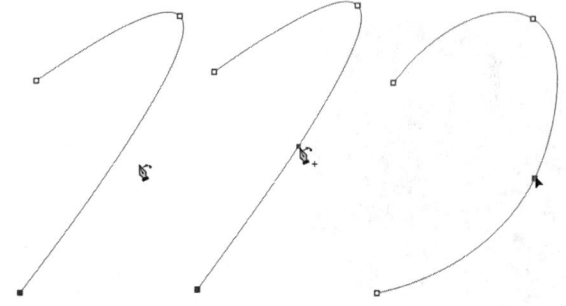

图 1-18 使用"弯度钢笔工具"编辑路径

更改路径颜色

新增的"路径选项"面板可以更改路径的颜色和粗细,方便区分不同的路径,如图1-19所示。

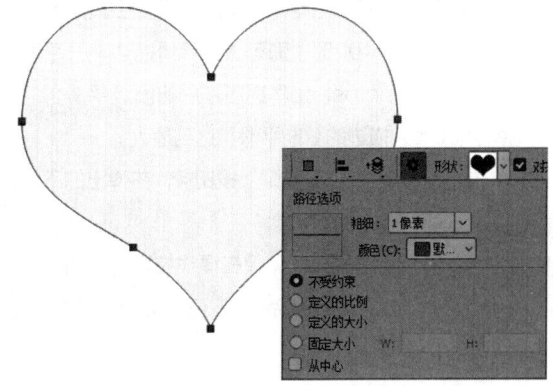

图 1-19 更改路径颜色及粗细

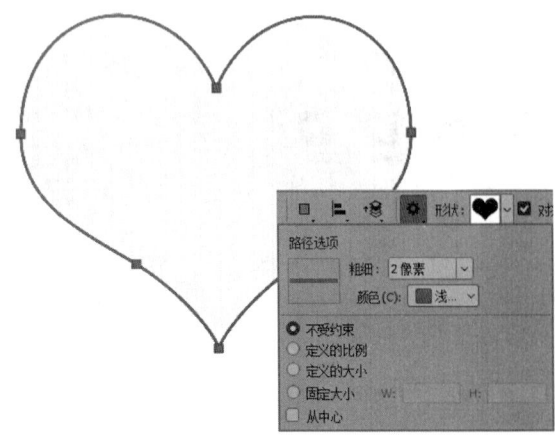

图 1-19 更改路径颜色及粗细（续）

全新的"画笔"面板

全新的"画笔"面板将画笔根据不同的类型进行分类，并将不同类型的画笔放在不同的文件夹内，如图1-20所示。用户可以进行新建画笔、删除画笔、载入或转换旧版工作预设等操作。

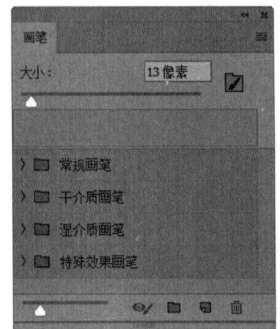

图 1-20 "画笔"面板

设置描边平滑度

全新的"设置描边平滑度"功能可以对描边执行智能平滑。在使用具有该功能的工具时，设置工具选项栏中的"平滑"值（0~100%）即可进行平滑描边。"平滑"值为0，相当于Photoshop早期版本中的旧版平滑；"平滑"值为100%，描边的智能平滑量达到最大。

单击"设置其他平滑选项"按钮，在弹出的下拉菜单中可以选择不同的平滑模式。

◆ 拉绳模式。启用该模式时，仅在绳线拉紧时绘画，在平滑半径内移动鼠标指针不会留下任何标记，如图1-21所示。

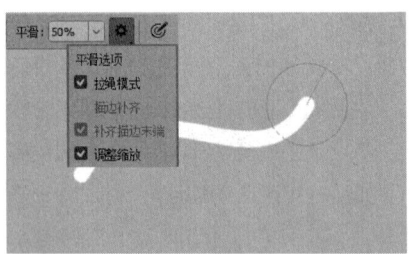
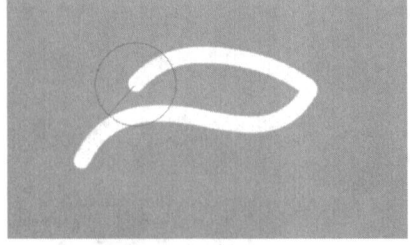

图 1-21 拉绳模式

◆ 描边补齐模式。启用该模式，在暂停描边时，允许绘画继续使用鼠标指针补齐描边。禁用此模式，可在鼠标指针停止时停止绘画应用程序，如图1-22所示。

图 1-22 描边补齐模式

◆ 补齐描边末端模式。启用该模式，将从绘画位置到鼠标指针位置进行描边补齐，如图1-23所示。

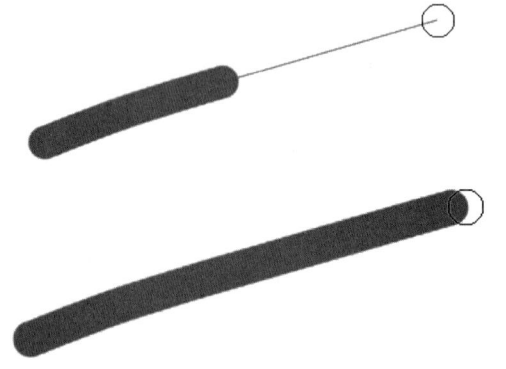

图 1-23 补齐描边末端模式

◆ 调整缩放模式。启用该模式，在绘制图形时，可防止抖动描边。放大文档时减小平滑，缩小文档时增加平滑，如图1-24所示。

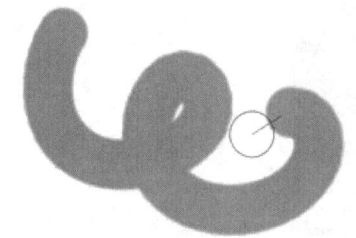

图 1-24 调整缩放模式

绘画对称

　　新增的"绘画对称"功能支持使用画笔工具、铅笔工具或橡皮擦工具绘制对称图像。单击工具选项栏中的"设置绘画的对称选项"按钮，选择对称类型，可以轻松绘制人脸、汽车、动物等对称图像，如图1-25和图 1-26所示。

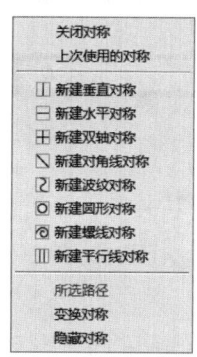

图 1-25 对称选项　　图 1-26 绘制的对称图像

可变字体

　　Photoshop CC 2018支持可变字体，这是一种新的Open Type字体格式，可支持"直线宽度""宽度""倾斜""视觉大小"等自定义属性。此外，Photoshop CC

　　2018自带几种可变字体，用户可在"属性"面板中通过滑块调整其"直线宽度""宽度""倾斜"参数，在调整这些滑块时，系统会自动选择与当前设置最为接近的文字样式，如图1-27所示。

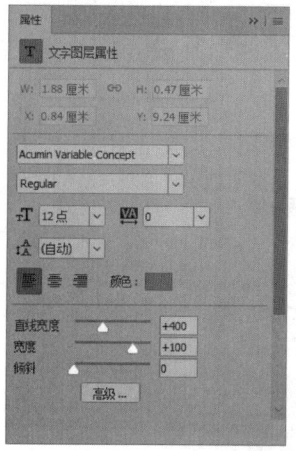

图 1-27 可变字体的"属性"面板

球面全景

　　新增的"球面全景"功能具有超凡的表现力，它能将普通的图像瞬间变为全景图，可以360°旋转观察全景图，如图1-28和图1-29所示。

图 1-28 普通图像

图 1-29 360° 全景图

全面搜索

Photoshop CC 2018具有强大的搜索功能，可以在Photoshop中快速查找工具、面板、菜单、Adobe Stock资源模板、教程甚至图库照片等。用户可以使用统一的界面完成搜索，如图1-30所示，也可以分别进行"Photoshop""学习""Stock""Lr照片"的搜索，如图1-31所示。

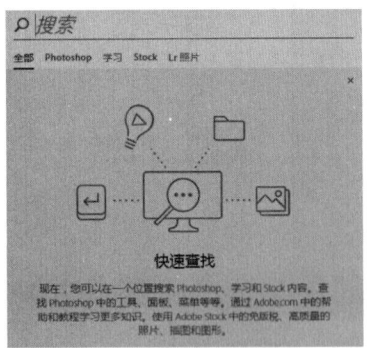

图 1-30 搜索"全部"选项卡

图 1-31 搜索"Lr 照片"选项卡

运行Photoshop CC 2018后，用户可以通过以下3种操作方法进行搜索操作。

◆ 执行"编辑"→"搜索"命令，如图1-32所示。

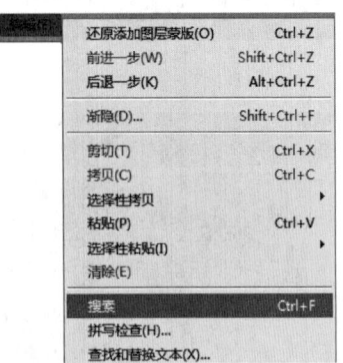

图 1-32 "搜索"命令

◆ 使用 Cmd/Ctrl+F 组合键。

◆ 单击工具选项栏右端的 按钮，如图1-33所示。

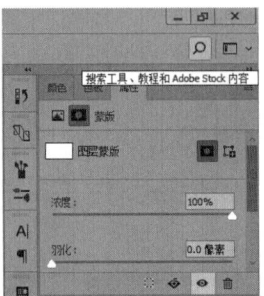

图 1-33 搜索按钮

1.3 Adobe帮助资源 重点

运行Photoshop CC 2018后，单击菜单栏的"帮助"和"编辑"菜单中的命令，可以获得Adobe提供的各种关于Photoshop的帮助资源和技术支持。

1.3.1 Photoshop CC 2018帮助文件和支持中心

运行Photoshop CC 2018后，执行"帮助"→"Photoshop 帮助"命令，如图1-34所示，可链接到Adobe网站的帮助社区并查看帮助文件，如图1-35所示。

图 1-34 "Photoshop 帮助"命令

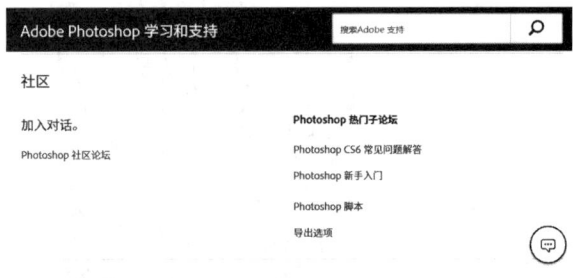

图 1-35 帮助社区

1.3.2 关于Photoshop CC 2018的法律声明和系统信息

法律声明

执行"帮助"→"关于Photoshop CC"命令，在打开的对话框的左下角单击"单击此处以查看法律声明。"链接，如图1-36所示，即可打开"法律声明"对话框，查看法律声明，如图1-37所示。

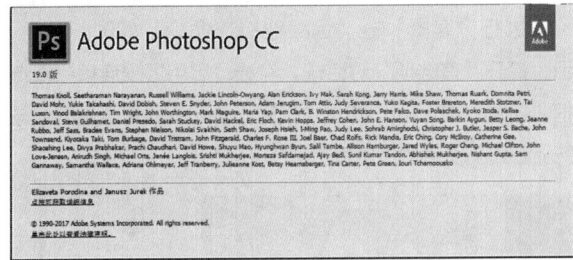

图1-36 "单击此处以查看法律声明。"链接

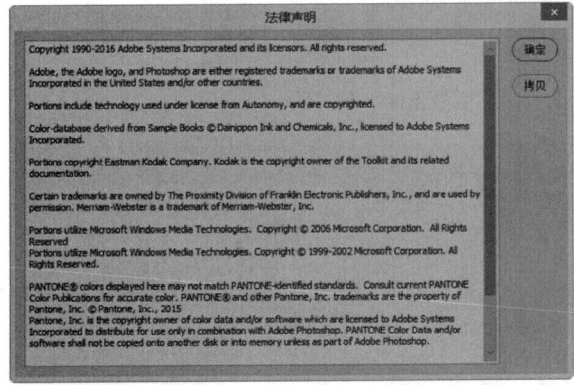

图1-37 法律声明

系统信息

执行"帮助"→"系统信息"命令，如图1-38所示，即可打开"系统信息"对话框，查看当前操作系统的CPU型号、显卡、内存等，以及Photoshop占用的内存、安装序列号、安装的组件等信息，如图1-39所示。

图1-38 "系统信息"命令

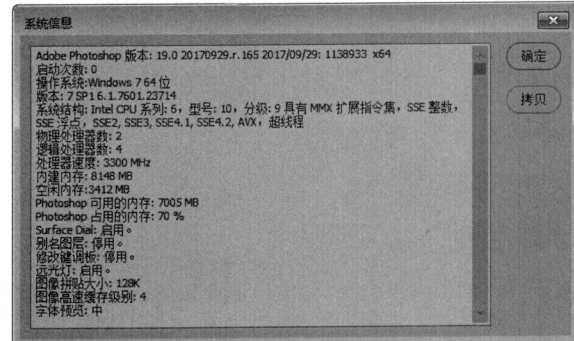

图1-39 系统信息

1.3.3 产品注册、取消激活和更新

产品注册

执行"帮助"→"更新"命令，单击"获取Adobe ID"链接，如图1-40所示。转到注册界面，填写信息后，单击"注册"按钮，如图1-41所示，就可以注册Adobe ID了。

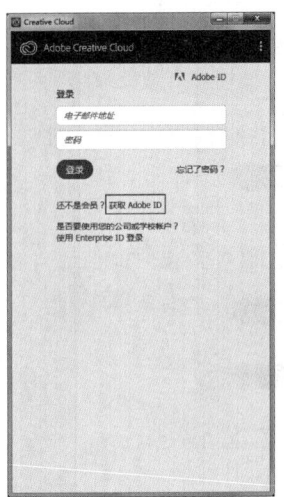 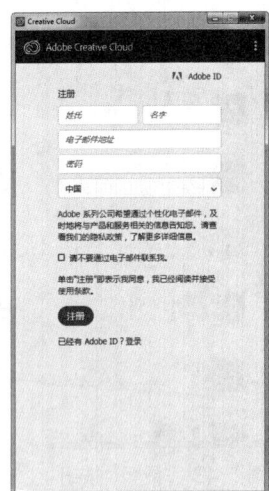

图1-40 "获取 Adobe ID"链接　　图1-41 "注册"信息填写

取消激活

单击"Creative Cloud"窗口中的账户图标，在弹出的下拉菜单中选择"注销"选项，如图1-42所示，可注销Adobe ID账户并取消Photoshop CC 2018的激活状态。

图1-42 "注销"选项

更新

执行"帮助"→"更新"命令，打开"Creative Cloud"窗口，单击Photoshop CC后面的"更新"按钮，如图1-43所示，即可更新Photoshop CC。

Photoshop CC 2018 基础与实战教程

图 1-43 "更新"按钮

🔍 **延伸讲解**

若Photoshop已处于最新状态，则无"更新"消息；若未更新，则有更新提示。

1.3.4 远程连接

执行"编辑"→"远程连接"命令，如图1-44所示，打开"首选项"对话框，勾选"启用远程连接"复选框，如图1-45所示，单击"确定"按钮，即可通过网络与Photoshop关联的应用程序组合使用。

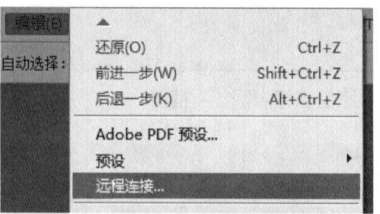

图 1-44 "远程连接"命令

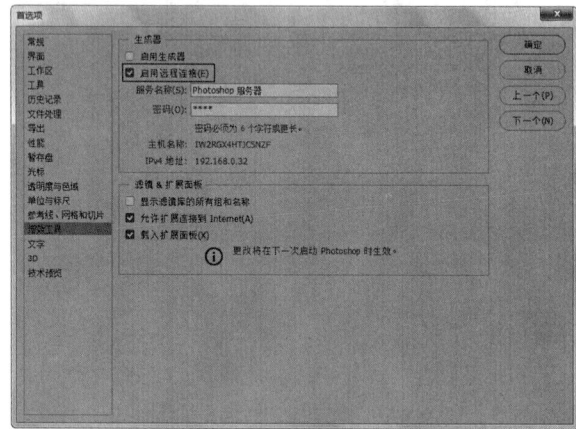

图 1-45 勾选"启用远程连接"复选框

第 02 章

Photoshop CC 2018基本操作

工欲善其事，必先利其器。想要玩转Photoshop CC 2018，必须先对它的"武器库"有一个基本了解。Photoshop CC 2018 有3个"武器库"，即工具箱、菜单命令和面板。本章将详细介绍Photoshop CC 2018的工作界面，以及工具箱、面板和菜单命令的使用方法。

学习重点与难点

- Photoshop CC 2018 "开始"工作区 **23页**
- 在不同屏幕模式下工作 **31页**
- 自定义工具快捷键 **38页**
- 显示或隐藏额外内容 **43页**
- 用"学习"面板美化图像 **29页**
- 创建自定义工作区 **37页**
- 使用标尺 **39页**

2.1 Photoshop CC 2018 "开始"工作区 新功能

启动Photoshop CC 2018后，系统会自动弹出图2-1所示的"开始"工作区，在该工作区中可以打开或新建文档、显示近期作品、显示最近使用项等。

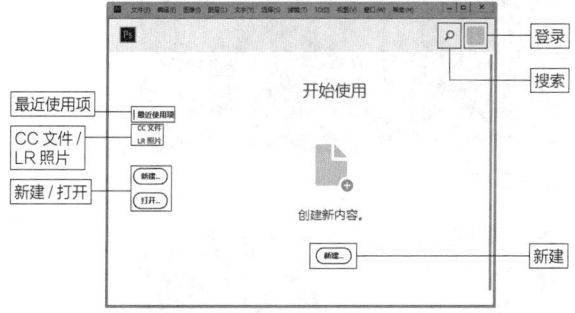

图 2-1 Photoshop CC 2018 "开始"工作区

?? 答疑解惑：如何隐藏"开始"工作区？

如果不习惯使用Photoshop CC 2018的"开始"工作区，可以执行"编辑"→"首选项"→"常规"命令，在弹出的对话框中取消勾选"没有打开的文档时显示'开始'工作区"复选框，如图2-2所示。关闭Photoshop CC 2018后再次启动，"开始"工作区将不再弹出。

图 2-2 取消勾选复选框

- 最近使用项。单击该选项，可以查看最近打开或创建的文件，单击文件可在Photoshop CC 2018中打开文件。
- CC文件/LR照片。单击这两个选项，可以从云端或Lightroom中打开文件。
- 新建/打开。单击这两个按钮，可以新建文档或者打开文档。
- 新建。单击该按钮，可以新建文档。
- 搜索。单击该按钮，在弹出的文本框中输入需要搜索的关键字，即可搜索出与该关键字相关的信息。
- 登录。单击该按钮，会转到"登录"页面，输入Adobe ID即可登录账号。

2.2 Photoshop CC 2018工作界面

Photoshop CC 2018的工作界面典雅而实用，工具的选取、面板的访问、工作区的切换等都十分方便。不仅如此，用户还可以调整工作界面的亮度，以便凸显图像，诸多设计的改进为用户提供了更加流畅的编辑体验。

2.2.1 了解工作界面组件

Photoshop CC 2018的工作界面中包含菜单栏、工具选项栏、文档窗口、工具箱、状态栏及面板等组件，如图2-3所示。

图 2-3 Photoshop CC 2018 的工作界面

◆ 菜单栏。Photoshop CC 2018的菜单栏包含了11个菜
单，位于工作界面顶端。菜单中包含可以选择的命令。
单击菜单名称即可打开相应的菜单。

◆ 工具选项栏。用来设置工具的各种选项。单击工具箱中
的工具后，工具选项栏就会显示相应的工具选项。工具
选项栏显示的内容随选取工具的不同而改变。

◆ 文档窗口。显示和编辑打开的图像文件。打开多个图像
文件时，窗口中只显示一个图像文件，其他的则最小化
到选项卡中，单击选项卡即可在文档窗口显示相应的图
像文件。选项卡标签上显示了文档名称、文件格式、窗
口缩放比例和颜色模式等信息。

◆ 工具箱。位于工作界面的左边，工具箱中有不同的工具
可供选择，使用这些工具可以完成创建选区、填充颜
色、添加文字等操作。

◆ 状态栏。位于工作界面的底部，可以显示文档大小、文
档尺寸、当前工具和窗口缩放比例等信息。

◆ 面板。位于工作界面的右侧，能够自由地拆分、组合和移
动。通过面板，可以编辑内容，还可以设置颜色。

◆ 搜索栏。可直接在工具选项栏的右侧单击🔍按钮，或按
Ctrl+F组合键，也可以执行"编辑"→"搜索"命令，
打开"搜索"对话框，在对话框中可以搜索工具、教程
和Adobe Stock内容。

◆ 选择工作区。单击工具选项栏右侧的□▾按钮，可以切换
工作界面，包括"基本功能""图形和Web"等选项。

2.2.2　了解文档窗口

　　文档窗口是显示和编辑图像的区域。在Photoshop CC
2018中打开一个图像文件，便会自动创建一个文档窗口。
如果打开了两个以上的图像文件，则各个图像文件会以选
项卡的形式显示，如图2-4所示。单击某一个图像文件的
选项卡标签，即可将其设置为当前操作的窗口，如图2-5
所示。按Ctrl+Tab组合键，可以按照前后顺序来切换窗
口；按Ctrl+Shift+Tab组合键，可以按照从后往前的顺序
来切换窗口。

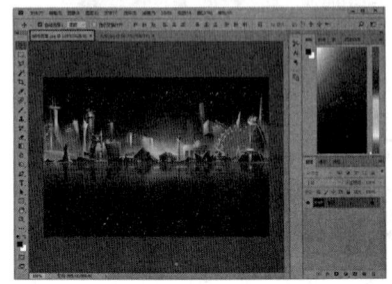

图 2-4　打开图像文件

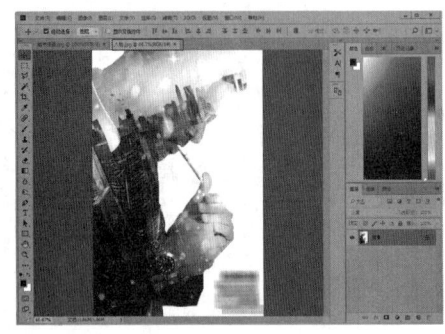

图 2-5　选择文件

　　在任意一个窗口的选项卡标签上按住鼠标左键拖动，
将其拖出，成为可以任意移动位置的浮动窗口（拖动标题
栏可进行移动），如图2-6所示。拖动浮动窗口的一个边
角，可以调整窗口的大小，如图2-7所示。将一个浮动窗
口的标题栏拖动到选项卡中，当出现蓝色框时松开鼠标，
该窗口会以选项卡的形式停放。

图 2-6　拖动窗口

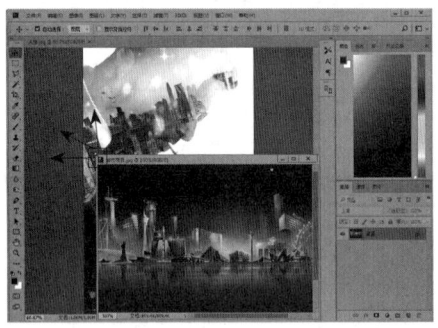

图 2-7　更改窗口大小

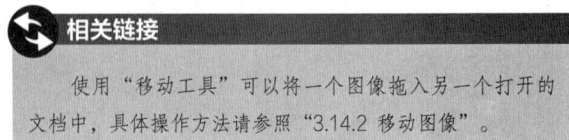

相关链接

　　使用"移动工具"可以将一个图像拖入另一个打开的
文档中，具体操作方法请参照"3.14.2 移动图像"。

　　如果打开的图像数量过多，工作区宽度不足以显示
所有文档选项卡，则可以单击工作区右上角的》按钮，
在打开的下拉菜单中选择需要的文档，如图2-8所示。
　　水平拖动任意一个文档名称，可以调整它们的排列顺

序，如图2-9所示。

图 2-8 显示所有打开的文档

图 2-9 更改文档顺序

如果想要关闭一个窗口，则单击该窗口的选项卡右侧的 × 按钮，如图2-10所示。如果想要关闭所有窗口，则可以在一个文档的选项卡上单击鼠标右键，在弹出的快捷菜单中执行"关闭全部"命令，如图2-11所示。

图 2-10 关闭文档

图 2-11 关闭所有文档

2.2.3 了解工具箱

工具箱是Photoshop CC 2018处理图像的"武器库"，工具箱中包含了选择、绘图、编辑、文字等几十种工具，如图2-12所示。这些工具分为7组，包括选择工具组、裁剪和切片工具组、测量工具组、修饰工具组、绘画工具组、绘图和文字工具组、导航及3D工具组，另外还有"以快速蒙版模式编辑"按钮、"前景色/背景色设置"按钮和"更改屏幕模式"按钮，如图2-13所示。Photoshop CC 2018工具箱有单列和双列两种显示模式，单击工具箱顶部的 按钮，可以将工具箱切换为单列（或双列）显示。当使用单列显示模式时，可以有效节省屏幕空间，使图像的显示区域更大，方便操作。

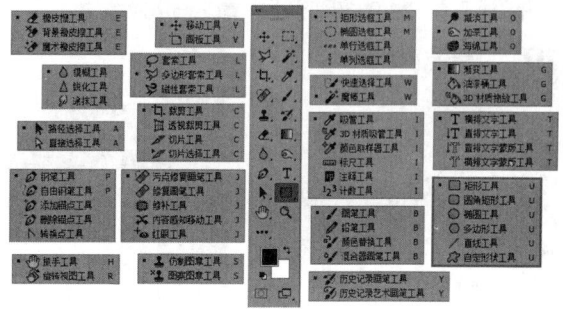

图 2-12 工具箱

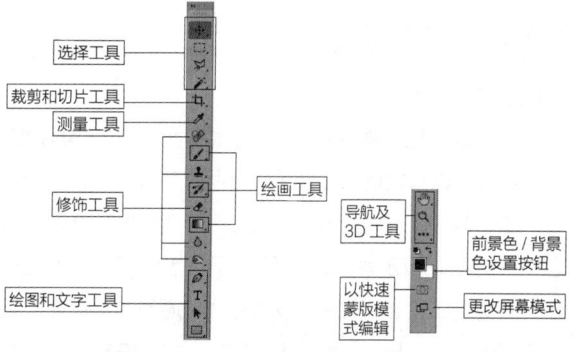

图 2-13 工具箱分组

在默认的情况下，工具箱位于窗口左侧。将鼠标指针放在工具箱顶部，按住鼠标左键向右侧拖动，可以将工具箱从停放状态改为浮动状态，放在窗口的任意位置，如图2-14所示。

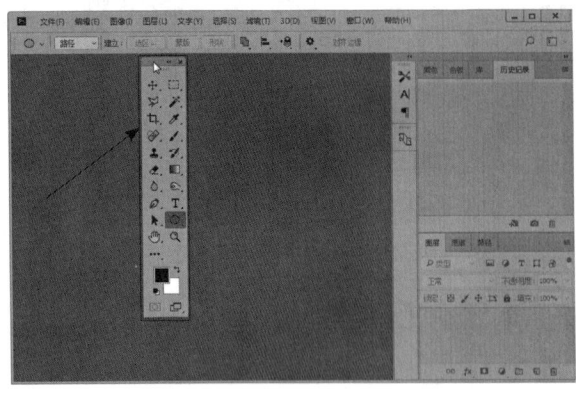

图 2-14 移动工具箱

要使用某一个工具时，直接单击工具箱中的该工具即可。工具图标有助于快速识别工具种类，如图2-15所示。选择工具箱中的某个工具，如果工具右下角带有三角形图标，如■，则表示这是一个工具组，在这样的工具组上按住鼠标左键可以显示组内所有工具，如图2-16所示。单击任意一个工具，即可选择该工具，如图2-17所示。此外，用户也可以使用快捷键来快速选择所需的工具，如按V键可选择"移动工具"；按Shift＋工具组组合键，可以在工具组各工具之间快速切换，如按Shift＋G组合键，可以在"油漆桶工具"■和"渐变工具"■之间切换。

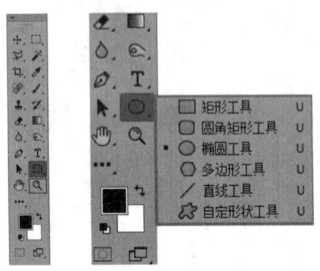

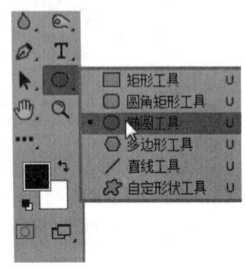

图 2-15　图 2-16 显示工具组　图 2-17 选择工具
工具图标

2.2.4　了解工具选项栏

使用工具选项栏

工具选项栏主要用来设置工具的参数选项，适当设置参数不仅可以有效增加工具在使用中的灵活性，而且能够提高工作效率。不同的工具，其工具选项栏也有着很大的差异。图2-18所示为选择"画笔工具"■时工具选项栏显示的参数。工具选项栏中的设置有些是通用的，有些是工具专用的，如"模式"和"不透明度"对于许多工具来说

是通用的，但"铅笔工具"的"自动涂抹"选项却是专用的。图2-19所示为选择"裁剪工具"■时工具选项栏显示的参数。

![画笔工具选项栏]

图 2-18　"画笔工具"选项栏

![裁剪工具选项栏]

图 2-19　"裁剪工具"选项栏

◆ 文本框。在文本框中单击，使其呈编辑状态，然后输入数值并按Enter键确定。如果文本框右侧有■按钮，单击此按钮，可以显示一个滑块，拖动滑块也可以更改数值，如图2-20所示。还可以将鼠标指针移到文本框名称上，按住鼠标左键并左右拖动来调整数值，如图2-21所示。

◆ 菜单箭头■。单击该按钮，可打开一个下拉菜单，如图2-22所示。

◆ 复选框■。单击该方框，可以勾选此复选框，再次单击，可取消勾选。

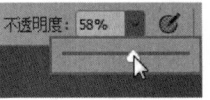 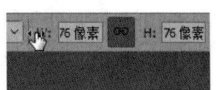

图 2-20 改变文本框数值　图 2-21 拖动调整数值

图 2-22 单击菜单箭头打开下拉菜单

隐藏/显示工具选项栏

执行"窗口"→"选项"命令，可以显示工具选项栏，再次执行该命令则隐藏工具选项栏。

移动工具选项栏

按住鼠标左键拖动工具选项栏最左侧的■图标，可以将它从停放状态改为浮动状态，如图2-23所示。将其拖回菜单栏下方，当出现蓝色框时松开鼠标，则可将其重新停放到原处。

创建和使用工具预设

在工具选项栏中，单击工具图标右侧的■按钮，可以打开下拉面板，其中包含了各种工具预设。例如，单击"修复画笔工具"■选项栏中的相应按钮，则可打开图2-24所示的下拉面板，其中有不同的修复画笔类型。

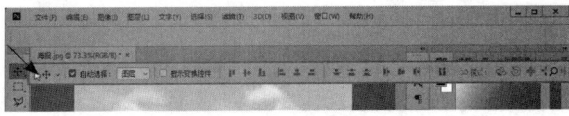

图 2-23　拖动工具选项栏

图 2-24　下拉面板

◆ 新建工具预设。在工具箱选择一个工具，单击工具预设
下拉面板中的■按钮，如图2-25所示，即可新建工具
预设。

◆ 仅限当前工具。勾选该复选框时，只显示工具箱中所选
工具的预设，如图2-26所示；取消勾选该复选框时，
会显示所有工具的预设，如图2-27所示。

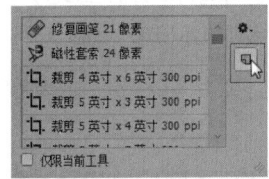

图 2-25　创建工具预设

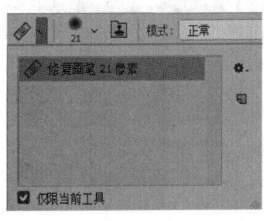 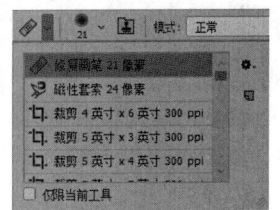

图 2-26　显示所选工具预设　　图 2-27　显示全部工具预设

◆ 重命名和删除工具预设。在任意一个工具预设上单击鼠
标右键，在弹出的菜单中可以选择重命名或删除该工具
预设，如图2-28所示。

◆ 复位工具预设。如果想要清除预设，可以单击下拉面板
右上角的■按钮，在打开的菜单中执行"复位工具"命
令，如图2-29所示。

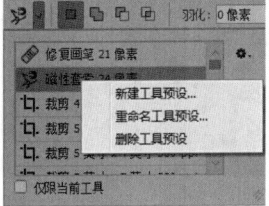 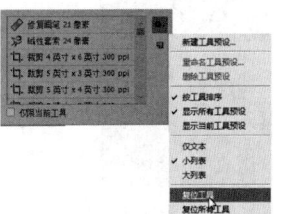

图 2-28　重命名与删除工具预设　　图 2-29　复位工具

◆ 搜索栏。搜索栏能够搜索程序内的各项操作命令及功
能，可在Adobe网站中搜索帮助学习相关知识，也可搜
索Adobe Stock中的免版税、高质量的照片、插图和图
形。在Photoshop CC 2018中还可搜索Lightroom中
的照片，如图2-30所示。

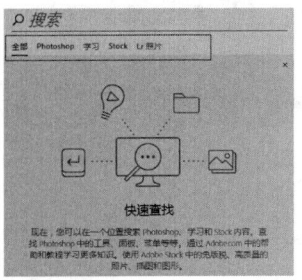

图 2-30　搜索栏

2.2.5　了解菜单

Photoshop CC 2018菜单栏中包含11个菜单，每个
菜单都包含一系列的命令，它们有着不同的显示状态。只
要了解了每一个菜单的特点，就能掌握这些菜单命令的使
用方法。

打开菜单

单击某一个菜单即可打开该菜单。在菜单中，不同功
能的命令会采用分割线分开。单击"图像"菜单，将鼠标
指针移动至"调整"命令上，可打开其子菜单，如图
2-31所示。

执行菜单中的命令

单击菜单中的命令即可执行此命令，如果命令后面
有快捷键，也可以通过使用快捷键的方法来执行命令。例
如，按Ctrl+O组合键可以执行"打开"命令，打开"打
开"对话框。菜单中后面带有黑色三角形标记的命令还包
含子菜单。如果有些命令后面只有字母，可以按Alt键+主
菜单的字母+命令后面的字母组合键，执行该命令。例如，
按Alt+I+D组合键可执行"图像"→"复制"命令，如图
2-32所示。

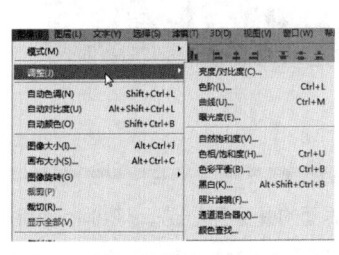 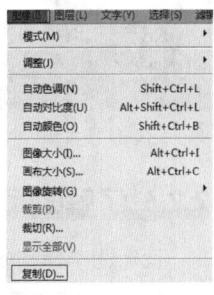

图 2-31　显示子菜单　　　　图 2-32　"复制"命令

答疑解惑：为什么有些命令是灰色的？

如果菜单中的某些命令显示为灰色，则表示它们在当前状态下不能使用。如果一个命令的名称右侧有"..."符号，则表示选择该命令时会打开一个对话框。例如，在没有创建选区的情况下，"选择"菜单中的多数命令不能使用；在没有创建文字的情况下，"文字"菜单中的多数命令不能使用，如图2-33所示。

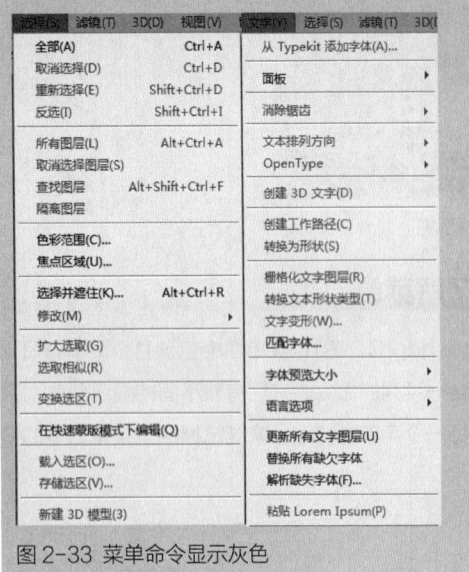

图 2-33 菜单命令显示灰色

打开快捷菜单

在文档窗口的空白处、图形对象上或面板上单击鼠标右键，可以弹出快捷菜单，如图2-34所示。

图 2-34 快捷菜单

2.2.6 了解面板

面板是Photoshop界面的重要组成部分，Photoshop中的很多设置操作需要在面板中完成。例如，面板可以用来设置颜色、工具参数，以及选择编辑命令。Photoshop CC 2018中包括20多个面板，在"窗口"菜单中可以选择需要的面板将其打开。

选择面板

单击任意一个面板的名称，即可将该面板设置为当前面板，如图2-35和图2-36所示。

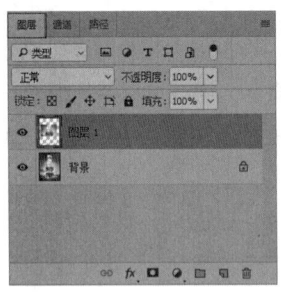 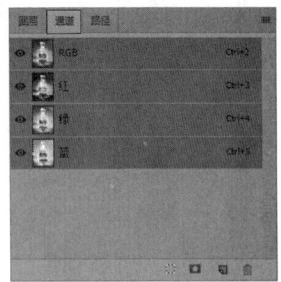

图 2-35 显示"图层"面板　　图 2-36 显示"通道"面板

折叠/展开面板

单击面板组右上角的 >> 按钮，可以将面板折叠回面板组，如图2-37所示。拖动面板组右边界，可以调整面板组的宽度，让面板的名称全部显示出来，如图2-38所示。

 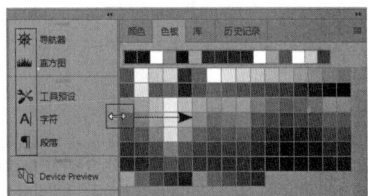

图 2-37 折叠面板　　图 2-38 调整面板宽度

组合面板

将鼠标指针放置在某个面板上，按住鼠标左键并拖动，可以将面板拖出来，设置成浮动面板，如图2-39所示。将鼠标指针放在浮动的面板上，将其拖动到另一个面板的标题栏上，出现蓝色框时松开鼠标，可以将它与其他面板进行组合，如图2-40所示。

图 2-39 浮动面板　　图 2-40 组合面板

连接面板

将鼠标指针放在面板的标题栏上，按住鼠标左键将其拖到另一个面板的下方，当出现蓝色框时松开鼠标，即可将两个面板进行连接，如图2-41所示，连接的面板可同时移动或折叠为图标。

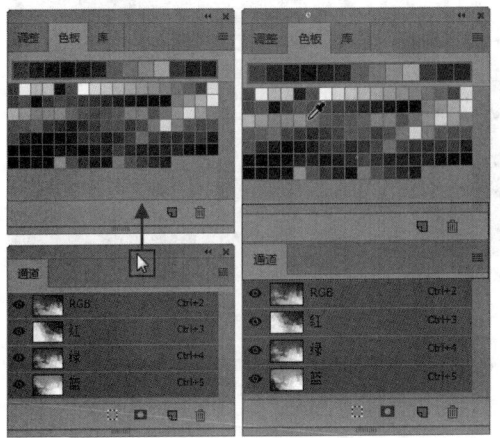

图 2-41 连接面板

🔍 **延伸讲解**

过多的面板会占用工作空间。通过组合面板的方法将多个面板合并为一个面板组，或者将一个浮动面板合并到面板组中，可以腾出更多的操作空间。

调整面板大小

拖动面板的右下角，可同时调整面板的高度与宽度，如图2-42所示。

打开面板菜单

单击面板右上角的▤按钮，可以打开面板菜单，菜单中包含了与当前面板有关的各种命令，如图2-43所示。

关闭面板

在一个面板的标题栏上单击鼠标右键，可以弹出一个快捷菜单，如图2-44所示。执行"关闭"命令，可以关闭该面板；执行"关闭选项卡组"命令，可以关闭该面板组。单击浮动面板右上角的 ╳ 按钮，也可将其关闭。

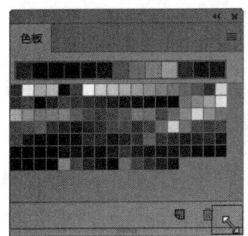

图 2-42 调整面板大小

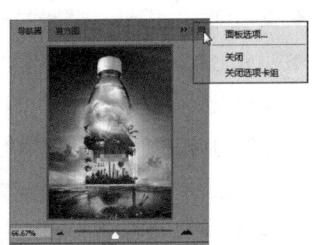

图 2-43 打开面板菜单

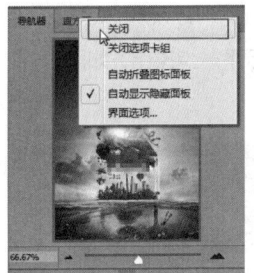

图 2-44 关闭面板

2.2.7 实战：用"学习"面板美化图像 新功能

难度：☆☆

在线视频	第 2 章 \2.2.7 实战：用"学习"面板美化图像 .mp4
技术要点	"学习"面板

步骤 01 启动Photoshop CC 2018软件，执行"窗口"→"学习"命令，打开"学习"面板，如图2-45所示。

步骤 02 "学习"面板中有"摄影""修饰""合并图像""图形设计"四大教程主题。单击"摄影"主题后的三角形图标，展开列表，如图2-46所示。

图 2-45 打开"学习"面板

图 2-46 展开列表

步骤 03 在列表中任选一个教程，此时Photoshop CC 2018
中会显示该教程素材，并提示进行下一步操作，如图2-47
所示。

图 2-47 选择并操作教程

步骤 04 单击"下一步"按钮，系统会提示命令所在位置，
如图2-48所示。根据提示执行"亮度/对比度"命令，此
时图像上会出现蓝色的提示框，提示对话框中参数的调整
方法，如图2-49所示。

图 2-48 提示命令所在位置

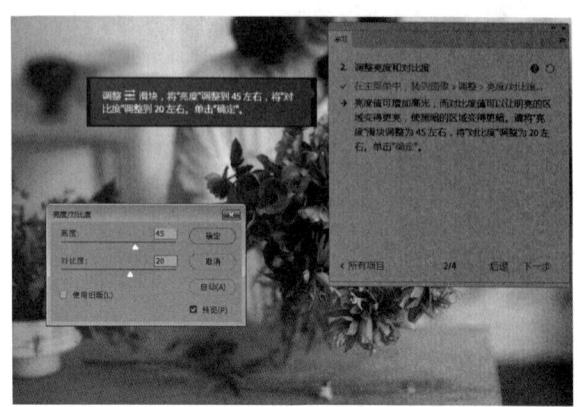

图 2-49 提示命令参数值

步骤 05 根据系统弹出的提示对话框进行操作。操作完毕后，
"学习"面板会自动跳转至下一教程，如图2-50所示。

图 2-50 跳转至下一教程

2.2.8 了解状态栏

状态栏位于文档窗口的底部，单击状态栏中的 ▶ 按
钮，可以显示状态栏中能够包含的内容，如文档大小、文
档尺寸、当前使用的工具等，如图2-51所示。

图 2-51 状态栏

◆ Adobe Drive。显示当前文档的Version Cue工具组
状态。

◆ 文档大小。显示当前文档中图像的数据量信息。

◆ 文档配置文件。显示当前图像使用的颜色模式。

◆ 文档尺寸。显示当前图像的尺寸。

◆ 测量比例。测量图像的宽度与高度。

◆ 暂存盘大小。显示图像处理的内存与Photoshop暂存
盘的内存信息。选择该选项后，状态栏中会出现一组数
字，左边的数字表示程序用来显示所有打开的图像的内
存量，右边的数字表示可用于处理图像的总内存量。如
果左边的数字大于右边的数字，系统将启用暂存盘作为
虚拟内存。

◆ 效率。显示操作当前文档所花费时间的百分比。当效率为100%时，表示当前处理的图像在内存中生成；如果该值低于100%，则表示系统正在使用暂存盘，操作速度也会变慢。

◆ 计时。显示完成上一步操作所花费的时间。

◆ 当前工具。显示当前选择工具的名称。

◆ 32位曝光。文档显示HDR图像时，在计算机上查看32位/通道高动态范围（HDR）图像的选项。只有文档窗口显示HDR图像时，该选项才可以用。

◆ 存储进度。保存文件时显示存储进度。

◆ 智能对象。显示当前文档使用或丢失的智能对象。

◆ 图层计数。显示当前文档的图层个数。

2.3 查看图像

在编辑图像时，通常需要对图像进行放大、缩小或移动，以便更好地观察和处理图像。Photoshop CC 2018提供了缩放工具、抓手工具、切换屏幕模式等命令，用户可以随心所欲地操作图像。

2.3.1 在不同屏幕模式下工作 重点

Photoshop CC 2018有3种屏幕显示模式：标准屏幕模式、带有菜单栏的全屏模式和全屏模式。执行"视图"→"屏幕模式"命令，可切换3种屏幕模式。

◆ 标准屏幕模式。默认的屏幕模式，显示了菜单栏、标题栏、滚动条和其他的屏幕元素，如图2-52所示。

图 2-52 标准屏幕模式

◆ 带有菜单栏的全屏模式。显示菜单栏、无标题栏和滚动条的全屏窗口，如图2-53所示。

图 2-53 带有菜单栏的全屏模式

◆ 全屏模式。显示只有黑色背景，无标题栏、菜单栏和滚动条的全屏窗口，如图2-54所示。

图 2-54 全屏模式

🔍 **延伸讲解**

按F键可在各个屏幕模式之间切换，按Tab键可以隐藏/显示工具箱、面板和工具选项栏，按Shift+Tab组合键可以隐藏/显示面板。

2.3.2 在多个窗口中查看图像

如果同时打开了多个图像文件，可执行"窗口"→"排列"命令控制各个文档图像的排列方式，如图2-55所示。

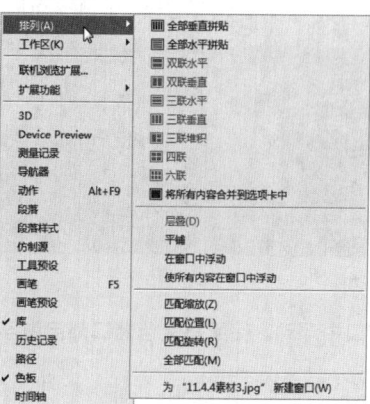

图 2-55 设置排列方式

◆ 层叠。从屏幕的左上角到右下角以层叠的方式显示所有窗口，如图2-56所示。

图 2-56 层叠

◆ 平铺。以边靠边的方式显示窗口，如图2-57所示。

图 2-57 平铺

◆ 在窗口中浮动。允许图像窗口自由浮动（可拖动标题栏移动窗口），如图2-58所示。

图 2-58 在窗口中浮动

◆ 使所有内容在窗口中浮动。使所有文档窗口都自由浮动，如图2-59所示。

图 2-59 使所有内容在窗口中浮动

◆ 将所有内容合并到选项卡中。所有图像窗口都以选项卡形式停放，如图2-60所示。

图 2-60 将所有内容合并到选项卡中

◆ 匹配位置。将所有窗口中的图像的显示位置都匹配到与当前窗口相同，匹配位置前后对比如图2-61所示。

图 2-61 匹配位置

◆ 匹配旋转。将所有窗口中画布的旋转角度都匹配到与当前窗口相同。图2-62和图2-63所示为匹配旋转前后的对比。

图 2-62 匹配旋转前

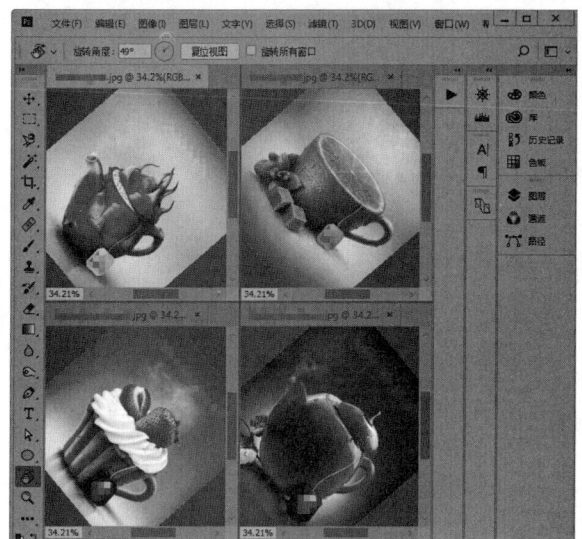

图 2-63 匹配旋转后

◆ 匹配缩放。将所有窗口的缩放比例都匹配到与当前窗口相同。

◆ 全部匹配。将所有窗口的缩放比例、图像显示位置、画布旋转角度与当前窗口匹配。

◆ 为（文件名）新建窗口。为当前文档新建一个窗口，新窗口的名称会显示在"窗口"菜单的底部。

2.3.3 实战：用"旋转视图工具"旋转画布

难度：☆

素材文件	第 2 章 \2.3.3
在线视频	第 2 章 \2.3.3 实战：用"旋转视图工具"旋转画布 .mp4
技术要点	旋转画布

步骤 01 启动Photoshop CC 2018软件，将素材文件"2.3.3 用'旋转视图工具'旋转画布.jpg"打开。

步骤 02 单击工具箱中的"旋转视图工具" ，在窗口中的图像上单击，会出现一个罗盘，如图2-64所示。

步骤 03 按住鼠标左键拖动罗盘，即可旋转画布，如图2-65所示。

步骤 04 单击"复位视图"按钮，或按Esc键，将画布恢复到原始角度，如图2-66所示。

图 2-64 旋转视图工具

图 2-65 旋转视图

图 2-66 复位视图

"旋转视图工具"可以在不破坏图像的情况下按照任意角度旋转画布，而图像本身的角度并未实际旋转。如果要旋转图像，需要执行"图像"→"图像旋转"命令。详细操作方式请参阅"3.14.3 实战：旋转与缩放"。

2.3.4 实战：用"缩放工具"调整窗口比例

难度：☆

素材文件	第2章 \2.3.4
在线视频	第2章 \2.3.4 实战：用"缩放工具"调整窗口比例.mp4
技术要点	调整窗口比例

步骤 01 启动Photoshop CC 2018软件，将素材文件"2.3.4用'缩放工具'调整窗口比例.jpg"打开，如图2-67所示。

步骤 02 单击工具箱中的"缩放工具"，将鼠标指针放在画面中（鼠标指针会变为 状），单击可以放大窗口的显示比例，如图2-68所示。

图 2-67 打开素材文件　　　图 2-68 放大显示比例

步骤 03 按住Alt键（鼠标指针会变为 状），单击可缩小窗口的显示比例，如图2-69所示。

图 2-69 缩小显示比例

步骤 04 在工具选项栏中勾选"细微缩放"复选框，按住鼠标左键向右侧拖动，能够以平滑的方式快速放大显示比例，如图2-70所示。按住鼠标左键向左侧拖动，则会快速缩小显示比例，如图2-71所示。

图 2-70 放大显示比例　　　图 2-71 缩小显示比例

2.3.5 实战：用"抓手工具"移动画面

难度：☆

素材文件	第2章 \2.3.5
在线视频	第2章 \2.3.5 实战：用"抓手工具"移动画面.mp4
技术要点	移动画面

步骤 01 启动Photoshop CC 2018 软件，将素材文件"2.3.5用'抓手工具'移动画面.jpg"打开，如图2-72所示。

图 2-72 打开素材文件

步骤 02 按住Ctrl键临时切换到"缩放工具"，单击图像，放大显示比例，如图2-73所示。

图 2-73 放大显示比例

🔍 **延伸讲解**

可以按住Alt键或Ctrl键和鼠标左键不放，以平滑的方式逐渐缩放显示比例。

步骤 03 在放大的显示比例上按住鼠标左键并拖动即可移动图像，如图2-74所示。

图 2-74 移动图像

步骤 04 同时按住鼠标左键和H键，窗口中会显示出全部图

像并出现一个矩形框，将矩形框移动到要查看的区域，如图2-75所示。

步骤 05 放开鼠标左键与H键，可以快速放大矩形框中的区域，如图2-76所示。

图 2-75 显示矩形框　　　图 2-76 放大图像

🔍 **延伸讲解**

使用绝大多数工具时，按住键盘上的空格键都可以临时切换到"抓手工具"。

2.3.6 用"导航器"面板查看图像

"导航器"面板中包括图形的缩览图和各种窗口缩放工具，如图2-77所示。在"导航器"面板中可以随意缩小或放大图像，若文件尺寸较大，画面中不能显示完整的图像时，则可以通过该面板定位图像，进行查看。

图 2-77 导航器

◆ 通过按钮缩放窗口。单击"导航器"面板上的"缩小"按钮 或者"放大"按钮 ，可以缩小或放大窗口的显示比例。

◆ 通过滑块缩放窗口。拖动"导航器"面板上的缩放滑块也可以放大或缩小窗口。

◆ 通过缩放文本框缩放窗口。缩放文本框中显示了窗口的显示比例，在其中输入缩放数值并按Enter键，可按照设定的比例缩放窗口，如图2-78所示。

图 2-78 缩放窗口

◆ 移动画面。当窗口中不能显示完整的图像时，打开"导
  航器"面板，将鼠标指针放在导航器的代理预览区域，
  当鼠标指针变为抓手状 时，拖动鼠标指针即可移动图
  像画面，如图2-79所示。

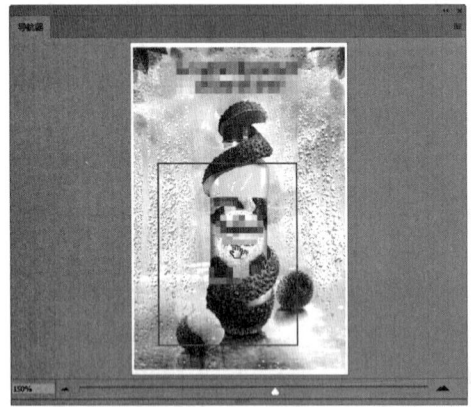

图 2-79 移动图像

🔍 延伸讲解

执行"导航器"面板菜单中的"面板选项"命令，可
在打开的对话框中修改代理预览区域矩形框的颜色。

🔍 延伸讲解

在使用其他工具时，按住Alt键并滚动鼠标的滚轮也可
以缩放窗口。

❓ 答疑解惑：如何调整工作区背景颜色？

在图像以外的灰色暂存区域单击鼠标右键，会弹出一
个快捷菜单，可以选择在灰色、黑色或其他自定义颜色的
背景上显示图像。调整照片的色调和颜色或者进行绘画操
作时，最好使用默认的灰色作为背景色，这样不会影响对
色彩的判断，如图2-80所示。

图 2-80 调整背景颜色

2.3.7 了解窗口缩放命令

Photoshop CC 2018的"视图"菜单中包含以下用
于调整图像显示比例的命令。

◆ 放大。执行"视图"→"放大"命令，或者按Ctrl + +组
  合键，可以放大图像显示比例。
◆ 缩小。执行"视图"→"缩小"命令，或者按Ctrl + -组
  合键，可以缩小图像显示比例。
◆ 按屏幕大小缩放。执行"视图"→"按屏幕大小缩放"
  命令，或按Ctrl + 0组合键，可以自动调整图像的大小，
  使之能完整地显示在屏幕中。
◆ 实际像素。执行"视图"→"实际像素"命令，图像将
  以实际的像素，即100%的比例显示。
◆ 打印尺寸。执行"视图"→"打印尺寸"命令，图像将
  按实际的打印尺寸显示。

2.4 设置工作区

Photoshop CC 2018提供了适合于不同任务的预设
工作区，工作区的不同主要体现在面板上。在编辑图像
时，有的面板是需要的，有的面板是不需要的，因此，用
户需要了解如何创建适合自己的工作区。

2.4.1 实战：创建自定义工作区 重点

难度：☆ ☆

素材文件	第 2 章 \2.4.1
在线视频	第 2 章 \2.4.1 实战：创建自定义工作区 .mp4
技术要点	自定义工作区

步骤 01 启动Photoshop CC 2018软件，将素材文件"2.4.1 创建自定义工作区.jpg"打开，如图2-81所示。

步骤 02 在"窗口"菜单中关闭不需要的面板，只保留所需的面板，如图2-82所示。

图 2-81 打开素材文件

图 2-82 关闭不需要的面板

步骤 03 执行"窗口"→"工作区"→"新建工作区"命令，打开"新建工作区"对话框。输入工作区名称，并勾选"键盘快捷键""菜单""工具栏"复选框，单击"存储"按钮，如图2-83所示。

步骤 04 执行"窗口"→"工作区"命令，可以看到创建的工作区已经包含在子菜单中，选择该选项即可切换为该工作区，如图2-84所示。

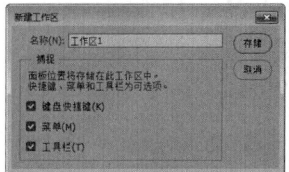 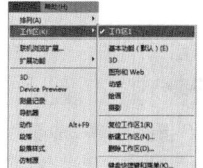

图 2-83 新建工作区　　图 2-84 "工作区"子菜单

延伸讲解

如果要删除自定义的工作区，可以执行"窗口"→"工作区"→"删除工作区"命令。

2.4.2 实战：自定义彩色菜单命令

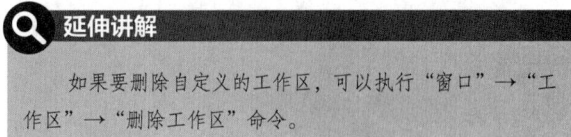

难度：☆ ☆

在线视频	第 2 章 \2.4.2 实战：自定义彩色菜单命令 .mp4
技术要点	彩色菜单

步骤 01 执行"编辑"→"菜单"命令，打开"键盘快捷键和菜单"对话框，单击"图层"前面的 按钮，在"新建>"选项后面的下拉列表框中选择"红色"选项，如图2-85所示。

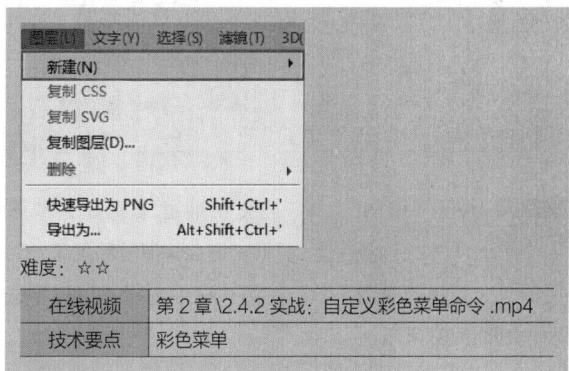

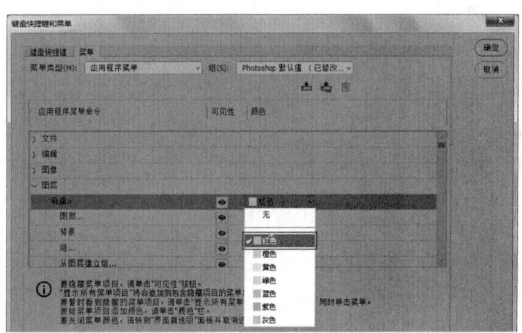

图 2-85 "键盘快捷键和菜单"对话框

步骤 02 单击"确定"按钮关闭对话框，在菜单栏中打开"图层"菜单，此时"新建"命令显示为红色，如图2-86所示。

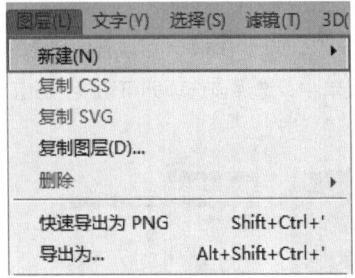

图 2-86 更改菜单命令颜色

2.4.3 实战：自定义工具快捷键 **重点**

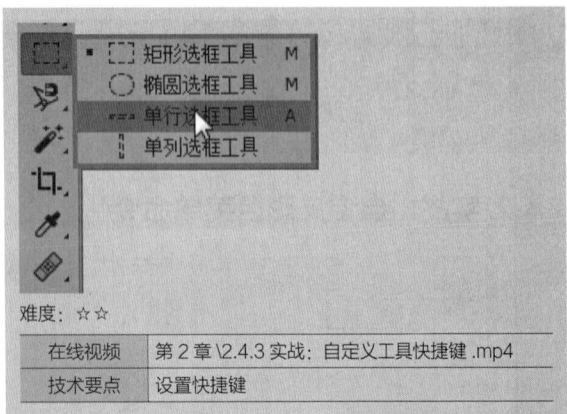

难度：	☆☆
在线视频	第 2 章\2.4.3 实战：自定义工具快捷键 .mp4
技术要点	设置快捷键

步骤 01 执行"编辑"→"键盘快捷键"命令，或按Ctrl+Shift+ Alt+K组合键，打开"键盘快捷键和菜单"对话框，在"快捷键用于"下拉列表框中选择"工具"选项，如图2-87所示。

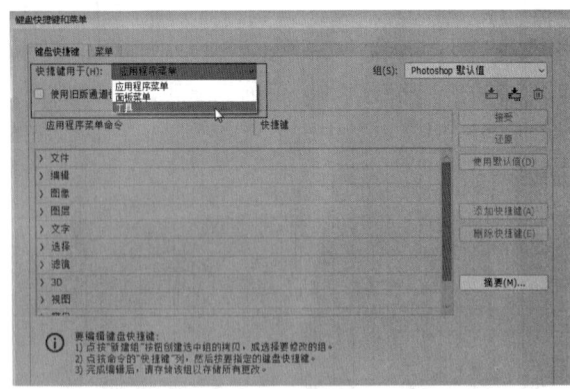

图 2-87 "键盘快捷键和菜单"对话框

步骤 02 在"工作面板命令"下拉列表框中选择"单行选框工具"，将"单行选框工具"的快捷键设置为"A"，如图2-88所示。单击"确定"按钮，即可完成快捷键的设置。

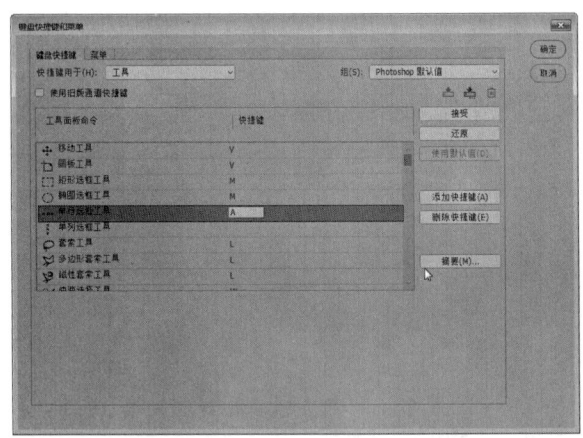

图 2-88 更改快捷键

 **延伸讲解**

修改菜单颜色、菜单命令或工具的快捷键以后，如果要恢复为系统默认值，可在"组"下拉列表框中选择"Photoshop默认值"选项。

?? **答疑解惑：如何将快捷键内容导出？**

单击"键盘快捷键和菜单"对话框中的"摘要"按钮，可以将快捷键内容保存为网页文件，可用Web浏览器打开，如图2-89所示。

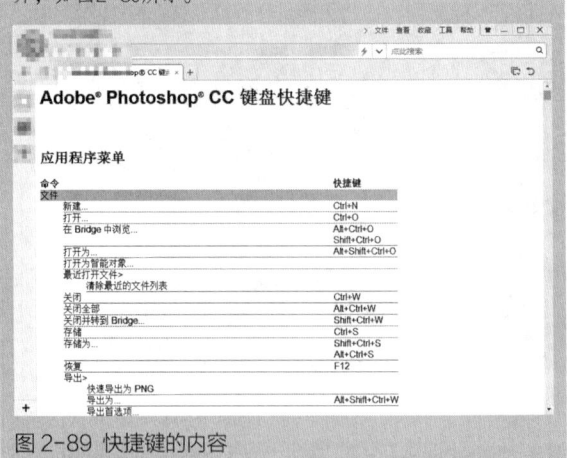

图 2-89 快捷键的内容

2.5 使用辅助工具

为了更准确地对图像进行编辑和调整，用户需要了解并掌握辅助工具。常用的辅助工具包括标尺、参考线、网格和注释等，借助这些工具可以进行参考、对齐、定位等操作。

2.5.1 使用智能参考线

智能参考线是一种智能化的参考线。智能参考线可以帮助对齐形状、切片和选区。启用智能参考线后，当绘制形状、创建选区或切片时，智能参考线会自动出现在画布中。

执行"视图"→"显示"→"智能参考线"命令，可以启用智能参考线，其中紫色线条为智能参考线，如图2-90所示。

图 2-90　智能参考线

2.5.2　使用网格

网格用于物体的对齐和鼠标指针的精确定位，对于对称布置对象非常有用。

打开一个图像素材文件，如图2-91所示，执行"视图"→"显示"→"网格"命令，可以显示网格，如图2-92所示。显示网格后，可执行"视图"→"对齐到"→"网格"命令，启用对齐到网格功能，此后在进行创建选区和移动图像等操作时，对象会自动对齐到网格上。

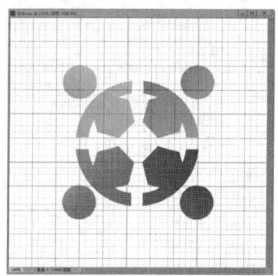

图 2-91　打开图像文件　　　图 2-92　显示网格

🔍 延伸讲解

在图像窗口中显示网格后，就可以利用网格的功能，沿着网格线对齐或移动对象。如果希望在移动对象时能够自动贴齐网格，或者在建立选区时自动贴齐网格线进行定位选取，可执行"视图"→"对齐到"→"网格"命令，在"网格"命令左侧出现"√"标记即可。

🔍 相关链接

默认情况下网格为线条状，可以通过执行"编辑"→"首选项"→"参考线、网格和切片"命令，在打开的"首选项"对话框中设置网格的样式。

2.5.3　实战：使用标尺　　重点

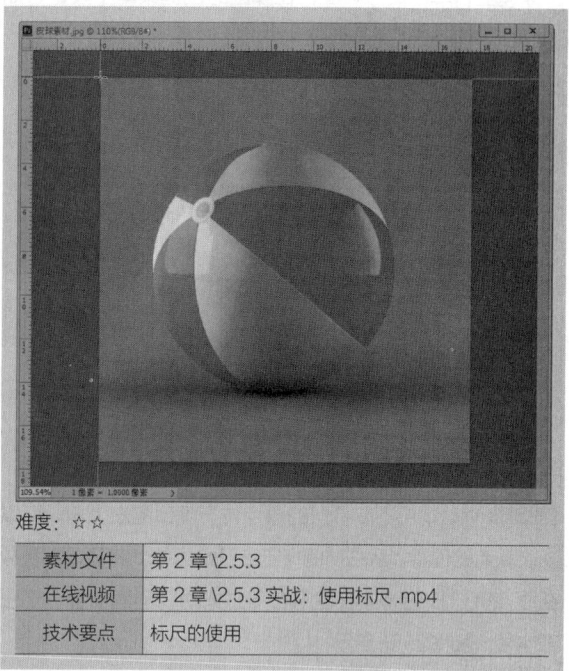

难度：☆☆

素材文件	第 2 章 \2.5.3
在线视频	第 2 章 \2.5.3 实战：使用标尺 .mp4
技术要点	标尺的使用

步骤01 启动Photoshop CC 2018软件，将素材文件"2.5.3 使用标尺.jpg"打开，如图2-93所示。

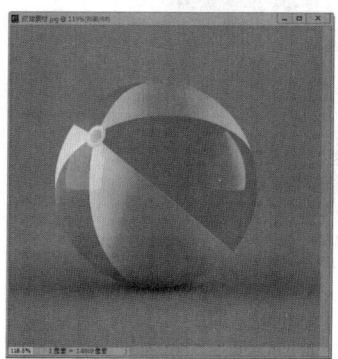

图 2-93　打开素材文件

步骤02 执行"视图"→"标尺"命令，或按Ctrl+R组合键，显示标尺，如图2-94所示。

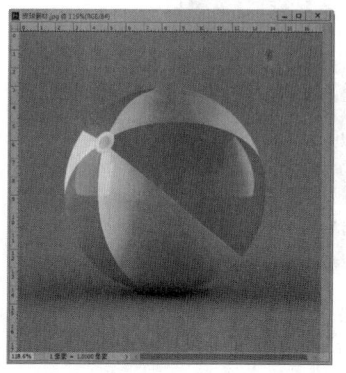

图 2-94　显示标尺

步骤 03 如果要设置标尺的测量单位，可以将鼠标指针移动至标尺上，单击鼠标右键，在弹出的快捷菜单中设置，如图2-95所示。

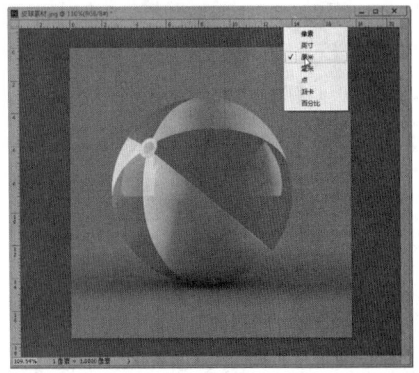

图 2-95 设置测量单位

步骤 04 默认情况下，标尺的原点位于窗口的左上角，可以修改原点的位置，从图像的特定点开始测量。将鼠标指针放在原点上，按住鼠标左键向右下方拖动，画面中会显示出十字线，如图2-96所示。

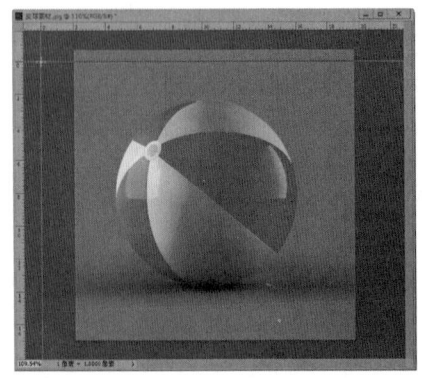

图 2-96 修改原点位置

步骤 05 将十字线拖放到需要的位置，该处便成为原点的新位置，如图2-97所示。

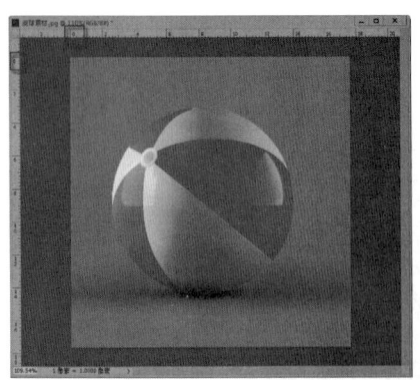

图 2-97 确定原点位置

步骤 06 在窗口左上角双击，可以将原点恢复到默认位置，如图2-98所示。

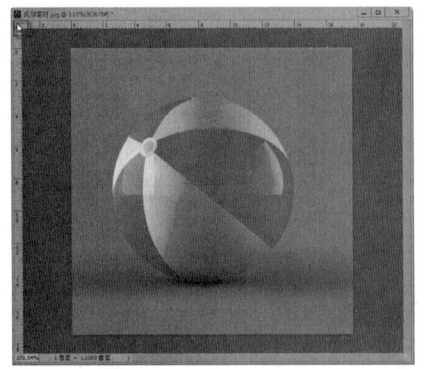

图 2-98 恢复默认原点

🔍 **延伸讲解**

在定位原点的过程中，按住Shift键可以使标尺原点与标尺刻度对齐。此外，标尺的原点也是网格的原点，因此，调整标尺的原点也就同时调整了网格的原点。

2.5.4 实战：使用参考线

难度：☆

素材文件	第 2 章 \2.5.4
在线视频	第 2 章 \2.5.4 实战：使用参考线 .mp4
技术要点	参考线的使用

步骤 01 启动Photoshop CC 2018软件，将素材文件"2.5.4 使用参考线.jpg"打开，如图2-99所示。

图 2-99 打开素材文件

步骤 02 执行"视图"→"标尺"命令，或按Ctrl+R组合键，显示标尺，将鼠标指针放在水平标尺上，按住鼠标左键向下拖动可拖出水平参考线，如图2-100所示。

图 2-100 设置水平参考线

步骤 03 使用同样的方法，可以从垂直的标尺上拖出垂直参考线，如图2-101所示。

图 2-101 设置垂直参考线

延伸讲解

执行"视图"→"锁定参考线"命令，可以锁定参考线的位置，防止参考线被移动。再次执行该命令即可取消锁定。

步骤 04 选择"移动工具" ，将鼠标指针放在参考线上，鼠标指针变为 状时，按住鼠标左键拖动即可移动参考线，如图2-102所示。

图 2-102 移动参考线

步骤 05 将参考线拖回标尺，可将其删除，如图2-103所示。

图 2-103 删除参考线

步骤 06 执行"视图"→"清除参考线"命令，即可删除所有参考线，如图2-104所示。

图 2-104 删除所有参考线

答疑解惑：怎么在精确的点位上创建参考线？

执行"视图"→"新建参考线"命令，打开"新建参考线"对话框，在"取向"选项组中选择创建水平或垂直参考线，在"位置"选项中输入参考线的准确位置，单击"确定"按钮，即可在指定位置创建参考线，如图2-105所示。

图 2-105 新建参考线

2.5.5 导入注释

注释工具可以将PDF文件中包含的注释导入图像。执行"文件"→"导入"→"注释"命令，打开"载入"对话框，选择PDF文件，单击"载入"按钮即可导入。

2.5.6 实战：为图像添加注释

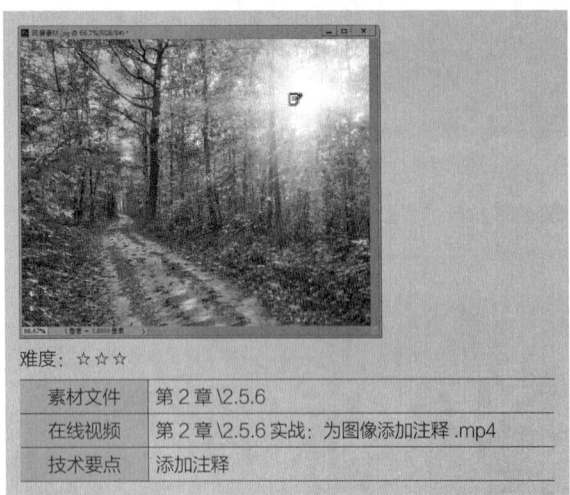

难度：☆☆☆

素材文件	第2章\2.5.6
在线视频	第2章\2.5.6 实战：为图像添加注释 .mp4
技术要点	添加注释

步骤01 启动Photoshop CC 2018软件，将素材文件"2.5.6 为图像添加注释.jpg"打开，如图2-106所示。

图 2-106 打开素材文件

步骤02 单击工具箱中的"注释工具" ，在图像上单击，出现记事本图标 ，系统会自动打开"注释"面板，如图2-107所示。

图 2-107 打开"注释"面板

步骤03 在"注释"面板中输入相关文字，如图2-108所示。

图 2-108 添加注释

步骤04 在文档中再次单击，"注释"面板会自动更新到新的页面。重新输入文字，在"注释"面板中单击"选择下一注释"按钮 ，可以切换到下一个页面，如图2-109所示。

图 2-109 切换页面

步骤05 按Backspace键可以逐字删除注释中的文字，注释页面依然存在，如图2-110所示。

图 2-110 删除注释中的文字

步骤06 在"注释"面板中选择相应的注释并单击"删除注释"按钮 ，可删除选择的注释，如图2-111所示。

图 2-111　删除注释

2.5.7　启用对齐功能

对齐功能有助于精确放置选区、裁剪选区、切片、创建形状和路径。如果要启用对齐功能，可以执行"视图"→"对齐到"命令，其子菜单中包括"参考线""网格""图层""切片""文档边界""全部""无"命令，如图2-112所示。

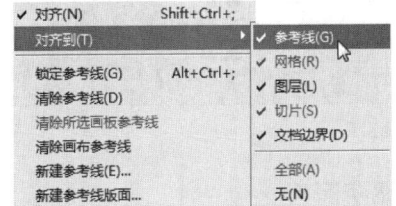

图 2-112　"对齐到"子菜单

◆ 参考线。可以将对象与参考线对齐。

◆ 网格。可以将对象与网格对齐，网格被隐藏时该命令不可用。

◆ 图层。可以将对象与图层中的内容对齐。

◆ 切片。可以将对象与切片的边缘对齐，切片被隐藏时该命令不可用。

◆ 文档边界。可以将对象与文档的边缘对齐。

◆ 全部。执行所有"对齐到"命令。

◆ 无。取消执行所有"对齐到"命令。

2.5.8　显示或隐藏额外内容　重点

参考线、网格、目标路径、选区边缘、切片、文字边界、文字基线和文字选区都是不会打印出来的额外内容，要显示它们，可以执行"视图"→"显示额外内容"命令（这时该命令前出现一个"√"），然后在"视图"菜单中的"显示"子菜单中执行任意命令，如图2-113所示。再次执行某一命令，则可隐藏相应的项目。

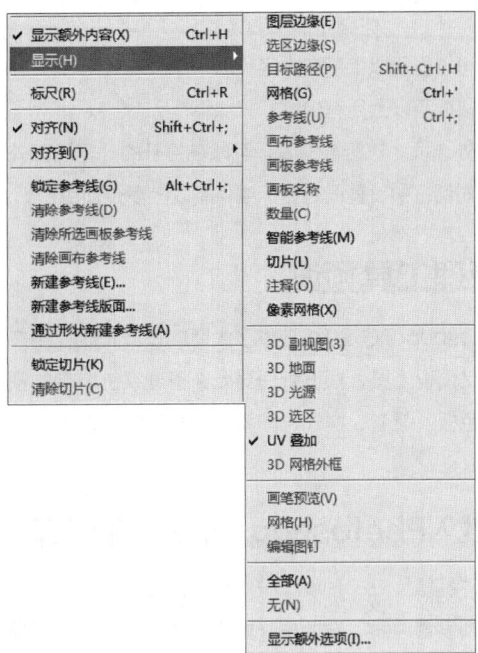

图 2-113　"显示"子菜单

◆ 图层边缘。显示图层内容的边缘，如图2-114所示。在编辑图像时，通常不会启用该功能。

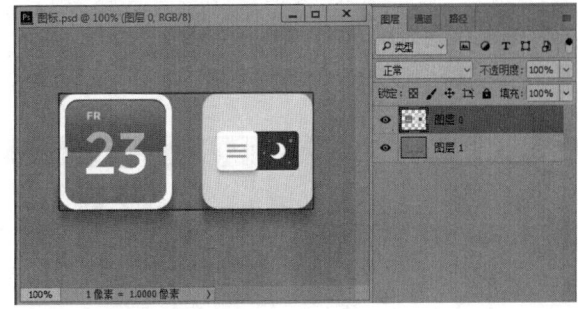

图 2-114　显示图层边缘

◆ 选区边缘。显示或隐藏选区的边框。

◆ 目标路径。显示或隐藏路径。

◆ 网格。显示或隐藏网格。

◆ 参考线。显示或隐藏参考线。

◆ 数量。显示或隐藏计数数目。

◆ 智能参考线：显示或隐藏智能参考线。

◆ 切片。显示或隐藏切片的定界框。

◆ 注释。显示或隐藏创建的注释。

◆ 像素网格。将文档窗口放大至最大的缩放级别后，像素之间会用网格进行划分；取消选择时，则没有网格。

◆ 3D副视图/3D地面/3D光源/3D选区。在处理3D文件时，显示或隐藏3D副视图、地面、光源和选区。

◆ 画笔预览。在使用画笔时，如果选择的是毛刷笔尖，执行该命令以后，可以在窗口中预览笔尖效果和笔尖方向。

◆ 全部。可以显示以上所有内容。

◆ 无。可以隐藏以上所有内容。

◆ 显示额外选项。执行该命令，可以在打开的"显示额外选项"对话框中设置同时显示或隐藏以上多个项目。

2.6 管理工具预设

Photoshop CC 2018提供了大量的设计资源，用户可以自定义预设工具，预设管理器允许管理系统自带的预设画笔、色板、渐变、样式、图案、等高线和自定形状等资源。

2.6.1 载入Photoshop CC 2018资源库

执行"编辑"→"预设"→"预设管理器"命令，可以打开"预设管理器"对话框，如图2-115所示。在"预设类型"下拉列表框中选择一个要使用的预设类型，如图2-116所示。单击右上角的 按钮，打开下拉菜单，选择系统提供的预设资源库，即可将其载入，如图2-117和图2-118所示。载入了某个库以后，就能够在工具选项栏、面板或对话框等位置访问该库的内容，同时可以使用预设管理器来更改当前的预设资源库或创建新库。

🔍 **延伸讲解**

如果要删除载入的资源库，恢复为默认的资源库，可单击"预设管理器"对话框中的 按钮，执行下拉菜单中的"复位（预设类型名称）"命令。

图 2-115 "预设管理器"对话框

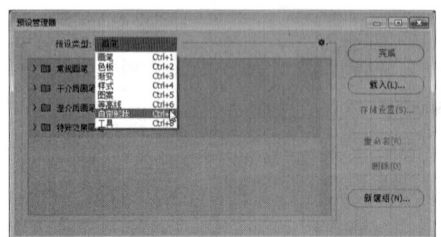

图 2-116 选择预设类型

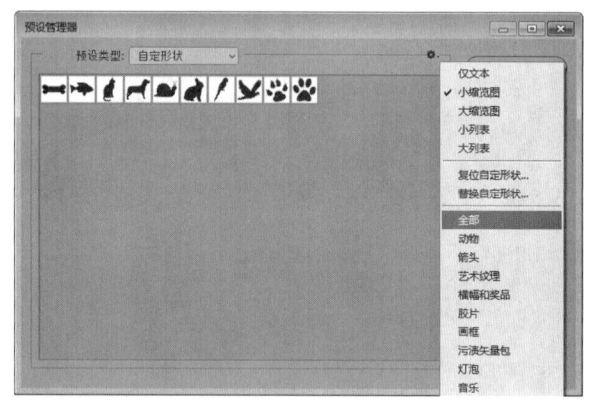

图 2-117 载入预设

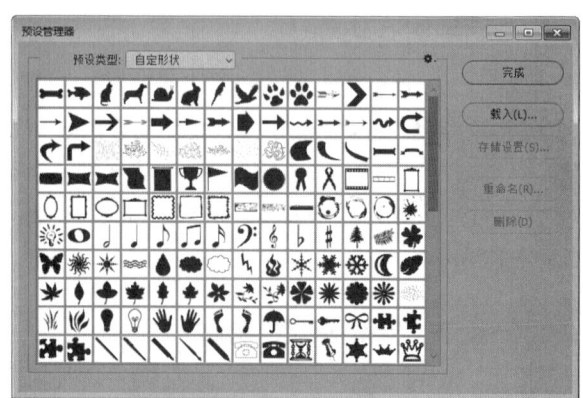

图 2-118 完成载入预设

2.6.2 载入外部资源库

执行"编辑"→"预设"→"预设管理器"命令，打开"预设管理器"窗口，在"预设类型"下拉列表框中选择要使用的预设类型。单击"载入"按钮，在打开的窗口中选择本书提供的资源库，将其载入，如图2-119和图2-120所示。载入的库文件会出现在相应的面板中，如"色板"面板、"画笔"面板、"样式"面板等。

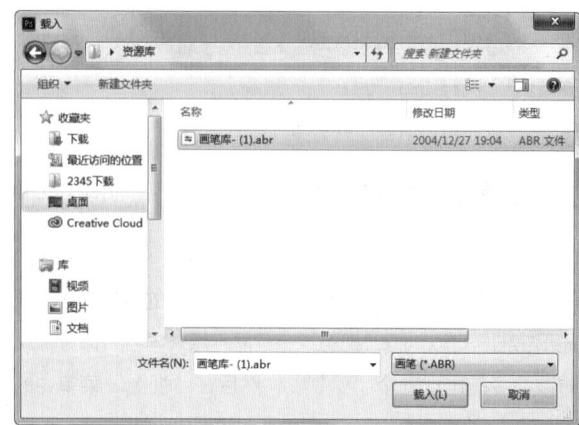

图 2-119 载入 画笔样式

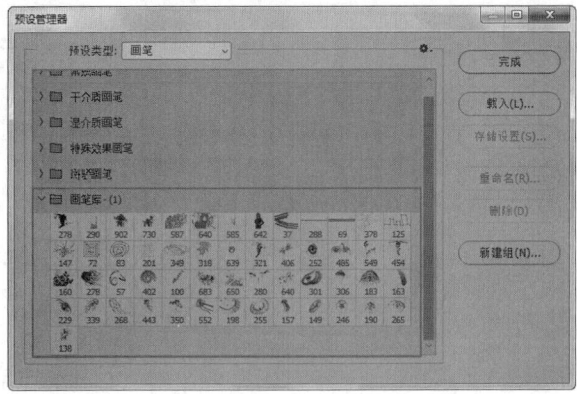

图 2-120 完成载入

2.7 课后习题

2.7.1 制作特色风景照片

难度：☆

素材文件	第 2 章 \2.7.1
在线视频	第 2 章 \2.7.1 制作特色风景照片 .mp4
技术要点	网格的使用

　　网格用于对象的对齐和鼠标指针的精确定位，若配合形状工具组使用，可以整齐地布置对象。本习题练习使用网格制作特色风景照片。

　　首先打开"风景.jpg"素材文件，显示网格，再使用"圆角矩形工具"■根据网格大小绘制圆角矩形，最后设置圆角矩形的不透明度，最终效果如图2-121所示。

图 2-121 特色风景照片效果图

2.7.2 制作家具海报

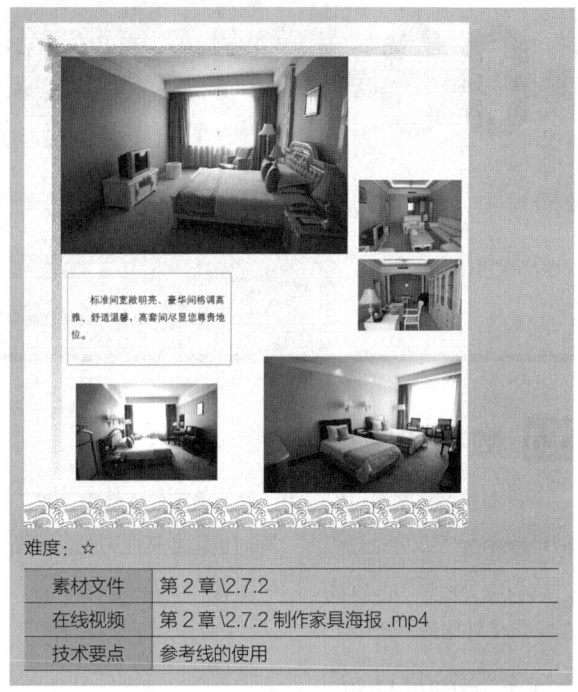

难度：☆

素材文件	第 2 章 \2.7.2
在线视频	第 2 章 \2.7.2 制作家具海报 .mp4
技术要点	参考线的使用

　　参考线是一款常用的辅助工具，在平面设计中经常使用。想要制作整齐排列的元素时，徒手移动很难保证元素整齐排列，使用参考线则可以在移动对象时使其自动"吸附"到参考线上，从而使版面更加整齐。本习题练习使用参考线制作一张家具海报。

　　首先打开"背景.jpg"素材文件，显示标尺，根据标尺创建参考线，然后将素材文件中的家具素材照片拖动到当前文件中，再根据参考线将其放置在合适的位置，最后添加文字，最终效果如图2-122所示。

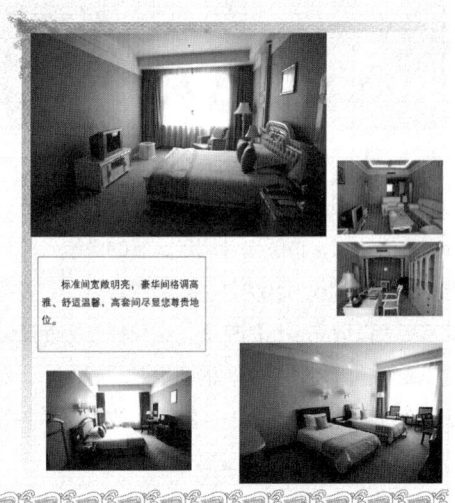

图 2-122 家具海报效果图

图像的基本编辑方法

第**03**章

Photoshop是专业的图像处理软件，在学习之前，必须了解并掌握该软件的一些图像处理基本常识，才能在工作中更好地处理各类图像，创作出高品质的设计作品。本章主要介绍Photoshop CC 2018中的一些基本的图像编辑方法。

学习重点与难点

- ● 像素与分辨率的关系 47页
- ● 修改图像的尺寸 55页
- ● 内容识别缩放 73页
- ● 修改画布大小 54页
- ● 从错误中恢复 61页

3.1 数字图像基础

计算机图形图像可以分为位图图像和矢量图像两种，Photoshop不仅能处理位图，同时也包含矢量功能。下面介绍位图与矢量图的概念，以及像素与分辨率的关系，为学习图像处理打下基础。

3.1.1 位图的特征

位图图像由像素组成，也被称为"栅格图像"。在Photoshop CC 2018中打开一张图像文件，使用"缩放工具"将图像放大，直至工具中间的"+"号消失，图像放大至最大，便会出现许多彩色的小方块，如图3-1和图3-2所示，这些小方块便是"像素（Pixel）"。

图 3-1 打开图像文件

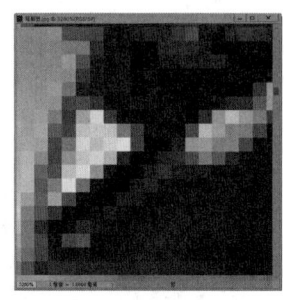
图 3-2 放大图像至最大

在Photoshop中处理位图图像时，编辑的都是像素。由于受到分辨率的制约，位图包含固定数量的像素，在对其缩放或旋转时，Photoshop无法生成新的像素，它只能将原有的像素变大以填充多出的空间，结果往往会使清晰的图像变得模糊，也就是通常所说的图像变"虚"了。例如，图3-3所示为原始图像，图3-4所示为放大600%的局部图像，可以看到，图像已经变得模糊了。

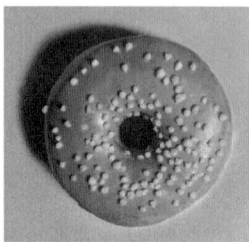
图 3-3 原始图像

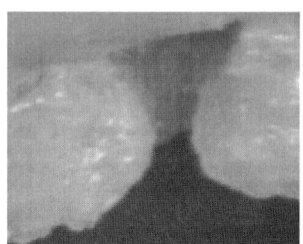
图 3-4 放大后的图像

延伸讲解

在这里需要明确两个概念：使用"缩放工具"时，是对文档窗口进行缩放，它只影响视图比例；而对图像的缩放则是指对图像文件本身进行缩放，它会使图像内容变大或变小。

3.1.2 矢量图的特征

矢量图是图形软件通过数学的向量方式进行计算得来的图形，它与分辨率没有直接关系，它与位图最大的区别在于可以对其任意放大缩小而不会出现模糊或锯齿现象，图形的清晰度和光滑性不会受到影响。图3-5所示是一幅矢量图，图3-6所示是将图像放大600%后的局部图像，图形依然清晰、光滑。矢量图经常用于制作图标、Logo，可以按照不同打印尺寸输出矢量图文件。

图 3-5 原始图像

图 3-6 放大后的图像

矢量图要比位图占用的存储空间小很多。但它不能创建过于复杂的图形，也无法像位图那样表现丰富的颜色变化和细腻的色调过渡。

🔍 延伸讲解

典型的矢量编辑软件有Illustrator、CorelDRAW、FreeHand、AutoCAD等。

3.1.3　像素与分辨率的关系 **重点**

像素是组成位图图像最基本的元素。每一个像素都有自己的位置，并记载图像中的颜色信息。一个图像包含的像素越多，颜色信息就越丰富，图像效果也越好，但文件也会越大。

分辨率是指单位长度内包含的像素点的数量，它的单位通常为像素/英寸（ppi），如72像素/英寸表示每英寸包含72个像素点，300像素/英寸表示每英寸包含300个像素点。分辨率决定了位图细节的精细程度，通常情况下，分辨率越高，包含的像素就越多，图像就越清晰。图3-7、图3-8和图3-9所示为相同打印尺寸但分辨率不同的3个图像，可以看到，低分辨率的图像有些模糊，高分辨率的图像就非常清晰。

图3-7 分辨率为300像素/英寸

图3-8 分辨率为100像素/英寸

图3-9 分辨率为72像素/英寸

🔄 相关链接

新建文件时，可以设置分辨率，相关内容请参阅"3.2 新建文件"。对于一个现有的文件，则可以使用"图像大小"命令修改它的分辨率，相关内容请参阅"3.9.4 实战：修改图像的尺寸"。

❓ 答疑解惑：如何设定合适的分辨率？

像素和分辨率是两个密不可分的概念，它们的组合方式决定了图像的数据量。例如，同样是1英寸×1英寸的两个图像，分辨率为72像素/英寸的图像包含5184个像素（72×72=5184），而分辨率为300像素/英寸的图像则包含90000个像素（300×300=90000）。在打印时，高分辨率的图像要比低分辨率的图像包含更多的像素，因此，像素点更小，像素的密度更高，所以可以重现更多细节和更细微的颜色过渡效果。虽然分辨率越高，图像的质量越好，但这也会增加其占用的存储空间，只有根据图像的用途设置合适的分辨率才能取得最佳的使用效果。这里介绍一个比较通用的分辨率设定规范：如果图像用于屏幕显示或者网络，可以将分辨率设置为72像素/英寸，这样可以减小文件的大小，提高传输和下载速度；如果用于印刷，则应将分辨率设置为不小于300像素/英寸；对于用于大幅喷绘的图像，分辨率数值应介于100像素/英寸~150像素/英寸；如果幅面超大，可以将分辨率设置为36像素/英寸~72像素/英寸。

3.2 新建文件

执行"文件"→"新建"命令，打开"新建文档"对话框，如图3-10所示。在对话框中可以对文件进行基本设置，创建一个新的文档。

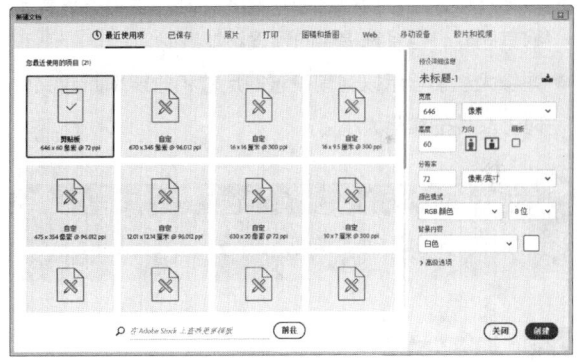

图3-10　"新建文档"对话框

◆ 名称。在文本框可输入所需要的文档名称，默认名称为"未标题-1"。创建文件后，在图像窗口的标题栏中会显示文件名。保存文件时，文件名会自动显示在存储文件的对话框内。

◆ 预设/大小。提供了各种常用文档的预设选项，如照片、Web、A4打印纸、胶片和视频等。

◆ 宽度/高度。可输入文件的宽度和高度。在右侧的下拉列表框中可以选择一种单位，包括"像素""英寸""厘米""毫米""点""派卡"。

◆ 分辨率。可输入文件的分辨率，在右侧的下拉列表框中可以选择分辨率的单位，包括"像素/英寸"和"像素/厘米"。

◆ 颜色模式。可以选择文件的颜色模式，包括"位图""灰度""RGB颜色""CMYK颜色""Lab颜色"等。

◆ 背景内容。可以选择文件背景的内容，包括"白色""黑色""背景色""透明"。

◆ 高级选项。单击"高级选项"前的按钮，"新建文档"对话框底部会显示"颜色配置文件"和"像素长宽比"两个下拉列表框。计算机显示器上的图像是由方形像素组成的，除非用于视频的图像，否则都应选择"方形像素"。

● 颜色配置文件。在"颜色配置文件"下拉列表框中可以为文件选择一个颜色配置文件。

● 像素长宽比。在"像素长宽比"下拉列表框中可以选择像素的长宽比。

● 保存文档预设。单击该按钮，输入预设的名称并选择相应的选项，即可将当前设置的文件大小、分辨率、颜色模式等创建为一个预设。以后需要创建同样的文件时，只需在"新建文档"对话框中选择该预设即可，这样就省去了重复设置选项的麻烦。

● 删除预设。选择自定义的预设文件后，单击该按钮可将其删除，但系统提供的预设不能删除。

● 图像大小。显示以当前设置的尺寸和分辨率新建文件时，文件的实际大小。

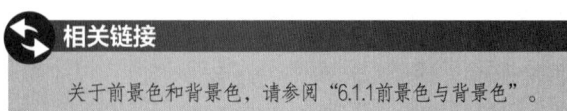

相关链接

关于前景色和背景色，请参阅"6.1.1前景色与背景色"。

3.3 打开文件

在Photoshop CC 2018中，打开文件的方法有很多种，可以执行命令打开、使用快捷方式打开，也可以用Adobe Bridge打开。

执行"打开"命令打开文件

执行"文件"→"打开"命令，或按Ctrl+O组合键，都可以打开"打开"对话框。在对话框中选择一个文件（可以按住Ctrl键的同时单击以选择多个文件），单击"打开"按钮，或双击文件即可将其打开，如图3-11所示。

图 3-11 "打开"对话框

用"打开为"命令打开文件

如果使用与文件的实际格式不匹配的扩展名存储文件（如用扩展名".gif"存储PSD格式的文件），或者文件没有扩展名，则Photoshop CC 2018可能无法确定文件的正确格式，导致不能打开文件。

遇到这类情况，可以执行"文件"→"打开为"命令，打开"打开"对话框，选择文件并为它指定正确的格式，如图3-12所示。然后单击"打开"按钮将其打开。如果这种方法不能打开文件的话，则选取的格式可能与文件的实际格式不匹配，或者文件已经损坏。

图 3-12 打开文件

执行"在Bridge中浏览"命令打开文件

运行Photoshop CC 2018后，执行"文件"→"在Bridge中浏览"命令，或按Alt+Ctrl+O组合键，都可以运行Adobe Bridge，在Bridge中选择一个文件，双击即可在Photoshop CC 2018中将其打开。

通过快捷方式打开文件

在Photoshop CC 2018还没有运行时，可将打开的文件拖动到Photoshop CC 2018应用程序图标上，如图3-13所示即可打开文件。运行了Photoshop CC 2018后，将图像直接拖动到图像编辑区域中，也可将其打开，如图3-14所示。

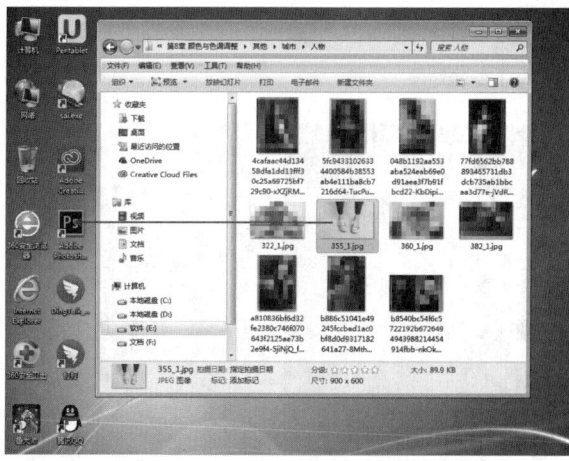

图 3-13 拖动文件到程序图标上

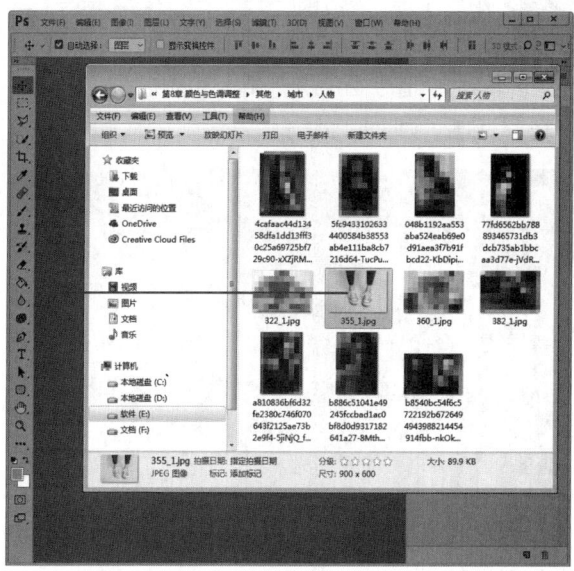

图 3-14 拖动文件到图像编辑区

Q 延伸讲解

在使用拖动到图像编辑区的方法打开图像文件时，如果有已打开的文件，需要将其最小化，再将图像文件拖动至编辑区域中。

打开最近使用过的文件

要打开最近使用过的文件，执行"文件"→"最近打开文件"命令，在其子菜单中会显示最近打开的10个文件，单击任意一个文件即可将其打开。选择子菜单中的"清除最近的文件列表"命令，可以清除保存的目录。

相关链接

执行"编辑"→"首选项"→"文件处理"命令，在"首选项"对话框中可以修改菜单中保存的最近打开的文件的数量。

作为智能对象打开

执行"文件"→"打开为智能对象"命令，打开"打开"对话框，如图3-15所示。选择所需文件将其打开后，打开的文件会自动转换为智能对象（图层缩览图右下角有一个 图标），如图3-16所示。

图 3-15 "打开"对话框

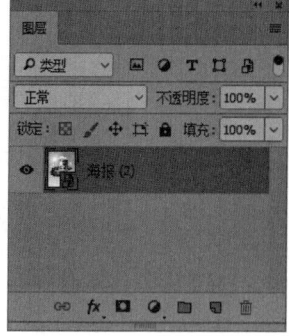

图 3-16 打开为智能对象

相关链接

智能对象是一个嵌入当前文档中的文件，它可以保留文件的原始数据，进行非破坏性编辑。

3.4 置入文件

执行"文件"→"置入嵌入对象"命令能将照片、图片等位图或EPS、PDF、AI等矢量格式的文件作为智能对象置入Photoshop CC 2018中。

3.4.1 实战：置入EPS格式文件

难度：☆☆

素材文件	第 3 章 \3.4.1
在线视频	第 3 章 \3.4.1 实战：置入 EPS 格式文件 .mp4
技术要点	置入 EPS 格式文件

本实战通过执行"置入嵌入对象"命令，在文档中置入EPS格式文件，对置入的文件进行缩放、旋转等操作，并执行"图层样式"命令添加"投影"效果，使其与背景海报完美结合，完成产品海报的制作。

步骤01 启动Photoshop CC 2018软件，选择本例的素材文件"3.4.1 置入EPS格式文件.jpg"，将其打开，如图3-17所示。

步骤02 执行"文件"→"置入嵌入对象"命令，在打开的对话框中选择要置入的EPS格式文件"鞋子.eps"，将其置入，如图3-18所示。

图 3-17 打开素材文件　　图 3-18 置 EPS 格式文件

步骤03 将鼠标指针放在定界框的控制点上，按住Shift键的同时按住鼠标左键并拖动，等比例缩小对象，当鼠标指针变成⤵形状时，可旋转对象，如图3-19所示。调整大小和位置后，按Enter键确定置入，按Esc键则取消置入。

步骤04 单击工具箱中的"魔棒工具" ，在白色背景上单击，将背景选中，按住Alt键单击"图层"面板上的"添加图层蒙版"按钮 ，如图3-20所示，创建蒙版并将"鞋子"图层的背景遮住。

图 3-19 旋转对象

 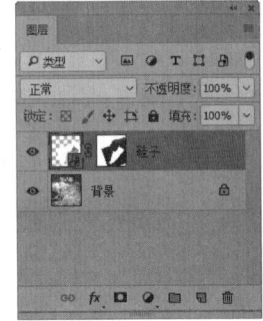

图 3-20 添加图层蒙版

步骤05 执行"图层"→"图层样式"→"投影"命令，或双击"鞋子"图层，在打开的"图层样式"对话框中设置相应的参数，如图3-21所示。单击"确定"按钮，添加"鞋子"投影，如图3-22所示。

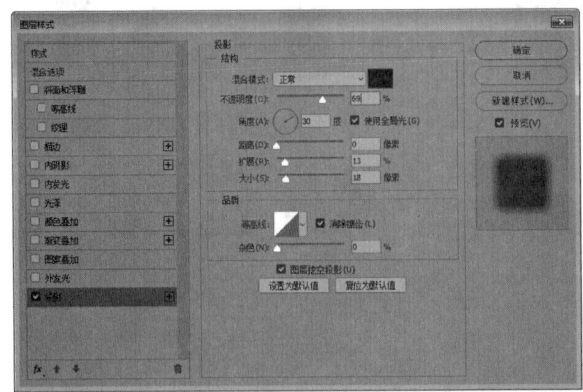

图 3-21 添加投影

 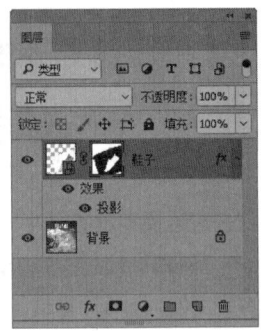

图 3-22 投影效果

步骤06 在"图层"面板中图层效果处单击鼠标右键，在弹出的快捷菜单中执行"创建图层"命令，如图3-23所示。按Ctrl+T组合键，显示定界框，扭曲对象，并调整位置，如图3-24所示。

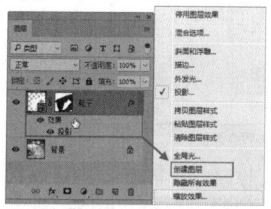

图 3-23 创建图层

图 3-24 扭曲对象

延伸讲解

在没有按Enter键确认置入前，对图像进行的缩放、变形、旋转或斜切等操作都不会降低图像的品质。

3.4.2 实战：置入AI格式文件

难度：☆☆

素材文件	第 3 章 \3.4.2
在线视频	第 3 章 \3.4.2 实战：置入 AI 格式文件 .mp4
技术要点	置入 AI 格式文件

资源获取验证码：93199

本实战通过执行"置入嵌入对象"命令，在文档中置入AI格式文件，并复制图层，然后执行"自由变换"命令进行编辑，调整其"不透明度"，制作倒影效果。

步骤01 启动Photoshop CC 2018软件，选择素材文件"3.4.2置入AI格式文件.jpg"，将其打开，如图3-25所示。

步骤02 执行"文件"→"置入嵌入对象"命令，在打开的对话框中选择要置入的AI格式文件"3.4.2酒瓶.ai"，如图3-26所示。

图 3-25 打开素材文件

图 3-26 选择置入的 AI 文件

步骤03 按Ctrl+J组合键复制"酒瓶"图层，得到"酒瓶拷贝"图层，如图3-27所示。

步骤04 按Ctrl+T组合键，显示定界框，单击鼠标右键，在弹出的快捷菜单中执行"垂直翻转"命令，调整位置如图3-28所示，然后在"图层"面板中设置该图层的"不透明度"为"30%"，如图3-29所示，完成酒瓶倒影的制作。

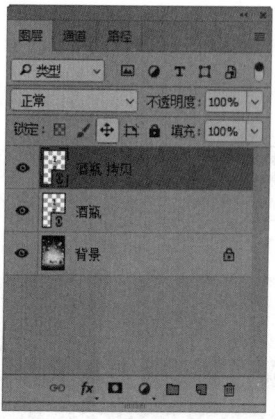

图 3-27 复制图层

图 3-28 变换位置

51

图 3-29 调整不透明度

延伸讲解

置入嵌入的对象后，执行"图层"→"智能对象"→"转换为链接对象"命令，可将嵌入对象转换为链接对象。

3.5 导入文件

在Photoshop CC 2018中，新建或打开图像文件后，可以通过执行"文件"→"导入"命令，如图3-30所示，将视频帧、注释和WIA支持等内容导入文档中，并对其进行编辑。

某些数码相机使用"Windows图像采集"(WIA)支持来导入图像，即将数码相机连接到计算机，然后执行"文件"→"导入"→"WIA支持"命令，就可以将照片导入。

如果计算机配置有扫描仪并安装了相关的软件，则可在"导入"子菜单中选择扫描仪的名称，使用扫描仪制造商的软件扫描图像，并将其存储为TIFF、PICT、BMP等格式，然后在Photoshop CC 2018中打开。

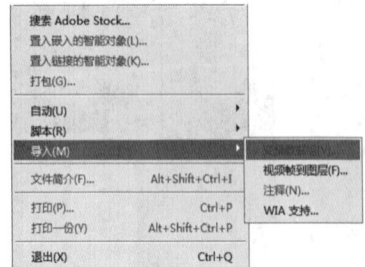

图 3-30 "导入"子菜单

相关链接

关于如何导入注释，请参阅"2.5.5 导入注释"。

3.6 导出文件

在Photoshop CC 2018中创建和编辑的图像可以导出到Illustrator或视频设备中，以满足不同的使用需要。执行"文件"→"导出"命令，可以导出文件，如图3-31所示。

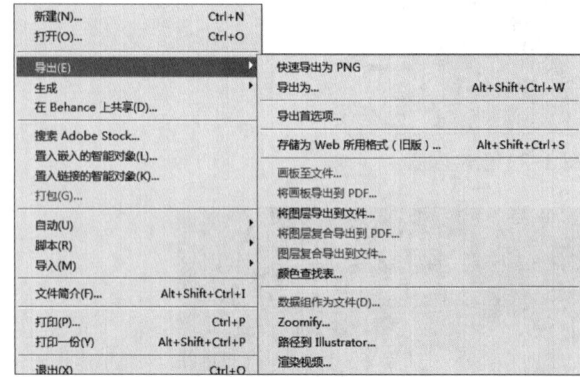

图 3-31 "导出"子菜单

◆ Zoomify。执行"文件"→"导出"→"Zoomify"命令，可以将高分辨率的图像发布到Web上，利用Viewpoint Media Player，可以平移或缩放图像以查看它的不同部分。在导出时，系统会创建JPGE或HTML文件，用户可以将这些文件上传到Web服务器。

◆ 路径到Illustrator。如果在Photoshop CC 2018中创建了路径，可以执行"文件"→"导出"→"路径到Illustrator"命令，将路径导出为AI格式，导出的路径可以继续在Illustrator中使用。

3.7 保存文件

对打开的文件进行编辑后，应及时保存处理结果，以免因断电或死机而造成损失。Photoshop CC 2018提供了多个用于保存文件的命令，也可以选择不同的格式来存储文件，以便其他程序使用。

3.7.1 执行"存储"命令保存文件

在Photoshop CC 2018中对图像文件进行了编辑后，执行"文件"→"存储"命令，或按Ctrl+S组合键，即可保存对当前图像做出的修改，图像会按原有的格式存储。如果是新建的文件，则存储时会打开"另存为"对话框，在对话框的"保存类型"下拉列表框中可以选择支持保存这些信息的文件格式。

3.7.2 用"存储为"命令保存文件

执行"文件"→"存储为"命令，可以将当前图像文件保存为另外的名称和其他格式，或者将其存储在其他位置。如果不想保存对当前图像做出的修改，可以通过该命令创建源文件的副本，再将源文件关闭即可。执行"文件"→"存储为"命令，打开"另存为"对话框，如图3-32所示。

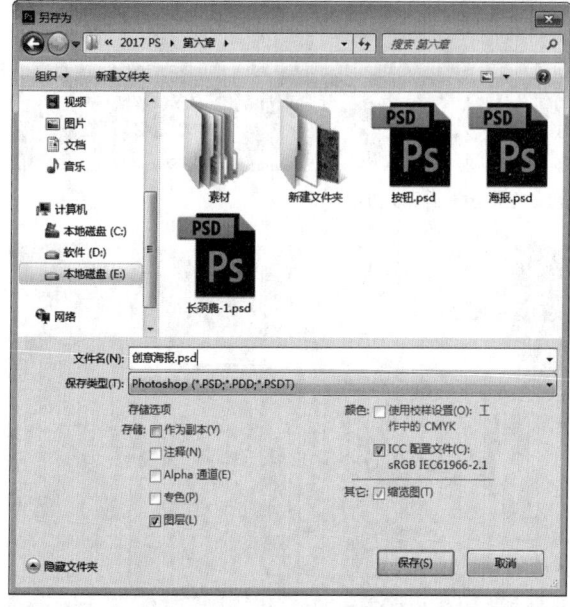

图 3-32　"另存为"对话框

3.7.3 选择正确的格式保存文件

文件格式决定了图像数据的存储方式（像素还是矢量）、压缩方式、支持什么样的Photoshop功能，以及文件是否与一些应用程序兼容。执行"存储"或"存储为"命令保存图像文件时，可以在打开的"另存为"对话框中选择文件保存格式，如图3-33所示。

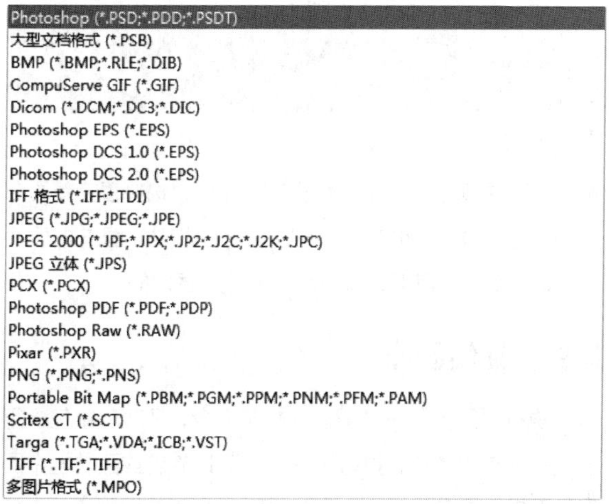

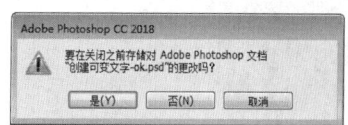

图 3-33 文件保存格式

答疑解惑：常用的格式有哪些？

PSD是重要的文件格式之一，它可以保留文档的图像、蒙版、通道等内容，编辑图像之后，应尽量保存为该格式，以便以后可以随时修改。此外，矢量软件Illustrator和排版软件InDesign也支持PSD文件，这说明一个透明背景的文档置入到这两个程序之后，背景仍然是透明的。JPEG格式是众多数码相机默认的格式，如果要将照片或图像打印输出，或者通过E-mail传送，应采用该格式保存；如果图像用于Web，可以选择JPEG或GIF格式；而使用PDF格式保存文件，不但可以借助于免费的Adobe Reader软件显示图像，还可以在文件中添加注释。

3.8 关闭文件

图像编辑完成后，可采用以下方法关闭文件。

- 关闭文件。执行"文件"→"关闭"命令（Ctrl+W组合键），或单击标题栏的×按钮，可以关闭当前的图像文件。如果对图像进行了修改，会打开提示对话框，如图3-34所示。如果当前图像是一个新建的文件，单击"是"按钮，可以在打开的"另存为"对话框中将文件保存；单击"否"按钮，可关闭文件，但不保存对文件做出的修改；单击"取消"按钮，则关闭对话框，并取消关闭操作。如果当前文件是打开的已有的文件，单击"是"按钮可保存对文件做出的修改。

图 3-34 提示对话框

- 关闭全部文件。执行"文件"→"关闭全部"命令，可以关闭在Photoshop中打开的所有文件。
- 关闭文件并转到Bridge。执行"文件"→"关闭并转到Bridge"命令，可以关闭当前文件，然后打开Bridge。
- 退出程序。执行"文件"→"退出"命令，或单击程序窗口右上角的×按钮，可退出Photoshop CC 2018。如果没有保存文件，将打开提示对话框，询问是否保存文件。

3.9 修改像素尺寸和画布大小

拍摄的数码照片或是在网络上下载的图像可以有不同的用途。例如，可以将其设置成为电脑桌面、制作为个性化的QQ头像、用作手机壁纸、传输到网络相册上、用于打印等。然而，图像的尺寸和分辨率有时不符合要求，这就需要对图像的大小和分辨率进行修改。

3.9.1 修改画布大小 **重点**

画布是指整个文档的工作区域，如图3-35所示。执行"图像"→"画布大小"命令，可以在打开的"画布大小"对话框中修改画布尺寸，如图3-36所示。

图 3-35 打开素材文件

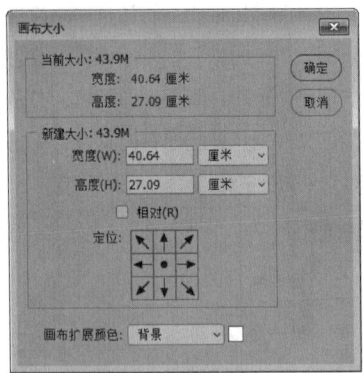

图 3-36 "画布大小"对话框

◆ 当前大小。显示了图像宽度和高度的实际尺寸和文档的实际大小。

◆ 新建大小。可以在"宽度"和"高度"文本框中输入画布的尺寸。当输入的数值大于原来尺寸时会增大画布，反之则减小画布。减小画布会裁剪图像。输入尺寸后，该选项右侧会显示修改画布后的文档大小。

◆ 相对。勾选该复选框，"宽度"和"高度"选项中的数值将代表实际增加或减少的区域大小，而不再代表整个文档的大小，此时输入正值表示增大画布，输入负值则减小画布。

◆ 定位。单击不同的方格，可以指示当前图像在新画布上的位置，图3-37、图3-38和图3-39所示是设置不同的

定位方向再增大画布后的图像效果（画布的扩展颜色为橙红色）。

图 3-37 设置画布大小

图 3-38 更改定位方向 1

图 3-39 更改定位方向 2

◆ 画布扩展颜色。在该下拉列表框中可以选择填充新画布的颜色。如果图像的背景是透明的，则"画布扩展颜色"选项将不可用，添加的画布也是透明的。

3.9.2 旋转画布

执行"图像"→"图像旋转"命令，子菜单中包含用于旋转画布的命令，执行这些命令可以旋转或翻转整个图像。图3-40所示为原始图像，图3-41所示是执行"水平

翻转画布"命令后的状态。

图 3-40 打开素材文件

图 3-41 水平翻转画布

🔍 延伸讲解

执行"图像"→"图像选择"→"任意角度"命令，打开"旋转画布"对话框，输入画布的旋转角度即可按照设定的角度和方向精确旋转画布，如图3-42所示。

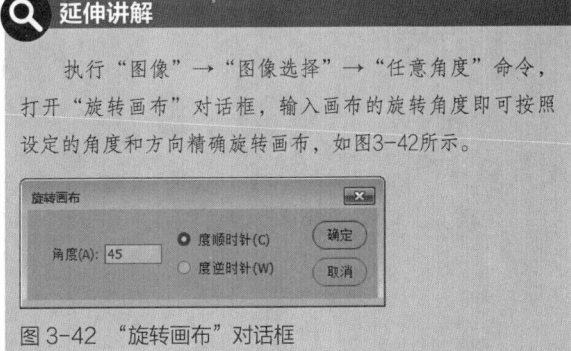

图 3-42 "旋转画布"对话框

❓❓ 答疑解惑："图像旋转"命令与"变换"命令有何区别？

"图像旋转"命令用于旋转整个图像。如果要旋转单个图层中的图像，则需要执行"编辑"→"变换"命令。如果要旋转选区，则需要执行"选择"→"变换选区"命令。

3.9.3 显示画布之外的图像

当在文档中置入一个较大的图像文件，或者使用"移动工具"将一个较大的图像拖入到一个比较小的文档时，图像中的一些内容就会位于画布之外，不会显示出来。执行"图像"→"显示全部"命令，系统会通过判断图像中像素的位置，自动扩大画布，显示全部图像。

3.9.4 实战：修改图像的尺寸 🔴重点

难度：☆

素材文件	第 3 章 \3.9.4
在线视频	第 3 章 \3.9.4 实战：修改图像的尺寸 .mp4
技术要点	修改图像的尺寸

执行"图像"→"图像大小"命令可以调整图像的像素大小、打印尺寸和分辨率。修改图像大小不仅会影响图像在屏幕上的视觉效果，还会影响图像的质量及其打印效果，同时也决定了图像所占用的存储空间。

步骤01 启动Photoshop CC 2018软件，选择本章的素材文件"3.9.4 修改图像的尺寸.jpg"，将其打开，如图3-43所示。

步骤02 执行"图像"→"图像大小"命令，打开"图像大小"对话框，在预览图像上按住鼠标左键并拖动，定位显示中心。此时预览图像底部会出现显示比例的百分比，如图3-44所示。按住Ctrl键的同时单击预览图像可以增大显示比例，按住Alt键的同时单击可以减小显示比例。

图 3-43 打开素材文件

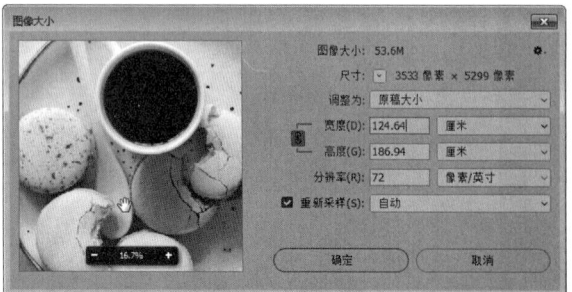

图 3-44 "图像大小"对话框

步骤 03 "宽度""高度""分辨率"选项用来设置图像的
打印尺寸。先勾选"重新采样"复选框，然后修改图像的
宽度或高度，改变图像的像素数量。减小图像的大小，就
会减少像素数量，如图3-45所示。此时图像虽然变小了，
但画质不会改变，如图3-46所示。而增加图像的大小或提
高分辨率，如图3-47所示，会增加新的像素，这时图像尺
寸虽然增大了，但画质会下降，如图3-48所示。

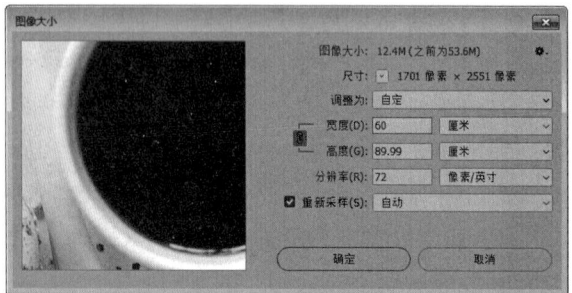

图 3-45 缩小图像

图 3-46 缩小图像效果

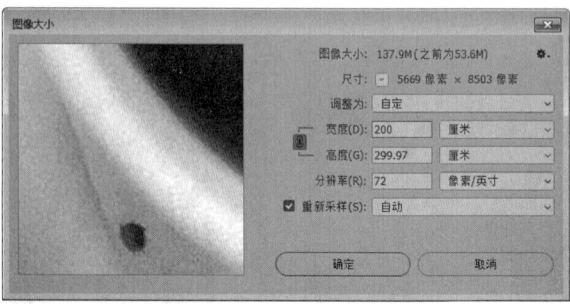

图 3-47 放大图像

图 3-48 放大图像效果

步骤 04 先取消勾选"重新采样"复选框，再来修改图像的
宽度或高度，这时图像的像素总量不会变化。也就是说，减
小宽度和高度，会自动增加分辨率，如图3-49和图 3-50所
示；而增加宽度和高度，会自动降低分辨率，如图3-51和
图 3-52所示。图像的视觉大小看起来不会有任何改变，画
质也没有变化。

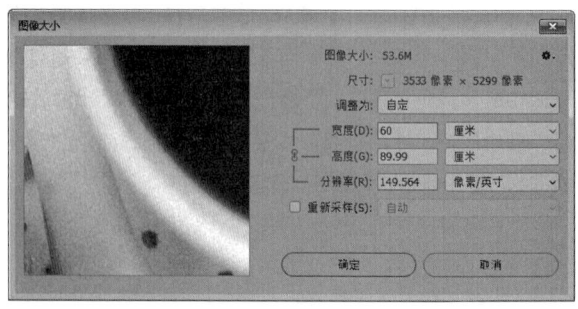

图 3-49 调整参数

🔍 **延伸讲解**

在"图像大小"对话框中，新文件的大小会出现在对
话框的顶部，旧文件的大小在括号内显示。

图 3-50 增加分辨率图像效果

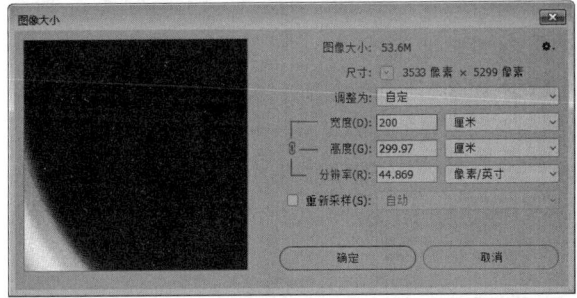

图 3-51 调整参数

图 3-52 减小分辨率图像效果

❓ 答疑解惑：增加分辨率能让图片变清晰吗？

如果一个图像的分辨率较低且模糊，即使增加它的分辨率也不会让它变清晰。这是因为Photoshop CC 2018只能在原始数据的基础上进行调整，无法生成新的原始数据。

"图像大小"对话框选项

◆ 图像大小/尺寸。显示了图像的大小和像素尺寸。单击"尺寸"选项右侧的 按钮，可以打开一个下拉菜单，在菜单中可以选择以其他度量单位（如百分比、厘米、点等）显示最终输出的尺寸。

◆ 调整为。单击 按钮弹出下拉列表框，其中包含了各种预设的图像尺寸。此外，选择"自动分辨率"选项，可以打开"自动分辨率"对话框，输入"挂网"的参数，系统会根据输出设备的网频来建议使用的图像分辨率。

◆ 缩放样式。单击对话框右上角的 按钮，可以打开一个菜单，菜单中包含"缩放样式"命令，并处于选中状态。它表示如果文档中的图层添加了图层样式，那么调整图像的大小时会自动缩放样式。如果要禁用缩放功能，可以取消选择该命令。

◆ 宽度/高度。可以输入图像的宽度和高度值。如果要修改"宽度"和"高度"的度量单位，可单击选项右侧的 按钮，在打开的下拉列表框中进行选择。"宽度"和"高度"选项中间有一个 按钮，并处于按下状态，它表示修改图像的宽度或高度时，可保持宽度和高度的比例不变。如果要分别缩放宽度和高度，可单击该按钮解除链接。

◆ 分辨率。可以输入图像的分辨率。

◆ 重新采样。如果要修改图像大小或分辨率，以及按比例调整像素总数，可勾选该复选框，并在右侧的下拉列表框中选取插值方法，来确定添加或删除像素的方式。如果要修改图像大小或分辨率，而不改变图像中的像素总数，则取消勾选该复选框。

3.9.5 实战：将照片设置为电脑桌面

难度：☆

素材文件	第 3 章 \3.9.5
在线视频	第 3 章 \3.9.5 实战：将照片设置为电脑桌面 .mp4
技术要点	将照片设置为电脑桌面

除了可以设置计算机默认的桌面，还可以将照片或者喜爱的图片设置为计算机桌面。但常常会遇到一些难题，例如，照片要么太大，桌面显示不下，要么又太小，不能铺满桌面。有时也会出现虽然能铺满桌面，但图像出现变形的问题。下面介绍一种方法来解决这些难题。

步骤 01 在计算机桌面上单击鼠标右键，在弹出的快捷菜单中执行"个性化"命令，如图3-53所示。打开对话框，如图3-54依次单击对话框左侧的"显示""调整分辨率"按钮后，如图3-55所示和图3-56所示，查看计算机屏幕的像素尺寸。

图 3-53 选择"个性化"命令

图 3-54 打开对话框

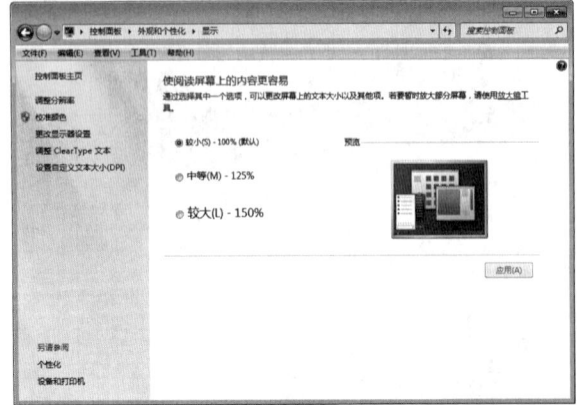

图 3-55 单击"显示"和"调整分辨率"按钮

图 3-56 查看分辨率

步骤 02 启动Photoshop CC 2018软件，按Ctrl+N组合键，打开"新建文档"对话框，在"宽度"和"高度"文本框内输入看到的分辨率尺寸，将文档的分辨率设置为"72像素/英寸"，如图3-57所示，这样就创建了一个与桌面大小相同的文档。

步骤 03 选择本章的素材文件"3.9.5将照片设置为电脑桌面.jpg"，将要设置为桌面的照片打开。使用"移动工具" ⊕ 将它拖入新建的文档中，如图3-58所示。按Ctrl+E组合键并图层，再按Ctrl+S组合键将文件保存为JPEG格式。

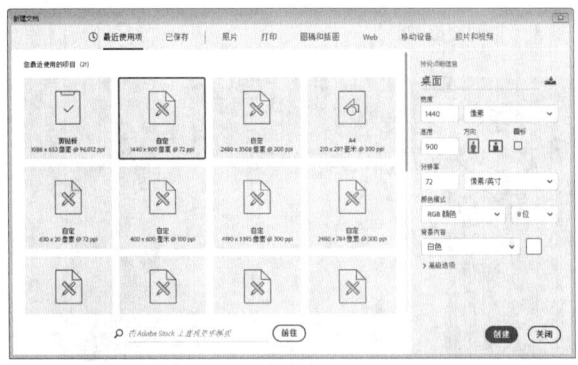

图 3-57 新建文档

图 3-58 拖入图像

如果要调整照片大小，可以按Ctrl+T组合键显示定界框，按住Shift键拖动控制点。

步骤 04 在计算机中找到保存的照片，单击鼠标右键，在弹出的快捷菜单中执行"设置为桌面背景"命令，如图3-59所示。由于是按照计算机屏幕的实际尺寸创建的桌面文档，图像与屏幕完全契合，不会出现拉伸和扭曲，如图3-60所示。

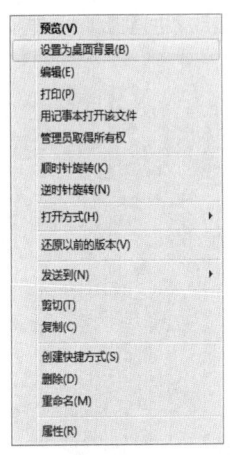

图 3-59 设置为桌面背景

图 3-60 桌面效果

3.10 复制与粘贴

"拷贝""剪切""粘贴"等都是应用程序中非常普通的命令，它们可以完成复制与粘贴任务。与其他程序不同的是，Photoshop CC 2018还可以对选区内的图像进行特殊的复制与粘贴操作，如在选区内粘贴图像，或清除选中的图像。

3.10.1 复制文档

如果要基于图像的当前状态创建一个文档副本，可以执行"图像"→"复制"命令，在打开的"复制图像"对话框中进行设置，如图3-61所示。在"为"文本框内可以输入新图像的名称。如果图像包含多个图层，则"仅复制合并的图层"复选框可用，勾选该复选框，复制后的图像将自动合并图层。此外，在文档窗口顶部单击鼠标右键，在弹出的快捷菜单中执行"复制"命令可以快速复制图像，如图3-62所示。系统会自动为新图像命名，即"原文件名拷贝"。

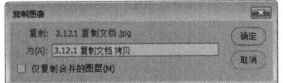

图 3-61 "复制图像"对话框

图 3-62 快捷菜单

3.10.2 复制、合并复制与剪切

复制

打开一个文件，如图3-63所示，在图像中创建选区，如图3-64所示，执行"编辑"→"拷贝"命令或按Ctrl+C组合键，可以将选中的图像复制到剪贴板，此时，画面中的图像内容保持不变。

图 3-63 打开素材文件　　　图 3-64 创建选区

合并复制

如果文档包含多个图层，如图3-65所示，在图像中创建选区，如图3-66所示，执行"编辑"→"选择性拷贝"→"合并拷贝"命令，可以将所有可见图层中的图像复制到剪贴板。图 3-67所示为采用这种方法复制图像，然后粘贴到另一个文档中的效果。

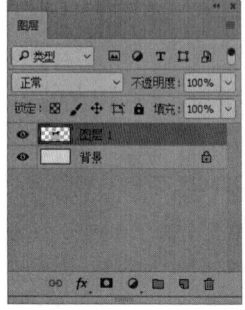

图 3-65 "图层"面板

图 3-66 创建选区　　　　图 3-67 粘贴

剪切

执行"编辑"→"剪切"命令，可以将选中的图像从画面中剪切掉，如图3-68所示，图3-69所示是将剪切的图像粘贴到另一个文档中的效果。

图 3-68 剪切　　　　图 3-69 粘贴

3.10.3 粘贴与选择性粘贴

粘贴

在图像中创建选区，如图3-70所示，复制（或剪切）图像，执行"编辑"→"粘贴"命令，或按Ctrl+V组合键，可以将剪贴板中的图像粘贴到当前文档中，如图3-71所示。

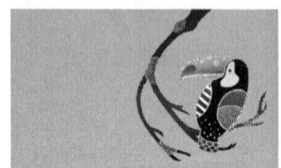

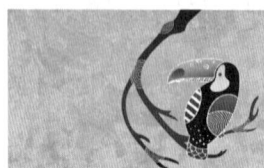

图 3-70 创建选区　　　　图 3-71 粘贴

选择性粘贴

复制或剪切图像后，可以执行"编辑"→"选择性粘

贴"命令粘贴图像，如图3-72所示。

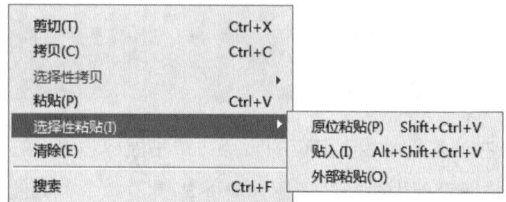

图 3-72 "选择性粘贴"子菜单

◆ 原位粘贴。将图像按照其原位粘贴到文档中。

◆ 贴入。如果创建了选区，如图3-73所示，执行该命令，可以将图像粘贴到选区内并自动添加蒙版，将选区之外的图像隐藏，如图3-74所示。

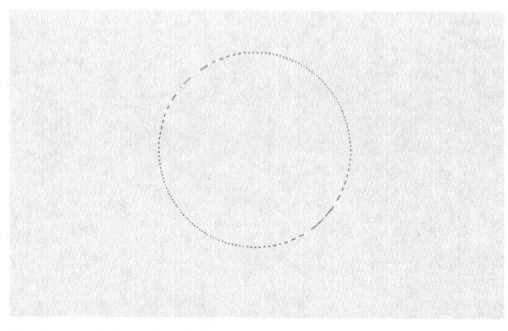

图 3-73 创建圆形选区

图 3-74 贴入图像效果

◆ 外部粘贴。如果创建了选区，执行该命令，可以将图像粘贴到选区内并自动添加蒙版，将选区中的图像隐藏，如图3-75所示。

图 3-75 外部粘贴效果

3.10.4　清除图像

在图像中创建选区，如图3-76所示，执行"编辑"→"清除"命令，可以将选中的图像清除，如图3-77所示。如果清除的是"背景"图层上的图像，如图3-78所示，则清除区域会填充背景色，如图3-79所示。

图 3-76　创建选区

图 3-77　"清除"效果

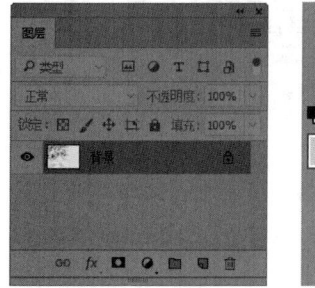

图 3-78　"背景"图层

图 3-79　"清除"效果

3.11　从错误中恢复　重点

编辑图像的过程中，如果操作出现了失误或对创建的效果不满意，可以撤销操作，或者将图像恢复为最近保存过的状态。Photoshop CC 2018提供了很多恢复操作的功能，有了它们作保证，就可以放心大胆进行创作了。

3.11.1　还原与重做

执行"编辑"→"还原"命令或按Ctrl+Z组合键，可以撤销对图像所做的最后一次修改，将其还原到上一步编辑状态中。如果想要取消还原操作，可以执行"编辑"→"重做"命令，或按Ctrl+Z组合键。

> **?? 答疑解惑：如何复位对话框中的参数？**
>
> 执行"图像"→"调整"菜单中的命令，以及选择"滤镜"菜单中的滤镜时，都会打开相应的对话框，修改参数后，如果想要恢复为默认值，只需按住Alt键，对话框中的"取消"按钮就会变为"复位"按钮，单击它即可，如图3-80和图3-81所示。
>
>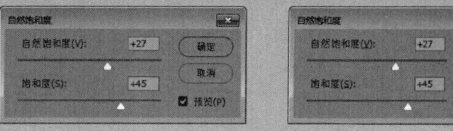
>
> 图 3-80　"自然饱和度"对话框　　图 3-81　"复位"按钮

3.11.2　前进一步与后退一步

"还原"命令只能还原一步操作，如果想要连续还原，可连续执行"编辑"→"后退一步"命令，或者连续按Alt+Ctrl+Z组合键，逐步撤销操作。

如果想恢复被撤销的操作，可连续执行"编辑"→"前进一步"命令，或连续按Shift+Ctrl+Z组合键。

3.11.3　恢复文件

执行"文件"→"恢复"命令，可以直接将文件恢复到最后一次保存时的状态。

3.12　用"历史记录"面板进行还原操作

在编辑图像时，每进行一步操作，系统都会将其记录在"历史记录"面板中。通过该面板可以将图像恢复到此前操作过程中的任意状态，也可以再次回到当前的操作状态，或者将处理结果创建为快照或是新的文件。

3.12.1 "历史记录"面板

执行"窗口"→"历史记录"命令，可以打开"历史记录"面板，如图3-82所示。单击"历史记录"面板右上角的■按钮，打开面板菜单，如图3-83所示。

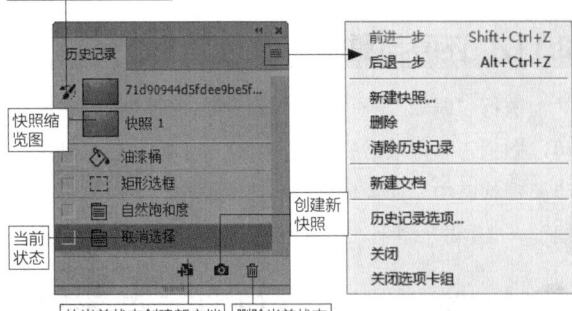

图 3-82 "历史记录"面板　　图 3-83 面板菜单

◆ 设置历史记录画笔的源☑。使用"历史记录画笔工具"时，该图标所在的位置将作为源图像。

相关链接

关于"历史记录画笔工具"的使用方法，请参阅"6.5.6实战：用'历史记录画笔工具'恢复局部色彩"。

◆ 快照缩览图。被记录为快照的图像状态。
◆ 当前状态。当前选定的图像编辑状态。
◆ 从当前状态创建新文档■。基于当前操作步骤中图像的状态创建一个新的文件。
◆ 创建新快照■。基于当前的图像状态创建快照。
◆ 删除当前状态■。选择一个操作步骤，单击该按钮可将该步骤及后面的操作删除。

3.12.2 实战：用"历史记录"面板还原图像

难度：☆☆☆

素材文件	第 3 章 \3.12.2
在线视频	第 3 章 \3.12.2 实战：用"历史记录"面板还原图像 .mp4
技术要点	用"历史记录"面板还原图像

在图像编辑中进行的每一步操作，系统都会在"历史记录"面板上自动记录，通过它图像可以回到所进行过的任意一步编辑状态，并从该状态继续工作。同时，用户还可以配合"历史记录画笔工具"将图像的局部恢复到以前的状态，产生特殊的效果。

步骤 01 启动Photoshop CC 2018软件，选择本章的素材文件"3.12.2 用'历史记录'面板还原图像.jpg"，将其打开，如图3-84所示。执行"窗口"→"历史记录"命令，可以打开"历史记录"面板。

步骤 02 执行"图像"→"调整"→"黑白"命令，打开"黑白"对话框，设置参数，创建黑白效果，如图3-85所示。

图 3-84 打开素材文件

图 3-85 创建黑白效果

步骤 03 执行"图像"→"调整"→"阈值"命令，打开"阈值"对话框，设置参数，创建阈值效果，如图3-86所示。

图 3-86 创建阈值效果

步骤 04 图3-87所示为当前"历史记录"面板中记录的操作步骤，单击"黑白"步骤，就可以将图像恢复为该步骤时的编辑状态。

图 3-87　恢复为"黑白"步骤时的编辑状态

步骤 05 打开文件时，图像的初始状态会自动登录到快照区，单击快照区，就可以将图像恢复到最初的打开状态，如图3-88所示。如果要还原所有被撤销的操作，只需单击最后一步操作即可，如图3-89所示。

图 3-88　单击快照恢复打开时的状态

图 3-89　还原被撤销的操作

3.12.3　用快照还原图像

"历史记录"面板只能保存20步操作。使用画笔、涂抹等绘画工具时，每单击一次都会记录为一个操作步骤。例如，绘制图3-90所示的图像时，面板中记录的全是画笔工具的状态，如图3-91所示，进行还原操作时，根本没法分辨哪一步是需要的状态，这就使"历史记录"面板的还原能力非常有限。

有两种方法可以解决这个问题。第一种方法是执行"编辑"→"首选项"→"性能"命令，打开"首选项"对话框，在"历史记录状态"选项中增加历史记录的保存数量，如图3-92所示。但这又有一个问题，就是历史步骤的数量越多，占用的内存就越多。

图 3-90　绘制图像

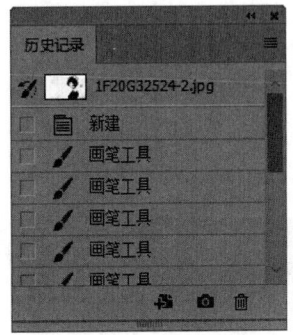

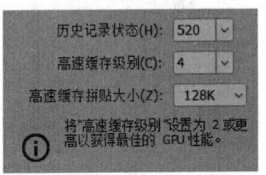

图 3-91　"历史记录"面板　　图 3-92 编辑"历史记录状态"

第二种方法更实用一些。每当绘制完重要的效果以后，就单击"历史记录"面板中的"创建新快照"按钮 📷，将画面的当前状态保存为一个快照，如图3-93所示。以后无论绘制了多少步，即使面板中新的步骤已经将其覆盖了，都可以通过单击快照将图像恢复为快照所记录的效果，如图3-94所示。

图 3-93　保存快照

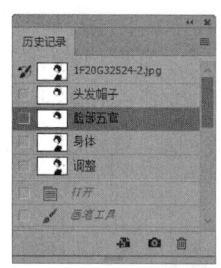

图 3-94 恢复快照所记录的效果

图 3-98 全文档

"快照"选项

在"历史记录"面板中单击要创建为快照的步骤，如图3-95所示，按住Alt键单击"创建新快照"按钮 📷 ，或者执行面板菜单中的"新建快照"命令，在打开的"新建快照"对话框中通过设置选项来创建快照，如图3-96所示。

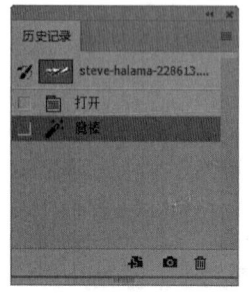

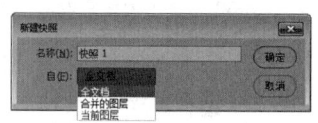

图 3-95 "历史记录"面板　图 3-96 "新建快照"对话框

图 3-99 图像状态

◆ 名称。可以输入快照的名称。

◆ 自。可以选择创建的快照内容。选择"全文档"，可创建图像当前状态下所有图层的快照，如图3-97和图3-98所示；选择"合并的图层"，建立的快照会合并当前状态下图像中的所有图层，如图3-99和图3-100所示；选择"当前图层"，只创建当前状态下所选图层的快照，如图3-101和图3-102所示。

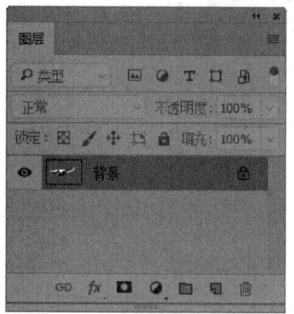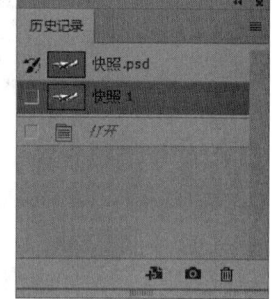

图 3-100 合并的图层

图 3-97 图像状态

图 3-101 图像状态

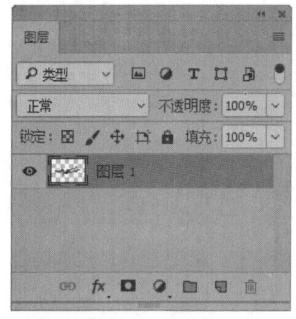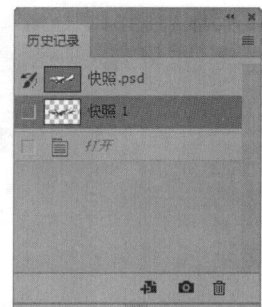

图 3-102　当前图层

3.12.4　删除快照

在"历史记录"面板中选择一个快照，单击"删除当前状态"按钮 🗑 或按住鼠标左键将该快照拖动至"删除当前状态"按钮 🗑 上，即可将其删除，如图3-103和图3-104所示。

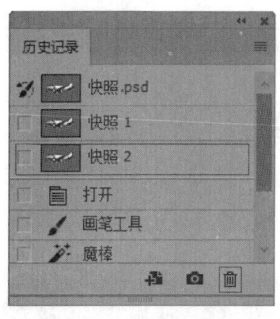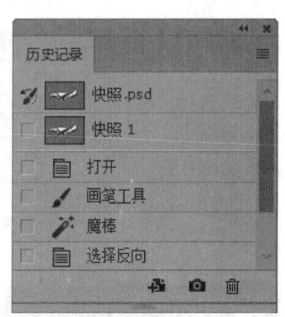

图 3-103　删除当前快照　　图 3-104　删除后

🔍 **延伸讲解**

快照不会与文档一起存储，因此，Photoshop CC 2018 关闭文档以后就会删除所有快照。

3.12.5　创建非线性历史记录

单击"历史记录"面板中的一个操作步骤来还原图像时，该步骤以下的操作会全部变暗，如图3-105所示。如果此时进行其他操作，则该步骤后面的记录都会被新的操作替代，如图3-106所示。非线性历史记录允许用户在更改选择的状态时保留后面的操作，如图3-107所示。

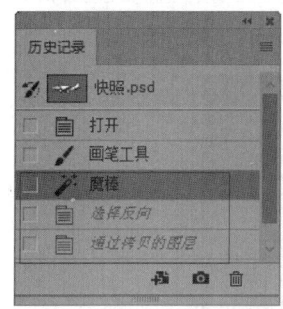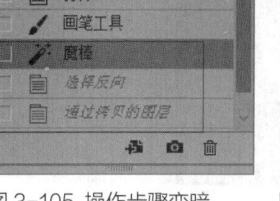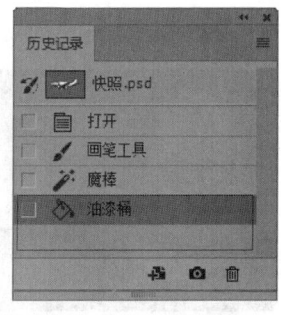

图 3-105　操作步骤变暗　　图 3-106　被新的操作替代

图 3-107　非线性历史记录

执行"历史记录"面板菜单中的"历史记录选项"命令，打开"历史记录选项"对话框，勾选"允许非线性历史记录"复选框，即可将历史记录设置为非线性状态，如图3-108所示。

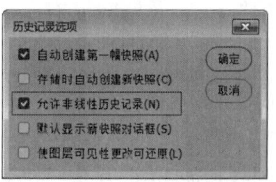

图 3-108　"历史记录选项"对话框

◆ 自动创建第一幅快照。打开图像文件时，图像的初始状态自动创建为快照。

◆ 存储时自动创建新快照。在编辑的过程中，每保存一次文件，都会自动创建一个快照。

◆ 默认显示新快照对话框。强制系统提示用户输入快照名称，即使使用面板上的按钮时也是如此。

◆ 使图层可见性更改可还原。保存对图层可见性的更改。

3.13　清理内存

编辑图像时，系统需要保存大量的中间数据，这会造成计算机的运行速度变慢。执行"编辑"→"清理"命令，如图3-109所示，可以释放由"还原"命令、"历史记录"面板或剪贴板占用的内存，加快系统的处理速度。清理之后，项目的名称会显示为灰色。选择"全部"命令，可清理上面所有项目。

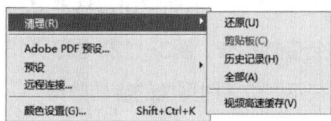

图 3-109　"清理"子菜单

执行"编辑"→"清理"→"历史记录"和"全部"命令会清理在Photoshop CC 2018中打开的所有文档。如果只想清理当前文档，可以执行"历史记录"面板菜单中的"清除历史记录"命令来操作。

增加暂存盘

◆ 编辑大图时，如果内存不够，系统就会使用硬盘来扩展内存，这是一种虚拟内存技术（也称为暂存盘）。暂存盘与内存的总容量至少为运行文件的5倍，Photoshop CC 2018才能流畅运行。

◆ 在文档窗口底部的状态栏中，"暂存盘大小"显示了Photoshop CC 2018可用内存的大概值（右侧数值），以及当前所有打开的文件与剪贴板、快照等占用的内存的大小（左侧数值）。如果左侧数值大于右侧数值，表示正在使用虚拟内存。

◆ 在状态栏中显示"效率"，观察该值，如果接近100%，表示仅使用少量暂存盘，低于75%，则需要释放内存，或者添加新的内存来提高性能。

减少内存占用量的复制方法

◆ 执行"编辑"菜单中的"拷贝"和"粘贴"命令时，会占用剪贴板和内存空间。如果内存有限，可以按住鼠标左键将需要复制的对象所在的图层拖动到"图层"面板底部的"创建新图层"按钮 上，复制出一个包含该对象的新图层。

◆ 可以使用"移动工具" 将另外一个图像中需要的对象直接拖入正在编辑的文档。

◆ 执行"图像"→"复制"命令，复制整幅图像。

3.14 图像的变换与变形操作

移动、旋转、缩放、扭曲、斜切等是图像处理的基本方法。其中，移动、旋转和缩放称为"变换"操作，扭曲和斜切称为"变形"操作。下面介绍如何进行变换和变形操作。

3.14.1 定界框、中心点和控制点

"编辑"菜单中的"变换"子菜单中包含了各种变换命令，如图3-110所示。执行这些命令时，当前对象周围会出现一个定界框，定界框中央有一个中心点，四周有控制点，如图3-111所示。默认情况下，中心点位于对象的中心，它用于定义对象的变换中心，拖动它可以移动其位置。拖动控制点则可以进行变换操作。图3-112、图3-113和图3-114所示为中心点在不同位置时图像的旋转效果。

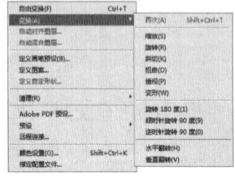

图 3-110 "变换"子菜单

图 3-111 定界框

图 3-112 旋转 1

图 3-113 旋转 2

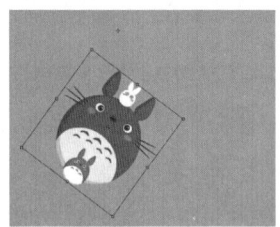

图 3-114 旋转 3

🔍 延伸讲解

执行"编辑"→"变换"→"旋转180度""旋转90度（顺时针）""旋转90度（逆时针）""水平翻转""垂直翻转"这些命令时，可直接对图像进行以上变换，而不会显示定界框。

↔ 相关链接

执行"编辑"→"自由变换"命令，或按Ctrl+T组合键可以显示定界框，拖动控制点可以对图像进行缩放、旋转、斜切、扭曲和透视等操作，详细方法请参阅3.14.3~3.14.4中的内容。

3.14.2 移动图像

"移动工具" 是Photoshop CC 2018中常用的工具之一，无论是在文档中移动图层、选区内的图像，还是将其他文档中的图像拖入当前文档中，都需要使用该工具。

在同一文档中移动图像

在"图层"面板中单击要移动的对象所在的图层，如图3-115所示，使用"移动工具"，按住鼠标左键并拖动即可移动所选图层中的图像，如图3-116所示。

图 3-115 选择移动对象

图 3-116　移动图像

如果创建了选区，如图3-117所示，按住鼠标左键并拖动可移动选区内的图像，如图3-118所示。

图 3-117　创建选区

图 3-118　移动选区内的图像

🔍 延伸讲解

使用"移动工具"时，按住Alt键拖动图像可以复制图像，同时生成一个新的图层。

在不同的文档间移动图像

打开两个或多个文档，选择"移动工具" ，将鼠标指针放在画面中，按住鼠标左键并拖动，将其移至另一个文档的标题栏，如图3-119所示，停留片刻即可切换到该文档，如图3-120所示，移动到画面中后，松开鼠标即已将图像拖入该文档，如图3-121所示。

图 3-119　拖动图像

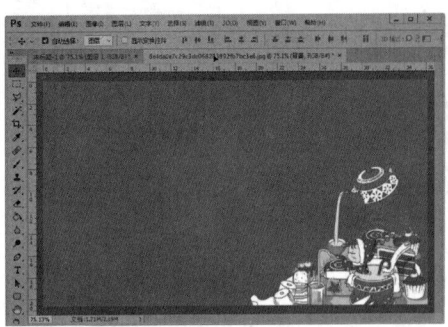

图 3-120　切换文档

图 3-121　将图像拖入另一个文档

🔍 延伸讲解

将一个图像拖入另一个文档时，按住Shift键操作，可以使拖入的图像位于当前文档的中心。如果这两个文档的大小相同，则拖入的图像会与当前文档的边界对齐。

"移动工具"选项栏

图3-122所示为"移动工具" 的选项栏。

图 3-122　"移动工具"选项栏

◆ 自动选择。如果文档中包含多个图层或组，可勾选该复选框并在下拉列表框中选择要移动的内容。选择"图层"，使用"移动工具"在画面中单击时，可以自动选择工具下面包含像素的最顶层的图层，如图3-123和图3-124所示；选择"组"，则在画面中单击时，可以自动选择工具下包含像素的最顶层的图层所在的图层组。

图 3-123　在画面中单击

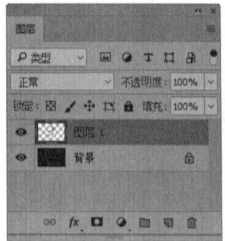

图 3-124 选择顶层图层

- 显示变换控件。勾选该复选框后，选择一个图层时，就会在图层内容的周围显示定界框，如图3-125所示。此时拖动控制点可以对图像进行变换操作，如图3-126所示。如果文档中的图层数量较多，并且需要经常进行缩放、旋转等变换操作时，该选项比较有用。

- 对齐图层。选择两个或多个图层后，可单击相应的按钮让所选图层对齐。这些按钮包括顶对齐█、垂直居中对齐█、底对齐█、左对齐█、水平居中对齐█和右对齐█。

- 分布图层。如果选择了3个或3个以上的图层，可单击相应的按钮使所选图层按照一定的规则均匀分布，包括按顶分布█、垂直居中分布█、按底分布█、按左分布█、水平居中分布█、按右分布█和自动对齐图层█。

- 3D模式。提供了可以对3D模型进行移动、缩放等操作的工具，包括环绕移动3D相机█、滚动3D相机█、平移3D相机█、滑动3D相机█、变焦3D相机█。

图 3-125 显示变换控件　　图 3-126 进行变换操作

🔍 延伸讲解

使用"移动工具"时，每按一下键盘中的→、←、↑、↓键，便可以将对象移动一个像素的距离。如果按住Shift键，再按方向键，则图像每次可以移动10个像素的距离。

🔁 相关链接

关于对齐图层的具体操作方法，请参阅"5.4.4实战：对齐图层"。关于分布图层的具体操作方法，请参阅"5.4.2实战：分布图层"。

3.14.3 实战：旋转与缩放

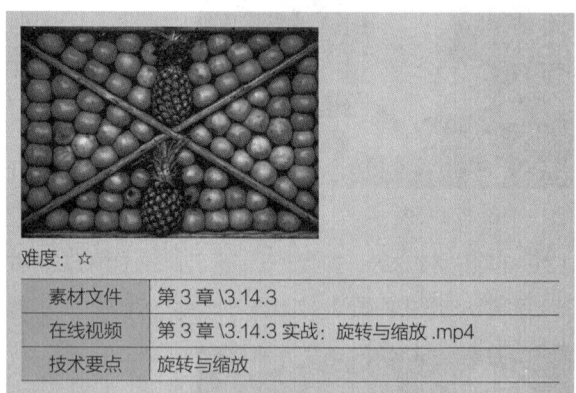

难度：☆

素材文件	第 3 章 \3.14.3
在线视频	第 3 章 \3.14.3 实战：旋转与缩放 .mp4
技术要点	旋转与缩放

步骤 01 启动Photoshop CC 2018软件，选择本章的素材文件"3.14.3 旋转与缩放.jpg"，将其打开，如图3-127所示。单击要旋转的对象所在的图层，如图3-128所示。

图 3-127 打开素材文件　　　　图 3-128 "图层"面板

步骤 02 执行"编辑"→"自由变换"命令，或按Ctrl+T组合键显示定界框，如图3-129所示。将鼠标指针放在定界框外靠近控制点处，当鼠标指针变为 ↰ 状时，按住鼠标左键拖动以旋转图像，如图3-130所示。

图 3-129 显示定界框　　　　图 3-130 旋转图像

步骤 03 将鼠标指针放在定界框四周的控制点上，当鼠标指针变为 ↗ 状时，按住鼠标左键拖动以缩放图像，如图3-131和图3-132所示。同时按住Shift键可等比缩放图像，如图3-133所示。操作完成后，按Enter键确认，如果对变换结果不满意，可以按Esc键取消操作。

图 3-131 缩放图像 1

图 3-132　缩放图像 2　　　　图 3-133　等比例缩放

3.14.4　实战：斜切与扭曲

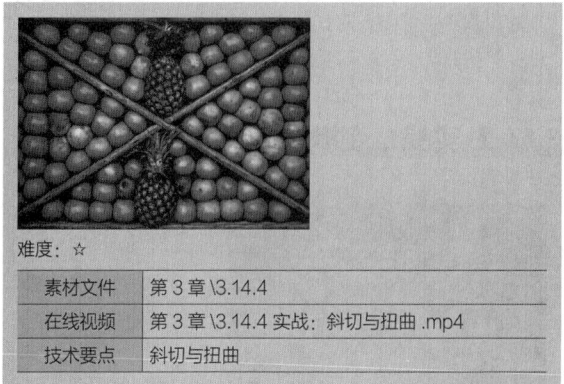

难度：☆

素材文件	第 3 章 \3.14.4
在线视频	第 3 章 \3.14.4 实战：斜切与扭曲 .mp4
技术要点	斜切与扭曲

步骤 01 打开素材文件"3.14.3 旋转与缩放.jpg"，按 Ctrl+T组合键显示定界框，将鼠标指针放在定界框上下侧位于中间位置的控制点上。按住Shift+Ctrl组合键，鼠标指针会变为 状，按住鼠标左键拖动可以沿水平方向斜切对象，如图3-134所示。按住Shift+Ctrl组合键的同时按住鼠标左键拖动定界框左右侧位于中间位置的控制点（鼠标指针会变为 状），可以沿垂直方向斜切对象，如图3-135所示。

图 3-134　水平斜切　　　　图 3-135　垂直斜切

步骤 02 按Esc键取消操作。按Ctrl+T组合键显示定界框，将鼠标指针放在定界框四周的控制点上，按住Ctrl键，鼠标指针会变为 状，按住鼠标左键拖动可以扭曲对象，如图3-136和图 3-137所示。

　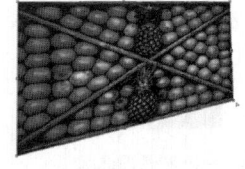

图 3-136　选择控制点　　　　图 3-137　扭曲对象

3.14.5　实战：透视变换

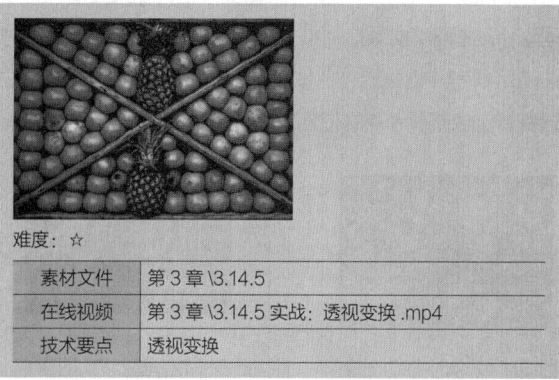

难度：☆

素材文件	第 3 章 \3.14.5
在线视频	第 3 章 \3.14.5 实战：透视变换 .mp4
技术要点	透视变换

步骤 01 打开素材文件"3.14.3 旋转与缩放.jpg"，按 Ctrl+T组合键显示定界框。

步骤 02 将鼠标指针放在定界框四周位于中间位置的控制点上，按住Shift+Ctrl+Alt组合键，鼠标指针会变为 状，按住鼠标左键拖动可进行透视变换，如图3-138和图3-139所示。操作完成后，按Enter键确认。

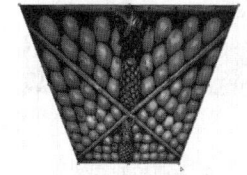　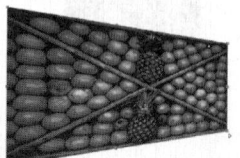

图 3-138　水平透视　　　　图 3-139　垂直透视

3.14.6　实战：精确变换

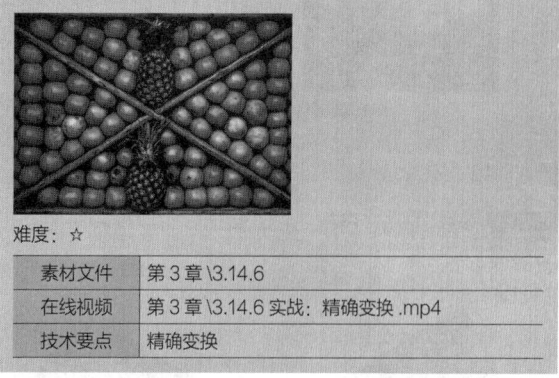

难度：☆

素材文件	第 3 章 \3.14.6
在线视频	第 3 章 \3.14.6 实战：精确变换 .mp4
技术要点	精确变换

步骤 01 打开素材文件"3.14.3 旋转与缩放.jpg"，执行"编辑"→"自由变换"命令，或按Ctrl+T组合键显示定界框时，工具选项栏中会显示各种变换选项，如图3-140所示，在选项内输入数值并按Enter键即可进行精确的变换操作。

图 3-140　"自由变换"工具选项栏

步骤 02 在 X: 279.5 像素 文本框内输入数值，可以水平移动图像，如图3-141所示。在 Y: 952.0 像素 文本框内输入数值，可以垂直移动图像，如图3-142所示。单击这两个选项中间的"使用参考点相关定位"按钮 △，可相对于当前参考点位置重新定位新参考点的位置。

图 3-141 水平移动图像　　　图 3-142 垂直移动图像

步骤 03 在 W: 100.00% 文本框内输入数值，可以水平拉伸图像，如图3-143所示。在 H: 100.00% 文本框内输入数值，可以垂直拉伸图像，如图3-144所示。如果单击这两个选项中间的"保持长宽比"按钮 ∞，则可进行等比缩放，如图3-145所示。

图 3-143 水平拉伸图像　　　图 3-144 垂直拉伸图像

图 3-145 等比缩放

步骤 04 在 △ 0.00 文本框内输入数值，可以旋转图像，如图3-146和图 3-147所示。

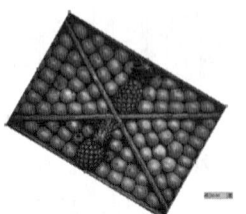 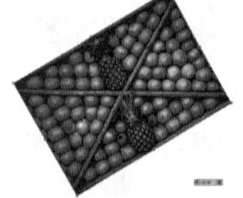

图 3-146 旋转图像 1　　　图 3-147 旋转图像 2

步骤 05 在 H: 0.00 文本框内输入数值，可以水平斜切图像，如图3-148所示。在 V: 0.00 文本框内输入数值，可以垂直斜切图像，如图3-149所示。

 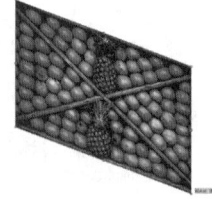

图 3-148 水平斜切图像　　　图 3-149 垂直斜切图像

🔍 **延伸讲解**

如果要将中心点调整到定界框边界上，可在工具选项栏中单击参考点（定界符 ▦ 上的小方块）。

3.14.7 实战：变换选区内的图像

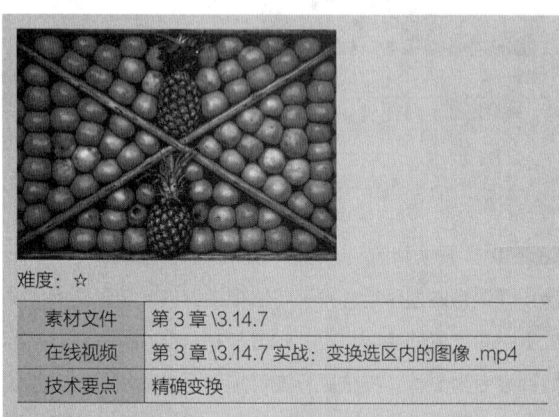

难度：☆

素材文件	第 3 章 \3.14.7
在线视频	第 3 章 \3.14.7 实战：变换选区内的图像 .mp4
技术要点	精确变换

步骤 01 打开素材文件"3.14.3 旋转与缩放.jpg"，单击工具箱中的"矩形选框工具" ▦，在画面中按住鼠标左键并拖动创建一个矩形选区，如图3-150所示。

步骤 02 按Ctrl+T组合键显示定界框，选择相应的按键，然后按住鼠标左键拖动定界框上的控制点可以对选区内的图像进行旋转、缩放、斜切等变换操作，如图3-151和图3-152所示。

 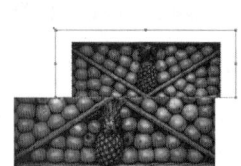
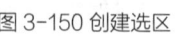

图 3-150 创建选区　　　图 3-151 缩放选区

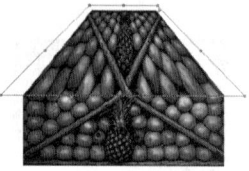

图 3-152 透视选区

3.14.8 实战：通过变换制作飞鸟

难度：☆☆☆

素材文件	第 3 章 \3.14.8
在线视频	第 3 章 \3.14.8 实战：通过变换制作飞鸟 .mp4
技术要点	再次变换

对图像进行变换操作后，可执行"编辑"→"变换"→"再次"命令再一次对它进行相同的变换。如果按Alt+Shift+Ctrl+T组合键，则不仅会变换图像，还会复制出新的图像内容。

步骤 01 启动Photoshop CC 2018软件，选择本章的素材文件"通过变换制作飞鸟.psd"，将其打开，如图3-153所示。按Ctrl+J组合键复制"图层 1"图层，如图3-154所示。

图 3-153 打开素材文件

图 3-154 复制"图层 1"

步骤 02 按Ctrl+T组合键显示定界框，按住Shift键的同时按住鼠标左键拖动控制点将图像缩小，然后再适当旋转，将中心点移动到需要的位置，如图3-155所示，按Enter键确认。

图 3-155 调整变换复制图层

步骤 03 连续按Alt+Shift+Ctrl+T组合键18次，再次应用变换，每按一次，就会复制出一个新图像，效果如图3-156所示。按住Shift键选中所有复制图层，按Shift+E组合键合并，如图3-157所示。

图 3-156 再次应用变换

图 3-157 合并所有复制图层

步骤 04 单击"图层"面板底部的"添加图层蒙版"按钮，为该图层添加蒙版，如图3-158所示。按D键将前景色设置为黑色，单击"渐变工具"，按住鼠标左键并拖动，在画面中填充线性渐变，渐变效果会应用到蒙版中，遮盖图像，如图3-159和图3-160所示。

图 3-158 添加图层蒙版

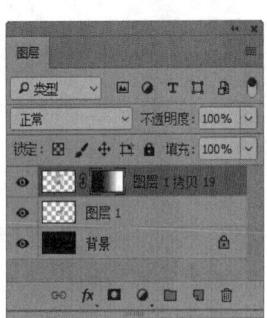

图 3-159 填充线性渐变

图 3-160 图像效果

步骤 05 在"图层"面板中，按住鼠标左键将"图层 1"图层拖至最上面，效果如图3-161和图3-162所示。

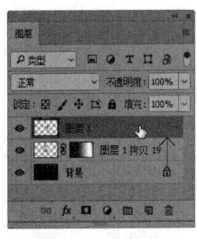

图 3-161 调整图层顺序

图 3-162 图像效果

3.14.9 实战：通过变形为咖啡杯贴图

难度：☆☆☆

素材文件	第 3 章 \3.14.9
在线视频	第 3 章 \3.14.9 实战：通过变形为咖啡杯贴图 .mp4
技术要点	"变形"命令

如果要对图像的局部进行扭曲，可以执行"编辑"→"变换"→"变形"命令。在对图像进行"变形"时，图像上会出现变形网格和锚点，拖动锚点或调整方向线可以对图像进行更加自由、灵活的变形处理。

步骤 01 启动Photoshop CC 2018软件，选择本章的素材文件"3.14.9 通过变形为咖啡杯贴图1.jpg""3.14.9通过变形为咖啡杯贴图2.jpg"，将其打开，如图3-163和图3-164所示。单击"移动工具" ，将斑马图像拖入咖啡杯文档中，如图3-165所示。

图 3-163 打开素材文件 1　　　图 3-164 打开素材文件 2

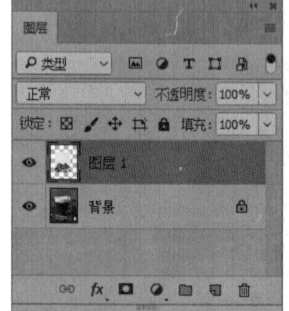

图 3-165 拖入同一文档

步骤 02 按Ctrl+T组合键显示定界框，在图像上单击鼠标右键，在弹出的快捷菜单中执行"变形"命令，如图3-166所示，图像上会显示变形网格，如图3-167所示。

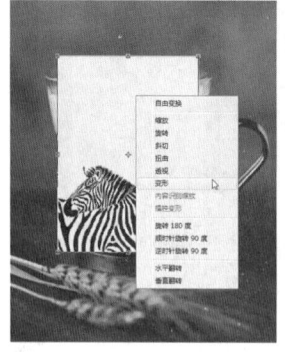

图 3-166 执行"变形"命令　　　图 3-167 显示变形网格

步骤 03 将4个角上的锚点拖动到杯体边缘，使之与边缘对齐，如图3-168所示。拖动左右两侧锚点上的方向点，使图片向内收缩，如图3-169所示。再调整图片上面和底部的控制点，使图片依照杯子的结构扭曲，并覆盖住杯子，如图3-170所示。需要注意的是要让图片覆盖住杯子，不要留空隙。

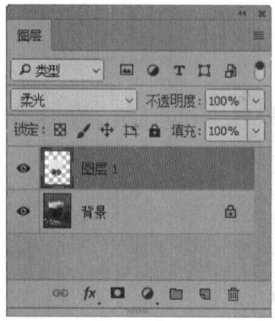

图 3-168 调整锚点　　图 3-169 调整锚点　　图 3-170 调整锚点

步骤 04 按Enter键确认变形操作。在"图层"面板中将"图层1"图层的混合模式设置为"柔光"，使贴图效果更加真实，如图3-171和图3-172所示。

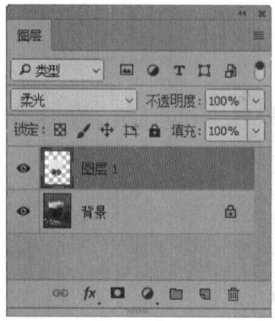

图 3-171 设置图层混合模式　　　图 3-172 图像效果

步骤 05 单击"图层"面板底部的"添加图层蒙版"按钮 ，为图层添加蒙版。单击"画笔工具" ，在超出杯子边缘的贴图上涂抹黑色，用蒙版将其遮盖。按Ctrl+J组合键复制图层，使贴图更加清晰。设置图层的"不透明度"为

"50%"，如图3-173所示，图像效果如图3-174所示。

图 3-173　设置不透明度

图 3-174　图像效果

相关链接

　　变形网格中的锚点与路径中的锚点的控制方法基本相同。相关内容请参阅"10.4.4 调整路径形状"。

3.15　内容识别缩放　**重点**

　　内容识别缩放是一项非常实用的缩放功能。前面介绍的普通缩放，在调整图像大小的过程中，会统一影响所有像素，而内容识别缩放则主要影响没有重要可视内容的区域中的像素。当缩放图像时，图像中人物、建筑、动物等不会变形。

3.15.1　实战：用内容识别缩放图像

难度：☆☆☆

素材文件	第 3 章 \3.15.1
在线视频	第 3 章 \3.15.1 实战：用内容识别缩放图像 .mp4
技术要点	用内容识别缩放图像

步骤 01 启动Photoshop CC 2018软件，选择本章的素材文件"3.15.1 用内容识别缩放图像.jpg"，将其打开，如图3-175所示。由于内容识别缩放不能处理"背景"图层，按住Alt键双击"背景"图层，或单击其后面的■按

钮，将其转换成普通图层，如图3-176和图3-177所示。

图 3-175　打开素材文件

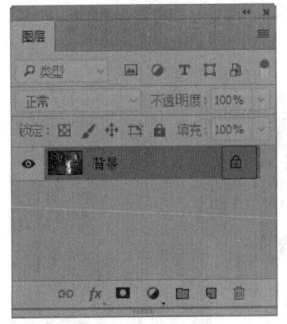

图 3-176　"背景"图层

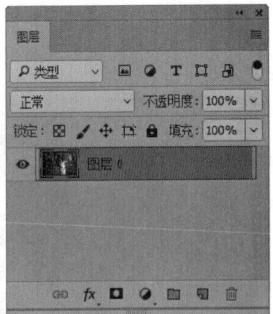

图 3-177　转换成普通图层

步骤 02 执行"编辑"→"内容识别缩放"命令，显示定界框，工具选项栏中会显示变换选项，可以输入缩放值，或者按住鼠标左键向右侧拖动控制点，来对图像进行手动缩放，如图3-178所示。

步骤 03 从缩放结果中可以看到，人物变形非常严重。单击工具选项栏中的"保护肤色"按钮■，系统会自动分析图像，尽量避免包含皮肤颜色的区域变形，如图3-179所示。此时画面变窄了，但人物比例和结构没有明显变化。

图 3-178　缩放图像

图 3-179 打开"保护肤色"

步骤 04 按Enter键确认操作。如果要取消变形，可以按 Esc键。图3-180所示为原始图像，图3-181和图 3-182所示分别为用普通方式缩放和用内容识别缩放的 效果，通过两种结果的对比可以看到，内容识别缩放功 能非常实用。

图 3-180 原始图像

图 3-181 普通缩放   图 3-182 内容识别缩放

"内容识别缩放工具"的选项栏

图3-183所示为"内容识别缩放工具"的选项栏。

图 3-183 内容识别缩放工具选项栏

◆ 参考点定位符。单击参考点定位符上的方块，可 以指定缩放图像时要围绕的参考点。默认情况下， 参考点位于图像的中心。

◆ 使用参考点相关定位。单击该按钮，可以指定相对于 当前参考点位置的新参考点位置。

◆ 参考点位置。可输入X轴和Y轴像素大小，将参考点 放置于特定位置。

◆ 缩放比例。输入宽度(W）和高度(H)的百分比，可以 指定图像按原始大小的百分之多少进行缩放。单击 "保持长宽比"按钮，可进行等比缩放。

◆ 数量。用来指定内容识别缩放与常规缩放的比例。 可在文本框中输入数值或移动滑块来指定内容识别 缩放的百分比。

◆ 保护。可以选择一个Alpha通道。通道中白色对应的 图像不会变形。

◆ 保护肤色。单击该按钮，可以保护包含肤色的图像 区域，使之避免变形。

3.15.2 实战：用Alpha通道保护图像

难度：☆☆☆

素材文件	第 3 章 \3.15.2
在线视频	第 3 章 \3.15.2 实战：用 Alpha 通道保护图像 .mp4
技术要点	用 Alpha 通道保护图像

通过内容识别功能缩放图像时，如果系统不能识别重 要的对象，并且单击"保护肤色"按钮也无法改善变形 效果时，则可以通过Alpha通道来指定哪些重要内容需要 保护。

步骤 01 启动Photoshop CC 2018软件，选择本章的素材 文件"3.15.2 用Alpha通道保护图像.jpg"，将其打开，如 图3-184所示。

步骤 02 按住Alt键的同时双击"背景"图层，将其转换为 普通图层。执行"编辑"→"内容识别缩放"命令，显示 定界框，按住鼠标左键向左侧拖动控制点，使画面变窄， 如图3-185所示。可以看到，小女孩的左手变形比较严 重。单击工具选项栏中的"保护肤色"按钮，效果如图 3-186所示。这次效果有了一些改善，但仍存在变形，而 且背景严重扭曲。

图 3-184 打开素材文件

图 3-185 手动缩放　　　　图 3-186 打开"保护肤色"

步骤03 按Esc键取消操作。单击"快速选择工具" 🖌️ ，将鼠标指针放置在女孩身上，按住鼠标左键并拖动，将其选中，如图3-187所示。单击"通道"面板中的"将选区存储为通道" 🔲 按钮，将选区保存为Alpha通道，如图3-188所示。按Ctrl+D组合键取消选择。

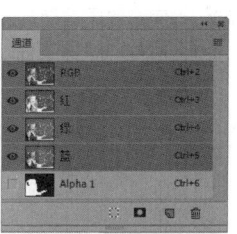

图 3-187 创建选区　　　　图 3-188 创建选区通道

步骤04 执行"编辑"→"内容识别缩放"命令，向左侧拖动控制点，使画面变窄。单击"保护肤色"按钮 🧴 ，在"保护"下拉列表框中选择创建的通道，通道中的白色区域所对应的图像（人物）便会受到保护，不会变形，如图3-189所示。图3-190所示为原始图像，通过比较可以看到，只有背景被压缩了，小女孩没有任何改变。

图 3-189 缩放图像　　　　图 3-190 原始图像

🔍 **延伸讲解**

内容识别缩放适合处理图层和选区，不适合处理调整图层、图层蒙版、通道、智能对象、3D图层、视频图层和图层组，也不能同时处理多个图层。

3.16 操控变形

操控变形是非常灵活的变形工具，它可以扭曲特定的图像区域，同时保持其他区域不变。例如，可以轻松地让人的手臂弯曲、身体摆出不同的姿态，也可用于小范围的修饰，如修改发型。操控变形可以编辑图像图层、图层蒙版和矢量蒙版。

3.16.1 实战：用操控变形修改图像

难度：☆☆☆

素材文件	第 3 章 \3.16.1
在线视频	第 3 章 \3.16.1 实战：用操控变形修改图像 .mp4
技术要点	用操控变形修改图像

使用"操控变形"功能时，需要在图像的关键点上放置"图钉"，通过拖动"图钉"来对图像进行变形操作。

步骤01 启动Photoshop CC 2018软件，选择本章的素材文件"用操控变形修改图像.psd"，将其打开，如图3-191所示。按Ctrl+J组合键复制"人物"图层，隐藏"人物"图层，如图3-192所示。

图 3-191 打开素材文件　　　图 3-192 复制图层

步骤02 执行"编辑"→"操控变形"命令，人物图像上会显示变形网格，在工具选项栏中将"模式"和"浓度"设置为"正常"，如图3-193所示。

步骤 03 在人物关节处的网格上单击，添加"图钉"，如图3-194所示。在工具选项栏中取消"显示网格"复选框的勾选，以便能够更清楚地观察到图像的变化，如图3-195所示。拖动"图钉"即可改变人物的动作，如图3-196所示。

图 3-193 显示网格并设置参数　　图 3-194 添加"图钉"

图 3-195 取消"显示网格"　　图 3-196 改变人物动作

步骤 04 单击一个"图钉"后，在工具选项栏中会显示其旋转角度，如图3-197所示。此时可以直接输入数值来进行调整，如图3-198所示。

图 3-197 单击"图钉"　　　图 3-198 输入数值

步骤 05 单击工具选项栏中的✔按钮，结束操作，效果如图3-199所示。

图 3-199 操作效果

🔍 延伸讲解

单击一个"图钉"后，按Delete键可将其删除。此外，按住Alt键的同时单击"图钉"也可以将其删除。如果要删除所有"图钉"，可在变形网格上单击鼠标右键，在弹出的快捷菜单中执行"移去所有图钉"命令。

3.16.2 "操控变形"工具选项栏

打开一个文件，如图3-200所示。执行"编辑"→"操控变形"命令，显示变形网格并添加"图钉"，如图3-201所示。图3-202所示为工具选项栏中出现的选项。

图 3-200 打开素材文件　　图 3-201 显示变形网格

图 3-202 "操控变形"工具的选项栏

◆ 模式。可设定网格的弹性。选择"刚性"，变形效果精确，但缺少柔和的过渡，如图3-203所示；选择"正常"，变形效果准确，过渡柔和，如图3-204所示；选择"扭曲"，可创建透视扭曲效果，如图3-205所示。

图 3-203 刚性　　　　　图 3-204 正常

图 3-205 扭曲

◆ 浓度。用来设置网格点的间距。选择"较少点"，网格点较少，如图3-206所示，只能放置少量"图钉"，并且"图钉"之间需要保持较大的间距；选择"正常"，网格数量适中，如图3-207所示；选择"较多点"，网格最细密，如图3-208所示，可以添加更多的"图钉"。

图 3-206　较少点

图 3-207　正常

图 3-208　较多点

◆ 扩展。用来设置变形效果的衰减范围。设置较大的像素值以后，变形网格的范围也会向外扩展，变形之后，对象的边缘会更加平滑，图3-209和图3-210所示为扩展前后的效果；反之，数值越小，则图像边缘变化效果越生硬，如图3-211所示。

图 3-209　"扩展"为 0

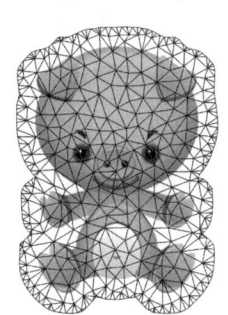
图 3-210　"扩展"为 20

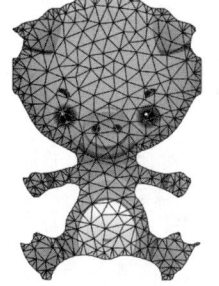
图 3-211　"扩展"为 -10

◆ 显示网格。显示变形网格。

◆ 图钉深度。选择一个"图钉"，单击■或■按钮，可以将它向上层或下层移动一个堆叠顺序。

◆ 旋转。选择"自动"，在拖动"图钉"扭曲图像时，系统会自动对图像内容进行旋转处理。如果要设定准确的旋转角度，可以选择"固定"选项，然后在其右侧的文本框中输入旋转角度值，如图3-212所示。此外，选择一个"图钉"以后，按住Alt键，会出现如图3-213所示的变换框，此时按住鼠标左键拖动即可旋转图钉。

图 3-212　设定旋转角度　　　　图 3-213　旋转"图钉"

◆ 复位/撤销/应用。单击■按钮，可删除所有"图钉"，将网格恢复到变形前的状态；单击■按钮或按Esc键，可放弃变形操作；单击■按钮或按Enter键，可以确认变形操作。

3.17　课后习题

3.17.1　制作卡通衣服

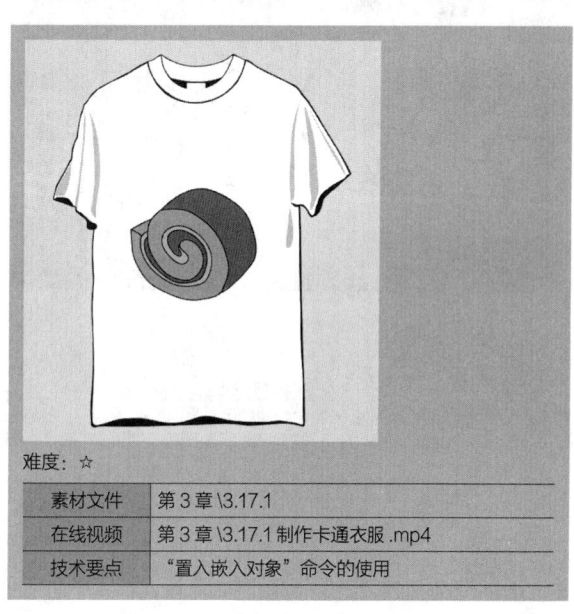

难度：☆

素材文件	第 3 章 \3.17.1
在线视频	第 3 章 \3.17.1 制作卡通衣服 .mp4
技术要点	"置入嵌入对象"命令的使用

置入文件是指将照片、图片等位图，以及AI、PDF等矢量文件作为智能对象置入到Photoshop CC 2018中。执行"文件"→"置入嵌入对象"命令，打开"置入嵌入的对象"对话框，选择当前要置入的文件，将其置入Photoshop CC 2018中。本习题练习通过置入EPS格式的卡通图标文件，制作卡通衣服。

首先新建文件并填充背景颜色，然后打开"衣服.jpg"素材文件，最后置入卡通图标，最终效果如图3-214所示。

图 3-214 卡通衣服效果图

3.17.2 创建魔幻路灯

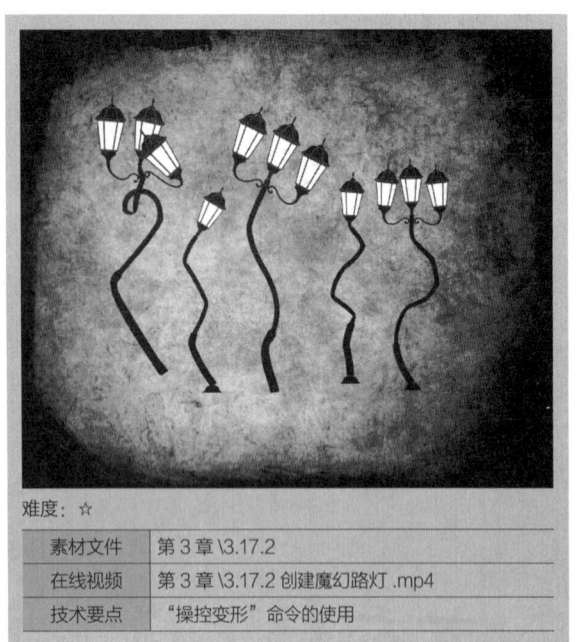

难度：☆	
素材文件	第 3 章 \3.17.2
在线视频	第 3 章 \3.17.2 创建魔幻路灯 .mp4
技术要点	"操控变形"命令的使用

"操控变形"与变形网格类似，但其功能更加强大。执行"操控变形"命令时，可以在图像的关键点上放置"图钉"，然后通过拖动"图钉"来对图像进行变形操作。本习题练习操控变形的操作，选中"图钉"，按住鼠标左键并拖动"图钉"，使路灯变形。

首先打开"背景.jpg"和"路灯.psd"素材文件，将路灯拖动到背景文档中，执行"编辑"→"操控变形"命令，对路灯进行扭曲变形，最终效果如图3-215所示。

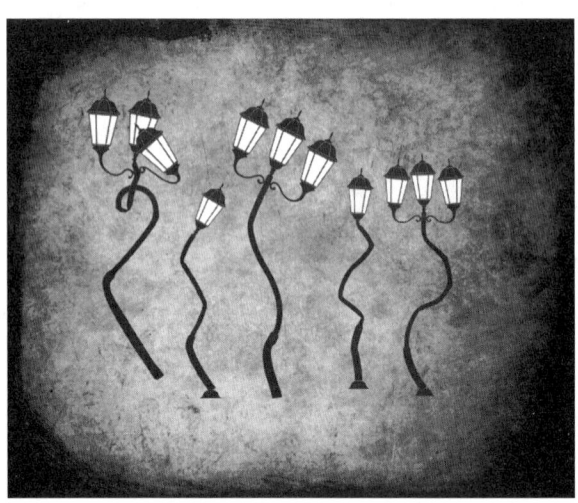

图 3-215 魔幻路灯效果图

选区

第 **04** 章

选区是Photoshop CC 2018中的基本功能之一，并且始终贯穿于整个操作过程。选区是指使用选择工具或命令创建的可以限定操作范围的区域。创建和编辑选区是图像处理的首要工作，也是重要的技法之一。无论是修复图像或合成影像，都与选区有着密切的关系。本章着重介绍选区的用途、使用方法与操作技巧。

学习重点与难点

- 选区运算 `80页`
- 用"色彩范围"命令抠图 `93页`
- 用"快速选择工具"抠图 `91页`
- 对选区进行羽化 `98页`

4.1 认识选区

顾名思义，"选区"就是选择的区域或者范围。在Photoshop CC 2018中，选区的周围有用来限制操作范围的动态（浮动）蚂蚁线，如图4-1所示。在处理图像时，经常需要对图像的局部进行调整，通过选择一个特定的区域，就可以对选区内的内容进行编辑，并且保证选区以外的内容不会被改动，如图4-2所示。

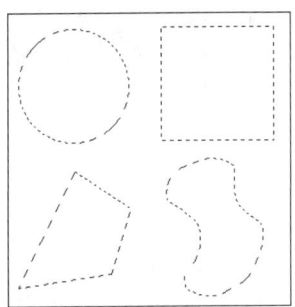

图 4-1 浮动选区外观

图 4-2 编辑选区内容

4.2 选区的基本操作

在学习使用选择工具和命令之前，先介绍一些与选区基本编辑操作有关的命令，包括创建选区前需要设定的选项，以及创建选区后进行的简单操作，为深入学习选择工具和命令打下基础。

4.2.1 全选与反选

执行"选择"→"全部"命令，或按Ctrl+A组合键，即可选择当前文档边界内的全部图像，如图4-3所示。

图 4-3 全选对象

创建选区后，如图4-4所示，执行"执行"→"反选"命令，或按Ctrl+Shift+I组合键，可反选选区，即取消当前选择的区域，选择未选取的区域，如图4-5所示。

图 4-4 创建选区　　　　　图 4-5 反选选区

🔍 **延伸讲解**

在执行"选择"→"全部"命令后，再按Ctrl+C组合键，即可复制整个图像。如果文档中包含多个图层，则可以按Ctrl+Shift+C组合键合并复制。

4.2.2 取消选择与重新选择

创建图4-6所示的选区，执行"选择"→"取消选择"命令，或按Ctrl+D组合键，可取消所有已经创建的选区，如图4-7所示。

图 4-6 创建选区　　　　　图 4-7 取消选择

Photoshop会自动保存前一次的选择范围。在取消选区后，执行"选择"→"重新选择"命令或按Ctrl＋Shift＋D组合键，便可调出前一次的选择范围，如图4-8所示。

图 4-8 重新选择选区

4.2.3 选区运算　　　重点

选区运算是指在图像中存在选区的情况下，使用"矩形选框工具" ▣、"椭圆选框工具" ▣、"套索工具" ▣、"魔棒工具" ▧等选择工具创建选区时，新选区与现有选区之间进行运算。通常情况下，一次操作很难将所需对象全部选中，这就需要通过运算来对选区进行完善，如图4-9所示。

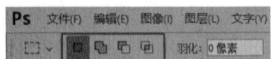

图 4-9 工具选项栏中的选区运算按钮

◆ 新选区 ▣。如果图像中没有选区，单击该按钮后，可创建一个选区，如图4-10所示；如果图像中有选区存在，单击该按钮后新创建的选区会替换原有的选区，如图4-11所示。

◆ 添加到选区 ▣。在图像中存在选区的情况下，单击该按钮后创建选区，可在原有选区的基础上添加新的选区，如图4-12和图4-13所示。

图 4-10 创建选区　　　　　图 4-11 创建新选区

图 4-12 原有选区　　　　　图 4-13 添加到选区

◆ 从选区减去 ▣。在图像中存在选区的情况下，单击该按钮后创建选区，可在原有选区中减去新创建的选区，如图4-14和图4-15所示。

图 4-14 原有选区　　　　　图 4-15 从选区减去

◆ 与选区交叉 ▣。在图像中存在选区的情况下，单击该按钮后创建选区，画面中只保留原有选区与新创建的选区相交的部分，如图4-16和图 4-17所示。

图 4-16 原始选区　　　　　图 4-17 与选区交叉

🔍 延伸讲解

如果当前图像中有选区存在，在使用"矩形选框工具" ▣、"椭圆选框工具" ▣、"套索工具" ▣、"魔棒工具" ▧等选择工具继续创建选区时，按住Shift键，即可在当前选区上添加选区，相当于"添加到选区"按钮 ▣；按住Alt键，即可在当前选区中减去绘制的选区，相当于"从选区减去"按钮 ▣；按住Shift+Alt组合键，即可得到与当前选区相交的选区，相当于"与选区交叉"按钮 ▣。

4.2.4 移动选区

创建选区时移动选区

使用"矩形选框工具" ▣、"椭圆选框工具" ◯ 等选框工具创建选区时，在释放鼠标左键之前，按住空格键并拖动鼠标，即可移动选区，如图4-18和图 4-19所示。

图 4-18 创建选区　　　图 4-19 移动选区

创建选区后移动选区

创建选区后，如果工具选项栏中的"新选区"按钮 ▣ 为选中状态，如图4-20所示，只要将鼠标指针放在选区内，按住鼠标左键拖动，即可移动选区，如图4-21所示。

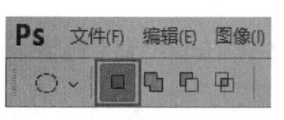 

图 4-20 选中"新选区"按钮　图 4-21 移动选区

🔍 **延伸讲解**

如果只需要轻微移动选区，可以按↑、↓、←、→键移动选区。

4.2.5 隐藏与显示选区

创建选区后，如图4-22所示。执行"视图"→"显示"→"选区边缘"命令或按Ctrl+H组合键，可以隐藏选区，如图4-23所示。隐藏选区以后，选区虽然看不见了，但它依然存在，并限定操作的有效区域。若需要重新显示选区，可按Ctrl+H组合键，如图4-24所示。

图 4-22 创建选区　图 4-23 隐藏选区　图 4-24 显示选区

4.3 基本选择工具

Photoshop CC 2018中的基本选择工具包括选框类工具和套索类工具。"矩形选框工具" ▣、"椭圆选框工具" ◯、"单行选框工具" ▭ 及"单列选框工具" ▯ 属于选框类工具，这些选框工具可以创建规则的选区。而"套索工具" ◯、"多边形套索工具" ▽ 及"磁性套索工具" ▽ 属于套索工具，这些套索工具可以创建不规则的选区。

4.3.1 实战：用"矩形选框工具"制作矩形选区

难度：☆☆

素材文件	第 4 章 \4.3.1
在线视频	第 4 章 \4.3.1 实战：用"矩形选框工具"制作矩形选区 .mp4
技术要点	矩形选框工具

"矩形选框工具" ▣ 用于创建矩形和正方形选区，本实战使用"矩形选框工具"在图像上创建矩形选区。

步骤 01 启动Photoshop CC 2018软件，选择本章的素材文件"4.3.1'用矩形选框工具'制作矩形选区.jpg"，将其打开。单击工具箱中的"矩形选框工具" ▣，在白色框内创建选区，如图4-25所示。

步骤 02 将鼠标指针放在选区内，当鼠标指针变为 ▷ 状时，按住鼠标左键拖动选区至"向日葵"图像上，如图4-26所示。

图 4-25 创建选区　　　图 4-26 拖动选区

步骤 03 按Ctrl+C组合键复制选区的图像内容，切换至背景文档，按Ctrl+V组合键将复制的图像粘贴到选区内，完成相框的制作，如图4-27所示。

图 4-27 粘贴选区

🔍 **延伸讲解**

使用"矩形选框工具"□创建选区时，按住Shift键，即可创建正方形选区；按住Alt键，即可以单击点为中心向外创建矩形选区；按住Shift+Alt组合键，即可从中心向外创建正方形选区。

"矩形选框工具"选项栏

在使用"矩形选框工具"□创建选区时，可以在工具选项栏设置"矩形选框工具"的属性，如图4-28所示。

图 4-28 "矩形选框工具"选项栏

◆ 羽化。用来设置选区的羽化范围。

◆ 样式。用来设置选区的创建方法。选择"正常"，可通过按住鼠标左键拖动来创建任意大小的选区；选择"固定比例"，可以在右侧的"宽度"和"高度"的文本框中输入数值，如图4-29所示，创建固定比例的选区；选择"固定大小"，可以在右侧的"宽度"和"高度"的文本框中输入数值，如图4-30所示，创建固定大小的选区。单击按钮，可以切换"宽度"与"高度"的值。

图 4-29 固定比例

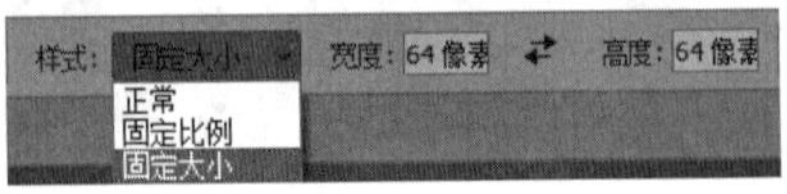

图 4-30 固定大小

◆ 选择并遮住。单击该按钮，可以打开"属性"面板，对选区进行平滑、羽化等处理。

4.3.2 实战：用"椭圆选框工具"制作圆形选区

难度：☆☆

素材文件	第 4 章 \4.3.2
在线视频	第 4 章 \4.3.2 实战：用"椭圆选框工具"制作圆形选区.mp4
技术要点	椭圆选框工具

本实战通过使用"椭圆选框工具"，在图像上创建圆形选区，并替换选区内的图像。

步骤 01 启动Photoshop CC 2018软件，选择本章的素材文件"4.3.2 用'椭圆选框工具'制作圆形选区.psd"，将其打开，如图4-31所示。单击工具箱中的"椭圆选框工具"，按住Shift键，在"画板1"的图像上按住鼠标左键向右下方拖动，创建圆形选区，如图4-32所示。

图 4-31 打开素材文件

图 4-32 创建选区

步骤 02 按Ctrl+J组合键复制选区内容，得到"图层3"图层，如图4-33所示。在工具箱中选择"移动工具"或按V键，再按Ctrl+T组合键进行自由变换，将复制的选区内容调整到合适大小并移动到合适位置，如图4-34所示。

图 4-33 复制选区　　图 4-34 调整选区

延伸讲解

使用"椭圆选框工具" ⭕创建选区时，按住鼠标左键拖动，即可创建椭圆选区；按住Alt键的同时按住鼠标左键拖动，即可以单击点为中心向外创建椭圆选区；按住Shift+Alt组合键的同时按住鼠标左键拖动，即可从中心向外创建圆形选区。

"椭圆选框工具"选项栏

"椭圆选框工具"与"矩形选框工具"的选项栏基本相同，只是该工具可以使用"消除锯齿"功能。

◆ 消除锯齿：像素是组成图像的最小元素，并且都是正方形的，因此在创建圆形、多边形等不规则的选区时容易产生锯齿，如图4-35所示。勾选该复选框后，系统会在选区边缘1个像素宽的范围内添加与周围图像相近的颜色，使选区看上去比较光滑，如图4-36所示。"消除锯齿"复选框只会对图像边缘像素产生影响，不会丢失细节。这项功能在剪切、复制和粘贴选区及创建复合图像时非常有用。

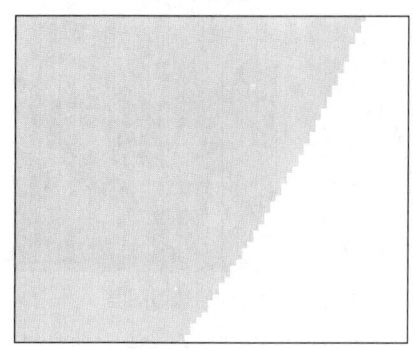

图 4-35 未勾选"消除锯齿"复选框

图 4-36 勾选"消除锯齿"复选框

4.3.3 实战：使用"单行选框工具"和"单列选框工具"

难度：☆☆

素材文件	第 4 章 \4.3.3
在线视频	第 4 章 \4.3.3 实战：使用"单行选框工具"和"单列选框工具".mp4
技术要点	"单行选框工具"和"单列选框工具"

"单行选框工具" 和"单列选框工具" 只能创建高度为1像素的行或宽度为1像素的列。本实战通过"单行选框工具"和"单列选框工具"在图像上创建选区。

步骤 01 启动Photoshop CC 2018软件，选择本章的素材文件"4.3.3 使用'单行选框工具'和'单列选框工具'.psd"，将其打开，如图4-37所示。单击工具箱中的"单行选框工具" ，在背景图像上单击，创建一个高度为1像素的选区，如图4-38所示。

图 4-37 打开素材文件　　图 4-38 创建选区

步骤 02 按 Delete 键删除选区内的图像内容，再按 Ctrl+D 组合键取消选区，如图4-39 所示。

步骤 03 使用同样的方法在图像上单击以创建选区，并按Delete键删除选区内的图像内容，按Ctrl+D组合键取消选区，制作几个横向条纹，如图4-40所示。

图 4-39 删除选区内的图像内容　　图 4-40 制作横条纹

步骤 04 单击工具箱中的"单列选框工具"■，在背景图像上单击，创建一个宽度为1像素的选区，如图4-41所示。按Delete键删除选区内的图像内容，再按Ctrl+D组合键取消选区，如图4-42所示。使用同样的方法在图像上再创建几个竖向条纹，如图4-43所示。

图 4-41 创建选区　　图 4-42 删除选区内的图像内容

图 4-43 制作竖条纹

4.3.4 实战：用"套索工具"徒手绘制选区

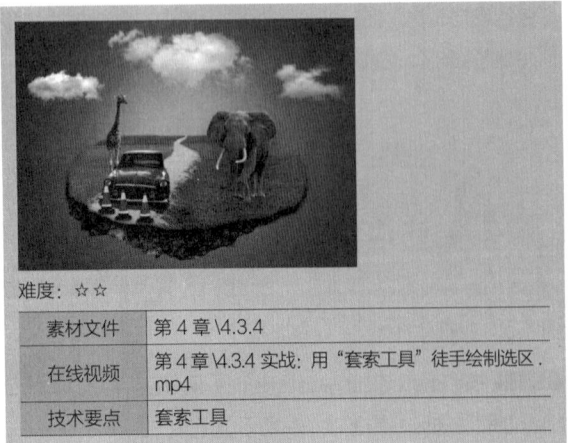

难度：☆☆

素材文件	第 4 章 \4.3.4
在线视频	第 4 章 \4.3.4 实战：用"套索工具"徒手绘制选区.mp4
技术要点	套索工具

使用"套索工具"可以非常自由地绘制出形状不规则的选区。选择"套索工具"■后，按住鼠标左键拖动即可在图像上绘制选区边界，将鼠标指针移至起点处，松开鼠标后，选区将自动闭合。本实战通过"套索工具"徒手绘制选区。

步骤 01 启动Photoshop CC 2018软件，选择本章的素材文件"4.3.4 用'套索工具'徒手绘制选区.psd"，将其打开，如图4-44所示。单击工具箱中的"套索工具"■，在画面中按住鼠标左键拖动即可自由绘制选区，如图4-45所示。

图 4-44 打开素材文件　　图 4-45 绘制选区

步骤 02 将鼠标指针移动至起点处，松开鼠标后即可封闭选区，如图4-46所示。

步骤 03 按Ctrl+J组合键复制选区内容，如图4-47所示，在"图层"面板单击"草地"图层前面的眼睛图标●，隐藏"草地"图层，如图4-48所示。

图 4-46 绘制选区

图 4-47 复制选区内的图像　　图 4-48 隐藏图层

步骤 04 单击工具箱中的"移动工具"■，单击"图层9"图层，再按Ctrl+T组合键打开定界框，调整图像的大小并移动至合适的位置，如图4-49所示。再使用"套索工具" 在图像上绘制选区，如图4-50所示。

图 4-49 调整对象　　　　图 4-50 绘制选区

步骤 05 在"图层"面板中选择"泥土"图层，并单击底部的"添加图层蒙版"按钮，如图4-51所示，即可为图层添加图层蒙版，如图4-52所示。

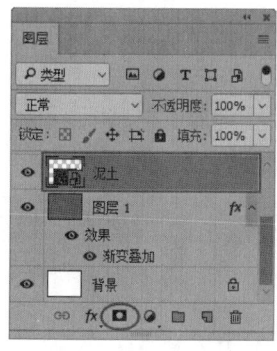 

图 4-51 添加图层蒙版　　　图 4-52 添加图层蒙版效果

步骤 06 执行"图像"→"调整"→"自然饱和度"命令，打开"自然饱和度"对话框，调节参数，降低泥土图像的饱和度，如图4-53所示。在"图层"面板选择抠取的草地对象，按住Ctrl键单击图层缩览图，生成选区，如图4-54所示。

图 4-53 调整饱和度　　　　图 4-54 载入选区

步骤 07 执行"选择"→"修改"→"羽化"命令，打开"羽化选区"对话框，设置"羽化半径"，如图4-55所示，单击"确定"按钮。按Shift+Ctrl+I组合键反选选区，按Delete键删除选区内的图像，使选区边缘较柔和，如图4-56所示。

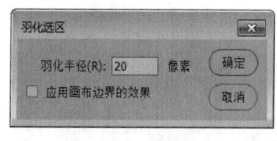

图 4-55 "羽化选区"对话框　　图 4-56 羽化选区效果

步骤 08 双击该图像所在的图层，打开"图层样式"对话框，添加"投影"样式并调整参数，如图4-57所示，为对象添加"投影"效果，如图4-58所示。

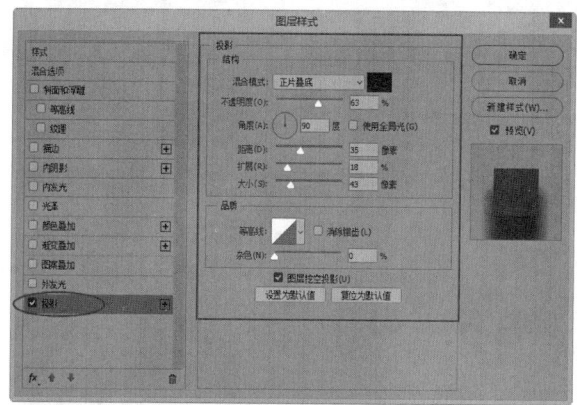

图 4-57 "图层样式"对话框

图 4-58 添加"投影"效果

步骤 09 执行"图像"→"调整"→"色相/饱和度"命令，打开"色相/饱和度"对话框，调节参数，调整效果如图4-59所示。再添加"云朵.png""汽车.jpg""大象.jpg"等素材，完善该图像，如图4-60所示。

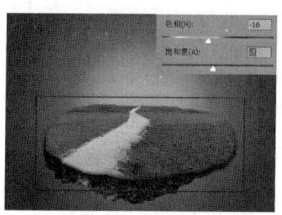 

图 4-59 调整"色相/饱和度"　图 4-60 完成效果

延伸讲解

在使用"套索工具" 绘制选区的过程中，按住Alt键不放，松开鼠标左键，可切换为"多边形套索工具" ，可以在图像上单击绘制直线，如图4-61所示；在绘制直线最后一点时，按住鼠标左键不放，然后放开Alt键后可恢复为"套索工具" ，拖动鼠标可继续徒手绘制选区，如图4-62所示；如果在拖动的过程中松开鼠标，则会在该点与起点间创建一条直线来封闭选区，如图4-63所示。

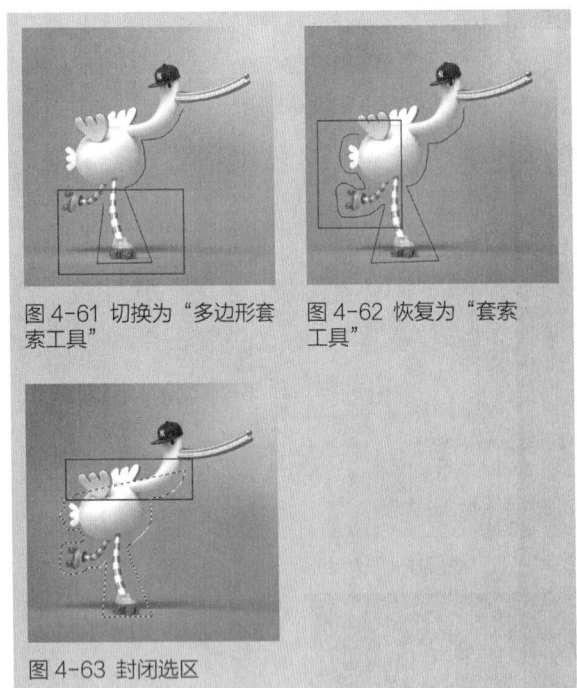

图 4-61 切换为"多边形套索工具"　图 4-62 恢复为"套索工具"

图 4-63 封闭选区

相关链接

关于添加图层蒙版，详细内容请参阅本书第9章"9.4 图层蒙版"。

4.3.5 实战：用"多边形套索工具"制作选区

难度：☆☆

素材文件	第 4 章 \4.3.5
在线视频	第 4 章 \4.3.5 实战：用"多边形套索工具"制作选区.mp4
技术要点	多边形套索工具

"多边形套索工具"和"套索工具"的操作方法类似，"多边形套索工具"适合于创建一些转角比较尖锐的选区。本实战通过"多变形套索工具"在图像上制作选区。

步骤 01 启动Photoshop CC 2018软件，选择本章的素材文件"4.3.5 用'多边形套索工具'制作选区.psd"，

将其打开，如图4-64所示。单击工具箱中的"多边形套索工具"，在图像上定义选区范围，如图4-65所示。再将鼠标指针移动至起点处，单击即可封闭选区，如图4-66所示。

图 4-64 打开素材文件　图 4-65 定义选区范围　图 4-66 封闭选区

步骤 02 执行"滤镜"→"模糊"→"平均"命令，即可为选区图像内容进行填色，如图4-67所示。

步骤 03 按Ctrl+D组合键取消选区，继续使用"多边形套索工具"在图像上绘制选区，如图4-68所示。

 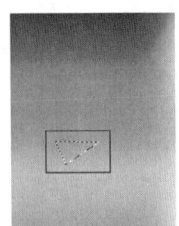

图 4-67 填色效果　图 4-68 绘制选区

步骤 04 执行"滤镜"→"模糊"→"平均"命令进行填色，如图4-69所示。

步骤 05 使用相同的方法，在图像上使用"多边形套索工具"创建选区后，执行"平均"命令对选区进行填色，如图4-70所示。

步骤 06 按Ctrl+O组合键打开"素材海报.psd"文件。单击工具箱中的"移动工具"，将制作好的背景拖动至"海报素材"中，再按Ctrl+[组合键将该图层移动到"海报素材"图层的下方，完成海报制作，如图4-71所示。

图 4-69 填色效果1　图 4-70 填色效果2　图 4-71 图像效果

延伸讲解

使用"多边形套索工具"创建选区时，按住Shift键，可以锁定水平、垂直或以45°角为增量进行绘制；如

果双击，则会在双击点与起点间连接一条直线来闭合选区；按住Alt键拖动鼠标，可以切换为"套索工具"徒手绘制选区。如果松开Alt键，则恢复为"多边形套索工具"。

🔄 **相关链接**

关于调整图层顺序，详细请参阅本书第5章"5.4.1 调整图层的顺序"。

4.3.6 实战：用"磁性套索工具"制作选区

难度：☆☆

素材文件	第 4 章 \4.3.6
在线视频	第 4 章 \4.3.6 实战：用"磁性套索工具"制作选区 .mp4
技术要点	磁性套索工具

"磁性套索工具"🧲可以自动识别对象的边界，如果对象的边界比较清晰，并且与背景对比明显，则可以使用"磁性套索工具"🧲快速选择对象。本实战通过使用"磁性套索工具"🧲在图像上制作选区。

步骤 01 启动Photoshop CC 2018软件，选择本章的素材文件"4.3.6 用'磁性套索工具'制作选区.jpg"，将其打开，如图4-72所示。单击工具箱中的"磁性套索工具"🧲，在对象的边缘处单击，即可创建一个锚点，如图4-73所示。

图 4-72 打开素材文件

图 4-73 在对象边缘处单击

步骤 02 松开鼠标按键后，沿着对象的边缘移动鼠标指针，系统会在鼠标指针经过的位置放置一定数量的锚点来建立选区，如图4-74所示。如果想要在某一位置放置一个锚点，可在该处单击，如图4-75所示。将鼠标指针移动到起点处，单击即可闭合选区，如图4-76所示。

步骤 03 按Ctrl+J组合键复制选区内容，如图4-77所示，选择本章的素材文件"背景素材.psd"，将其打开，如图4-78所示。

图 4-74 绘制选区

图 4-75 在指定位置放置锚点

图 4-76 完成制作选区

图 4-77 复制选区图像内容

图4-78 打开素材文件

步骤 04 单击工具箱中的"移动工具"➕，选择抠出的图像并按住鼠标左键将其拖动至素材文档中，如图4-79所示。按Ctrl+T组合键打开定界框，如图4-80所示。旋转并调整对象大小，再将其移动至合适的位置，如图4-81所示，完成海报的制作。

图 4-79 拖动对象后的效果　图 4-80 显示定界框　图 4-81 制作完成后的效果

该值设置得低一点。图4-87和图4-88所示分别是设置该值为"10%"和"50%"时创建的选区。

◆ 频率。在使用"磁性套索工具" 创建选区的过程中会生成许多锚点，"频率"决定了锚点的数量。该值越高，生成的锚点越多，捕捉到的边界越准确，但是过多的锚点会使选区的边缘不够光滑。图4-89和图4-90所示分别是设置该值为"10"和"100"时生成的锚点。

 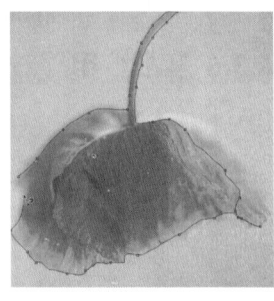

图 4-85 "宽度"为"10像素"时检测的边缘　图 4-86 "宽度"为"50像素"时检测的边缘

答疑解惑：如果在使用"磁性套索工具"时，锚点的位置不准确该怎么办？

如果锚点的位置不准确，如图4-82所示，可以按Delete键将其删除，连续按Delete键可依次删除前面的锚点，如图4-83所示。按Esc键可以清除所有锚点。

图 4-82 锚点不准确　图 4-83 删除前面的锚点

延伸讲解

使用"磁性套索工具" 时，按Caps Lock键，鼠标指针会变为 状，圆形的大小便是工具能够检测到的边缘的宽度。按↑键和↓键，可调整检测宽度。

图 4-87 "对比度"为"10%"时检测的边缘　图 4-88 "对比度"为"50%"时检测的边缘

"磁性套索工具"选项栏

"磁性套索工具" 选项栏中包含影响该工具性能的几个重要选项，如图4-84所示。其中，"羽化"用来控制选区的羽化范围，"消除锯齿"与"椭圆选框工具" 选项栏中的"消除锯齿"选项的功能相同。

图 4-84 "磁性套索工具"选项栏

图 4-89 "频率"为"10"时检测的边缘　图 4-90 "频率"为"100"时检测的边缘

◆ 宽度。该值决定了以鼠标指针中心为基准，其周围有多少个像素能够被检测到。如果对象的边缘清晰，可以使用一个较大的宽度值；如果对象的边缘不够清晰，则需要使用一个较小的宽度值。图4-85和图 4-86所示分别是设置该值为"10像素"和"50像素"时检测到的边缘。

◆ 对比度。用来设置工具感应图像边缘的灵敏度。较高的数值只检测与它们的环境对比较为鲜明的边缘；较低的数值则检测低对比度边缘。如果图像的边缘清晰，可以将该值设置得高一点；如果图像的边缘不够清晰，则将

◆ 钢笔压力 。如果计算机配置有数位板和压感笔，可以单击该按钮，系统会根据压感笔的压力自动调整工具的检测范围，增大压力将导致边缘宽度减小。

◆ 选择并遮住。单击该按钮，可以打开"属性"面板，对选区进行平滑、羽化等处理。

4.4 "魔棒工具"与"快速选择工具"

"魔棒工具" 和"快速选择工具" 是基于色调

和颜色差异来构建选区的工具。"魔棒工具" 可以通过单击来创建选区，而"快速选择工具" 需要像绘画一样创建选区。这些工具可以快速地选择色彩变化不大、色调相近的区域。

4.4.1 实战：用"魔棒工具"选取人体

难度：☆☆

素材文件	第 4 章 \4.4.1
在线视频	第 4 章 \4.4.1 实战：用"魔棒工具"选取人体 .mp4
技术要点	魔棒工具

"魔棒工具" 的使用方法十分简单，只需要在图像上单击，就会选择与单击点相似的像素。当背景颜色变化不大，需要选取的对象轮廓清晰并且与背景颜色之间有一定的差异时，使用"魔棒工具" 可以快速地选择对象。本实战通过使用"魔棒工具" 选取图像上的人物对象。

步骤 01 启动Photoshop CC 2018软件，选择本章的素材文件"4.4.1 用'魔棒工具'选取人体.jpg"，将其打开，如图4-91所示。单击工具箱中的"魔棒工具" ，在工具选项栏设置"容差"为"20"，在绿色背景的任意处单击，即可选取与背景颜色相近的像素，并创建选区，如图4-92所示。

步骤 02 执行"选择"→"反选"命令，或按Ctrl+Shift+I组合键，反选选区，将人物选中，如图4-93所示。

图 4-91 打开素材　图 4-92 选择背景　图 4-93 反选
文件　　　　　　　　　　　　　　　　　选区

步骤 03 按Ctrl+J组合键复制选区内容，执行"文件"→"打开"命令，或按Ctrl+O组合键打开本章的素材文件"网页素材.psd"。单击工具箱中的"移动工具" ，选择抠出的图像对象并将其拖动至"网页素材"文档中，如图4-94所示。

步骤 04 按Ctrl+T组合键显示定界框，调整对象大小，并移动到合适的位置，如图4-95所示。

图 4-94 添加素材

图 4-95 调整人物大小及位置

步骤 05 执行"图像"→"调整"→"曲线"命令，打开"曲线"对话框，调整曲线，如图4-96所示，调亮人物肤色，如图4-97所示。

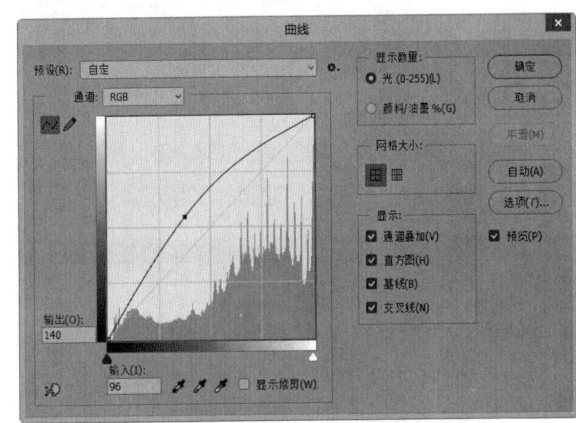

图 4-96 "曲线"对话框

图 4-97 调整曲线效果

步骤 06 单击工具箱中的"橡皮擦工具" ，将画笔硬度调小，在图像的边缘单击，擦除图像，如图4-98所示，继续擦除，使图像边缘变得柔和，过渡自然，如图4-99所示。

图 4-98 擦除图像

图 4-99 完成效果

图 4-101 "容差"为"5" 时创建的选区　　图 4-102 "容差"为"30" 时创建的选区

◆ 连续。勾选该复选框时，只选择颜色连接的区域，如图 4-103所示；未勾选该复选框时，可以选择与鼠标单击点颜色相近的所有区域，并且包括没有连接的区域，如图4-104所示。

图 4-103 勾选"连续"复选框的选择结果

图 4-104 未勾选"连续"复选框的选择结果

◆ 对所有图层取样。如果文档中包含多个图层，勾选该复选框时，可选择所有可见图层上颜色相近的区域；未勾选该复选框时，则仅选择当前图层上颜色相近的区域。

延伸讲解

　　使用"魔棒工具" 时，按住Shift键单击可添加选区，按住Alt键单击可在当前选区中减去选区，按住Shift+Alt组合键单击可得到与当前选区相交的选区。

"魔棒工具"选项栏

　　在使用"魔棒工具" 创建选区时，可以在工具选项栏设置"魔棒工具"的属性，如图4-100所示。

图 4-100 "魔棒工具"选项栏

◆ 取样大小。用来设置魔棒工具的取样范围。选择"取样点"，可对鼠标指针所在位置的像素进行取样；选择"3×3平均"，可对鼠标指针所在位置3个像素区域内的平均颜色进行取样；选择"5×5平均"，可对鼠标指针所在位置5个像素区域内的平均颜色进行取样，其他选项以此类推。

◆ 容差。容差决定了什么样的像素能够与鼠标单击点的色调相似。当该值较低时，只选择与单击点像素非常相似的少数颜色；该值越高，对像素相似程度的要求就越低，选择的颜色范围就越广。在图像的同一位置单击，设置不同的容差值所选择的区域也不一样，如图4-101和图 4-102所示（分别设置该值为"5"和"30"时创建的选区）。此外，在容差值不变的情况下，鼠标单击点的位置不同，选择的区域也不同。

4.4.2 实战：用"快速选择工具"抠图 重点

难度：☆☆

素材文件	第 4 章 \4.4.2
在线视频	第 4 章 \4.4.2 实战：用"快速选择工具"抠图 .mp4
技术要点	快速选择工具

"快速选择工具" ✎的使用方法类似于"画笔工具"，可以像绘画一样涂抹出选区，并且可以调整笔尖大小。在按住鼠标左键拖动时，选区还会向外扩展并自动查找和跟随图像中定义的边缘。本实战通过使用"快速选择工具" ✎抠取人物形象，制作校园海报。

步骤 01 启动Photoshop CC 2018软件，选择本章的素材文件"4.4.2 用'快速选择工具'抠图.jpg"，将其打开，如图4-105所示。单击工具箱中的"快速选择工具" ✎，在工具选项栏设置笔尖"大小"为"50像素"，在要选择的人物对象上按住鼠标左键并沿着身体轮廓拖动以创建选区，如图4-106所示。

图 4-105 打开素材文件   图 4-106 创建选区

步骤 02 按住Alt键在选中的背景上按住鼠标左键并拖动，将多余的部分从选区减去，如图4-107所示。

图 4-107 减去多余的选区

步骤 03 按Ctrl+J组合键复制选区内容。执行"文件"→"打开"命令，或按Ctrl+O组合键打开本章的素材文件"海报素材.psd"。单击工具箱中的"移动工具" ✛，选择抠出的图像并将其拖至海报素材中，按Ctrl+T组合键显示定界

框，调整人物的大小及位置，如图4-108所示。

图 4-108 调整人物大小及位置

步骤 04 双击该图像所在的图层，打开"图层样式"对话框，添加"投影"样式，并调整参数，如图4-109所示。调整参数后，单击"确定"按钮，为对象添加"投影"效果，如图4-110所示。

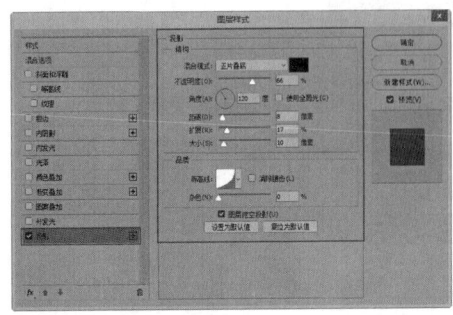

图 4-109 添加"投影"样式

图 4-110 最终效果

🔍 延伸讲解

在使用"快速选择工具"✎创建选区的过程中，按]键可以将笔尖调大，按[键则可以将笔尖调小。

"快速选择工具"选项栏

在使用"快速选择工具"✎创建选区时，可以在工具选项栏中设置"快速选择工具"的属性，如图4-111所示。

图 4-111 "快速选择工具"选项栏

◆ 选区运算按钮。单击"新选区"按钮 ，可创建一个新的选区；单击"添加到选区"按钮 ，可以在原有选区的基础上添加当前绘制的选区；单击"从选区减去"按钮 ，可以在原有选区的基础上减去当前绘制的选区。

◆ 笔尖。单击笔尖大小后面的三角形 按钮，可以在打开的下拉面板设置笔尖的"大小""硬度""间距"等，如图4-112所示。

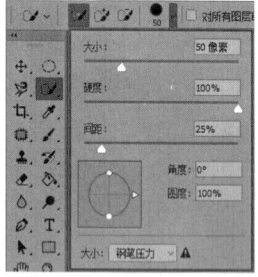

图 4-112 "笔尖"下拉面板

◆ 对所有图层取样。可基于所有图层创建选区。
◆ 自动增强。可以减小选区边缘的粗糙度并减弱块效应。

4.5 "色彩范围"命令

"色彩范围"命令可根据图像的颜色范围创建选区，与"魔棒工具" 比较相似，但是"色彩范围"命令要比"魔棒工具"更加精确。

4.5.1 "色彩范围"对话框

打开一个文件，执行"选择"→"色彩范围"命令，可以打开"色彩范围"对话框。

◆ 选择。用来设置选区的创建方式。选择"取样颜色"时，单击"吸管工具"按钮 ，在文档窗口的图像上或"色彩范围"对话框中的预览窗口上单击，可对颜色进行取样，如图4-113所示；单击"添加到取样"按钮 ，在图像上单击，可添加取样颜色，如图4-114所示；单击"从取样中减去"按钮 ，在图像上单击，可从取样中减去颜色，如图4-115所示。选择"选择"下拉列表框中的"红色""黄色""绿色"等选项时，可选择图像中的特定颜色，如图4-116所示；选择"高光""中间调""阴影"选项时，可选择图像中的特定色调，如图4-117所示；选择"肤色"选项，可选择皮肤颜色；选择"溢色"选项时，可选择图像中出现的溢色，如图4-118所示。

图 4-113 单击进行颜色取样　　图 4-114 添加颜色

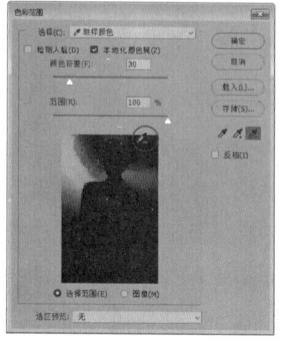 

图 4-115 减少颜色　　图 4-116 选择"绿色"

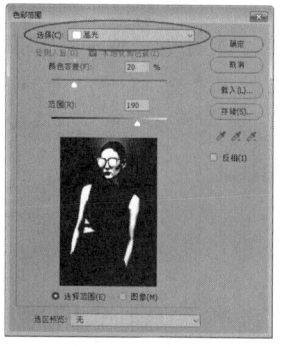 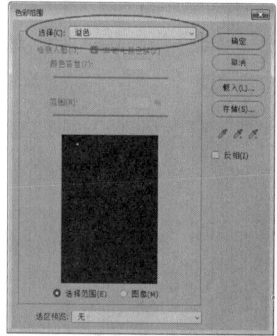

图 4-117 选择"高光"　　图 4-118 选择"溢色"

◆ 检测人脸。选择人像或人物皮肤时，可勾选该复选框，以便更加准确地选择肤色。

◆ 本地化颜色簇/范围。勾选该复选框后，拖动"范围"滑块可以控制要包含在蒙版中的颜色与取样点的最大和最小距离。

◆ 颜色容差。用来控制颜色的选择范围，该值越高，包含的颜色越广。

◆ 选区预览。用来设置文档窗口中选区的预览方式。选择"无"，表示不在窗口显示选区；选择"灰度"，可以按照选区在灰度通道中的外观来显示选区；选择"黑色杂边"，可以在未选择的区域上覆盖一层黑色；选择"白色杂边"，可以在未选择的区域上覆盖一层白色；选择"快速蒙版"，可以显示选区在快速蒙版状态下的效果，此时，未选择的区域会覆盖一层宝石红色，如图4-119所示。

无　　　　灰度　　　黑色杂边　　白色杂边　　快速蒙版

图 4-119 "选区预览"选项

◆ 存储。单击"存储"按钮，可以将当前的设置状态保存为选区预设。

◆ 载入。单击"载入"按钮，可以载入存储的选区预设文件。

◆ 反相。勾选该复选框，即可反选选区，相当于执行"选择"→"反选"命令。

4.5.2 实战：用"色彩范围"命令抠图 重点

难度：☆☆

素材文件	第 4 章 \4.5.2
在线视频	第 4 章 \4.5.2 实战：用"色彩范围"命令抠图 .mp4
技术要点	"色彩范围"命令

步骤 01 启动Photoshop CC 2018软件，将素材文件"4.5.2 用'色彩范围'命令抠图.jpg"打开，如图4-120所示。执行"选择"→"色彩范围"命令，弹出"色彩范围"对话框，如图4-121所示。

 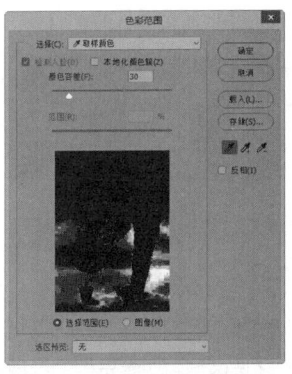

图 4-120 打开素材文件　　图 4-121 "色彩范围"对话框

步骤 02 将鼠标指针移动至图像上，在背景任意位置单击，进行颜色取样，如图4-122所示。在"色彩范围"对话框的预览区域中可以看到该取样颜色区域变成了白色，如图4-123所示。

图 4-122 颜色取样　　　　图 4-123 显示选择范围

步骤 03 在"色彩范围"对话框中单击"添加到取样"按钮 ，如图4-124所示。在图像上单击，将背景全部添加到选区中，如图4-125所示。在"色彩范围"对话框中拖动"颜色容差"滑块，调整参数，如图4-126所示。

图 4-124 单击"添加到取样"　图 4-125 选择完整的背景
按钮

图 4-126 调整"颜色容差"参数

步骤 04 单击"确定"按钮，即可将所选颜色的区域创建为选区，如图4-127所示。执行"选择"→"反选"命令，或按Ctrl+Shift+I组合键将选区进行反选，如图4-128所示。选择工具箱中的"快速选择工具" ，按住Alt键单击花盆和树苗，减去选区，如图4-129所示。

图 4-127 创建选区

图 4-128 反选

图 4-129 减去选区

步骤05 按Ctrl+J组合键复制选区内容，按Ctrl+O组合键打开本章的素材文件"素材.jpg"，将复制的人物拖至该素材中，按Ctrl+T组合键显示定界框，调整人物的大小及位置，如图4-130所示。

步骤06 单击工具箱中的"画笔工具" ，将前景色设置为黑色，在图像上涂抹以添加投影效果，如图4-131所示。

图 4-130 调整大小及位置

图 4-131 添加投影

步骤07 在图像上添加"芝麻.png"素材，完成图像的制作，如图4-132所示。

图 4-132 最终效果

延伸讲解

如果图像中已经创建了选区，则"色彩范围"命令只能分析选区中的图像内容。如果要细化选区，那么可以重复使用该命令。

答疑解惑："色彩范围"命令有什么特点？

"色彩范围"命令、"魔棒工具"和"快速选择工具"的相同之处是它们都基于色彩差异创建选区。而"色彩范围"命令可以创建带有羽化的选区，也就是说，选出的图像会呈现透明效果。"魔棒工具"和"快速选择工具"则没有这种功能。

4.6 快速蒙版

快速蒙版是一种选区转换工具，它能将选区转换为一种临时的蒙版图像，然后用户可以使用画笔、滤镜、钢笔等工具编辑蒙版，再将蒙版转换为选区，从而可以对选区进行编辑。

设置快速蒙版选项

创建选区以后，如图4-133所示，双击工具箱中的"以快速蒙版模式编辑"按钮 ，可以打开"快速蒙版选项"对话框，如图4-134所示。

图 4-133 创建选区

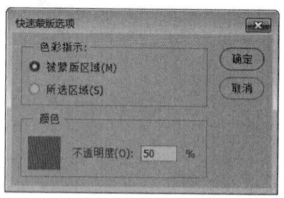

图 4-134 "快速蒙版选项"对话框

◆ 被蒙版区域。指选区之外的图像区域。将"色彩指示"设置为"被蒙版区域"后，选区之外的图像将被蒙版颜色覆盖，而选中的区域完全显示图像，如图4-135所示。

图 4-135 被蒙版的区域

◆ 所选区域。指选中的区域。将"色彩指示"设置为"所选区域"时，选中的区域将被蒙版颜色覆盖，未被选择的区域显示为图像本身的效果，如图4-136所示。该选项比较适合在没有选区的状态下直接进行快速蒙版，在快速蒙版的状态下制作选区。

图 4-136 所选区域

◆ 颜色。单击颜色色块后，可以在打开的"拾色器（快速蒙版颜色）"对话框中设置蒙版的颜色。如果对象与蒙版的颜色特别相近，可以对蒙版颜色做出调整。

◆ 不透明度。用来设置蒙版颜色的不透明度。

🔍 **延伸讲解**

"颜色"和"不透明度"都只影响蒙版的外观，不会对选区产生任何影响。

4.7 细化选区

当图像中有毛发等细微的图像时，很难精确地创建选区。在选择毛发类图像时，可以先使用"魔棒工具" 🖊️、"快速选择工具" 🖌️或执行"色彩范围"命令等创建一个大致的选区，再使用"调整边缘"命令对选区进行细化，从而选中对象。"选择并遮住"命令还可以消除选区边缘周围的背景色，以及对选区进行扩展、收缩、羽化等处理。

4.7.1 选择视图模式

在创建选区后，执行"选择"→"选择并遮住"命令，如图4-137所示，即可切换到"选择并遮住"编辑界面，在"属性"面板中单击"视图"选项后面的█按钮，在打开的下拉列表框中选择一种视图模式，如图4-138所示。

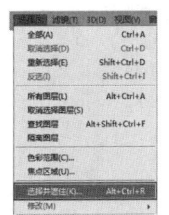

图 4-137 "选择并遮住"命令　　图 4-138 选择视图模式

◆ 视图。在"视图"下拉列表框中选择一种视图模式，以便更好地观察选区的调整结果。

◆ 洋葱皮。以被选区透明蒙版的方式查看，如图4-139所示。

◆ 闪烁虚线。可查看具有闪烁边界的标准选区。在羽化边缘选区上，边界将会围绕被选中50%以上的像素，如图4-140所示。

图 4-139 洋葱皮　　　　图 4-140 闪烁虚线

◆ 叠加。可在快速蒙版状态下查看选区，如图4-141所示。

◆ 黑底。在黑色背景上查看选区，如图4-142所示。

图 4-141 叠加　　　　图 4-142 黑底

◆ 白底。在白色背景上查看选区，如图4-143所示。

◆ 黑白。可预览用于定义选区的通道蒙版，如图4-144所示。

◆ 图层。查看被选区蒙版的图层，如图4-145所示。

图 4-143 白底　　　　图 4-144 黑白

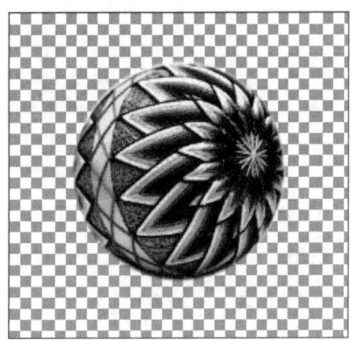

图 4-145 图层

- 显示边缘。勾选该复选框，即可显示调整区域。
- 显示原稿。勾选该复选框，即可查看原始选区。
- 高品质预览。勾选该复选框，即可实现高品质预览。

🔍 延伸讲解

按F键可以循环切换视图，按X键可暂时停用所有视图。

4.7.2 调整选区边缘

在"选择并遮住"编辑界面的"属性"面板中可以对选区进行平滑、羽化、移动边缘等处理，如图4-146所示。

创建选区，如图4-147所示，执行"选择"→"选择并遮住"命令，如图4-148所示，即可切换到"选择并遮住"编辑界面，单击"全局调整"前面的■按钮，展开"全局调整"选项组，如图4-149所示。

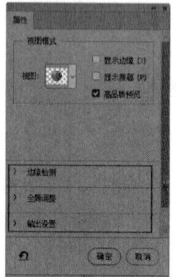

图 4-146 "选择并遮住"选项组　　图 4-147 创建选区

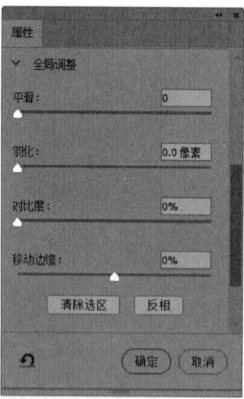

图 4-148 "选择并遮住"命令　　图 4-149 "全局调整"选项组

◆ 平滑。可以减少选区中不规则的区域，创建更加平滑的选区轮廓，平滑锯齿状边缘。对于矩形选区，则可使其边角变得圆滑，如图4-150和图 4-151所示。

图4-150 原始图像　　图4-151 "平滑"效果

◆ 羽化。柔化选区边缘，让选区的边缘呈现模糊效果，如图4-152和图 4-153所示。"羽化"参数的取值范围为0~250像素。

图 4-152 原始图像　　图 4-153 "羽化"效果

◆ 对比度。可以锐化选区边缘并去除模糊的不自然感，对于添加了羽化效果的选区，增加对比度即可减少或消除羽化，如图4-154和图 4-155所示。

图 4-154 原始图像　　图 4-155 "对比度"效果

◆ 移动边缘。负值为收缩选区边缘，正值为扩展选区边缘，如图4-156、图 4-157和图4-158所示。

图 4-156 原始图像　　图 4-157 收缩选区边缘效果

图 4-158 扩展选区边缘效果

4.7.3 指定输出方式

"选择并遮住"编辑界面的"属性"面板中的"输出设置"选项组用于消除选区边缘的杂色，并设定选区的输出方式，如图4-159所示。

◆ 净化颜色。勾选该复选框后，拖动"数量"滑块可移去图像的彩色边，"数量"值越大，清除范围越广。

◆ 输出到。在该下拉列表框中可以选择选区的输出方式，如图4-160所示。选择各个选项的输出结果如图4-161~图4-166所示。

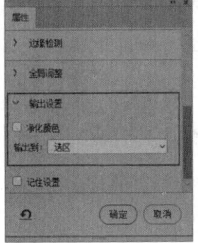

图4-159 "输出设置"选项组

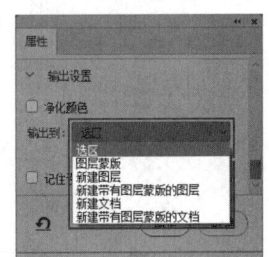

图4-160 输出方式

图4-161 选区

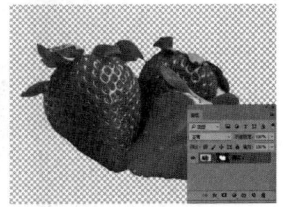

图4-162 图层蒙版

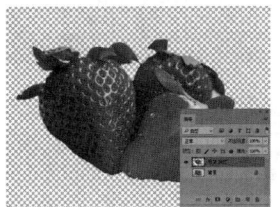

图4-163 新建图层

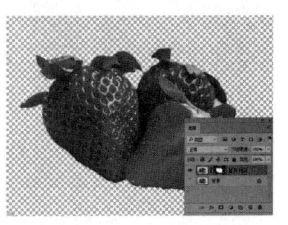

图4-164 新建带有图层蒙版的图层

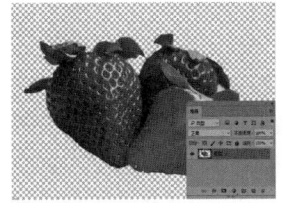

图4-165 新建文档

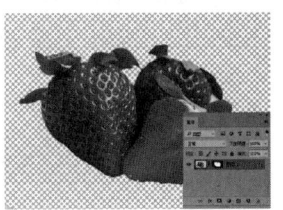

图4-166 新建带有图层蒙版的文档

4.8 选区的编辑操作

创建选区之后，往往要对其进行编辑，才能使选区符合要求。选区的编辑包括为选区创建边界、平滑选区、扩展和收缩选区、对选区进行羽化等。执行"选择"→"修改"命令，其子菜单中包含了用于编辑选区的各种选项，如图4-167所示。本节将详细地介绍这些命令。

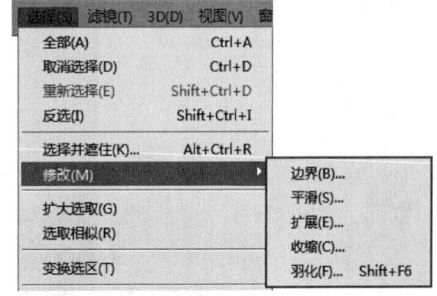

图4-167 "修改"子菜单

4.8.1 创建选区边界效果

在图像上创建选区，如图4-168所示，执行"选择"→"修改"→"边界"命令，可以将选区的边界向内部和外部扩展，扩展后的边界与原来的边界形成新的选区。在"边界选区"对话框中，"宽度"参数用来设置选区扩展的像素数。例如，将该值设置为50像素时，原选区会分别向外和向内扩展25像素，如图4-169所示。

图4-168 创建选区

图4-169 创建选区边界效果

4.8.2 平滑选区

使用"魔棒工具"✨或"色彩范围"命令选择对象时，选区的边缘往往比较生硬，使用"平滑"命令可以对选区边缘进行平滑处理。在图像上创建选区，如图4-170

所示，执行"选择"→"修改"→"平滑"命令，打开
"平滑选区"对话框，设置"取样半径"参数，就可以将
选区变得更加平滑，如图4-171所示。

图 4-170 创建选区　　　图 4-171 平滑选区效果

4.8.3 扩展与收缩选区

在图像上创建选区，如图4-172所示，执行"选
择"→"修改"→"扩展"命令，打开"扩展选区"对话
框，设置"扩展量"参数，就可以将选区向外扩展，如图
4-173和图4-174所示。

 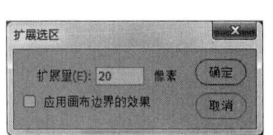

图 4-172 创建选区　　　图 4-173 "扩展选区"对
话框

图 4-174 扩展选区效果

执行"选择"→"修改"→"收缩"命令，设置"收
缩量"参数，就可以将选区向内收缩，如图4-175和图
4-176所示。

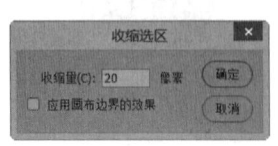 

图 4-175 "收缩选区"对话框　图 4-176 收缩选区效果

4.8.4 对选区进行羽化　　　重点

羽化选区是通过建立选区和选区周围像素之间的转
换边界来模糊边缘的，这种模糊方式会丢失选区边缘的一

些图像细节。在图像上创建选区，如图4-177所示，执行
"选择"→"修改"→"羽化"命令，或按Shift+F6组
合键，打开"羽化选区"对话框，如图4-178所示，设置
"羽化半径"参数，就可以对选区进行羽化，如图4-179
所示。

 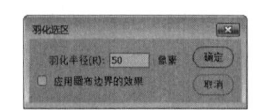

图 4-177 创建选区　　　图 4-178 "羽化"选项

图 4-179 羽化选区效果

**答疑解惑：为什么有时选择"羽化"选项后会弹
出警告对话框？**

如果创建的选区较小，但是羽化半径设置得较大，就
会弹出一个警告对话框，如图4-180所示。单击"确定"按
钮，表示确认当前设置的羽化半径，这时选区可能会变得
比较模糊，以至于在画面中看不到，但是选区仍然存在。

如果不希望出现该警告对话框，可以减少羽化半径或
增大选区的范围。

图 4-180 "警告"对话框

4.8.5 扩大选取与选取相似

"扩大选取"与"选取相似"命令都是用来扩展现
有选区的命令，执行这两个命令时，系统会基于"魔棒工
具"选项栏中的"容差"值来决定选区的扩展范围，"容
差"值越大，选区扩展的范围就越大。

扩大选取

创建选区，如图4-181所示。执行"选择"→"扩大选取"命令，系统会查找并选择与当前选区中的像素色调相近的像素，从而扩大选择区域，但该命令只扩大到与原有选区相连接的区域，如图4-182所示。

图 4-181 创建选区　　　　图 4-182 扩大选取效果

选取相似

创建选区，如图4-183所示。执行"选择"→"选取相似"命令，系统同样会查找并选择与当前选区中的像素色调相近的像素，从而扩大选择区域，但该命令可以查找整个文档，包括与原有选区没有相邻的区域，如图4-184所示。

图 4-183 创建选区　　　　图 4-184 选取相似效果

> **延伸讲解**
>
> 多次执行"扩大选取"或"选取相似"命令，可以按照一定的增量扩大选区。

4.8.6 对选区应用变换

在图像上创建选区，如图4-185所示。执行"选择"→"变换选区"命令，可在选区上显示定界框，如图4-186所示，拖动控制点可以对选区进行旋转、缩放等变换操作，选区内的图像不会受到影响，如图4-187所示。

图 4-185 创建选区　　　　图 4-186 显示定界框

执行"编辑"→"自由变换"命令，会对选区及

选中的图像同时应用变换，如图4-188所示。

图 4-187 变换选区效果　　　图 4-188 变换效果

> **相关链接**
>
> 选区变换与图像变换的操作方法相同，关于图像变换本书第3章"3.14图像的变换与变形操作"中有详细讲解。

4.8.7 存储选区

抠取一些复杂的图像需要花费大量的时间，为避免因断电或其他原因造成损失，应及时保存选区，也为以后的修改带来方便。

如果想要存储选区，可以先创建选区，如图4-189所示，然后单击"通道"面板底部的"将选区存储为通道"按钮，如图4-190所示，将选区保存在"通道"面板中，如图4-191所示。

 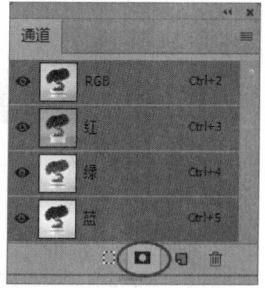

图 4-189 创建选区　　　图 4-190 "将选区存储为通道"按钮

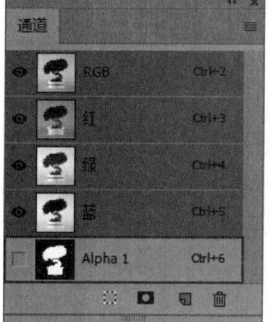

图 4-191 存储选区

或者执行"选择"→"存储选区"命令，打开"存储选区"对话框，如图4-192所示，设置完成后单击"确定"按钮，即可将选区保存在"通道"面板中。

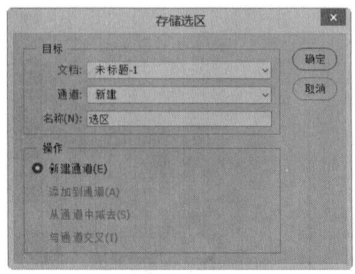

图 4-192 "存储选区"对话框

◆ 文档。在下拉列表框中可以选择保存选区的目标文件，如图4-193所示。默认情况下，选区保存在当前文档中，也可以选择将其保存在一个新建的文档中。

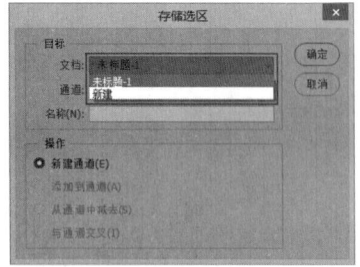

图 4-193 "文档"下拉列表框

◆ 通道。在下拉列表框中可以选择将选区保存到一个新建的通道，或保存到其他Alpha通道中，如图4-194所示。

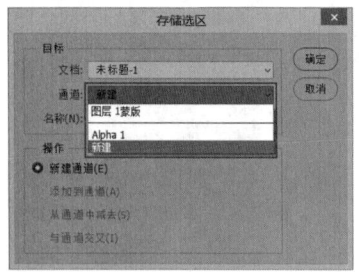

图 4-194 "通道"下拉列表框

◆ 名称。用来设置保存选区的名称。

◆ 操作。如果保存选区的目标文件中包含选区，则可以选择如何在通道中合并选区。选择"新建通道"单选项，可以将当前选区存储在新通道中；选择"添加到通道"单选项，可以将选区添加到目标通道的现有选区中；选择"从通道中减去"单选项，可以从目标通道中的现有选区中减去当前选区；选择"与通道交叉"单选项，可以将当前选区和目标通道中的现有选区交叉的区域存储为一个选区。

🔍 **延伸讲解**

在存储文件时，选择PSB、PSD、PDF或TIFF等格式，可以保存多个选区。

4.8.8 载入选区

如果要载入选区，可以按住Ctrl键的同时单击"通道"面板中的通道缩览图，如图4-195所示，将选区载入图像，如图4-196所示。

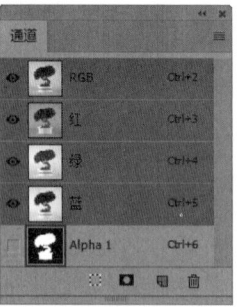

图 4-195 "通道"图层   图 4-196 载入选区
缩览图

或者执行"选择"→"载入选区"命令，打开"载入选区"对话框，如图4-197所示，设置完成后单击"确定"按钮，就可以载入选区了。

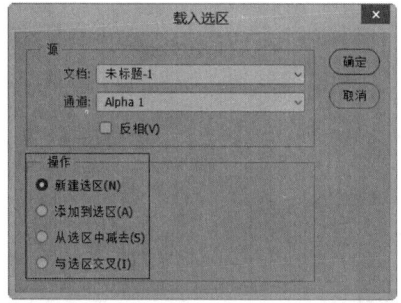

图 4-197 "载入选区"对话框

◆ 文档。在该下拉列表框中选择包含选区的目标文件。

◆ 通道。在该下拉列表框中选择包含选区的通道。

◆ 反相。勾选该复选框后，可以反选选区（效果相当于载入选区后执行"反选"命令）。

◆ 操作。如果载入选区的目标文件中包含选区，可以选择如何合并载入的选区。选择"新建选区"单选项，可以将载入的选区替换当前选区；选择"添加到选区"单选项，可以将载入的选区添加到当前选区中；选择"从选区中减去"单选项，可以从当前选区中减去载入的选区；选择"与选区交叉"单选项，可以得到载入的选区与当前选区交叉的区域。

 **相关链接**

通道与选区之间有多种转换方法，相关内容在本书第9章"9.6.2 Alpha通道与选区互相转换"中有详细讲解。

4.9 课后习题

4.9.1 添加猫咪图案

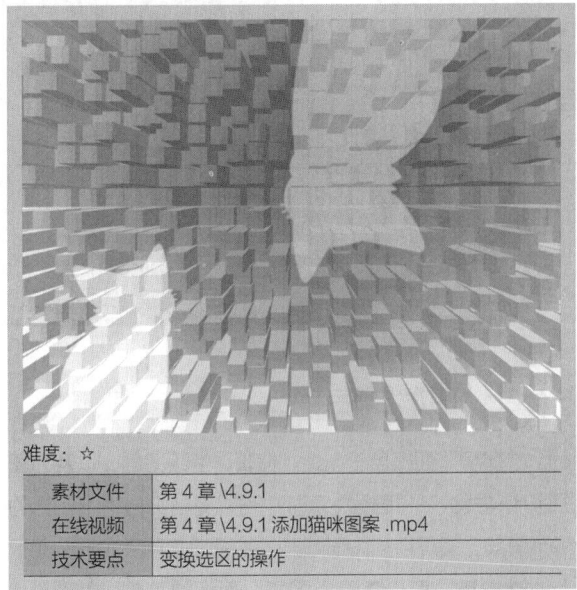

难度：☆

素材文件	第 4 章 \4.9.1
在线视频	第 4 章 \4.9.1 添加猫咪图案 .mp4
技术要点	变换选区的操作

选区指的是指定编辑操作的有效区域，创建选区后，可以对选区进行编辑。本习题练习变换选区的操作，首先将对象载入选区，再使用"曲线"命令调整图像，然后对选区进行变换。

打开"背景.jpg"和"猫咪.psd"素材文件，将卡通猫咪拖动到背景文档中，将卡通猫咪载入选区，再调整其色调，对猫咪进行翻转和缩放，最终效果如图4-198所示。

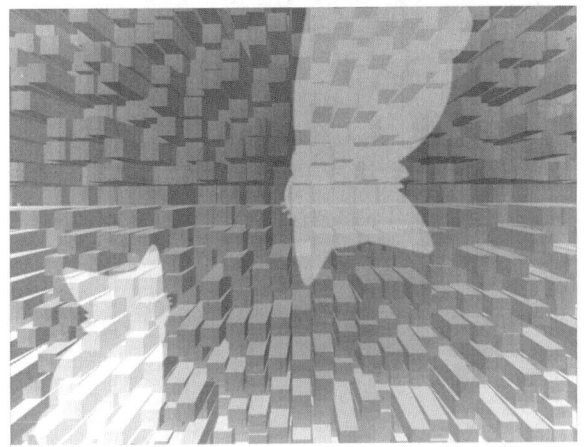

图 4-198 添加猫咪图案效果图

4.9.2 合成花瓣头饰

难度：☆

素材文件	第 4 章 \4.9.2
在线视频	第 4 章 \4.9.2 用"磁性套索工具"合成花瓣头饰 . mp4
技术要点	"磁性套索工具"的使用

"磁性套索工具" 能够自动识别颜色差别，并能够对具有颜色差异的边界自动描边，以得到某个对象的选区。本习题练习"磁性套索工具"选取图像的操作，制作花瓣头饰。

首先打开"发型.jpg"和"花朵.jpg"素材文件，使用"磁性套索工具" 选取花朵，然后再将其移至人物头发上，并为其添加投影效果，最终效果如图4-199所示。

图 4-199 合成花瓣头饰效果图

图层

第**05**章

图层是Photoshop CC 2018 的核心功能之一，只要是新建或打开图像文件就肯定要用到图层。图层大大丰富了Photoshop CC 2018的功能，并且Photoshop CC 2018中的许多功能，如图层样式、混合模式、蒙版和滤镜等，都依托着图层而存在。本章着重介绍图层的功能、使用方法与操作技巧。

学习重点与难点

- 图层的原理 `102页`
- 锁定图层 `110页`
- 创建样式 `135页`
- 显示与隐藏图层 `109页`
- "等高线"在图层样式中的应用 `129页`

5.1 什么是图层

图层是构成图像的重要组成单位，许多效果可以通过对图层的直接操作而得到，用图层来实现效果是一种直观而简便的方法。

图层不仅是Photoshop的功能，在其他许多设计或绘画软件中，如Illustrator、Flash、InDesign等，都有图层这一功能，并且其原理及功能与Photoshop也基本相同。

5.1.1 图层的原理　　　　　　重点

从管理图像的角度来看，图层就像是保管图像的"文件夹"。从图像合成的角度来看，图层就像是将一张张图像按顺序堆叠在一起，组合起来形成最终图像的效果，如图5-1所示。各个图层中的对象都可以单独进行处理，而不会影响到其他图层中的内容。

图 5-1 多个图层组合的图像

🔍 **延伸讲解**

在编辑图层之前，应该先在"图层"面板单击所要编辑的图层，将其选中，所选图层称之为"当前图层"。绘制、填色及色调调整都只能在一个图层中进行操作，而移动、对齐、变换或应用样式时，可以同时选取多个图层进行处理。

5.1.2 "图层"面板

"图层"面板用于创建、编辑、管理图层，以及为图层添加样式。在"图层"面板中可以看到文档中所包含的所有图层、图层组和图层效果，如图5-2所示。单击面板上的▤按钮，可以查看"图层"面板的菜单，如图5-3所示。

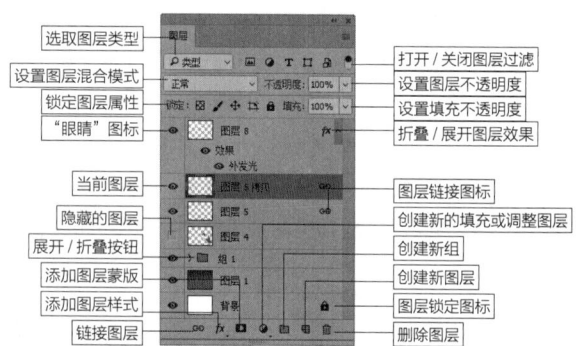

图 5-2 "图层"面板

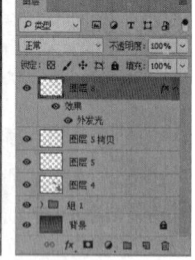

图 5-3 面板菜单

◆ 选取图层类型。当图层数量较多时，单击此按钮，在下拉列表框中选择一种图层类型（包括名称、效果、模式、属性、颜色、智能对象、选定和画板），让"图层"面板只显示所选类型的图层，隐藏其他类型的图层。

◆ 打开/关闭图层过滤。单击此按钮，可以打开或关闭图层过滤功能。

◆ 设置图层混合模式。主要用于设置当前图层的混合模式，使之与下面的图层产生混合效果。

◆ 设置图层的不透明度。主要用于设置当前图层的不透明度，使之呈现透明状态，让下面图层的图像内容显示出来。

◆ 设置填充的不透明度。主要用于设置当前图层填充的不透明度，与图层的不透明度相似，但不会影响图层效果。

◆ 锁定图层属性。主要用来锁定当前图层的属性，使之不可以被编辑，分别是（锁定透明像素）、（锁定图像像素）、（锁定位置）、（防止在画板内外自动嵌套）及（锁定全部）。

◆ "眼睛"图标。有该图标的图层为可见图层，单击该图标可以隐藏图层。

◆ 当前图层。当前选择或正在编辑的图层。

◆ 隐藏的图层。单击"眼睛"图标即可显示此图标，隐藏图层，隐藏的图层不能进行编辑。

◆ 折叠/展开图层效果。单击该图标可以折叠或展开图层效果并显示当前图层添加的所有效果。

◆ 图层链接图标。显示该图标的图层为彼此链接的图层，可以一同进行操作。

◆ 折叠/展开图层组。单击该图标可以展开或折叠图层组。

◆ 图层锁定图标。显示该图标时，表示图层处于锁定状态。

◆ 链接图层。用来链接当前选择的多个图层。

◆ 添加图层样式。单击此按钮，在打开的下拉菜单中选择一个效果选项，即可为当前图层添加图层样式效果。

◆ 添加图层蒙版。单击此按钮，可以为当前图层添加图层蒙版。蒙版主要用于遮盖图像，但不会将其破坏。

◆ 创建新的填充或调整图层。单击此按钮，可以在打开的下拉菜单中创建新的填充或调整图层。

◆ 创建新组。单击此按钮，即可创建一个图层组。

◆ 创建新图层。单击此按钮，即可创建一个新图层。

◆ 删除图层。选择图层或图层组，单击此按钮，即可删除所选的图层或图层组。

?? 答疑解惑：在"图层"面板中每个图层都有一个图层缩览图，那么可以调整图层缩览图的大小吗？

在"图层"面板中，图层名称左侧的图像就是该图层的图层缩览图，即显示图层中所包含的图像内容，缩览图中的棋盘格即代表图像的透明区域。

如果想要调整图层的缩览图大小，可以在缩览图上单击鼠标右键，在弹出的快捷菜单中调整缩览图的大小，如图5-4所示，或单击面板上的按钮，在面板菜单中执行"面板选项"命令，在打开的"图层面板选项"对话框中设置图层缩览图的大小，如图5-5所示。

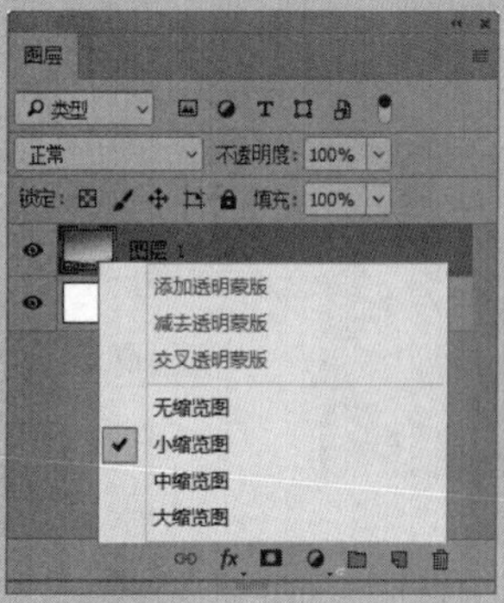

图 5-4 调整缩览图的大小 1 　　图 5-5 调整缩览图的大小 2

5.1.3 图层的类型

在Photoshop CC 2018中可以创建多种类型的图层，每种类型的图层都有各自的用途和功能，在"图层"面板中的显示状态也各不相同，如图5-6和图5-7所示。

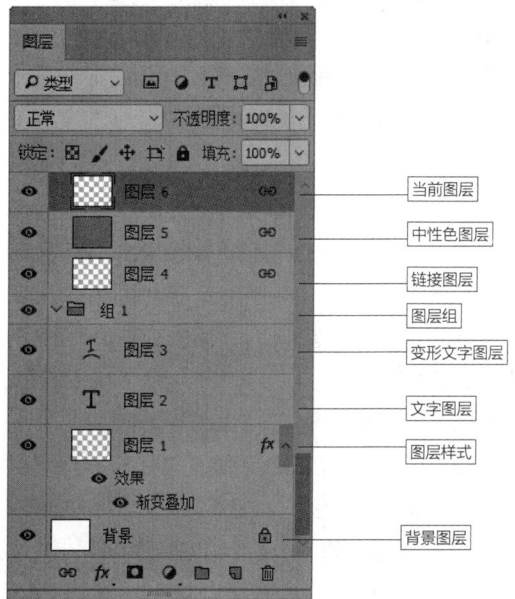

当前图层
中性色图层
链接图层
图层组
变形文字图层
文字图层
图层样式
背景图层

图 5-6 图层类型 1

图 5-7 图层类型 2

◆ 当前图层。当前选择或正在编辑的图层。

◆ 中性色图层。填充了中性色（R：128，G：128，B：128），并预设了混合模式的特殊图层，可以用于承载滤镜或在上面绘画。

◆ 链接图层。保持链接状态的多个图层。

◆ 图层组。主要用于组织和管理图层，以便查找和编辑图层，类似于一个"文件夹"。

◆ 变形文字图层。进行了变形处理后的文字图层。

◆ 文字图层。使用文字工具输入文字时创建的图层。

◆ 图层样式。添加了图层样式的图层，通过图层样式可以快速创建"描边""内阴影""内发光""外发光""投影"等效果。

◆ 背景图层。新建文档时创建的图层，始终位于"图层"面板的最下层，即名称为"背景"的图层。"背景"图层不可以调节图层顺序、不透明度、添加图层样式和蒙版，但可以使用"画笔工具""渐变工具""图章工具"等进行处理。

◆ 3D图层。包含3D文件或置入了3D文件的图层。

◆ 调整图层。可以在不破坏原始图像的情况下，对图像进行"亮度/对比度""色阶""色相""曲线"等调整操作，不但不会改变像素值，而且可以重复编辑。

◆ 形状图层。通过形状类工具和路径类工具来创建的图层。

◆ 填充图层。填充了纯色、渐变或图案的特殊图层。

◆ 矢量蒙版图层。添加了矢量形状的蒙版图层。

◆ 剪贴蒙版。蒙版的一种，可以使用一个图层的图像控制它下面多个图层的显示范围。

◆ 智能对象图层。包含智能对象的图层。

◆ 视频组。与"图层组"的功能相似，主要用于组织和管理视频图层的图层组。

◆ 视频图层。包含了视频文件的图层。

5.2 创建图层

在Photoshop CC 2018中创建图层的方法有很多种。例如，在"图层"面板中创建图层、执行"新建"命令创建图层，或用"通过拷贝的图层"命令创建图层等，本节将详细介绍创建图层的多种方法。

在"图层"面板中创建图层

在"图层"面板中单击"创建新图层"按钮 ，即可在当前图层的上方新建一个图层，并且新建的图层自动成为当前图层，如图5-8所示。按住Ctrl键单击"创建新图层"按钮 ，则可以在当前图层的下方创建一个图层，如图5-9所示，但"背景"图层的下方不能创建图层。

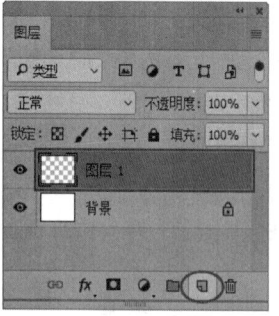 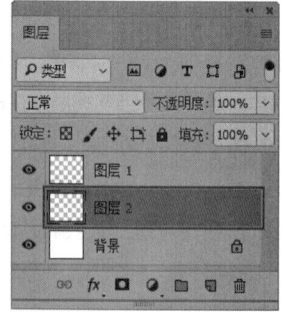

图 5-8 在当前图层上方创建图层　　图 5-9 在当前图层下方创建图层

执行"新建"命令创建图层

执行"新建"命令创建图层，可以在创建图层的同时设置图层的属性。执行"图层"→"新建"→"图层"命令，打开"新建图层"对话框，设置图层属性，如图5-10所示。或者按住Alt键在"图层"面板中单击"创建新图层"按钮 ，也可打开"新建图层"对话框设置图层属性并新建图层，如图5-11所示。

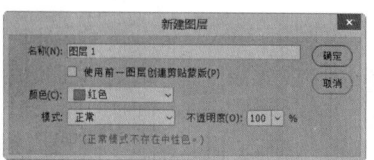

图5-10 "新建图层"对话框

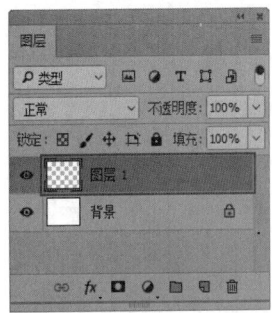

图 5-11 创建的图层

创建"背景"图层

新建文档时，会创建一个名称为"背景"并锁定的图层，如图5-12所示。如果在"新建文档"的对话框中设置"背景内容"为"透明"，如图5-13所示，则新建的文档没有"背景"图层。

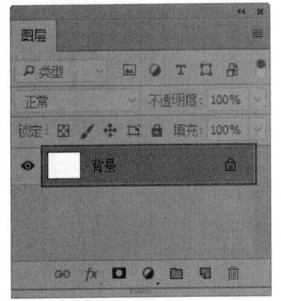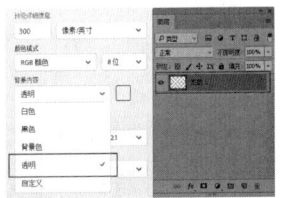

图 5-12 创建"背景"图层　　图 5-13 创建没有"背景"图层的文档

在"图层"面板中选择图层，如图5-14所示，执行"图层"→"新建"→"图层背景"命令，即可将其转换为"背景"图层，并自动移至"图层"面板的最下层，如图5-15所示。

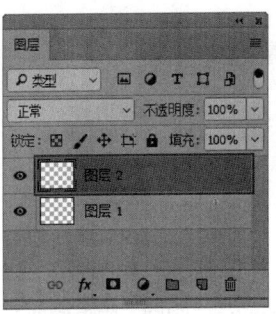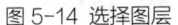

图 5-14 选择图层　　　　图 5-15 创建的"背景"图层

将"背景"图层转换为普通图层

"背景"图层是比较特殊的图层。它的特殊之处除了始终位于"图层"面板的最下层之外，还不可以调节图层顺序、不透明度、添加图层样式和蒙版。如果想要对"背景"图层进行编辑，就需要将"背景"图层转换为普通图层。

双击"背景"图层，打开"新建图层"对话框，在对话框的"名称"后的文本框中输入名称并设置选项（也可以不做修改），单击"确定"按钮，如图5-16所示，即可将"背景"图层转换为普通图层，如图5-17所示。

图 5-16 "新建图层"对话框　　图 5-17 转换为普通图层

在"背景"图层上单击鼠标右键，在弹出的快捷菜单中执行"背景图层"命令，如图5-18所示，打开"新建图层"对话框，单击"确定"按钮，即可将"背景"图层转换为普通图层。

执行"图层"→"新建"→"背景图层"命令，如图5-19所示，打开"新建图层"对话框，单击"确定"按钮，即可将"背景"图层转换为普通图层。

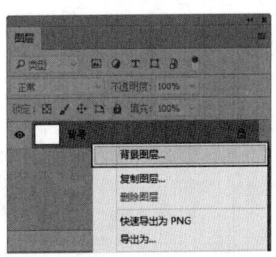

图 5-18 快捷菜单中的"背景图层"命令

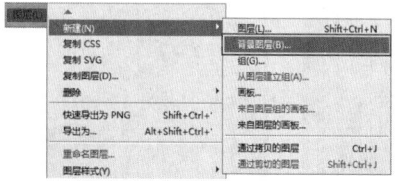

图 5-19 菜单栏中的"背景图层"命令

单击"背景"图层的锁定图标，如图5-20所示，或者按住鼠标左键将其拖动至"图层"面板底部的"删除图层"按钮上，如图5-21所示，都可将"背景"图层快速转换为普通图层。

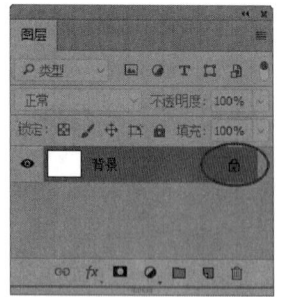

图 5-20 "背景"图层的锁定图标

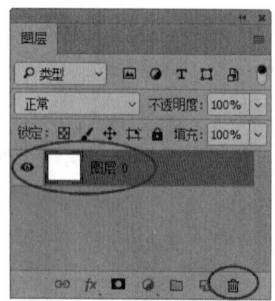

图 5-21 "图层"面板的"删除图层"按钮

延伸讲解

当按住Alt键双击"背景"图层时，可以直接将"背景"图层转换为普通图层，不需要打开对话框。

5.3 编辑图层

图层具有很强的编辑性，如选择图层、复制图层、链接图层、删除图层、显示与隐藏图层，以及栅格化图层等。本节将详细介绍编辑图层的方法。

5.3.1 选择图层

在对图层进行编辑前，应该先选择图层。选择图层包括选择一个图层、多个图层、所有图层、链接图层和取消选择图层，选择图层的具体方法如下。

◆ 选择一个图层。单击"图层"面板中的一个图层，即可选择该图层，如图5-22所示。

◆ 选择多个图层。如果要选择多个相邻的图层，可以单击第一个图层，再按住Shift键，然后单击最后一个图层，如图5-23所示；如果要选择多个不相邻的图层，则

可以在按住Ctrl键的同时单击要选择的图层，如图5-24所示。

图 5-22 选择一个图层

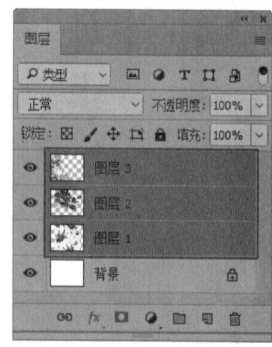

图 5-23 选择多个相邻的图层

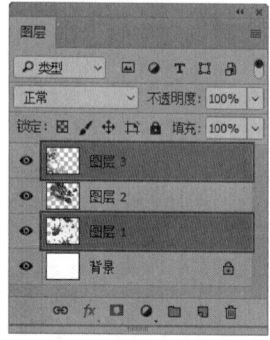

图 5-24 选择多个不相邻的图层

◆ 选择所有图层。执行"选择"→"所有图层"命令，或按Ctrl+Alt+A组合键，即可选择"图层"面板中的所有图层，但不包括"背景"图层，如图5-25和图5-26所示。

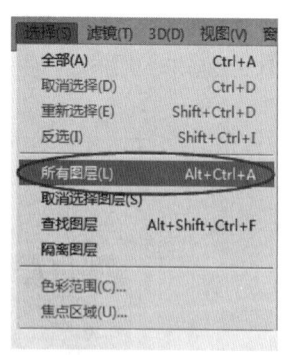

图 5-25 "所有图层"命令　　图 5-26 选择全部的图层

◆ 选择链接图层。在"图层"面板中单击一个链接图层，如图5-27所示，再执行"图层"→"选择链接图层"命令，如图5-28所示，即可选择与之链接的所有链接图层，如图5-29所示。

图 5-27 选择一个链接图层

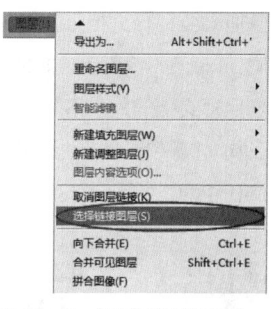
图 5-28 "选择链接图层"命令

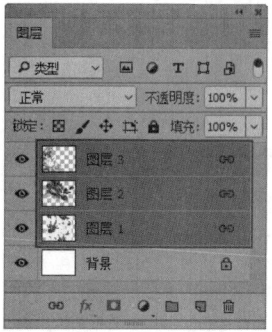
图 5-29 选择链接图层

◆ 取消选择图层。选择图层后，执行"选择"→"取消选择图层"命令，如图5-30所示，或在"图层"面板的空白处单击，也可取消选择图层，如图5-31所示。

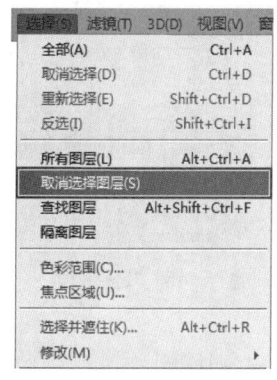
图 5-30 "取消选择图层"命令

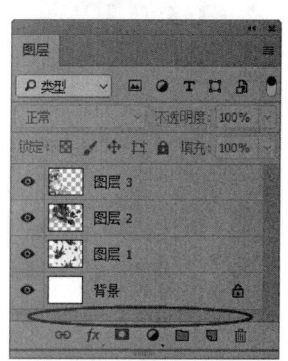
图 5-31 单击空白处

延伸讲解

选择一个图层后，按Alt+]组合键可以将当前图层切换到与之相邻的上一图层，按Alt+[组合键可以将当前图层切换到与之相邻的下一图层。

当按住Ctrl键单击图层时，只能单击图层的名称，而不可以单击图层的缩览图，否则会载入选区，而不是选择图层。

当选择多个图层时，只可以进行复制、移动、变换、删除等操作，很多类似于绘画及调色的操作是不能进行的。

5.3.2 复制图层

在Photoshop CC 2018中复制图层的方法也有很多，包括在"图层"面板中复制图层、执行"复制图层"命令复制图层，以及在不同的文档中复制图层，复制图层的具体方法如下。

在"图层"面板中复制图层

在"图层"面板中，按住鼠标左键将需要复制的图层拖动至面板底部的"创建新图层"按钮上，即可复制该图层，如图5-32所示。或者在"图层"面板中选择图层后，按Ctrl+J组合键也可复制该图层，如图5-33所示。

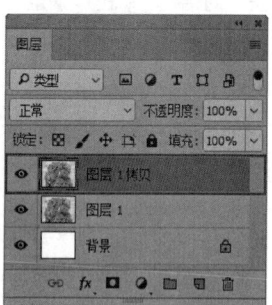
图 5-32 "创建新图层"按钮　图 5-33 复制的图层

还可以在选择一个图层后，按住Alt键将其拖动至两个图层之间的交接处，如图5-34所示，当鼠标指针变成"双箭头"形状时，松开鼠标后即可复制该图层，如图5-35所示。

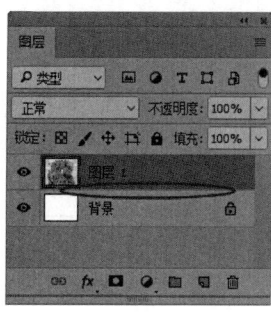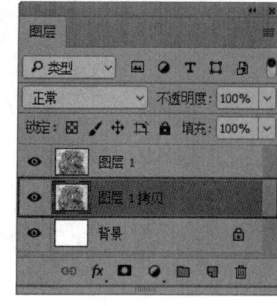
图 5-34 两个图层的交接处　图 5-35 复制的图层

执行"复制图层"命令复制图层

在"图层"面板中选择一个图层后，执行"图层"→"复制图层"命令，打开"复制图层"对话框，输入图层名称并设置选项，单击"确定"按钮，即可复制该图层，如图5-36和图5-37所示。

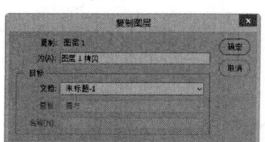
图 5-36 "复制图层"对话框

图 5-37 复制的图层

在选择图层后，单击鼠标右键，在弹出的快捷菜单中执行"复制图层"命令，如图5-38所示，打开"复制图层"对话框，单击"确定"按钮，如图5-39所示，即可复制该图层。

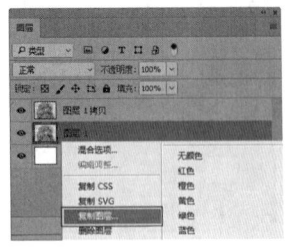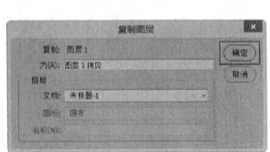

图 5-38 "复制图层"命令　　图 5-39 "复制图层"对话框

在不同文档中复制图层

使用"移动工具" 将需要复制的图层拖动至目标文档中，即可复制该图层，如图5-40和图 5-41所示。

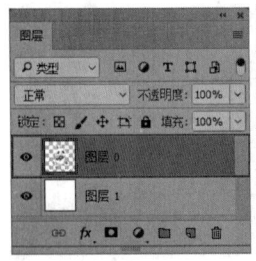

图 5-40 拖动要复制的图层到目标文档中

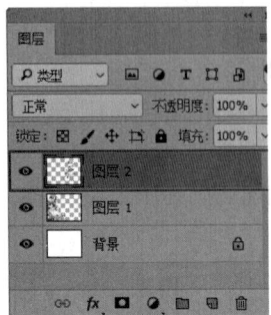

图 5-41 复制的图层

如果需要进行复制的文档的图像大小与目标文档的大

小相同，按住Shift键的同时，使用"移动工具" 将图像拖动至目标文档，则复制的图像与源图像的放置位置相同，如图5-42所示。如果需要进行复制的文档的图像大小与目标文档的大小不同，按住Shift键的同时，使用"移动工具" 将图像拖动至目标文档，则图像会被放置在画布的正中间，如图5-43所示。

图 5-42 两个文档大小相同　　图 5-43 两个文档大小不同

5.3.3 链接图层

链接图层可以将多个图层保持链接状态，这些链接图层可以同时进行移动、应用变换或创建剪贴蒙版等操作。

在"图层"面板中选择要链接在一起的两个或多个图层，再在"图层"面板底部单击"链接图层"按钮 ，如图5-44所示，或者执行"图层"→"链接图层"命令，如图5-45所示，即可将选择的图层链接，如图5-46所示。

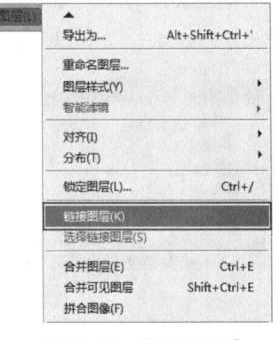

图 5-44 "链接图层"按钮　　图 5-45 "链接图层"命令

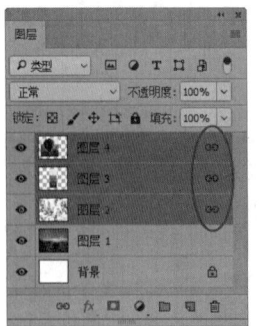

图 5-46 选择的图层被链接

如果要取消某一个图层的链接，则可以选择要取消链接的图层，单击"图层"面板底部的 "链接图层"按钮，如图5-47所示，或者执行"图层"→"取消图层链接"命令，如图5-48所示，即可取消图层的链接，如图5-49所示。

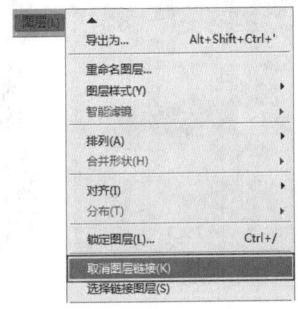

图 5-47　"链接图层"按钮　图 5-48　"取消图层链接"命令

图 5-49　取消图层链接

　　如果要取消全部图层的链接，则在选择全部的链接图层后，单击"链接图层"按钮，如图5-50所示，或者执行"图层"→"取消链接图层"命令，即可取消全部图层的链接，如图5-51所示。

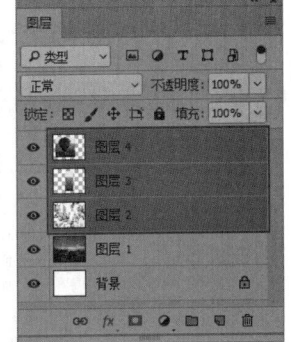

图 5-50　"链接图层"按钮　图 5-51　取消全部图层链接

5.3.4　修改图层的名称和颜色

　　"图层"面板中的图层数量过多，操作时难以快速地找到想要操作的图层，这时可以为一些重要的图层修改图层的名称或设置可以区别于其他图层的标记颜色。

　　如果要修改一个图层的名称，选择该图层，执行"图层"→"重命名图层"命令，如图5-52所示，或在图层名称上双击，激活图层名称的文本框，在文本框中输入名称，就可以修改图层的名称了，如图5-53所示。

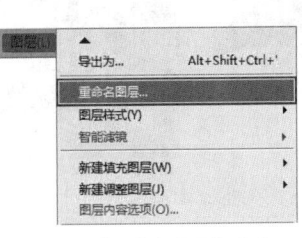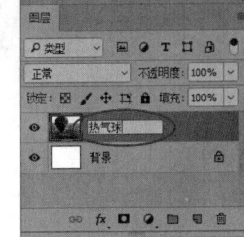

图 5-52　"重命名图层"命令　　图 5-53　在文本框中输入要修改的名称

　　如果要修改图层的颜色，在图层的缩览图上单击鼠标右键，如图5-54所示，在弹出的快捷菜单中可以看到多种颜色名称，单击要设置的颜色名称，如图5-55所示，将当前图层的标记颜色修改为所选的颜色，如图5-56所示。在弹出的快捷菜单中执行"无颜色"命令，即可取消图层前方的颜色标记效果。

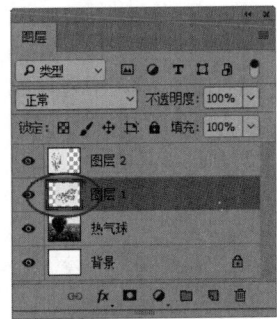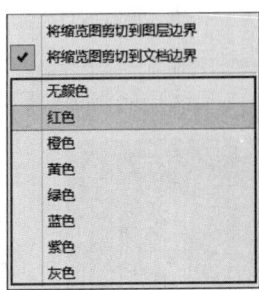

图 5-54　图层缩览图　　图 5-55　快捷菜单中的颜色名称

图 5-56　修改图层的颜色

5.3.5　显示与隐藏图层

　　图层缩览图前面的"眼睛"图标可以用来控制图层的可见性。有该图标的图层为可见图层，如图5-57所示，无该图标的是隐藏的图层。单击一个图层前面的"眼睛"图标，可以隐藏该图层，如图5-58所示，再次单击可重新显示图层。

图 5-57 显示图层

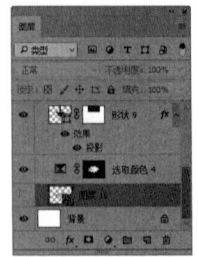

图 5-58 隐藏图层

　　将鼠标指针放在一个图层的"眼睛"图标上，按住鼠标左键并在"眼睛"图标列进行拖动，可以快速隐藏（或显示）多个相邻的图层，如图5-59所示。

图 5-59 隐藏多个图层

5.3.6 锁定图层　　**重点**

　　在"图层"面板的上部分有多个锁定按钮，这些锁定按钮主要用来保护图层透明像素、图像像素、位置等，如图5-60所示。使用这些功能可以根据需要完全锁定或部分锁定图层，防止操作失误而对图层的内容造成修改。

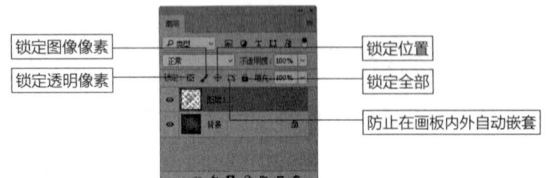

图 5-60 "图层"面板上的锁定按钮

◆ 锁定透明像素。单击该按钮后，可以将编辑范围限定在图层的不透明区域，图层的透明区域受到保护。图

5-61所示为锁定透明像素后，使用"画笔工具"涂抹图像时的效果，可以看到，文字之外的透明区域不会受到影响。

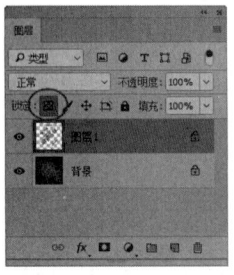

图 5-61 锁定透明像素

◆ 锁定图像像素。单击该按钮后，只能对图层进行移动和变换的操作，不能在图层上进行绘画、擦除或应用滤镜等操作。图5-62所示为使用"画笔工具"涂抹图像时弹出的提示信息。

图 5-62 锁定图像像素

◆ 锁定位置。单击该按钮后，不能移动图层。
◆ 防止在画板内外自动嵌套。单击该按钮后，可防止图层在画板内外自动嵌套。
◆ 锁定全部。单击该按钮后，可以锁定以上全部选项。

🔍 **延伸讲解**

　　如果要快速锁定图层组中的图层，在"图层"面板中选择图层组后，执行"图层"→"锁定组内的所有图层"命令，打开"锁定组内的所有图层"对话框，在对话框中勾选要锁定的选项，如图5-63所示，即可锁定该图层组内所有图层的一种或多种属性，如图5-64所示。

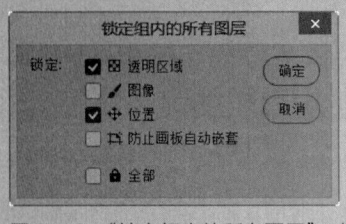
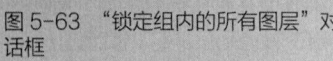
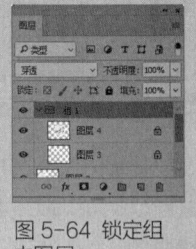

图 5-63 "锁定组内的所有图层"对话框　　图 5-64 锁定组内图层

在"图层"面板中，单击任意锁定按钮则会在图层的后方显示一个锁的图标。图层的部分属性被锁定，则在图层后方显示空心的锁图标，如图5-65所示；图层所有的属性都被锁定，则在图层后方显示实心的锁图标，如图5-66所示。

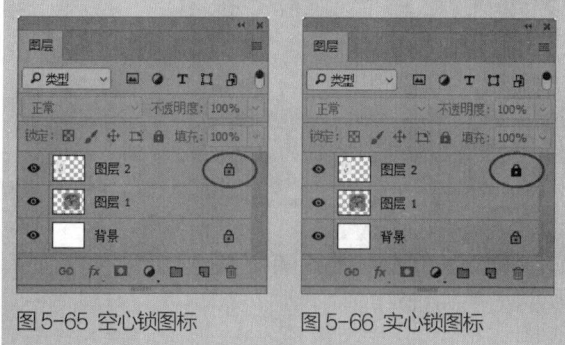

图 5-65 空心锁图标　　　　图 5-66 实心锁图标

5.3.7 查找图层

当图层数量较多时，如果想要快速找到某个图层，可以执行"选择"→"查找图层"命令，如图5-67所示，"图层"面板顶部会出现一个文本框，如图5-68所示，在文本框内输入要查找图层的名称，则"图层"面板中只会显示该图层，如图5-69所示。

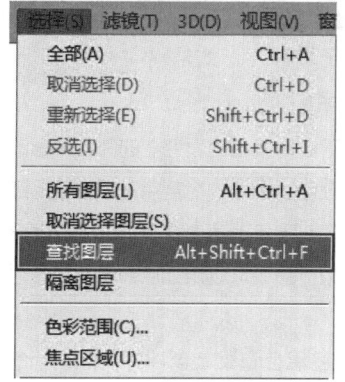

图 5-67 "查找图层"命令

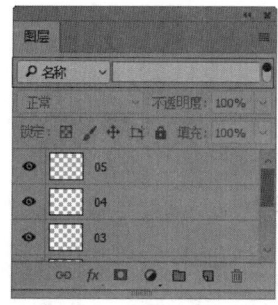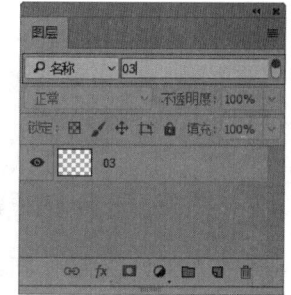

图 5-68 "查找图层"文本框　图 5-69 显示查找的图层

5.3.8 删除图层

如果想要删除"图层"面板中不需要的图层，将要删除的图层拖动到"图层"面板底部的"删除图层"按钮上，如图5-70所示，即可删除该图层，如图5-71所示。

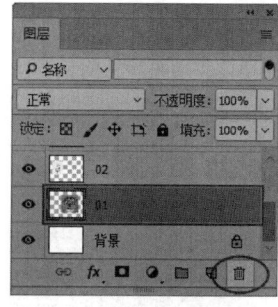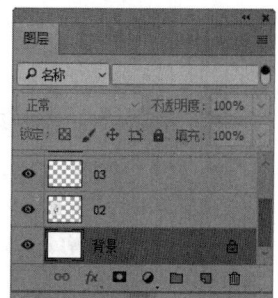

图 5-70 "删除图层"按钮　图 5-71 删除图层

或者在"图层"面板选择要删除的图层后，执行"图层"→"删除"→"图层"命令，如图5-72所示，即可删除该图层。

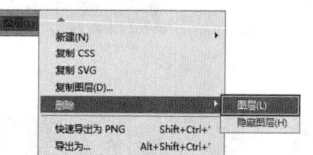

图 5-72 "删除"子菜单

5.3.9 栅格化图层内容

在Photoshop CC 2018中，文字图层、形状图层、矢量蒙版图层、智能对象图层及视频图层等包含矢量数据的图层是不能直接进行编辑的。如果需要对这些类型的图层进行编辑，需要先将图层栅格化。

选择要栅格化的图层，执行"图层"→"栅格化"命令，在子菜单中选择需要栅格化的选项，如图5-73所示，即可栅格化图层中的内容。

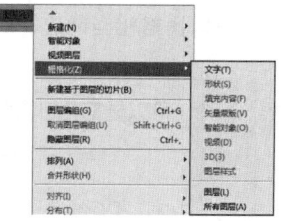

图 5-73 "栅格化"子菜单

◆ 文字。执行"文字"命令，即可栅格化文字图层，使文字变为光栅图像，栅格化文字图层后，文字内容不能再做更改。

◆ 形状/填充内容/矢量蒙版。执行"形状"命令，可以栅格化形状图层；执行"填充内容"命令，可以栅格化形状图层的填充内容，并基于形状内容创建矢量蒙版；执行"矢量蒙版"命令，可以栅格化矢量蒙版，将其转换为图层蒙版。图5-74所示为形状图层选择了不同栅格化选项后的图层状态。

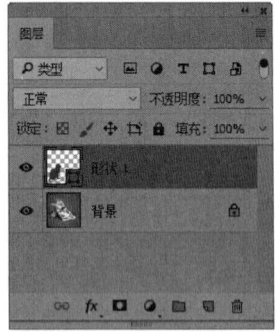 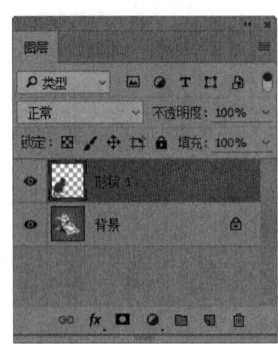

a. 形状图层　　　　　　b. 栅格化形状

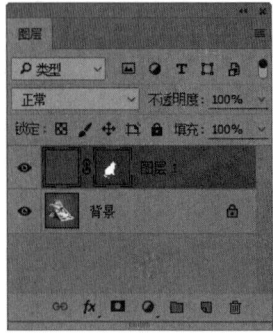 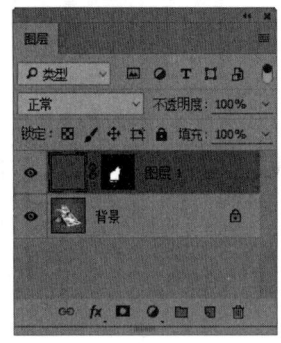

c. 栅格化填充内容　　　d. 栅格化矢量蒙版

图 5-74 栅格化图层

◆ 智能对象。执行"智能对象"命令，可以栅格化智能对象，将其转换为像素。

◆ 视频。执行"视频"命令，可以栅格化视频图层，选择的图层将拼合到"时间轴"面板中选定的当前帧中。

◆ 3D。执行"3D"命令，可以栅格化3D图层。

◆ 图层样式。执行"图层样式"命令，可以栅格化图层样式，将其应用到图层内容中。

◆ 图层。执行"图层"命令，可以栅格化当前选择的图层。

◆ 所有图层。执行"所有图层"命令，可以栅格化包含矢量数据的所有图层。

5.3.10 清除图像的杂边

当移动或粘贴选区时，选区边框周围的一些像素也会包含在选区内，执行"图层"→"修边"命令可以去除这些多余的像素，如图5-75和图5-76所示。

图 5-75 打开图像

图 5-76 "修边"命令的子菜单

◆ 颜色净化。去除彩色杂边。

◆ 去边。用包含纯色（不含背景色的颜色）的邻近像素的颜色替换任何像素的颜色。例如，在黄色背景上选择红色对象，然后移动选区，则一些黄色背景被选中并随着对象一起移动，"去边"命令可以用红色像素代替黄色像素。

◆ 移去黑色杂边。如果将黑色背景上创建的消除锯齿的选区粘贴到其他颜色背景上，可执行该命令消除黑色杂边。

◆ 移去白色杂边。如果将白色背景上创建的消除锯齿的选区粘贴到其他颜色背景上，可执行该命令消除白色杂边。

5.4 排列与分布图层

在"图层"面板中，图层顺序是按照创建图层的先后顺序而排列的。排列位置靠上的图层优先显示，而排列位置靠下的图层可能被遮盖住，所以在操作过程中经常需要调整"图层"面板中图层的顺序以配合操作需要。

5.4.1 调整图层的顺序

如果想要调整"图层"面板中图层的顺序，可以通过在"图层"面板中调整和执行"排列"命令来调整两种方法实现，具体方法如下。

在"图层"面板中调整图层的顺序

在"图层"面板中，将要更改顺序的图层拖动到另一个图层的上面（或下面），如图5-77所示，即可调整图层的顺序，如图5-78所示。

图 5-77 拖动要更改顺序的图层

图 5-78 调整图层的顺序

通过执行"排列"命令调整图层的顺序

选择要调整顺序的图层后，执行"图层"→"排列"命令，在子菜单中执行一种排列命令，如图5-79所示，即可调整图层的顺序。

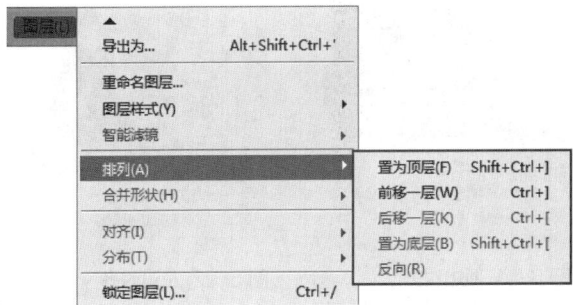

图 5-79 "排列"子菜单

- ◆ 置为顶层。将所选图层调整到"图层"面板的最顶层。
- ◆ 前移一层。将所选图层向上调整一层。
- ◆ 后移一层。将所选图层向下调整一层。
- ◆ 置为底层。将所选图层调整到"图层"面板的最底层。
- ◆ 反向。在"图层"面板中选择多个图层以后，选择"反向"命令，可以将所选的图层反向排列。

> **答疑解惑：如果调整的图层位于图层组中，排列顺序会怎样呢？**
>
> 当要调整的图层位于图层组中时，执行"图层"→"排列"→"前移一层""后移一层""反向"命令，与在"图层"面板中进行调整没有区别。而执行"图层"→"排列"→"置于顶层""置于底层"命令，则该图层将被调整到当前图层组中的最顶层或最底层，如图5-80所示。
>
> 如果该图层位于图层组的最顶层，执行"图层"→"排列"→"最顶层""最底层"命令，则该图层将被调整到"图层"面板的最顶层或最底层，如图5-81所示。

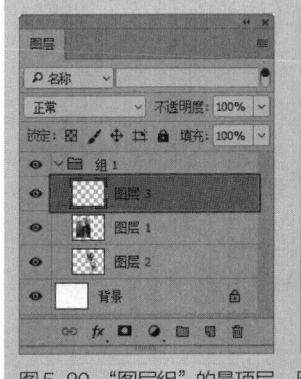

图 5-80 "图层组"的最顶层　　图 5-81 "图层"面板的最顶层

5.4.2 实战：分布图层

难度：☆☆

素材文件	第 5 章 \5.4.2
在线视频	第 5 章 \5.4.2 实战：分布图层 .mp4
技术要点	分布图层

本实战通过执行"图层"→"分布"子菜单中的任意一种分布命令，可将选择的多个图层按照一定的规律均匀地分布。

步骤 01 启动Photoshop CC 2018软件，选择本章的素材文件"5.4.2 分布图层.psd"，将其打开，如图5-82所示。在"图层"面板中按住Ctrl键的同时选择多个图层，如图5-83所示。

 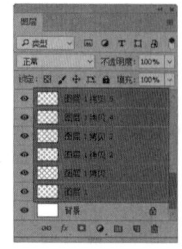

图 5-82 打开素材文件　　图 5-83 在"图层"面板中选择图层

步骤 02 执行"图层"→"分布"→"水平居中"命令，如图5-84所示，从每个图层的垂直中心像素开始，间隔均匀地分布图层，如图5-85所示。

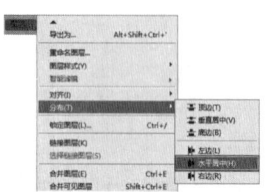 

图 5-84 "水平居中"命令　　图 5-85 "水平居中"分布效果

步骤 03 在"图层"面板单击"图层 2"前面的"眼睛"图标"　"，如图5-86所示，则会显示隐藏图层的图像效果，如图5-87所示。

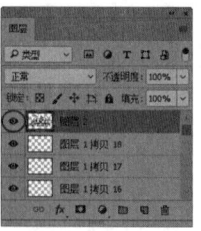 

图 5-86 显示图层　　图 5-87 显示图像

🔍 延伸讲解

执行"图层"→"分布"→"顶边"命令，从每个图层的顶端像素开始，间隔均匀地分布图层；执行"图层"→"分布"→"水平居中"命令，从每个图层的水平中心开始，间隔均匀地分布图层；执行"图层"→"分布"→"底边"命令，从每个图层的底端像素开始，间隔均匀地分布图层；执行"图层"→"分布"→"左边"命令，从每个图层的左端像素开始，间隔均匀地分布图层；执行"图层"→"分布"→"右边"命令，从每个图层的右端像素开始，间隔均匀地分布图层。

如果当前选择的是"移动工具"　，则可以通过单击

工具选项栏的"分布"按钮，直接进行图层的分布操作，如图5-88所示。

图 5-88 工具选项栏的"分布"按钮

5.4.3 将图层与选区对齐

在画面中创建选区后，如图5-89所示，选择一个图层，如图5-90所示，执行"图层"→"将图层与选区对齐"子菜单中的命令，可基于选区对齐所选图层，如图5-91和图5-92所示。

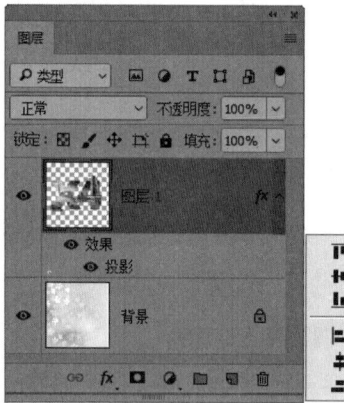

图 5-89 创建选区

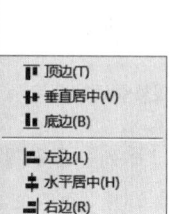

图 5-90 选择图层

图 5-91 顶边对齐　　　　图 5-92 左边对齐

5.4.4 实战：对齐图层

难度：☆☆

素材文件	第 5 章 \5.4.4
在线视频	第 5 章 \5.4.4 实战：对齐图层 .mp4
技术要点	对齐图层

本实例通过选择"图层"→"对齐"命令，在子菜单中选择一种分布选项，将选择的图层按照选择的对齐选项进行对齐。

步骤 01 执行"文件"→"打开"命令，打开 "浣熊.psd"素材，效果如5-93所示。

图 5-93 打开"浣熊.psd"素材

步骤 02 选中除"背景"图层以外的所有图层。执行"图层"→"对齐"→"顶边"命令，可以将选定图层上的顶端像素与所有选定图层上最顶端的像素对齐，如图5-94所示。

图 5-94 顶边对齐

步骤 03 按Ctrl+Z组合键撤销上一步操作。执行"图层"→"对齐"→"垂直居中"命令，可以将每个选定图层上的垂直像素与所有选定的垂直中心像素对齐，如图5-95所示。

图 5-95 垂直居中

步骤 04 按Ctrl+Z组合键撤销上一步操作。执行"图层"→"对齐"→"水平居中"命令，可以将选定图层上的水平中心像素与所有选定图层的水平中心像素对齐，如图5-96所示。

图 5-96 水平居中

步骤 05 按Ctrl+Z组合键撤销上一步操作。取消对齐，随意打散图层的分布，如图5-97所示。

图 5-97 打散图层分布

步骤 06 选中除"背景"图层以外的所有图层。执行"图层"→"分布"→"左边"命令，可以从每个图层的左端像素开始，间隔均匀地分布图层，如图5-98所示。

图 5-98 左边对齐

?? 答疑解惑：如何以某个图层为基准对齐图层呢？

如果要以某个图层为基准来对齐图层，首先要选择这些需要对齐的图层，再选择需要作为基准的图层，然后执行"图层"→"对齐"子菜单中一种对齐命令即可。

5.5 合并与盖印图层

在编辑复杂图像时，经常会需要将一些相同属性的图层进行合并，或者将没有用的图层进行删除。图层数量变少，不仅方便进行图层的管理与查找，而且也可以减小文件的大小，释放计算机的内存空间。

5.5.1 合并图层

如果要合并两个或多个图层，在"图层"面板中选择要合并的图层，如图5-99所示，执行"图层"→"合并图层"命令，或按Ctrl+E组合键，即可合并所选的图层。合并后的图层会使用上面图层的名称，如图5-100所示。

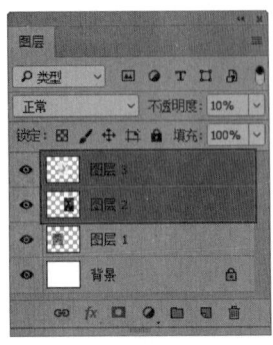
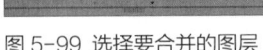
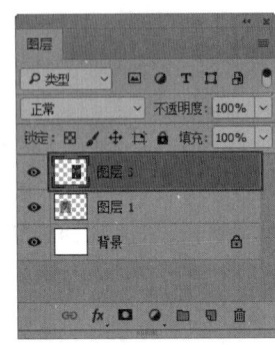

图 5-99 选择要合并的图层　　图 5-100 合并图层

5.5.2 向下合并图层

如果要将一个图层与其下方的图层进行合并，可以选择该图层，执行"图层"→"向下合并"命令，或单击鼠标右键，在弹出的快捷菜单中执行"向下合并"命令，如图5-101所示，将其与下方的图层合并，合并后的图层会使用下方图层会的图层名称，如图5-102所示。

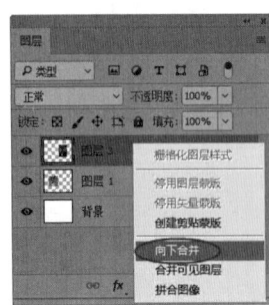

图 5-101 "向下合并"命令　　图 5-102 向下合并图层

5.5.3 合并可见图层

选择所有可见图层，如图5-103所示，执行"图层"→"合并可见图层"命令，或按Ctrl+Shift+E组合键，即可将"图层"面板中的可见图层合并到"背景"图层中，如图5-104所示。

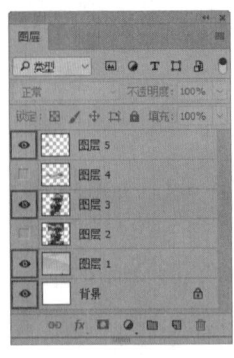

图 5-103 可见图层　　图 5-104 合并可见图层到"背景"图层

5.5.4 拼合图层

如果要将所有图层都拼合到"背景"图层中，可执行"图层"→"拼合图层"命令。如果有隐藏的图层，则会弹出一个提示对话框，询问是否删除隐藏的图层，如图5-105所示。

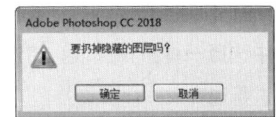

图 5-105 提示对话框

5.5.5 盖印图层

盖印图层可以将多个图层的内容合并到一个新的图层中，并且保持原有图层不变，是一种特殊的合并图层的方法。盖印图层包括"向下盖印图层""盖印多个图层""盖印可见图层""盖印图层组"，本小节将详细介绍盖印图层的几种方法。

◆ 向下盖印图层。在"图层"面板中选择一个图层，如图5-106所示，再按Ctrl+Alt+E组合键，即可将该图层中的图像盖印到该图层下面的图层中，原有图层中的图像内容保持不变，如图5-107所示。

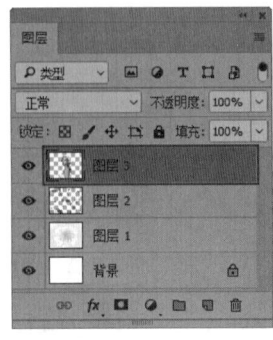
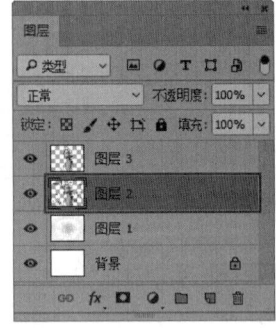

图 5-106 选择一个图层　　图 5-107 向下盖印图层

◆ 盖印多个图层。在"图层"面板中选择多个图层，如图

5-108所示，再按Ctrl+Alt+E组合键，即可将选择的图层盖印到一个新的图层中，原有图层中的图像内容保持不变，如图5-109所示。

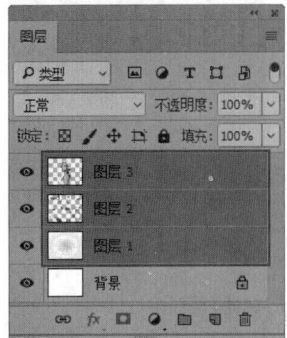

图 5-108 选择多个图层　　图 5-109 盖印多个图层得到的新图层

◆ 盖印可见图层。不选中任何图层，如图5-110所示，直接按Ctrl+Shift+Alt+E组合键，即可将"图层"面板中的所有可见图层盖印到一个新的图层中，原有图层中的图像内容保持不变，如图5-111所示。

图 5-110 "图层"面板　　图 5-111 盖印可见图层得到的新图层

◆ 盖印图层组。在"图层"面板中选择图层组，如图5-112所示，再按Ctrl+Alt+E组合键，即可将该图层组中的所有图层盖印到一个新的图层中，原有图层组中的图像内容保持不变，如图5-113所示。

图 5-112 选择图层组　　图 5-113 盖印图层组得到的新图层

5.6 用图层组管理图层

随着图像编辑的深入，图层数量越来越多，"图层"面板就会显得非常杂乱。为此，Photoshop CC 2018提供了图层组的功能，以方便图层的管理。图层与图层组的关系类似于Windows系统中的文件与文件夹的关系。图层组可以展开或折叠，也可以像图层一样设置不透明度、混合模式，添加图层蒙版，进行整体选择、复制或移动等操作。

5.6.1 创建图层组

在"图层"面板中创建图层组

在"图层"面板底部单击"创建新组"按钮■，如图5-114所示，即可创建一个空的图层组，如图5-115所示。

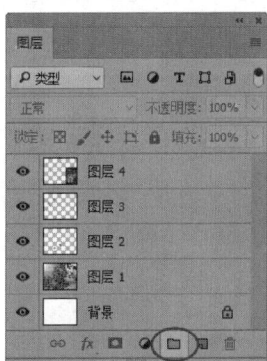

图 5-114 "创建新组"按钮　　图 5-115 创建图层组

通过命令创建图层组

如果想要在创建图层组时设置组的名称、颜色、混合模式、不透明度等属性，可以执行"图层"→"新建"→"组"命令，在打开的"新建组"对话框中设置，如图5-116和图 5-117所示。

图 5-116 "新建组"对话框

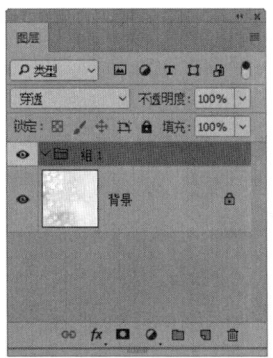

图 5-117 新建组

相关链接

图层组默认的混合模式为"穿透"，因此图层组不产生混合效果。如果将混合模式更改为其他模式，则该图层组中的图层将以该组的混合模式与下面的图层混合。

5.6.2 从所选图层创建图层组

如果要将多个图层创建在一个图层组内，可以选择这些图层，如图5-118所示，执行"图层"→"图层编组"命令，或按Ctrl+G组合键，如图5-119所示。编组之后，可以单击图层组前面的 ﹀ 按钮，关闭或重新展开图层组。

图 5-118 选择图层

图 5-119 从所选图层创建图层组

延伸讲解

选择图层以后，执行"图层"→"新建"→"从图层建立组"命令，打开"从图层新建组"对话框，设置图层组的名称、颜色和模式等属性，可以将选择的图层创建在设置了特定属性的图层组内。

5.6.3 创建嵌套结构的图层组

在"图层"面板中创建图层组后，如图5-120所示，可以继续在图层组内创建图层组，如图5-121所示，这

种多级结构的图层组被称为"嵌套图层组"。

图 5-120 创建图层组

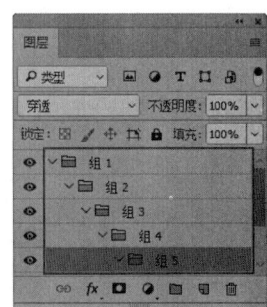

图 5-121 嵌套图层组

5.6.4 将图层移入或移出图层组

如果要将"图层"面板中的图层移入或移出图层组，可以在"图层"面板中选择一个图层，如图5-122所示，按住鼠标左键将其拖动至图层组中，就将该图层移入了图层组，如图5-123所示。若按住鼠标左键将其拖动至图层组外，则可将该图层移出图层组，如图5-124所示。

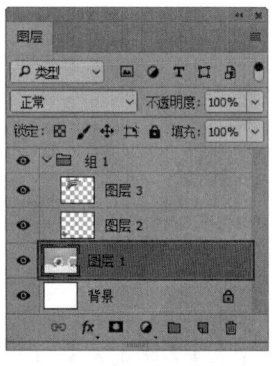

图 5-122 选择图层

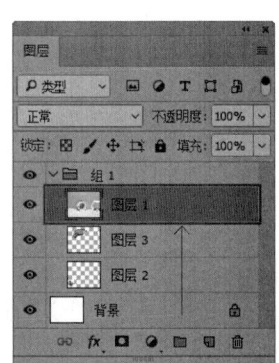

图 5-123 移入图层组

图 5-124 移出图层组

5.6.5 取消图层编组

如果要取消图层编组，可以选择该图层组，如图5-125所示，执行"图层"→"取消图层编组"命令，或按Ctrl+Shift+G组合键，取消该图层编组，并保留图

层，如图5-126所示。

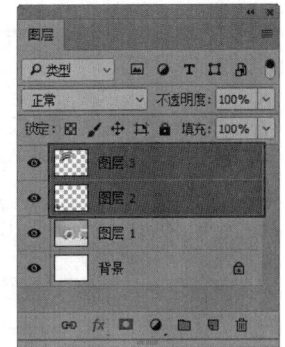

图 5-125 选择图层组　　图 5-126 取消图层编组

或者在图层组的名称上单击鼠标右键，在弹出的快捷菜单中执行"取消图层编组"命令，如图5-127所示，也可取消图层编组，如图5-128所示。

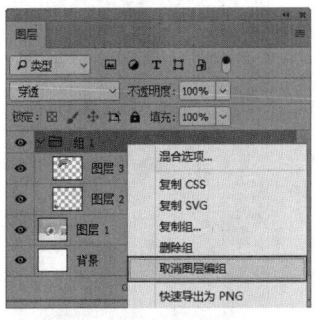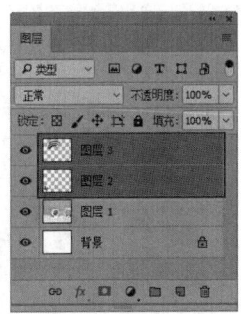

图 5-127 "取消图层编组"命令　图 5-128 取消图层编组

还可以在选择该图层组后，单击"图层"面板底部的"删除图层"按钮，如图5-129所示，弹出一个提示对话框，如图5-130所示，单击"仅组"按钮，可取消图层编组。

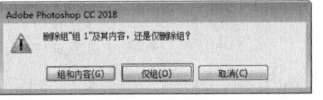

图 5-129 "删除图层"　图 5-130 提示对话框
按钮

5.7 图层样式

图层样式也叫图层效果。在Photoshop CC 2018中，可以为图层中的图像添加"斜面和浮雕""描边""内阴影""内发光""投影"等图层样式，创建具有真实质感的水晶、玻璃、金属或纹理效果。

5.7.1 添加图层样式

如果要为图层添加样式，可以选择这一图层，然后采用下面任意一种方式打开"图层样式"对话框。

◆ 执行"图层"→"图层样式"命令，选择一个图层样式，如图5-131所示，打开"图层样式"对话框，并进入相应图层样式的设置面板，如图5-132所示。

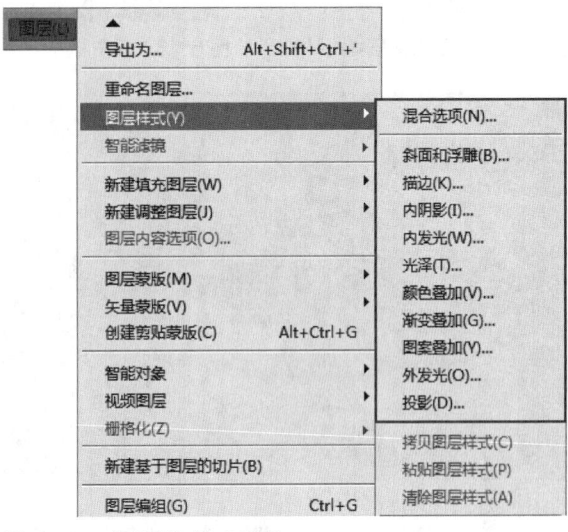

图 5-131 "图层样式"子菜单

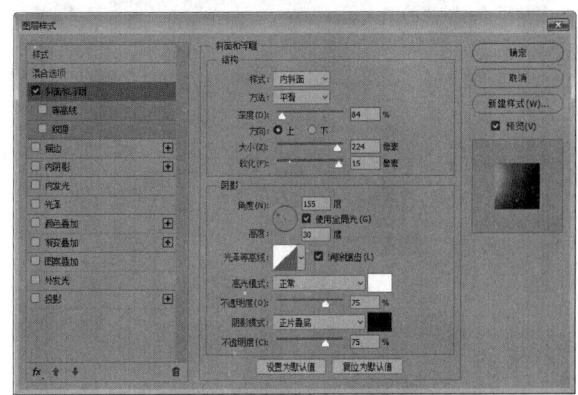

图 5-132 "图层样式"对话框

◆ 在"图层"面板底部单击"添加图层样式"按钮，打开下拉菜单，选择一个图层样式，如图5-133所示，即可打开"图层样式"对话框并进入相应图层样式的设置面板。

◆ 双击要添加图层样式的图层，如图5-134所示，即可打开"图层样式"对话框，如图5-135所示，在左侧选择要添加的图层样式，并进入相应图层样式的设置面板，如图5-136所示。

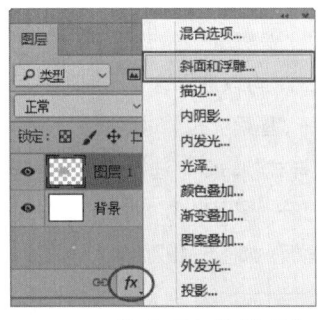
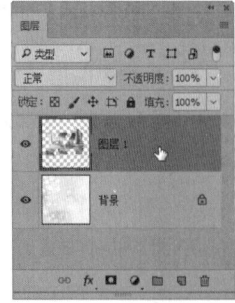

图 5-133 "添加图层样式"按钮　图 5-134 双击图层

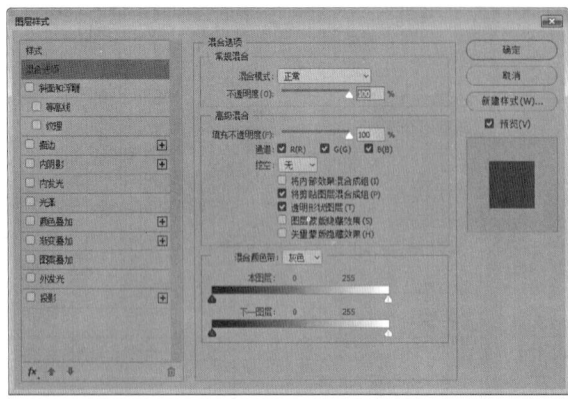

图 5-135 "图层样式"对话框

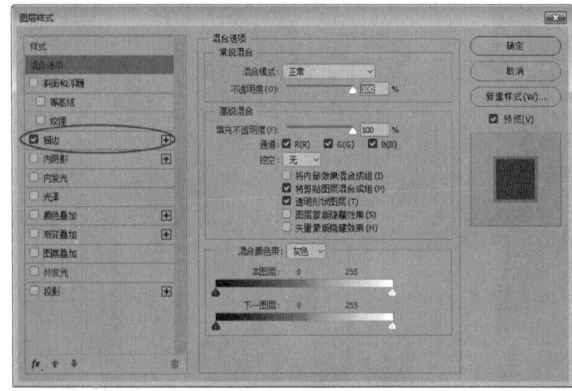

图 5-136 添加"描边"图层样式

答疑解惑："背景"图层是否可以添加图层样式呢?

"背景"图层是不可以添加图层样式的。如果一定要为"背景"图层添加图层样式,可以先双击"背景"图层,将其转换为普通图层,再使用添加图层样式的方法为"背景"图层添加图层样式。

5.7.2 "图层样式"对话框

在"图层样式"对话框的左侧列出了"斜面和浮雕""描边""内阴影""内发光""投影"等10种样式选项,如图5-137所示。样式名称前面的复选框内有"√"标记的,表示在图层中添加了该样式。

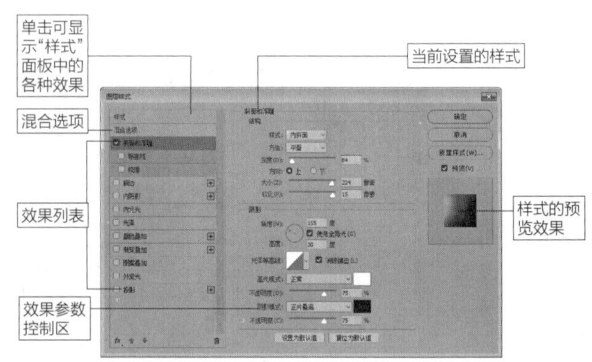

图 5-137 "图层样式"对话框

在对话框中设置效果参数后,单击"确定"按钮即可为图层添加该效果,图层会显示出一个图层样式图标 fx 和一个效果列表,如图5-138所示。单击█按钮可折叠或展开效果列表,如图5-139所示。

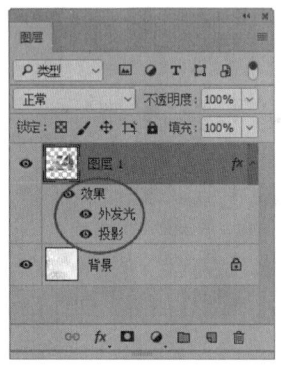
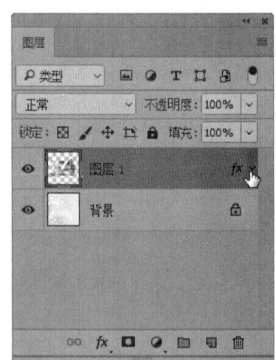

图 5-138 显示图标和效果列表　图 5-139 折叠效果列表

相关链接

在"图层样式"对话框中,"混合选项"用于设定混合模式、不透明度、挖空、高级蒙版及其他与蒙版有关的内容。关于"混合选项"在本书第9章"9.7 高级混合选项"中有详细讲解。

5.7.3 斜面和浮雕

"斜面和浮雕"图层样式可以为图层添加高光与阴影的各种组合,使图层内容呈现立体的浮雕效果,如图5-140、图 5-141和图5-142所示。

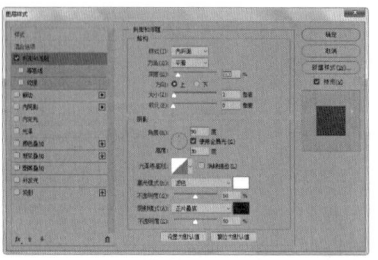

图 5-140 添加"斜面和浮雕"图层样式

图 5-141 原始图像　　图 5-142 添加"斜面和浮雕"图层样式效果

设置"斜面和浮雕"

◆ 样式。在该选项的下拉列表框中可以选择斜面和浮雕的样式。选择"外斜面"，可在图层内容的外侧边缘创建斜面；选择"内斜面"，可在图层内容的内侧边缘创建斜面；选择"浮雕效果"，可模拟使图层内容相对于下层图层呈浮雕状的效果；选择"枕状浮雕"，可模拟图层内容的边缘压入下层图层中产生的效果；选择"描边浮雕"，可将浮雕应用于图层描边效果的边界。要注意的是，如果要使用"描边浮雕"样式，需要先为图层添加"描边"图层样式。

◆ 方法。用来选择一种创建浮雕的方法。选择"平滑"，能够稍微模糊杂边的边缘，它可用于所有类型的杂边，无论其边缘是柔和的，还是清晰的，该技术不保留大尺寸的细节特征；选择"雕刻清晰"，使用距离测量技术，主要用于消除锯齿形状，如文字的硬边杂边，它保留细节特征的能力优于"平滑"；选择"雕刻柔和"，使用经过修改的距离测量技术，虽然不如"雕刻清晰"精确，但对较大范围的杂边更有用，它保持特征的能力优于"平滑"。

◆ 深度。用于设置斜面和浮雕的应用深度，该值越高，浮雕的立体感越强。

◆ 方向。定位光源角度后，可通过该选项设置高光和阴影的位置。

◆ 大小。用来设置斜面和浮雕中阴影面积的大小。

◆ 软化。用来设置斜面和浮雕的柔和程度，该值越高，效果越柔和。

◆ 角度/高度。"角度"选项用来设置光源的照射角度，"高度"选项用来设置光源的高度。需要调整"角度"和"高度"的参数时，可以在"角度"或"高度"的文本框中输入数值进行设置，也可以拖动圆形图标内的指针调整参数。

◆ 光泽等高线。可以选择一个等高线样式，为斜面和浮雕表面添加光泽，创建具有光泽感的金属外观浮雕效果。

◆ 消除锯齿。可以消除由于设置了光泽等高线而产生的锯齿。

◆ 高光模式。用来设置高光的混合模式、颜色和不透明度。

◆ 阴影模式。用来设置阴影的混合模式、颜色和不透明度。

设置"等高线"

单击对话框左侧的"等高线"选项，可以切换到"等高线"图层样式的设置面板，如图5-143所示。使用"等高线"图层样式可以勾画在浮雕处理中被遮住的起伏、凹陷和凸起，图5-144和图5-145所示为使用不同等高线生成的浮雕效果。

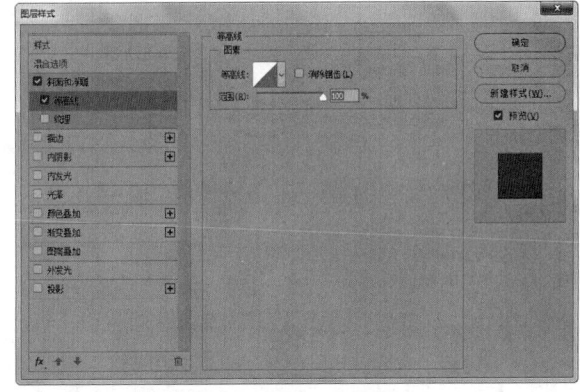

图 5-143 "等高线"图层样式的设置面板

图 5-144 添加"等高线"图层样式效果 1　图 5-145 添加"等高线"图层样式效果 2

设置"纹理"

单击对话框左侧的"纹理"选项，可以切换到"纹理"图层样式的设置面板，如图5-146所示。

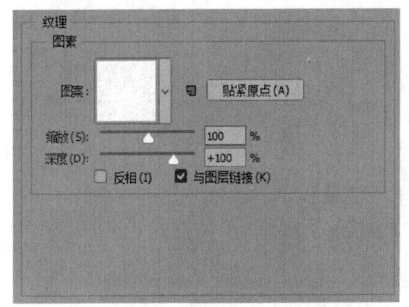

图 5-146 "纹理"图层样式的设置面板

◆ 图案。单击图案右侧的按钮，可以在打开的下拉列表框中选择一个图案，将其应用到斜面和浮雕上，如图5-147和图 5-148所示。

图 5-147 添加“图案纹理”效果 1

图 5-148 添加“图案纹理”效果 2

◆ 从当前图案创建新的预设。单击此按钮，可以将当前设置的图案创建为一个新的预设图案，该图案会保存在“图案”下拉列表框中。

◆ 贴紧原点 贴紧原点(A) 。将图案的原点对齐到文档的原点。

◆ 缩放。用来调整图案的大小，拖动滑块或输入数值即可调整图案的大小。

◆ 深度。用来设置图案的纹理应用程度。

◆ 反相。勾选该复选框，可以反转图案纹理的凹凸方向。

◆ 与图层链接。勾选该复选框，可以将图案链接到图层，若此时对图层进行变换操作，图案也会一同变换。在该复选框处于勾选状态时，单击“贴紧原点”按钮 贴紧原点(A)，可以将图案的原点对齐到文档的原点。如果未勾选该复选框，则单击“贴紧原点”按钮 贴紧原点(A) 时，可以将原点放在图层的左上角。

5.7.4 描边

“描边”图层样式可以使用颜色、渐变或图案描画对象的轮廓，它对于硬边状态的图像，添加的效果比较显著，如图5-149、图 5-150和图 5-151所示。

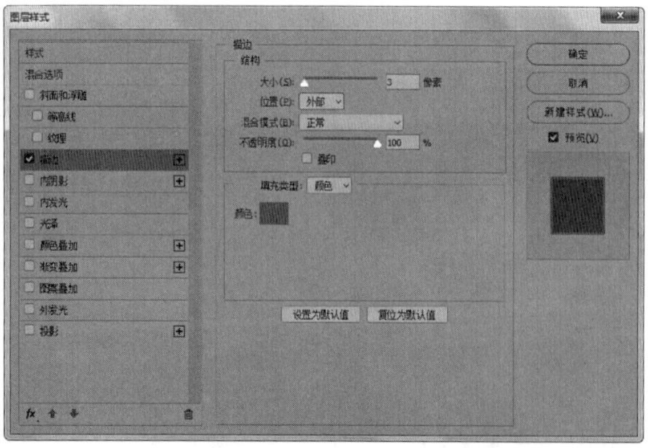

图 5-149 添加“描边”图层样式

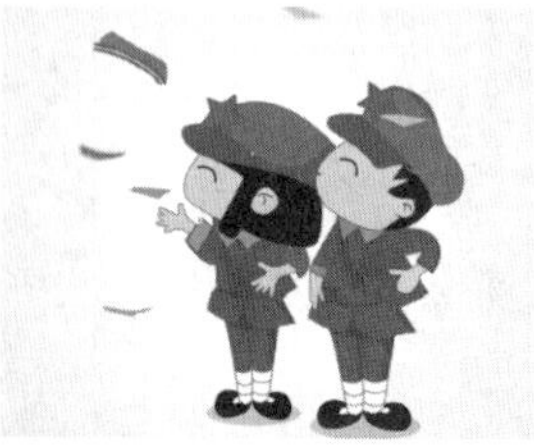

图 5-150 原始图像

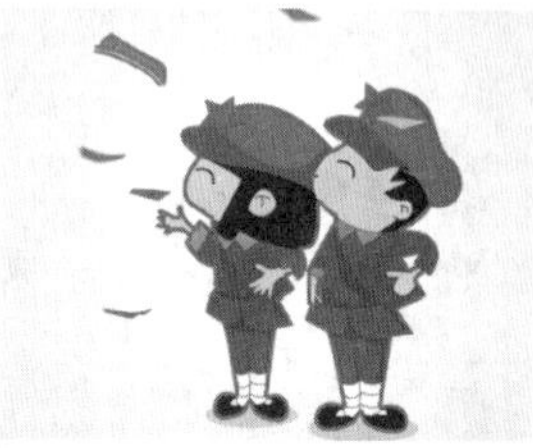

图5-151 添加“描边”图层样式效果

◆ 大小。用来设置描边的大小，拖动滑块或输入数值即可调整描边的大小，数值越大，描边越粗。

◆ 位置。用来设置描边的位置，可以选择“外部”“内部”“居中”选项。

◆ 混合模式。用来设置描边与图层的混合方式。

◆ 不透明度。设置描边的不透明度，数值越小，描边越淡。

◆ 叠印。勾选“叠印”复选框，为描边应用叠印效果。

◆ 填充类型。用来选择一种描边的填充类型。选择“颜色”，切换到“颜色”选项组，单击“颜色”后面的颜色块设置描边颜色，为对象添加纯色描边；选择“渐变”，切换到“渐变”选项组，单击“渐变”后面的按钮，在下拉列表框中设置渐变颜色和其他参数，为对象添加渐变描边；选择“图案”，切换到“图案”选项组，单击“图案”后面的按钮，在打开的下拉列表框中选择图案并设置其他参数，则为对象添加图案描边。

5.7.5 内阴影

“内阴影”图层样式可以在紧靠图层内容的边缘内添加阴影，使图层内容产生凹陷效果，如图5-152、图 5-153和图 5-154所示。

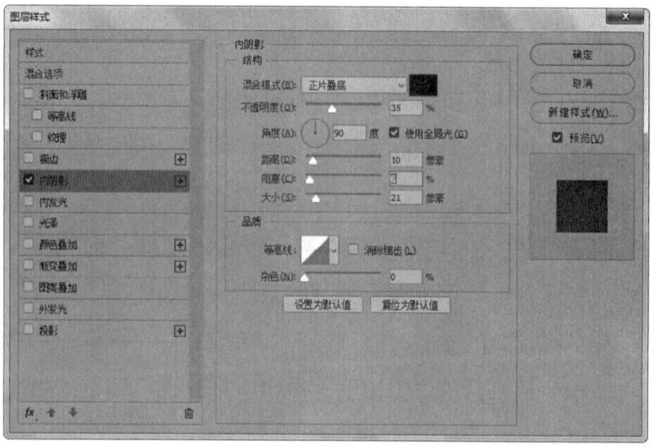

图 5-152 添加“内阴影”图层样式

图 5-153 原始图像

图 5-154 添加"内阴影"图层样式效果

延伸讲解

　　"内阴影"与"投影"选项的设置方式基本相同。唯一的不同在于，"投影"是通过"扩展"选项来控制投影边缘渐变程度的，而"内阴影"是通过"阻塞"选项来控制的。"阻塞"可以在模糊之前收缩内阴影的边界，"阻塞"与"大小"选项相关联，"大小"值越高，可设置"阻塞"的范围也越大。

◆ 混合模式。用来设置内阴影与图层的混合方式，默认设置为"正片叠底"模式。

◆ 阴影颜色。单击"混合模式"下拉列表框右侧的颜色块，可以设置内阴影的颜色。

◆ 不透明度。设置内阴影的不透明度，数值越小，内阴影越淡。

◆ 角度。用来设置内阴影用于图层时的光照角度，可以在文本框中输入数值，或拖动圆形内的指针来进行调整，指针方向为光源方向，相反方向为投影方向。

◆ 使用全局光。当勾选该复选框时，可以保持所有光照的角度一致；取消勾选该复选框时，可以为不同的图层分别设置光照角度。

◆ 距离。用来设置内阴影偏移图层内容的距离。

◆ 大小。用来设置投影的模糊范围。该值越大，模糊范围越广；该值越小，内阴影越清晰。

◆ 阻塞。用来在模糊之前收缩内阴影的边界。

◆ 等高线。通过调整曲线的形状来控制内阴影的形状，可以手动调整曲线形状，也可以选择内置的等高线预设。

◆ 消除锯齿。混合等高线边缘的像素，使投影更加平滑，对于尺寸较小且具有复杂等高线的内阴影比较实用。

◆ 杂色。用来在投影中添加杂色的颗粒感效果，该值越大，颗粒感越大。

5.7.6 内发光

　　"内发光"图层样式可以沿图层内容的边缘向内创建发光效果，如图5-155、图5-156和图5-157所示。

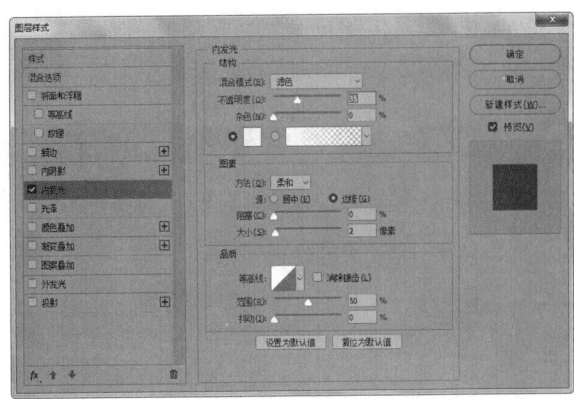
图 5-155 添加"内发光"图层样式

图 5-156 原始图像

图 5-157 添加"内发光"图层样式效果

◆ 混合模式。用来设置发光效果与图层的混合方式。

◆ 不透明度。用来设置发光效果的不透明度，该数值越低，发光效果越弱。

◆ 杂色。在发光效果中添加随机的杂色，使光晕呈现颗粒感。

◆ 发光颜色。"杂色"选项下面的颜色色块和颜色条用来设置发光颜色。如果要创建单色发光，可以单击左侧的颜色块，在打开的"拾色器（内发光颜色）"对话框中设置发光颜色；如果要创建渐变发光，可单击右侧的颜色块，在打开的"渐变编辑器"中设置渐变颜色。

◆ 方法。用来设置发光的方法，以控制发光的准确程度。选择"柔和"，可以对发光应用模糊，得到柔和的边缘；选择"精确"，则可以得到精确的边缘。

◆ 源。用来控制发光光源的位置。选择"居中"，表示应用从图层内容的中心发出的光，此时如果增加"大小"值，发光效果会向图像的中央收缩；选择"边缘"，表示应用从图层内容的内部边缘发出的光，此时如果增加"大小"值，则发光效果会向图层的中央扩展。

◆ 阻塞。用来在模糊之前收缩内发光的杂边边界。

◆ 大小。用来设置光晕范围的大小。

◆ 等高线。通过调整曲线的形状来控制发光的形状，可以手动调整曲线形状，也可以选择内置的等高线预设。

◆ 消除锯齿。混合等高线边缘的像素，使投影更加平滑，对于尺寸较小且具有复杂等高线的内阴影最有用。

◆ 范围。用来设置发光的扩展范围。

◆ 抖动。用来设置发光范围的抖动大小。

延伸讲解

"内发光"图层样式的设置面板中除了"源"和"阻塞"外，其他大部分选项都与"外发光"图层样式相同。

5.7.7 光泽

"光泽"图层样式可以生成光滑的内部阴影，通常用来创建金属表面的光泽外观。该图层样式没有特别的选项，但可以通过选择不同的"等高线"来改变光泽的样式，如图5-158、图5-159和图5-160所示。

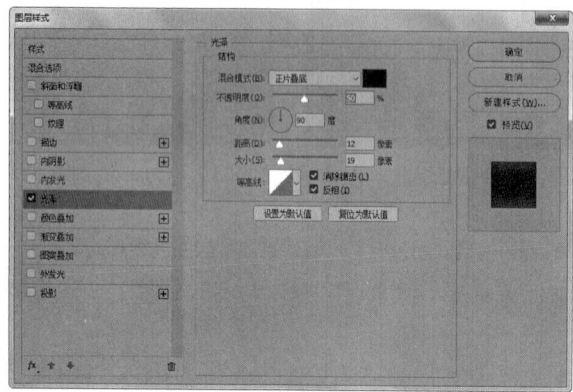

图 5-158 添加"光泽"图层样式

图 5-159 原始图像　　　图5-160 添加"光泽"图层样式效果

◆ 混合模式。用来设置光泽效果与图层的混合方式，默认设置为"正片叠底"模式。

◆ 光泽颜色。单击"混合模式"下拉列表框右侧的颜色块，可以设置光泽的颜色。

◆ 不透明度。设置光泽的不透明度，拖动滑块或输入数值即可调整不透明度，数值越小，光泽越淡。

◆ 角度。用来设置光泽用于图层时的光照角度，可以在文本框中输入数值，或拖动圆形内的指针来进行调整，指针方向为光源方向。

◆ 距离。用来设置光泽偏移图层内容的距离。

◆ 大小。用来设置光泽的范围。该值越大，范围越广；该值越小，范围越小。

◆ 等高线。通过调整曲线的形状来控制光泽的形状，可以手动调整曲线形状，也可以选择内置的等高线预设。

◆ 消除锯齿。混合等高线边缘的像素，使光泽更加平滑。对于尺寸小且具有复杂等高线的光泽最有用。

◆ 反相。勾选该复选框，可以反转光泽的方向。

5.7.8 颜色叠加

"颜色叠加"图层样式可以在图层上叠加指定的颜色，通过设置颜色的混合模式和不透明度，控制叠加效果，如图5-161、图5-162和图5-163所示。

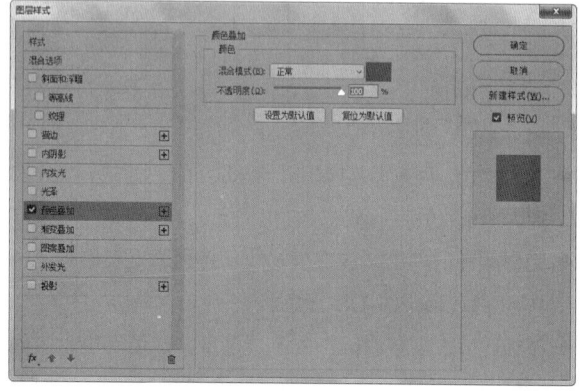

图 5-161 添加"颜色叠加"图层样式

图 5-162 原始图像　　　图 5-163 添加"颜色叠加"图层样式效果

◆ 混合模式。用来设置颜色叠加效果与图层的混合方式。

◆ 叠加颜色。单击"混合模式"下拉列表框右侧的颜色块，可以设置叠加的颜色。

◆ 不透明度。用来设置颜色叠加的不透明度，拖动滑块或输入数值即可调整不透明度，数值越小，颜色叠加越淡。

5.7.9 渐变叠加

"渐变叠加"图层样式可以在图层上叠加指定的渐变颜色，不仅能够制作带有多种颜色的对象，而且能够通过巧妙的渐变颜色设置制作凸起、凹陷等三维效果，以及带有反光的质感效果，如图5-164、图5-165和图5-166所示。

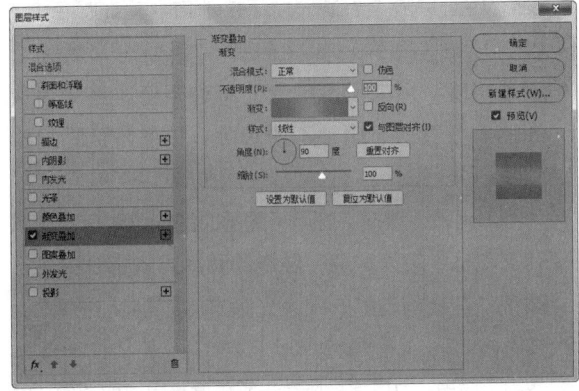

图 5-164 添加"渐变叠加"图层样式

图 5-165 原始图像

图 5-166 添加"渐变叠加"图层样式效果

◆ 混合模式。用来设置渐变叠加效果与图层的混合方式。

◆ 仿色。勾选该复选框，可以使颜色过渡自然。

◆ 不透明度。设置渐变叠加的不透明度，拖动滑块或输入数值即可调整不透明度，数值越小，渐变叠加越淡。

◆ 渐变。单击"渐变"右侧的 按钮，在打开的下拉面板中设置渐变颜色。

◆ 反向。勾选该复选框，反转渐变颜色。

◆ 样式。单击"样式"右侧的 按钮，在该选项的下拉列表框中可以设置渐变叠加的样式。

◆ 与图层对齐。勾选该复选框后，使渐变叠加与图层对齐。

◆ 角度。用来设置渐变叠加用于图层时的角度。可以在文本框中输入数值，或拖动圆形内的指针来进行调整，指针指向的方向为渐变叠加的方向。

◆ 缩放。用来调整渐变叠加的大小，拖动滑块或输入数值即可调整渐变叠加的大小。

5.7.10 图案叠加

"图案叠加"图层样式可以在图层上叠加指定的图案，且可以设置图案的混合模式、不透明度以及缩放图案，如图5-167、图5-168和图5-169所示。

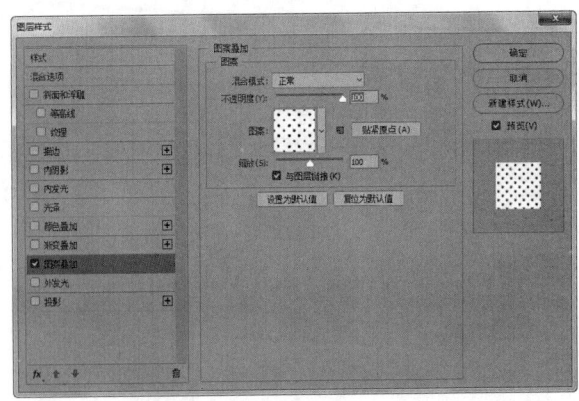

图 5-167 添加"图案叠加"图层样式

图 5-168 原始图像

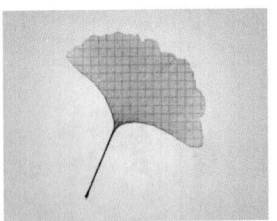

图 5-169 添加"图案叠加"图层样式效果

◆ 混合模式。用来设置图案效果与图层的混合方式。

◆ 不透明度。设置图案叠加的不透明度，拖动滑块或输入数值即可调整不透明度，数值越小，图案叠加越淡。

◆ 图案。单击"图案"右侧的 按钮，可以在打开的下拉面板中选择一个图案，将其应用到图案叠加上。

◆ 从当前图案创建新的预设 。单击此按钮，可以将当前设置的图案创建为一个新的预设图案，该图案会保存在"图案"的下拉列表框中。

◆ 贴紧原点。将图案的原点对齐到文档的原点。

◆ 缩放。用来调整图案的大小，拖动滑块或输入数值即可调整图案的大小。

◆ 与图层链接。勾选该复选框可以将图案链接到图层，若此时对图层进行变换操作，图案也会一同变换。

相关链接

"颜色叠加""渐变叠加""图案叠加"效果类似于"纯色""渐变""图案"填充图层，只不过它们是通过图层样式的形式进行内容叠加的。

5.7.11 外发光

"外发光"图层样式可以沿图层内容的边缘向外创建发光效果，如图5-170、图5-171和图5-172所示。"外发光"图层样式的设置面板与"内发光"图层样式的设置面板基本相同，在这里不再进行详细讲解。

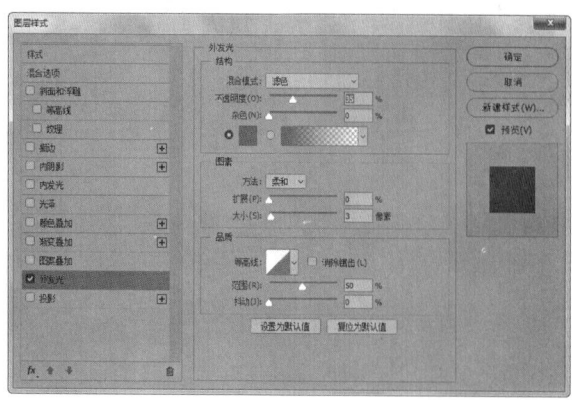

图 5-170 添加"外发光"图层样式

图 5-171 原始图像

图 5-172 添加"外发光"图层样式效果

5.7.12 投影

"投影"图层样式可以为图层内容添加投影，使其产生立体感，如图5-173、图5-174和图5-175所示。

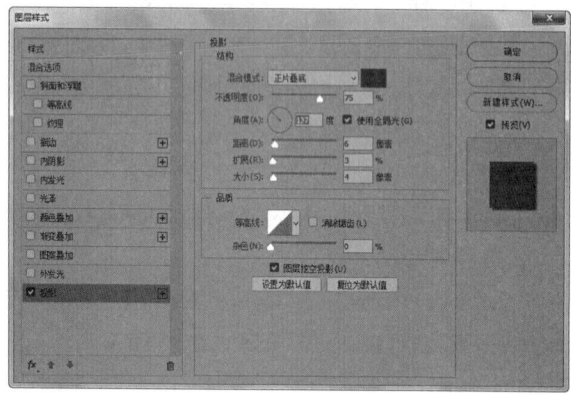

图 5-173 添加"投影"图层样式

图 5-174 原始图像

图 5-175 添加"投影"图层样式效果

◆ 混合模式。用来设置投影效果与图层的混合方式，默认为"正片叠底"模式。

◆ 投影颜色。单击"混合模式"下拉列表框右侧的颜色块，可在打开的"拾色器（投影颜色）"中设置投影颜色。

◆ 不透明度。用来设置投影的不透明度，拖动滑块或输入数值即可调整不透明度，该值越低，投影越淡。

◆ 角度。用来设置投影应用于图层时的光照角度，可以在文本框中输入数值，或拖动圆形内的指针来进行调整，指针指向的方向为光源方向，相反的方向为投影方向。

◆ 使用全局光。可以保持所有光照角度一致，取消勾选时可以为不同的图层分别设置光照角度。

◆ 距离。用来设置投影偏移图层内容的距离，该值越高，投影越远。将鼠标指针放在文档窗口，鼠标指针会变成"移动工具"的图标 ⊕，单击并拖动可以直接调整投影的距离和角度。

◆ 大小/扩展。"大小"用来设置投影的模糊范围。该值越大，模糊范围越广；该值越小，投影越清晰。"扩展"用来设置投影的扩展范围，该值会受到"大小"选项的影响。

◆ 等高线。使用等高线可以控制投影的形状。

◆ 消除锯齿。混合等高线边缘的像素，使投影更加平滑，对于尺寸小且具有复杂等高线的投影最有用。

◆ 杂色。可在投影中添加杂色，该值较高时，投影会变为点状。

◆ 图层挖空投影。用来控制半透明图层中投影的可见性。勾选该复选框后，如果当前图层的填充"不透明度"小于100%，则半透明图层中的投影不可见。

5.8 编辑图层样式

为图层添加图层样式后，可以随时修改图层样式效果的参数，隐藏图层样式或删除图层样式，这些操作不会对图层中的图像造成任何破坏。

5.8.1 显示与隐藏图层样式效果

在"图层"面板中，图层样式效果前面的"眼睛"图标 ⊙ 可以用来控制效果的可见性，如图5-176所示。如果要隐藏一个样式效果，单击该图层样式前面的"眼睛"图标 ⊙ ，即可隐藏样式效果，如图5-177所示。如果要隐藏一个图层中的所有样式效果，单击该图层"效果"前面的"眼睛"图标 ，即可隐藏该图层中所有的样式效果，如图5-178所示。

图 5-176 显示样式效果

图 5-177 隐藏"斜面和浮雕"样式效果

图 5-178 隐藏所有样式效果

还可以执行"图层"→"图层样式"→"隐藏所有效果"命令，即可隐藏该图层的所有样式效果，此时"眼睛"图标变成灰色，如图5-179所示。

图 5-179 隐藏所有样式效果

5.8.2 修改图层样式效果

如果想要修改图层样式的效果，在"图层"面板中，双击一个要修改的样式效果名称，如图5-180所示，打开"图层样式"对话框，进入该效果的设置面板。调整参数后单击"确定"按钮，即可修改该样式效果的参数，如图5-181所示。

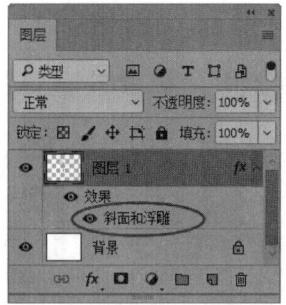

图 5-180 双击"斜面和浮雕"样式效果名称

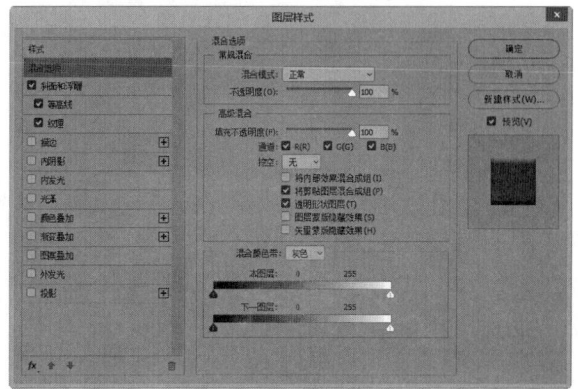

图 5-181 "图层样式"对话框

如果要为图层添加样式效果，在"图层样式"对话框的左侧列表中选择新效果，如图5-182所示，在右侧设置面板中设置参数，单击"确定"按钮，即可修改样式效果并将修改的效果应用于图像，如图5-183所示。

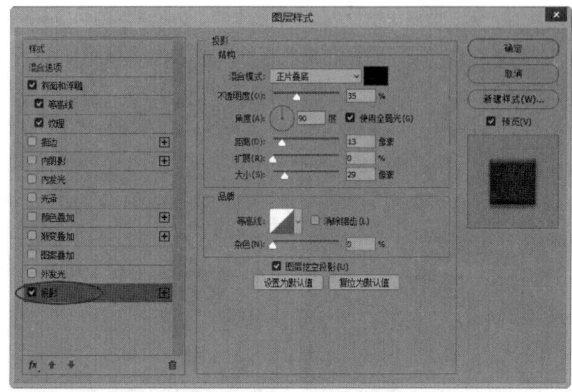

图 5-182 选择"投影"样式效果

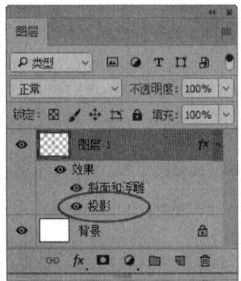

图 5-183 添加"投影"样式效果

5.8.3 复制、粘贴与清除图层样式效果

复制与粘贴图层样式效果

如果要复制已添加的样式效果，可以在"图层"面板中选择要复制样式效果的图层，如图5-184所示，执行"图层"→"图层样式"→"拷贝图层样式"命令复制效果，选择其他图层，执行"图层"→"图层样式"→"粘贴图层样式"命令，将效果粘贴到所选图层上，如图5-185所示。

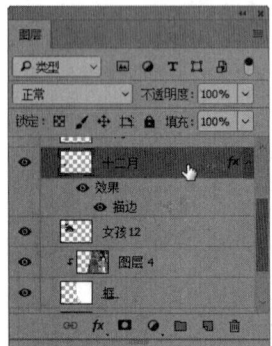 

图 5-184 选择要复制样式效　图 5-185 "粘贴图层样式"
果的图层　　　　　　　　　　命令

此外，按住Alt键的同时按住鼠标左键将"效果"图标从一个图层拖动到另一个图层，可以将该图层的所有效果都复制到目标图层，如图5-186所示。如果只需要复制一个效果，可按住Alt键的同时按住鼠标左键拖动该效果的名称至目标图层，如图5-187所示。如果没有按住Alt键，则可以将效果转移到目标图层，原有图层不再有效果，如图5-188所示。

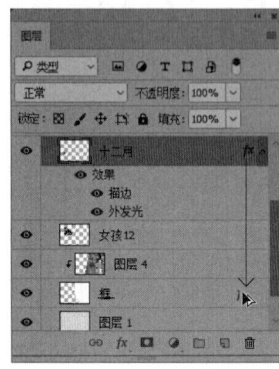 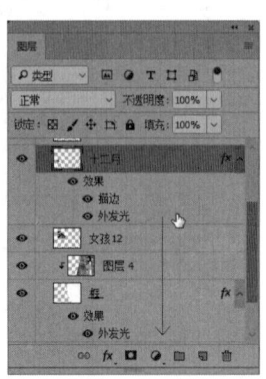

图 5-186 复制所有图层样式　图 5-187 复制单个图层样式

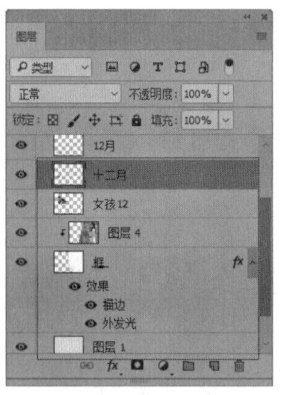

图 5-188 移动图层样式

清除图层样式效果

如果要清除一种效果，按住鼠标左键将它拖动到"图层"面板底部的"删除图层"按钮 🗑 上，如图5-189所示，即可删除要清除的效果，如图5-190所示。

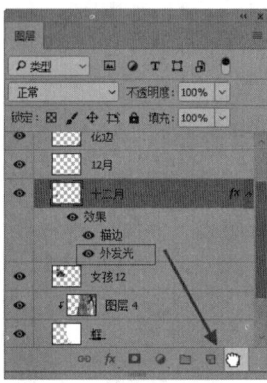 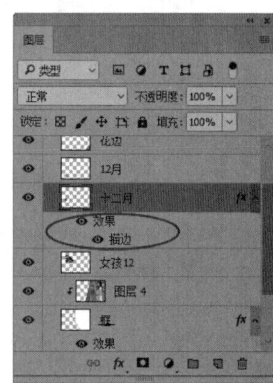

图 5-189 拖动效果图标　　图 5-190 清除图层样式效果

如果要删除一个图层的所有效果，将"效果"图标 🗲 拖动至"删除图层"按钮 🗑 上，如图5-191所示，即可清除所有样式效果，如图5-192所示。也可以选择图层，执行"图层"→"图层样式"→"清除图层样式"命令来进行操作。

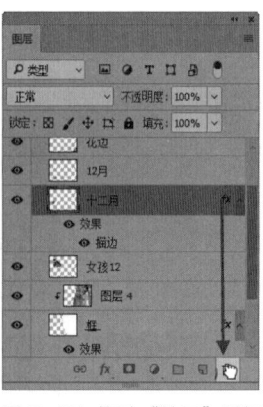 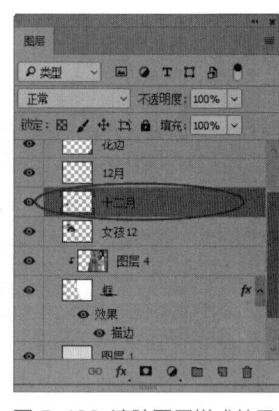

图 5-191 拖动"效果"图标　　图 5-192 清除图层样式效果

5.8.4　使用"全局光"

　　在"图层样式"对话框中，"投影""内阴影""斜面和浮雕"效果都包含一个"全局光"复选框，勾选了该复选框后，这些效果就会使用相同角度的光源。

　　对图层添加了"斜面和浮雕"和"投影"的图层样式效果后，调整"斜面和浮雕"的光源角度时，如果勾选了"使用全局光"复选框，"投影"效果的光源也会随之改变，如图5-193所示。如果没有勾选该复选框，则"投影"效果的光源不会改变，如图5-194所示。

图 5-193　勾选"全局光"
复选框的效果

图 5-194　未勾选"全局光"
复选框的效果

　　如果要调整全局光的角度和高度，执行"图层"→"图层样式"→"全局光"命令，打开"全局光"对话框，如图5-195所示，设置"角度"和"高度"的参数后，单击"确定"按钮，即可调整全局光。

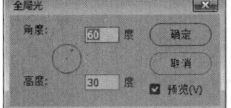

图 5-195　"全局光"对
话框

5.8.5　使用"等高线"

　　"等高线"选项是在"投影""内阴影""内发光""外发光""斜面和浮雕""光泽"等"图层样式"对话框中都包含的设置选项。

　　在"图层样式"对话框中单击"等高线"选项右侧的 按钮，在打开的"等高线"下拉面板中选择一个预设的等高线样式，如图5-196所示。

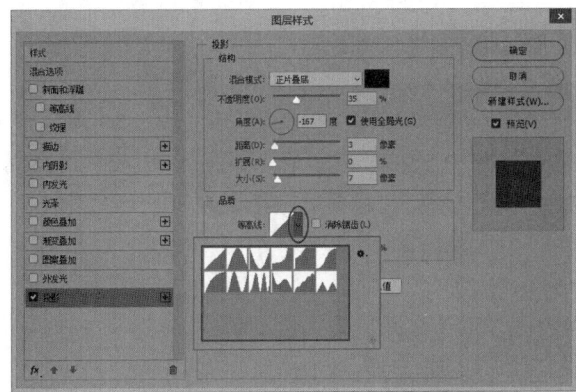

图 5-196　"等高线"下拉面板

　　单击等高线的缩览图，如图5-197所示，则可以打开"等高线编辑器"对话框，如图5-198所示。"等高线编辑器"对话框与"曲线"对话框非常相似，可以通过移动、添加或删除控制点来修改等高线的形状，如图5-199所示，从而影响"投影""内发光"等效果。

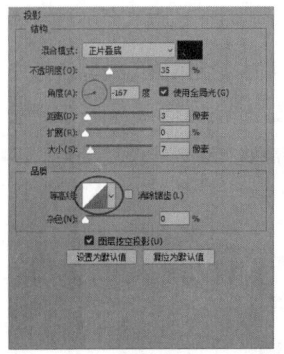

图 5-197　"等高线"缩览图

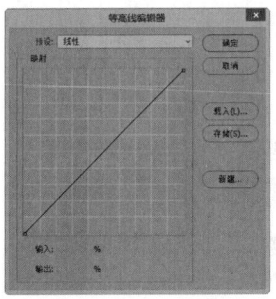
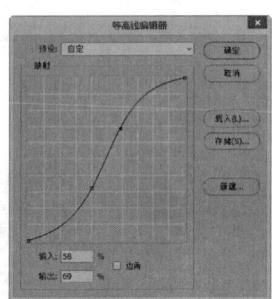

图 5-198　"等高线编辑器"
对话框

图 5-199 调整等高线的形状

5.8.6　"等高线"在图层样式中的应用 重点

　　"等高线"一词在地理中指的是地形图上高度相等的各个点连成的闭合曲线。而Photoshop CC 2018中的"等高线"用来控制效果在指定范围内的形状，以模拟不同的材质。

　　创建"投影"和"内阴影"样式效果时，可以通过"等高线"来指定投影的渐隐样式，如图5-200和图 5-201所示。

图 5-200　"投影"渐隐样式1

图 5-201 "投影" 渐隐样式 2

创建 "内发光" 样式效果时，如果使用纯色作为发光颜色，可通过 "等高线" 创建透明光环，如图5-202所示。使用渐变填充发光时，等高线允许创建渐变颜色和不透明度的重复变化，如图5-203所示。

图 5-202 纯色发光样式

图 5-203 渐变发光样式

在 "斜面和浮雕" 样式效果中，可以使用 "等高线" 勾画在浮雕处理中被遮住的起伏、凹陷和凸起，如图5-204和图 5-205所示。

图 5-204 "斜面和浮雕" 样式效果 1

图 5-205 "斜面和浮雕" 样式效果 2

5.8.7 实战：针对图像大小缩放效果

难度：☆ ☆

素材文件	第 5 章 \5.8.7
在线视频	第 5 章 \5.8.7 实战：针对图像大小缩放效果 .mp4
技术要点	缩放样式效果

对添加了效果的对象进行缩放时，效果仍然保持原来的比例，而不会随着对象的大小而变化，如果要获得与图像比例一致的效果，就需要单独对效果进行缩放。

步骤 01 启动Photoshop CC 2018软件，选择本章的素材文件 "5.8.7 针对图像大小缩放效果.psd"，将其打开。在 "图层" 面板中单击 "月亮" 图层，如图5-206所示。

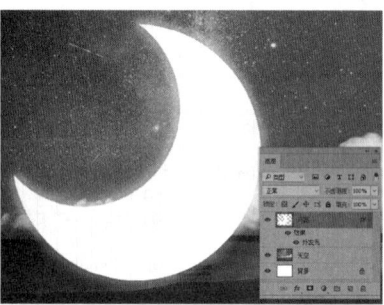

图 5-206 选择 "月亮" 图层

步骤 02 按Ctrl+T 组合键打开定界框，按住Shift键的同时按住鼠标左键拖动定界框的控制点，将 "月亮" 对象缩放到合适大小，如图5-207所示。可以看到对象缩小了，但是样式效果的大小没有改变。

图 5-207 缩放对象大小

步骤 03 按Enter键确认缩放，再执行"图层"→"图层样式"→"缩放效果"命令，如图5-208所示。

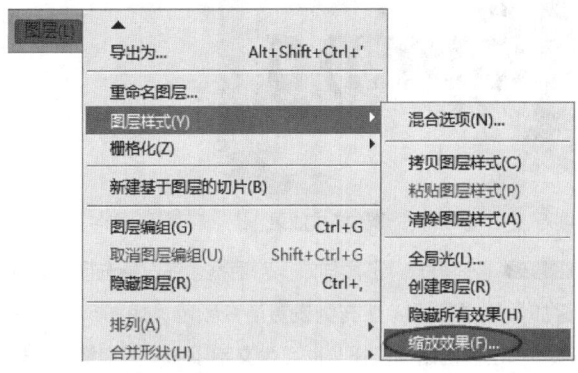

图 5-208 "缩放效果"命令

步骤 04 打开"缩放图层效果"对话框，设置"缩放"参数，单击"确定"按钮，即可缩放图层效果的大小，如图5-209所示。

图 5-209 缩小图层效果

❓ 答疑解惑：如何在修改图像的"分辨率"时缩放效果呢？

在通过执行"图像"→"图像大小"命令修改图像的分辨率时，单击设置按钮，选择"缩放样式"选项，如图5-210所示，可以使效果与修改后的图像相匹配，否则效果会在视觉上与原来的图像产生差异。

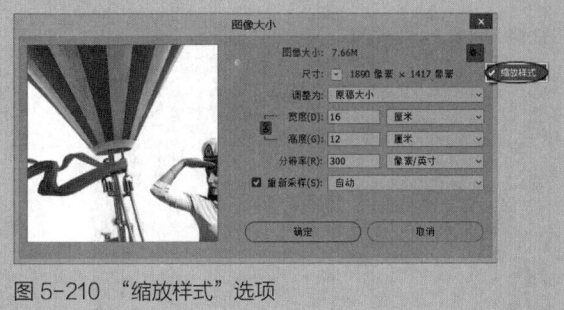

图 5-210 "缩放样式"选项

5.8.8 实战：将效果创建为图层

难度：☆☆

素材文件	第 5 章 \5.8.8
在线视频	第 5 章 \5.8.8 实战：将效果创建为图层 .mp4
技术要点	将效果创建为图层

本实战通过执行"图层"→"图层样式"→"创建图层"命令，将效果创建为图层，从而可以在效果内容上进行绘画或应用滤镜的编辑操作。

步骤 01 启动Photoshop CC 2018软件，选择本章的素材文件"5.8.8 将效果创建为图层.psd"，将其打开。在"图层"面板中选择添加了样式效果的"泡泡拷贝"图层，如图5-211所示。

图 5-211 选择添加了样式的图层

步骤 02 执行"图层"→"图层样式"→"创建图层"命令，即可将效果分离出来并创建新的图层，如图5-212所示。

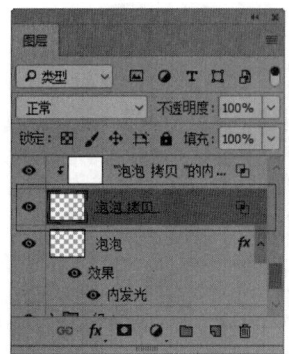

图 5-212 将效果创建为图层

5.8.9 实战：制作绚丽彩条字

难度：☆☆☆

素材文件	第 5 章 \5.8.9
在线视频	第 5 章 \5.8.9 实战：制作绚丽彩条字 .mp4
技术要点	添加图层样式

本实战通过对字体图层添加"投影""渐变叠加""内阴影""内发光""斜面和浮雕"样式效果，制作绚丽的彩条字。

步骤 01 启动Photoshop CC 2018软件，选择本章的素材文件"5.8.9 制作绚丽彩条字.psd"，将其打开，如图5-213所示。在"图层"面板中双击文字图层，如图5-214所示，即可打开"图层样式"对话框。

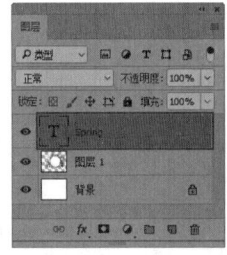

图 5-213 打开素材文件　　图 5-214 双击文字图层

步骤 02 在"图层样式"对话框左侧选择"投影"样式效果，在右侧设置"投影"参数，如图5-215所示。单击"确定"按钮，即可为文字添加"投影"样式效果，如图5-216所示。

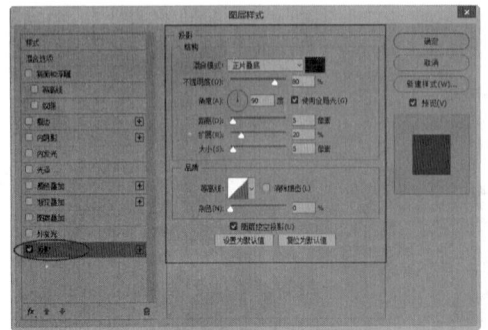

图 5-215 设置"投影"样式效果

图 5-216 添加"投影"样式效果

步骤 03 重新打开"图层样式"对话框，在左侧选择"渐变叠加"样式效果，在右侧设置渐变颜色，如图5-217所示。单击"确定"按钮，即可为文字添加"渐变叠加"样式效果，如图5-218所示。

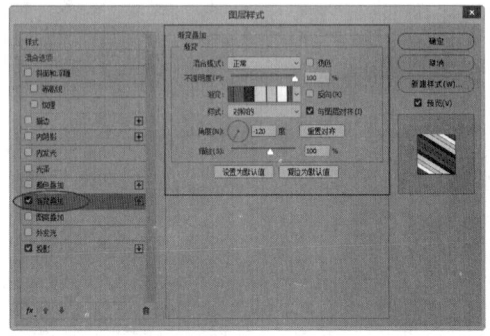

图 5-217 设置"渐变叠加"样式效果

图 5-218 添加"渐变叠加"样式效果

步骤 04 在"图层样式"对话框中添加"内阴影"和"内发光"样式效果，并在右侧设置参数，如图5-219和图5-220所示。

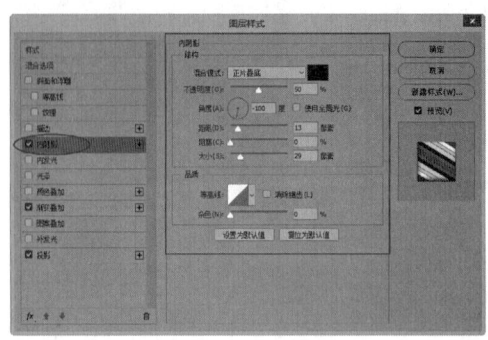

图 5-219 设置"内阴影"样式效果

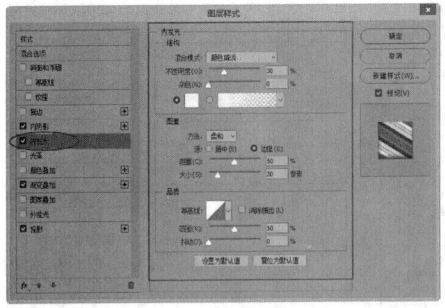

图 5-220　设置"内发光"样式效果

步骤 05 添加"斜面和浮雕"样式效果，在右侧设置"斜面和浮雕"参数，如图5-221所示。单击"确定"按钮，完成样式效果的添加，绚丽彩条字制作完成，效果如图5-222所示。

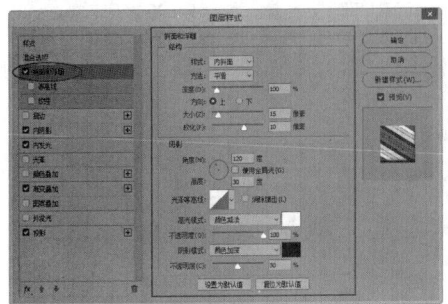

图 5-221　设置"斜面和浮雕"样式效果

图 5-222　绚丽彩条字效果

5.8.10　实战：用自定义的纹理制作糖果字

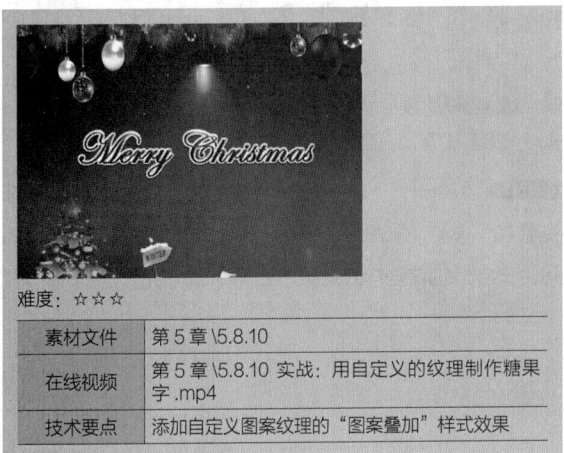

难度：☆☆☆

素材文件	第 5 章 \5.8.10
在线视频	第 5 章 \5.8.10 实战：用自定义的纹理制作糖果字 .mp4
技术要点	添加自定义图案纹理的"图案叠加"样式效果

本实战通过添加"图案叠加"样式效果并在"图案"选项中使用自定义图案纹理，从而制作糖果字的效果。

步骤 01 启动Photoshop CC 2018软件，选择本章的素材文件"5.8.10 用自定义的纹理制作糖果字.psd"，将其打开，如图5-223所示。在"图层"面板中选择"画板2"中的"波纹"图层，如图5-224所示。

图 5-223　打开素材文件

图 5-224　选择"波纹"图层

步骤 02 执行"编辑"→"定义图案"命令，如图5-225所示，打开"图案名称"对话框。在"名称"后面的文本框中输入名称，单击"确定"按钮，如图5-226所示，即可将该纹理定义为图案。

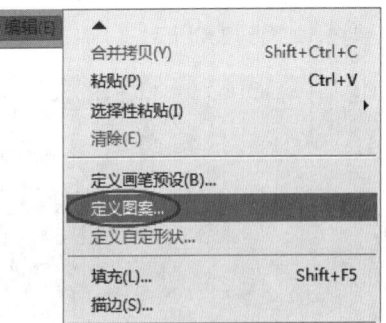

图 5-225　"定义图案"命令

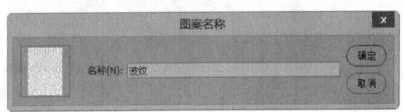

图 5-226　"图案名称"对话框

步骤 03 在"图层"面板中选择"画板1"中的文字图层，如图5-227所示。双击文字图层打开"图层样式"对话框，在左侧样式选项中选择"投影"样式效果，在右侧设置"投影"参数，如图5-228所示。

图 5-227 选择文字图层

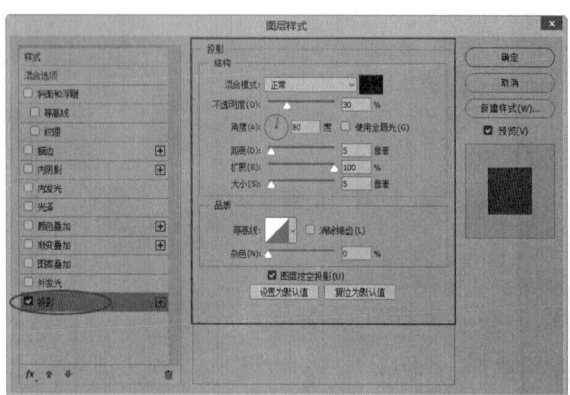

图 5-228 设置"投影"样式效果

步骤 04 添加"内阴影"样式效果，在右侧设置"内阴影"参数，如图5-229所示。添加"外发光"样式效果，在右侧设置"外发光"参数，如图5-230所示。

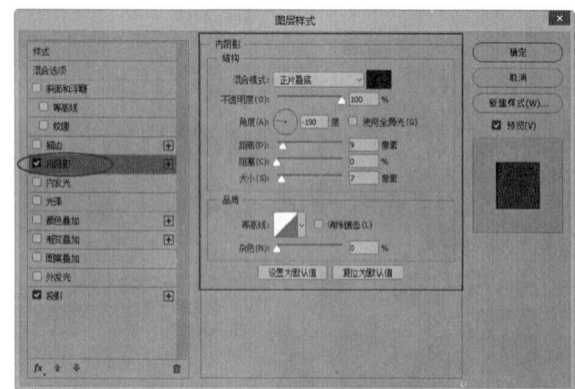

图 5-229 设置"内阴影"样式效果

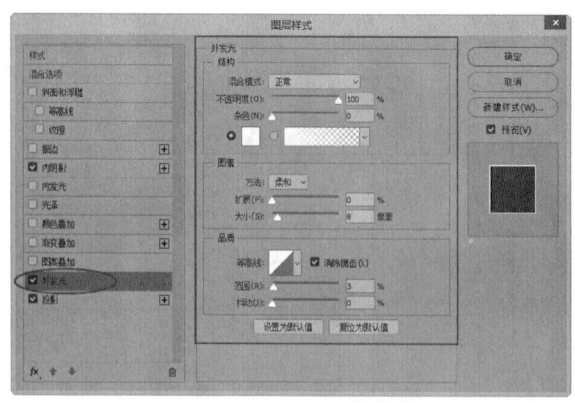

图 5-230 设置"外发光"样式效果

步骤 05 添加"内发光"样式效果，在右侧设置"内发光"参数，如图5-231所示，添加"斜面和浮雕"样式效果，在右侧设置"斜面和浮雕"参数，如图5-232所示。

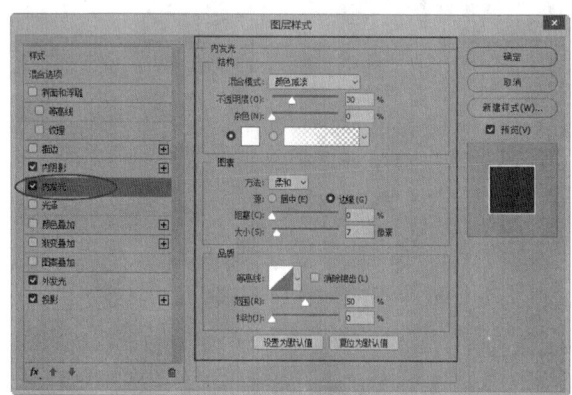

图 5-231 设置"内发光"样式效果

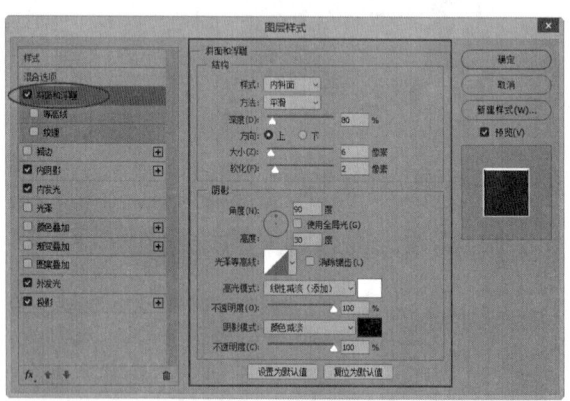

图 5-232 设置"斜面和浮雕"样式效果

步骤 06 添加一个"渐变叠加"样式效果，在右侧设置"渐变叠加"参数，如图5-233所示，单击"确定"按钮，即可为文字添加这些样式效果，如图5-234所示。

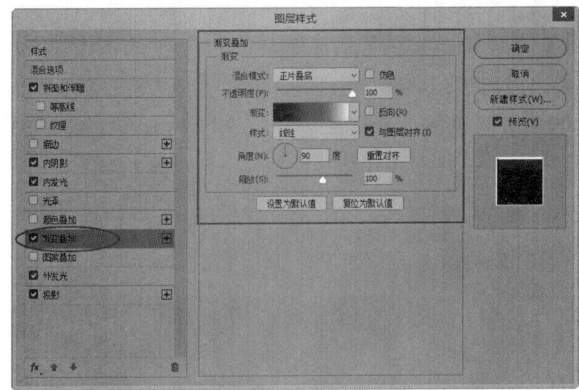

图 5-233 设置"渐变叠加"样式效果

图 5-234 添加样式效果

步骤 07 再次打开"图层样式"面板，在左侧样式选项中选择"图案叠加"样式效果，在右侧单击"图案"后面的 按钮，在下拉列表框中选择自定义的"波纹"图案，并设置其他参数，如图5-235所示。单击"确定"按钮，完成用自定义纹理制作糖果字，效果如图5-236所示。

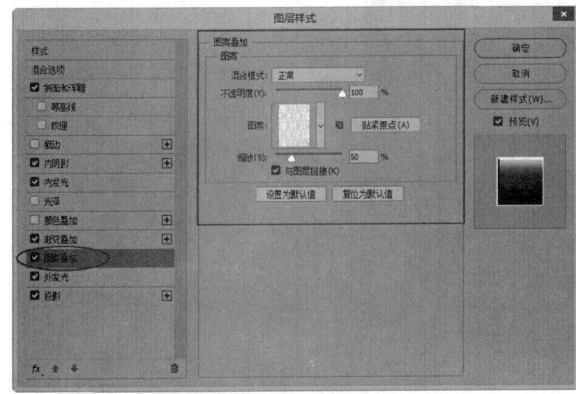

图 5-235 设置"图案叠加"样式效果

图 5-236 完成效果

5.9 使用"样式"面板

"样式"面板用来保存、管理及应用图层样式。用户可以将Photoshop CC 2018中提供的预设样式或外部样式库载入"样式"面板中使用。

5.9.1 "样式"面板

"样式"面板中包含Photoshop CC 2018中提供的各种预设的图层样式，如图5-237所示。选择一个图像对象后，单击"样式"面板中的一个样式，即可为该对象添加该样式。单击面板右上角的 按钮，在打开的面板菜单中可以选择要添加的预设样式，如图5-238所示。

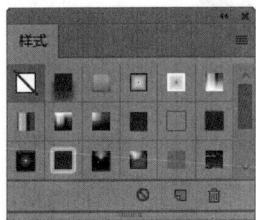

图 5-237 "样式"面板　　图 5-238 面板菜单中的预设样式

5.9.2 创建样式　　**重点**

在"图层样式"对话框中添加了一种或多种图层样式，特别是添加了比较复杂的图层样式后，可以将该样式保存到"样式"面板中，这对以后的使用会非常有帮助。

如果想要将效果创建为样式，在"图层"面板中选择添加了样式效果的图层，如图5-239所示，然后单击"样式"面板中的"创建新样式"按钮，如图5-240所示，打开"新建样式"对话框，设置"名称"及其他选项，如图5-241所示。单击"确定"按钮，即可将其创建为样式，并显示在"样式"面板中，如图5-242所示。

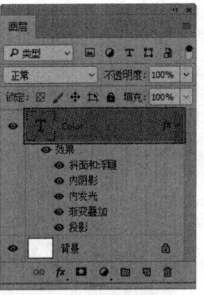

图 5-239 选择添加了样式效果的图层　　图 5-240 "创建新样式"按钮

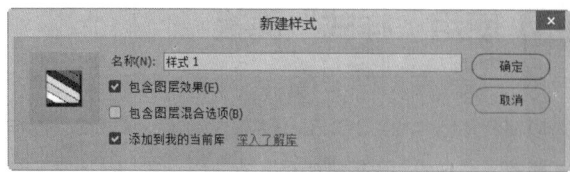

图 5-241 "新建样式"对话框

图 5-242 创建的样式

◆ 名称。用来设置样式的名称。

◆ 包含图层效果。勾选该复选框后，可以将当前的图层效果设置为样式。

◆ 包含图层混合选项。如果当前图层设置了混合模式，勾选该复选框，新建的样式将具有该混合模式。

答疑解惑：如何在原有样式效果上追加新样式效果？

使用"样式"面板中的样式时，如果当前图层中添加了样式效果，则新添加的效果会替代原有的效果。如果要保留原有的样式效果，可以按住Shift键的同时单击"样式"面板中的样式，在原有的样式效果上追加新样式效果，如图5-243、图5-244和图5-245所示。

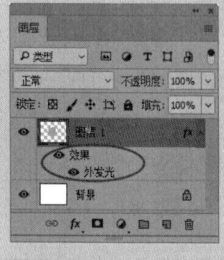

图 5-243 原有的效果

图 5-244 按住 Shift 键的同时单击样式

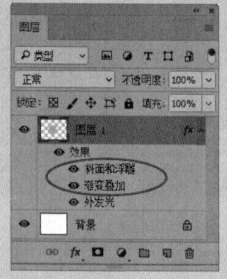

图 5-245 追加的效果

5.9.3 删除样式

如果想要删除样式，在"样式"面板中将要删除的样式拖动至"删除样式"按钮上，如图5-246所示，即可从"样式"面板中删除该样式，如图5-247所示。此外，按住Alt键的同时单击要删除的样式，可直接将该样式删除。

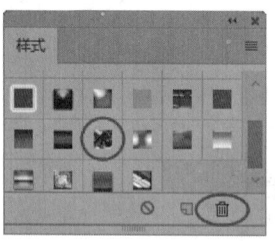

图 5-246 "删除样式"按钮

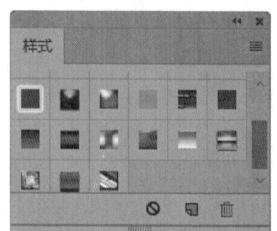

图 5-247 删除样式

答疑解惑：如何复位"样式"面板呢？

在"样式"面板中删除样式或载入其他样式库后，如果想要让"样式"面板恢复为默认的预设样式，可以单击菜单按钮，在打开的面板菜单中执行"复位样式"命令，如图5-248所示。弹出一个提示对话框，如图5-249所示。单击"确定"按钮即可复位"样式"面板；单击"追加"按钮，即可将默认的样式添加到面板中；单击"取消"按钮，即可取消复位"样式"面板的操作。

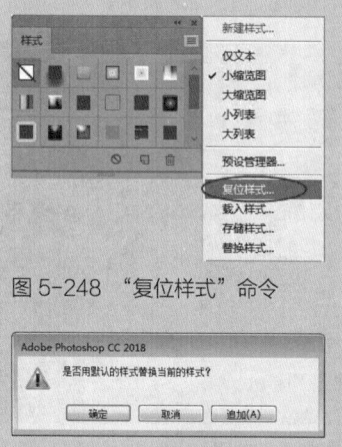

图 5-248 "复位样式"命令

图 5-249 提示对话框

5.9.4 存储样式库

如果在"样式"面板中创建了大量的自定义样式，那么就可以将它们存储为一个独立的样式库，以方便使用。存储样式库的具体方法如下。

在"样式"面板中单击按钮，在打开的面板菜单中执行"存储样式"命令，如图5-250所示。打开"另存为"对话框，设置保存位置并在"名称"后面的文本框中输入样式库名称，如图5-251所示，单击"保存"
按钮，即可将当前"样式"面板中的样式保存为一个样
式库。

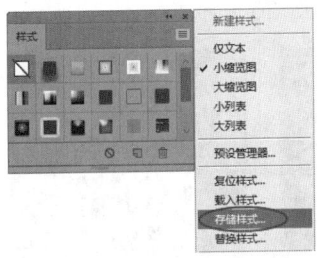

图 5-250　"存储样式"命令

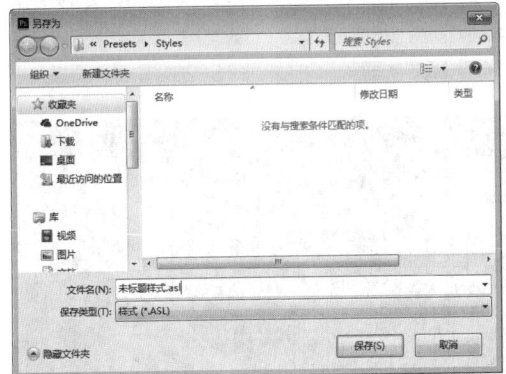

图 5-251　"另存为"对话框

🔍 延伸讲解

　　如果将自定义的样式库保存在Photoshop CC 2018安装
文件夹的"Presets"→"Styles"文件夹中，在重新运行
Photoshop CC 2018 软件后，该样式库的名称会出现在"样
式"面板的面板菜单底部。

5.9.5　载入样式库

　　除了在"样式"面板中显示的样式之外，Photoshop
CC 2018中还提供了很多预设的样式，并按照不同的类
型将其放在不同的库中。例如，"Web样式"库中包含
了用于创建Web按钮的样式，"文字效果"样式库中包
含了向文字添加效果的样式。如果要使用这些样式，就
需要将它们载入到"样式"面板中。载入样式库的具体
方法如下。

　　在"样式"面板中单击▤按钮，在打开的面板菜单
中选择一个样式库，如图5-252所示。弹出一个提示对
话框，如图5-253所示，单击"确定"按钮，即可载
入样式并替换面板中的样式，如图5-254所示；单击
"追加"按钮，即可载入样式库并添加到面板中，如图
5-255所示；单击"取消"按钮，即可取消载入样式的
操作。

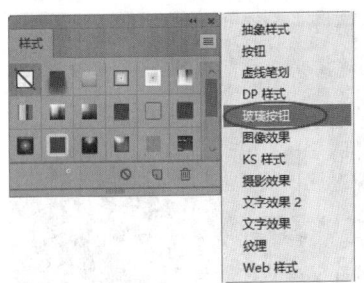

图 5-252　选择"玻璃按钮"样式库

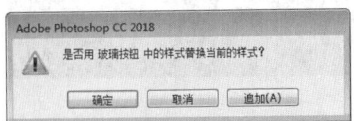

图 5-253　提示对话框

 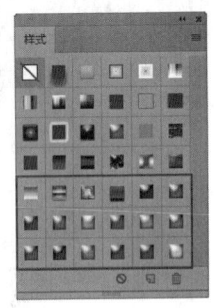

图 5-254　载入"玻璃按钮"样式库　图 5-255　追加"玻璃按钮"样式库

5.9.6　实战：使用外部样式创建特效字

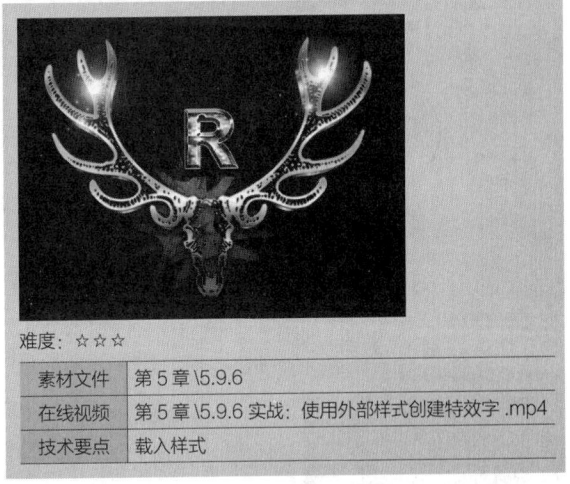

难度：☆☆☆

素材文件	第 5 章 \5.9.6
在线视频	第 5 章 \5.9.6 实战：使用外部样式创建特效字 .mp4
技术要点	载入样式

　　本实战通过执行"载入样式"命令，载入外部样式
库，再为文字添加该样式，创建特效字的效果。

步骤 01 启动Photoshop CC 2018软件，选择本章的素材
文件"5.9.6 使用外部样式创建特效字.psd"，将其打
开，如图5-256所示。在"样式"面板中单击▤按钮，
在打开的面板菜单中执行"载入样式"命令，如图5-257
所示。

图 5-256 打开素材文件

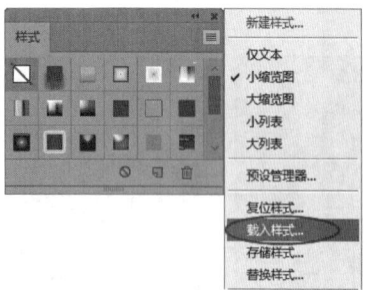

图 5-257 "载入样式"命令

步骤02 打开"载入"对话框，选择素材中的样式文件，如图5-258所示，单击"载入"按钮，即可将该外部样式载入"样式"面板，如图5-259所示。

图 5-258 "载入"对话框

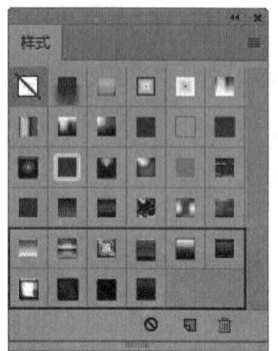

图 5-259 载入的外部样式

步骤03 在"图层"面板中选择文字图层，如图5-260所示，再在"样式"面板中单击载入的一个样式，如图5-261所示，即可为文字图层添加该样式效果。使用外部样式创建特效字的效果如图5-262所示。

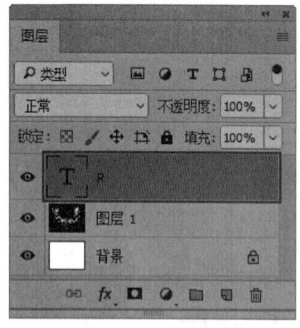
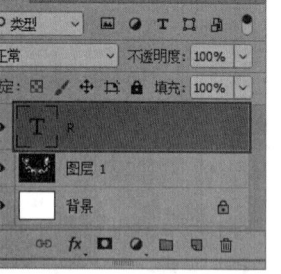

图 5-260 选择文字图层　　图 5-261 单击一个样式

图 5-262 使用外部样式创建特效字的效果

5.10 图层复合

　　图层复合是"图层"面板状态的快照，类似于"历史记录"面板中的快照，它记录了当前文档中图层的可见性、位置及外观（图层样式）。"可见性"指的是图层的显示与隐藏，"位置"指的是图层内容在图像中的位置，"外观"指的是图层的图层样式、不透明度及混合模式。通过图层复合可以快速在文档中切换不同版面的显示状态及排版布局，该功能适合用来展示多种设计方案。

5.10.1 "图层复合"面板

　　"图层复合"面板可以用来创建、编辑、显示和删除图层复合，如图5-263所示。

图 5-263 "图层复合"面板

◆ 应用图层复合▣。显示该图标的图层复合为当前使用的图层复合。

◆ 无法完全恢复图层复合▲。如果在"图层"面板中进行了删除图层、合并图层、将图层转换为背景，或者转换颜色模式等操作，有可能会影响到其他图层复合所涉及的图层，甚至不能完全恢复图层复合，在这种情况下，图层复合名称的右侧会出现该警告图标。

◆ 应用选中的上一图层复合◀。切换到上一图层复合。

◆ 应用选中的下一图层复合▶。切换到下一图层复合。

◆ 更新所选图层复合和图层的可见性▣。单击该按钮即可更新所选图层复合和图层的可见性。

◆ 更新所选图层复合和图层的外观▣。单击该按钮即可更新所选图层复合和图层的外观。

◆ 更新图层复合▣。在更改了图层复合的配置后，单击该按钮即可更新图层复合。

◆ 创建新的图层复合▣。用来创建一个新的图层复合。

◆ 删除图层复合▣。用来删除当前创建的图层复合。

5.10.2 更新图层复合

当出现"无法完全恢复图层复合"的警告图标时，如图5-264所示，可以采用以下方法来进行处理。

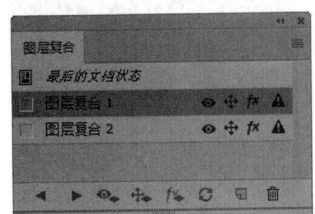

图 5-264 警告图标

◆ 单击警告图标。单击警告图标后，会弹出一个提示对话框，如图5-265所示，单击"清除"按钮，即可清除警告图标，如图5-266所示，并且使其他的图层保持不变。

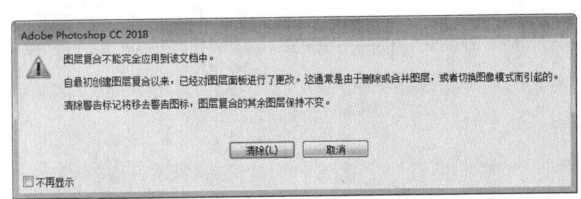

图 5-265 提示对话框

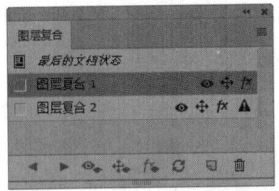

图 5-266 清除图层的警告图标

◆ 单击"更新图层复合"按钮。单击"更新图层复合"按钮▣，如图5-267所示，即可清除警告图标，如图5-268所示，并且对图层复合进行更新，这可能导致以前记录的参数丢失，但可以使图层复合保持最新的状态。

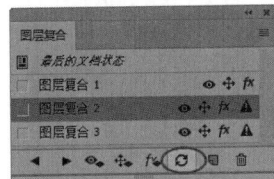 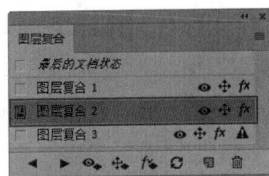

图 5-267 "更新图层复合"按钮　　图 5-268 清除图层的警告图标

◆ 右键单击警告图标。右键单击警告图标后，在弹出的快捷菜单中执行"清除图层复合警告"（或"清除所有图层复合警告"）命令，如图5-269所示，即可清除警告图标，如图5-270所示。

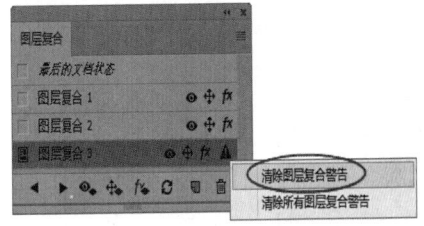

图 5-269 "清除图层复合警告"命令

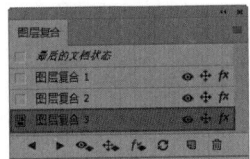

图 5-270 清除图层的警告图标

◆ 忽略警告。如果不对警告进行任何处理，可能会导致丢失一个或多个图层，但其他已存储的参数可能会保留下来。

5.10.3 实战：用图层复合展示网页设计方案

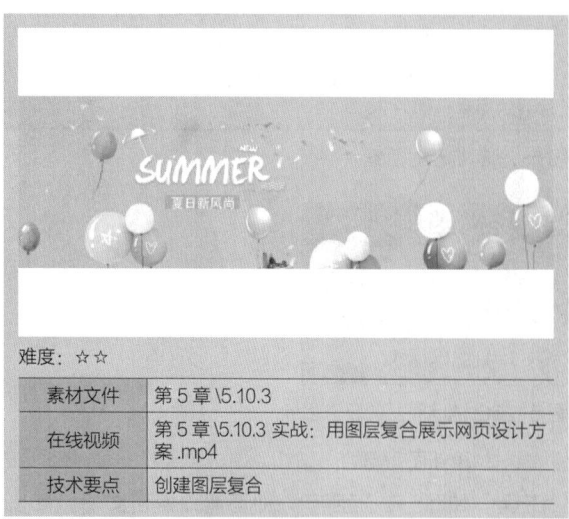

难度：☆☆

素材文件	第 5 章 \5.10.3
在线视频	第 5 章 \5.10.3 实战：用图层复合展示网页设计方案 .mp4
技术要点	创建图层复合

本实战将页面版式变化的图稿创建为图层复合，通过图层复合展示不同的设计方案。

步骤 01 启动Photoshop CC 2018软件，选择本章的素材文件"5.10.3 用图层复合展示网页设计方案.psd"，将其打开，如图5-271所示。单击"图层复合"面板中的"创建新的图层复合"按钮，如图5-272所示。

图 5-271 打开素材文件

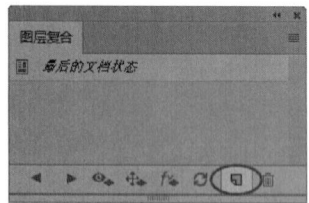

图 5-272 "创建新的图层复合"按钮

步骤 02 打开"新建图层复合"对话框，在"名称"后面的文本框中输入名称，并勾选"可见性"复选框，如图5-273所示。单击"确定"按钮，即可创建一个图层复合，如图5-274所示，此图层复合记录了"图层"面板中图层的当前显示状态。

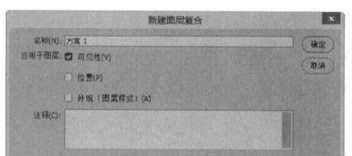

图 5-273 "新建图层复合".对话框

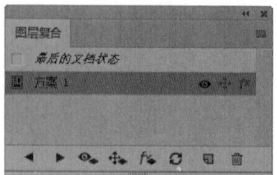

图 5-274 创建新的图层复合

延伸讲解

在"新建图层复合"对话框中，"名称"用来设置图层复合的名称，"可见性"用来记录图层是显示或是隐藏，"位置"用来记录图层的位置，"外观（图层样式）"用来记录是否将图层样式应用于图层和图层的混合模式，"注释"可以添加说明性注释。

步骤 03 在"图层"面板中单击"组2"前面的"眼睛"图标，将其隐藏，如图5-275所示。单击"图层复合"面板中的"创建新的图层复合"按钮，打开"新建图层复合"对话框。在"名称"后面的文本框中输入名称，并勾选"可见性"复选框，单击"确定"按钮，即可创建一个图层复合，如图5-276所示。

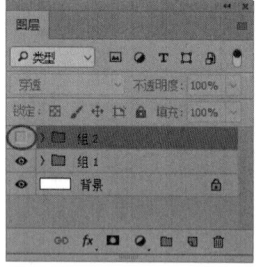
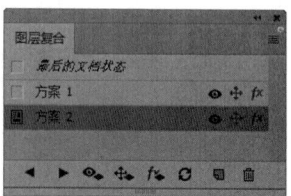

图 5-275 隐藏"组2"图层组　图 5-276 创建新的图层复合

步骤 04 将两种方案记录在"复合图层"面板中后，在"图层复合"面板的"方案1"前面单击，显示出"应用图层复合"图标，如图5-277所示，则图像窗口显示"方案1"图层复合记录的快照，如图5-278所示。

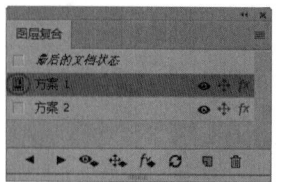

图 5-277 "应用图层复合"图标

图 5-278　显示"方案 1"图层复合记录的快照

步骤 05 在"图层复合"面板的"方案2"前面单击，显示出"应用图层复合"图标 ，如图5-279所示，则图像窗口显示"方案2"图层复合记录的快照，如图5-280所示。

图 5-279　"应用图层复合"图标

图 5-280　显示"方案 2"图层复合记录的快照

5.11 课后习题

5.11.1 为文字自定义纹理

难度：☆☆

素材文件	第 5 章 \5.11.1
在线视频	第 5 章 \5.11.1 为文字自定义纹理 .mp4
技术要点	图层样式的使用

图层样式能够将平面图形转化为具有材质和光影效果的立体图形。本习题练习通过添加多个图层样式，为海报中的文字制作纹理的效果，为画面添加趣味性。

首先将素材纹理定义为图案，再为海报中的文字添加"投影""外发光""内阴影""颜色叠加""斜面和浮雕""内发光""渐变叠加"效果，使其立体，再添加

"图案叠加"效果，选择自定义的纹理图案，最后添加"描边"效果，最终效果如图5-281所示。

图 5-281　为文字自定义纹理效果图

5.11.2 为星空添加烟花

难度：☆☆

素材文件	第 5 章 \5.11.2
在线视频	第 5 章 \5.11.2 为星空添加烟花 .mp4
技术要点	图层样式的使用

默认情况下，在打开"图层样式"对话框后，会显示"混合选项"设置面板，此设置面板主要可对一些相对常见的选项，如混合模式、不透明度、混合颜色等参数进行设置。本习题练习通过"图层样式"中的"混合选项"为图像添加烟花。

首先打开"星空.jpg"和"烟花.jpg"素材文件，将烟花拖入到星空文档中。打开"图层样式"对话框，设置"混合选项"中"混合颜色带"的参数，再为烟花图层添加图层蒙版，使用柔角边画笔在烟花周围涂抹，使烟花融入星空中，最终效果如图5-282所示。

图 5-282　为星空添加烟花效果图

绘画

第 **06** 章

Photoshop CC 2018的绘画工具虽然不多，但每一个都可以更换不同样式的笔尖，表现力非常丰富，而且能够使用预设的前景色、背景色或图案，在新建文件或原始图像文件中进行独立绘画，甚至可以表现出素描、水彩、水粉、油画、版画、粉笔及国画的效果。

学习重点与难点

- 了解拾色器 `143 页`
- 填充与描边 `151 页`
- 橡皮擦工具 `165 页`
- "渐变工具"选项栏 `145 页`
- 启用绘画对称绘制图形 `162 页`

6.1 设置颜色

当使用画笔、渐变和文字等工具，以及进行填充、描边选区、修改蒙版、修饰图像等操作时，都需要先设定颜色。Photoshop CC 2018提供了非常出色的颜色选择工具，可以选择需要的任何色彩，下面来学习如何设置颜色。

6.1.1 前景色与背景色

Photoshop CC 2018工具箱的底部有一组前景色和背景色设置图标，如图6-1所示。在默认情况下，前景色为黑色，背景色为白色。前景色决定了使用绘画工具（画笔和铅笔）绘制线条，以及使用文字工具创建文字时的颜色；背景色则决定了使用橡皮擦工具擦除图像时，被擦除区域所呈现的颜色。

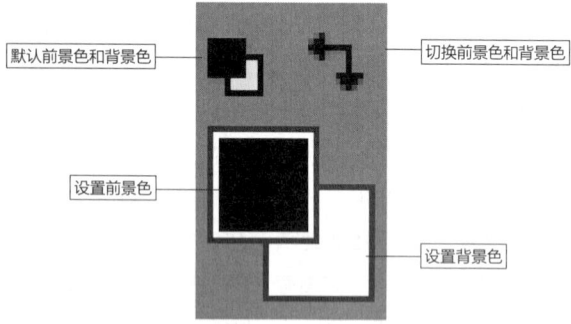

图 6-1 设置前景色和背景色

- 修改前景色。单击前景色图标，可以在弹出的"拾色器（前景色）"对话框中选取一种颜色作为前景色，如图6-2所示。

- 修改背景色。单击背景色图标，可以在弹出的"拾色器（背景色）"对话框中选取一种颜色作为背景色，如图6-3所示。

图 6-2 "拾色器（前景色）"对话框

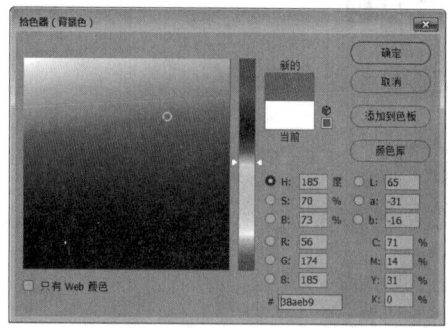

图 6-3 "拾色器（背景色）"对话框

- 切换前景色和背景色。单击"切换前景色和背景色"图标，或按X键，可以切换前景色和背景色的颜色，如图6-4所示。

- 默认前景色和背景色。修改了前景色和背景色以后，单击"默认前景色和背景色"图标，或按D键，可以恢复为系统默认的颜色，如图6-5所示。

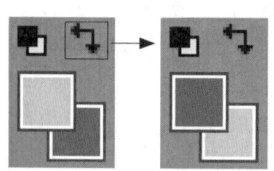

图 6-4 切换前景色和背景色

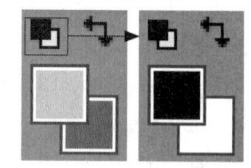

图 6-5 恢复默认的前景色和背景色

一些特殊滤镜也需要使用前景色和背景色，如"纤维"滤镜和"云彩"滤镜等。

6.1.2 了解拾色器 重点

单击工具箱中的前景色图标，打开"拾色器（前景色）"对话框，如图6-6所示。在"拾色器（前景色）"对话框中可以基于HSB（色相、饱和度、亮度）、RGB（红色、绿色、蓝色）、Lab、CMYK（青色、洋红、黄色、黑色）等颜色模式指定颜色，还可以将拾色器设置为只能从Web安全色或几个自定颜色系统中选取颜色。

◆ 拾取的颜色。显示当前拾取的颜色。
◆ 色域。在色域中可通过单击或按住鼠标左键拖动来改变当前拾取的颜色。
◆ 只有Web颜色。勾选该复选框，在色域中只显示Web安全色，如图6-7所示，此时拾取的任何颜色都是Web安全颜色。

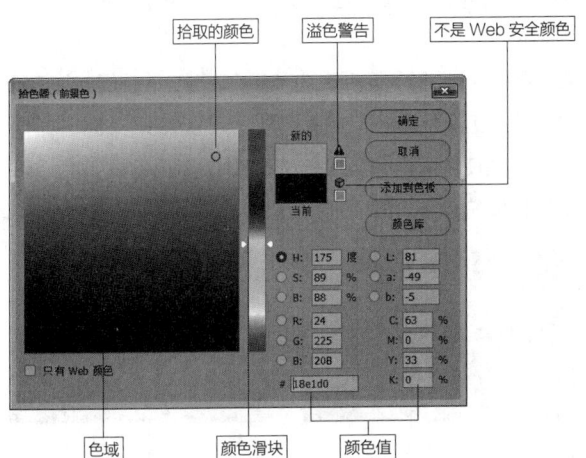

图 6-6 "拾色器（前景色）"对话框

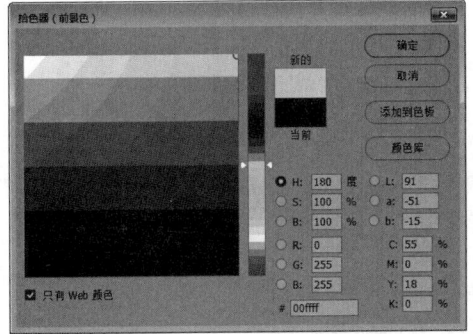

图 6-7 只显示 Web 安全颜色

◆ 颜色滑块。拖动颜色滑块可以调整颜色范围。

◆ 新的/当前。"新的"颜色块中显示的是当前设置的颜色，"当前"颜色块中显示的是上一次设置的颜色。
◆ 溢色警告⚠。由于HSB、RGB及Lab颜色模式中的一些颜色（如霓虹色）在CMYK颜色模式中没有等同的颜色，所以无法准确印刷出来，这些颜色就是所谓的"溢色"。出现警告以后，可以单击警告图标下面的小颜色块，将颜色替换为CMYK颜色模式中与其最接近的颜色。
◆ 不是Web安全颜色⬡。这个警告图标表示当前所设置的颜色不能在网络上准确显示出来。单击警告图标下面的小颜色块，可以将颜色替换为与其最接近的Web安全颜色。
◆ 添加到色板。单击该按钮，可以将当前设置的颜色添加到"色板"面板。
◆ 颜色库。单击该按钮，可以打开"颜色库"对话框，如图6-8所示。

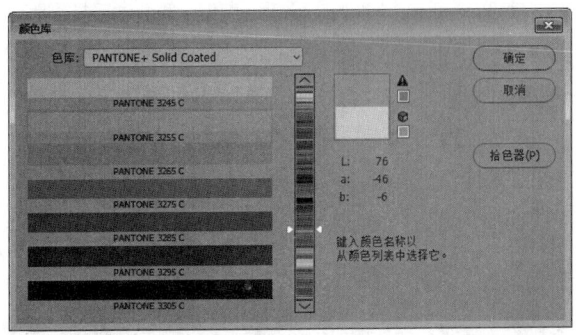

图 6-8 "颜色库"对话框

◆ 颜色值。输入颜色值可精确设置颜色。在CMYK颜色模式下，以青色、洋红、黄色和黑色的百分比来指定每个分量的值；在RGB颜色模式下，可指定0～255（0是黑色，255是白色）的分量值；在HSB颜色模式下，以百分比指定饱和度和亮度，以0度～360度的角度指定色相；在Lab颜色模式下，可输入0～100的亮度值、-128～127的a值（绿色到洋红色）和b值（蓝色到黄色）；在"#"文本框中，可输入一个十六进制值，例如，000000是黑色，ffffff是白色。

在使用色域和滑块调整颜色时，对应的颜色数值也会发生相应的变化。

6.1.3 实战：用"颜色"面板调整颜色

难度：☆

素材文件	第 6 章 \6.1.3
在线视频	第 6 章 \6.1.3 实战：用"颜色"面板调整颜色 .mp4
技术要点	通过"颜色"面板调整颜色

本实战通过"颜色"面板设置颜色，为对象填充颜色。

步骤 01 启动Photoshop CC 2018软件，选择本章的素材文件"6.1.3 用'颜色'面板调整颜色.psd"，将其打开，如图6-9所示。执行"窗口"→"颜色"命令，打开"颜色"面板，如图6-10所示。

图 6-9 打开素材文件　　　图 6-10 打开"颜色"面板

步骤 02 在竖直的颜色条上拖动滑块，可以定义颜色范围，如图6-11所示。再在色域中单击，调整颜色的深浅，如图6-12所示。

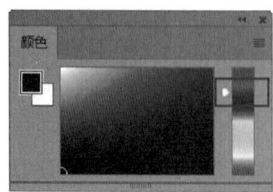

图 6-11 定义颜色范围　　　图 6-12 调整颜色深浅

步骤 03 选择好颜色后，在"图层"面板选择要填充颜色的图层，如图6-13所示。单击工具箱中的"油漆桶工具"，在对象上单击，填充前景色，如图6-14所示。

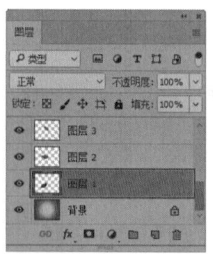

图 6-13 选择"图层 1"　图 6-14 填充颜色

步骤 04 在"颜色"面板中单击右上角的按钮，在打开的面板菜单中执行"RGB滑块"命令，如图6-15所示，即可切换到显示RGB滑块的"颜色"面板。然后在"R""G""B"文本框中输入数值，或者拖动滑块，即可调整颜色，如图6-16所示。

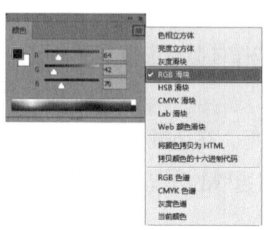
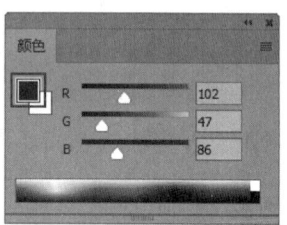

图 6-15 执行"RGB 滑块"　图 6-16 "颜色"面板
命令

步骤 05 在"图层"面板中选择要填充颜色的图层，并使用"油漆桶工具"在图像上单击，填充颜色，如图6-17所示。继续使用同样的方法在"颜色"面板中调整颜色，并为图像填充颜色，如图6-18所示。

图 6-17 填充颜色　　　图 6-18 完成效果

6.1.4 实战：用"色板"面板设置颜色

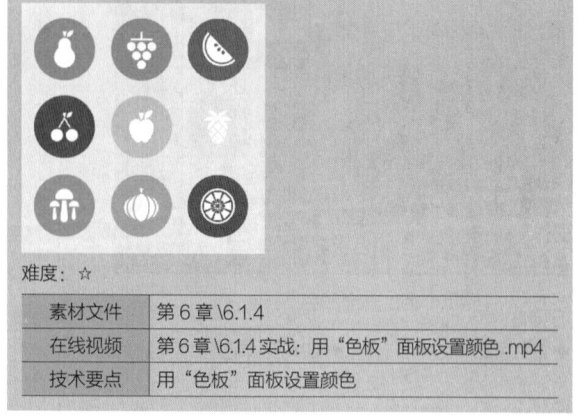

难度：☆

素材文件	第 6 章 \6.1.4
在线视频	第 6 章 \6.1.4 实战：用"色板"面板设置颜色 .mp4
技术要点	用"色板"面板设置颜色

本实战通过"色板"面板设置颜色，并为对象填充颜色。

步骤01 启动Photoshop CC 2018软件，选择本章的素材文件"6.1.4用'色板'面板设置颜色.psd"，将其打开，如图6-19所示。执行"窗口"→"色板"命令，打开"色板"面板，在"色板"面板上选择一个颜色，如图6-20所示，将该颜色设置为前景色。

步骤02 单击工具箱中的"椭圆工具" ，按住Shift键在图像上绘制一个圆形，设置圆形的填充颜色为前景色，如图6-21所示。

图 6-19 打开素材文件

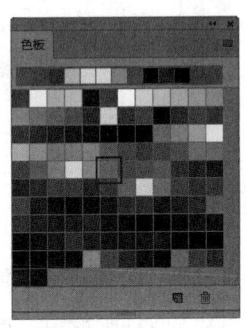

图 6-20 单击选择颜色

图 6-21 设置为前景色

步骤03 单击工具箱中的"移动工具" ，按住Alt键的同时按住鼠标左键拖动绿色的圆形，复制一个圆形，并移动位置，如图6-22所示。

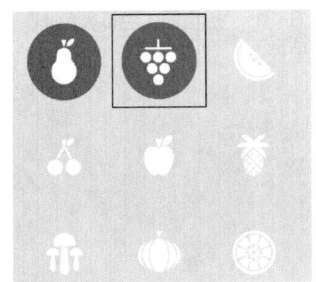

图 6-22 复制圆形

步骤04 在"色板"面板中选择颜色，将其设置为前景色，如图6-23所示。单击工具箱中的"油漆桶工具" ，在复制的绿色圆形上单击，更改颜色，如图6-24所示。采用同样的方法，复制圆形后，通过"色板"面板设置并填充颜

色，完成制作，如图6-25所示。

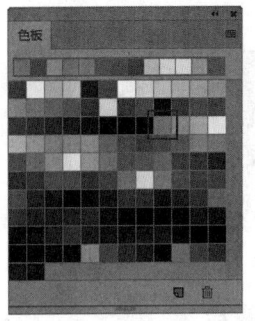

图 6-23 设置前景色

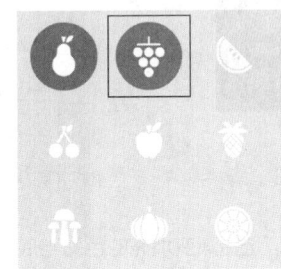

图 6-24 填充前景色

图 6-25 完成效果

6.2 渐变工具

"渐变工具"可以在整个文档或选区内填充渐变色，并且可以创建多种颜色的混合效果，对图像进行任意方向的渐变填充，以表现图像颜色的自然过渡。"渐变工具"的应用非常广泛，它不仅可以填充图像，还可以用来填充图层蒙版、快速蒙版和通道等。

6.2.1 "渐变工具"选项栏　重点

为图像填充渐变时，要先通过"渐变工具"的工具选项栏来完成渐变样式的设置，如图6-26所示。

图 6-26 "渐变工具"选项栏

◆ 渐变颜色条。单击渐变颜色条可打开"渐变编辑器"对话框。

◆ 渐变类型。定义渐变的类型，Photoshop CC 2018可创建5种形式的渐变，单击相应按钮即可选择相应的渐变类型，5种渐变填充效果如图6-27所示。单击"线性渐变"按钮 ，可创建从直线起点到终点的渐变；单击"径向渐变"按钮 ，可创建以圆心为起点到圆边为终点的渐变；单击"角度渐变"按钮 ，可创建围绕起点以逆时针扫描方式的渐变；单击"对称渐变"按钮 ，可创建颜色以起点开始从中间向两边对称变化的渐变；单击

"菱形渐变"按钮█,则会以菱形方式从起点向外渐变,终点为菱形的一个角。

a. 线性渐变　　　 b. 径向渐变　　　 c. 角度渐变

d. 对称渐变　　　　 e. 菱形渐变

图 6-27　5种渐变效果

◆ 模式。打开此下拉列表框可以选择渐变填充的色彩与底图的混合模式。

◆ 不透明度。用来设置渐变颜色的不透明度。

◆ 反向。转换渐变中的颜色顺序,得到反方向的渐变结果。

◆ 仿色。勾选该复选框时,可以使渐变效果更加平滑。主要用于防止打印时出现条带化现象,在计算机屏幕上并不能明显地体现出来。

◆ 透明区域。勾选该复选框时,可以创建包含透明像素的渐变。

🔍 延伸讲解

"渐变工具"不能用于位图或索引颜色的图像文件。在切换颜色模式时,有些方式观察不到任何渐变效果,此时就需要将图像再切换到可用的颜色模式下进行操作。

6.2.2 实战:用"渐变工具"制作水晶按钮

难度:☆☆

素材文件	第6章\6.2.2
在线视频	第6章\6.2.2实战:用"渐变工具"制作水晶按钮.mp4
技术要点	渐变工具、线性渐变

本实战通过"渐变工具"█在图像上创建渐变,制作水晶按钮。

步骤01 启动Photoshop CC 2018软件,选择本章的素材文件"6.2.2 用'渐变工具'制作水晶按钮.psd",将其打开,如图6-28所示。单击工具箱中的"渐变工具"█,在工具选项栏中单击"线性渐变"按钮█,单击工具选项栏的颜色渐变条,打开"渐变编辑器"对话框,如图6-29所示。

 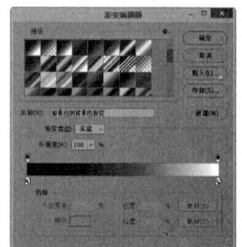

图 6-28　打开素材文件　　　 图 6-29　"渐变编辑器"对话框

步骤02 在"预设"选项中选择一个预设的渐变,它就会出现在下面的渐变条上,渐变条下面的█图标是色标,单击左侧色标,再单击"颜色"选项右侧的颜色块,或者直接双击该色标,如图6-30所示,可打开"拾色器(色标颜色)"对话框。

步骤03 在打开的"拾色器(色标颜色)"对话框中选择颜色,如图6-31所示。单击"确定"按钮,将所选的颜色设置为该色标的颜色,如图6-32所示。

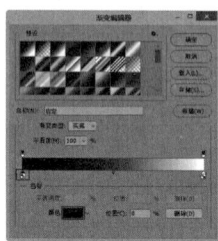 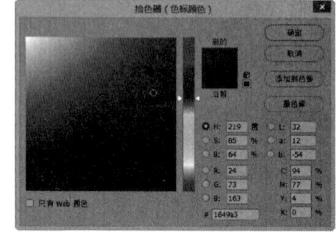

图 6-30　选中要设置的色标　　　 图 6-31　"拾色器(色标颜色)"对话框

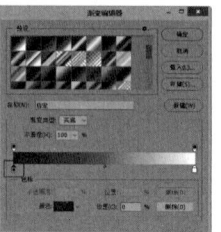

图 6-32　修改后色标颜色

步骤04 在右侧色标上双击,打开"拾色器(色标颜色)"对话框,设置颜色,如图6-33所示。在渐变条的下方单击，可添加一个新色标，并使用同样的方法设置颜色，如图6-34所示。

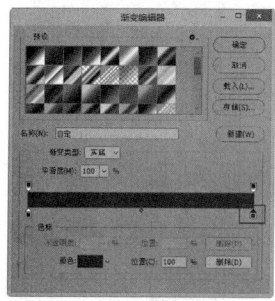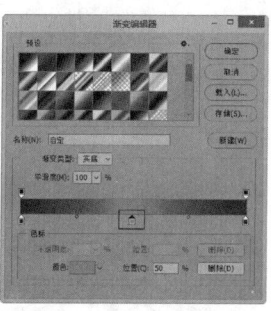

图 6-33 设置色标的颜色　图 6-34 添加一个色标并设置颜色

步骤 05 在"图层"面板中选择要填充渐变颜色的图层，按住Ctrl键的同时单击该图层的缩览图，创建选区，如图6-35所示。

步骤 06 按住Shift键的同时按住鼠标左键拖动，在图像上拉出一条直线，松开鼠标后，即可创建渐变，按Ctrl+D组合键取消选区，如图6-36所示。

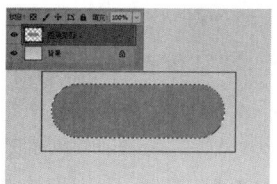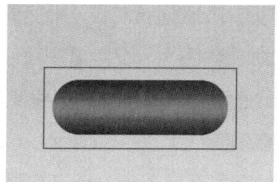

图 6-35 创建选区　　图 6-36 填充渐变

步骤 07 在"图层"面板中上双击"圆角矩形1"图层，打开"图层样式"对话框，添加"投影""内发光""光泽""外发光"等样式效果，如图6-37所示。

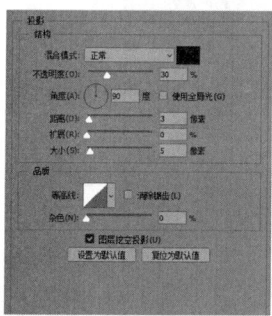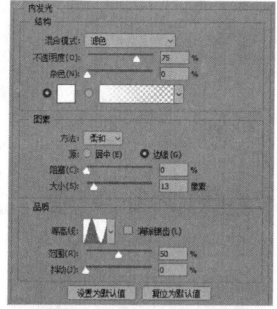
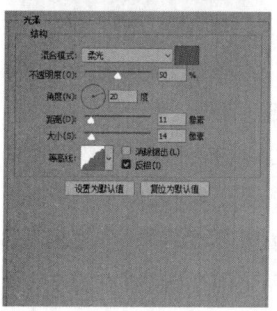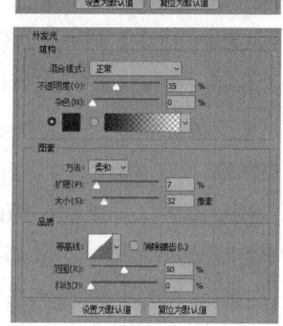

图 6-37 设置图层样式参数

步骤 08 单击工具箱中的"横排文字工具"，在图像上输入文字，如图6-38所示。再对文字进行字体和颜色的调整，水晶按钮制作完成，如图6-39所示。

图 6-38 添加文字　　图 6-39 完成效果

6.2.3 设置杂色渐变

在"渐变编辑器"的"渐变类型"下拉列表框中可以选择"实色"和"杂色"渐变类型。选择"杂色"选项，可以在指定的颜色范围内创建颜色随机分布的杂色渐变，如图6-40所示。

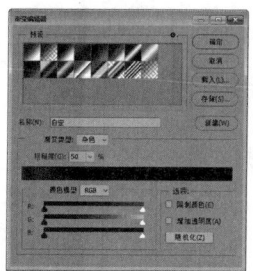

图 6-40 "渐变编辑器"对话框

◆ 粗糙度。"粗糙度"选项用于控制颜色过渡的平滑程度，可以设定为0~100%的数值，数值越大，渐变杂色越多，颜色过渡越生硬，如图6-41和图 6-42所示。

图 6-41 "粗糙度"为50%的杂色渐变效果

图 6-42 "粗糙度"为100%的杂色渐变效果

◆ 颜色模型。在对话框底部的"颜色模型"下拉列表框中，包含当前颜色模型的选色范围展示条。"颜色模型"下拉列表框中包括"RGB""HSB""LAB"这3个选项，可以拖移滑块调节颜色范围，如图6-43所示。

a.RGB 颜色模型

图 6-43 不同颜色模型的渐变效果

147

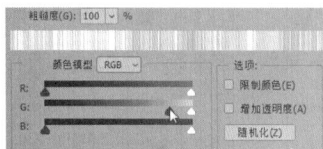

b. 拖动滑块调整颜色

c. HSB 颜色模型

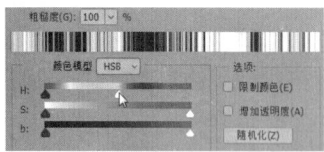

d. 拖动滑块调整颜色

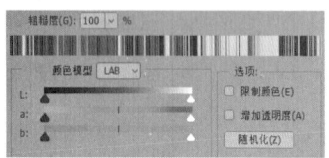

e.LAB 颜色模型

f. 拖动滑块调整颜色

图 6-43 不同颜色模型的渐变效果（续）

◆ 限制颜色。可以防止颜色过度饱和。

◆ 增加透明度。可以在渐变中添加透明像素，如图6-44
所示。

◆ 随机化。每单击一次该按钮，就会随机生成一个新的渐
变，如图6-45所示。

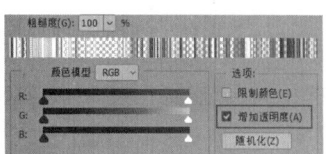

图 6-44 生成透明渐变

图 6-45 生成一个新的渐变

6.2.4 实战：用杂色渐变制作放射线背景

难度：☆☆

素材文件	第 6 章 \6.2.4
在线视频	第 6 章 \6.2.4 实战：用杂色渐变制作放射线背景 .mp4
技术要点	角度渐变、杂色渐变

本实战通过在"渐变编辑器"中将"渐变类型"更改
为"杂色"，设置渐变颜色后在图像上按住鼠标左键拖动
以创建渐变，制作放射线背景。

步骤 01 启动Photoshop CC 2018软件，选择本章的素材
文件"6.2.4 用杂色渐变制作放射线背景.psd"，将其打
开。单击"图层"面板底部的"创建新图层"按钮 ，新
建一个图层，命名为"放射线"，如图6-46所示。

图 6-46 打开素材文件

步骤 02 单击工具箱中的"渐变工具" ，在工具选项栏
中单击"角度渐变"按钮 ，再单击颜色渐变条，打开
"渐变编辑器"对话框，如图6-47所示。

步骤 03 单击"渐变类型"右边的 按钮，在下拉列表框中
选择"杂色"，如图6-48所示。将"粗糙度"设置为
100%，如图6-49所示。再单击"颜色模型"选项后面的
按钮，在下拉列表框中选择"HSB"选项，并拖动下面
的滑块，调整颜色，如图6-50所示。

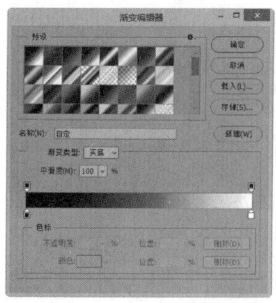 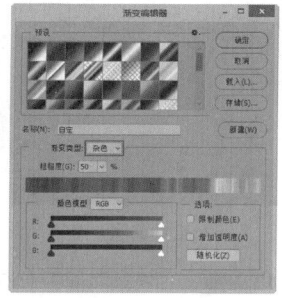

图 6-47 打开"渐变编辑器"
对话框

图 6-48 更改"渐变类型"

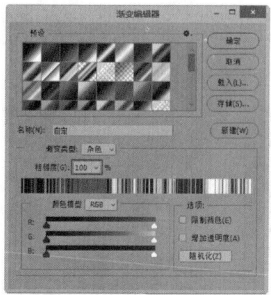 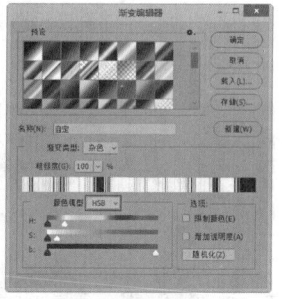

图 6-49 设置"粗糙度"　　图 6-50 拖动滑块

步骤 04 在图像的中心位置按住鼠标左键并向外拖动,创建渐变,如图6-51所示。在"图层"面板中将"放射线"图层调整至"素材"图层的下方,并在"图层"面板中将该图层的混合模式更改为"正片叠底",如图6-52所示。完成放射线背景的制作,如图6-53所示。

 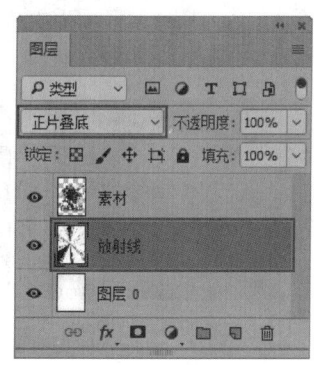

图 6-51 填充渐变　　　图 6-52 更改图层的混合模式

图 6-53 完成效果

6.2.5 实战:创建透明渐变

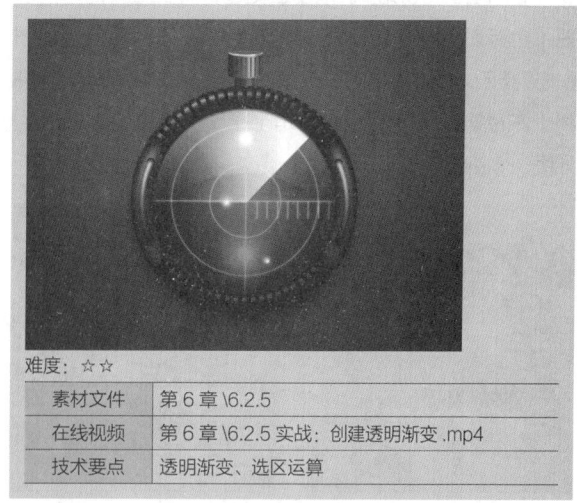

难度:☆☆

素材文件	第 6 章 \6.2.5
在线视频	第 6 章 \6.2.5 实战:创建透明渐变 .mp4
技术要点	透明渐变、选区运算

　　本实战通过在工具箱中选择"渐变工具"█,在工具选项栏单击"线性渐变"按钮█,并单击渐变颜色条,打开"渐变编辑器",设置渐变颜色和颜色的"不透明度",然后在图像上按住鼠标左键拖动,创建透明渐变。

步骤 01 启动Photoshop CC 2018软件,选择本章的素材文件"6.2.5 创建透明渐变.psd",将其打开,如图6-54所示。单击"图层"面板底部的"创建新图层"按钮█,新建一个图层。

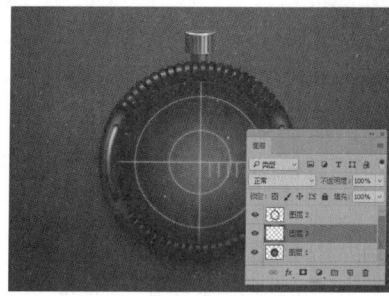

图 6-54 打开素材文件

步骤 02 单击工具箱中的"多边形套索工具"█,在图像上绘制选区,如图6-55所示。单击工具箱中的"渐变工具"█,在工具选项栏中单击"线性渐变"按钮█。

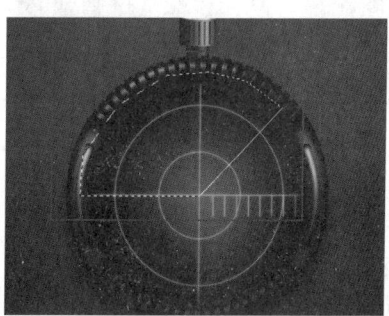

图 6-55 绘制选区

步骤03 单击工具选项栏的颜色渐变条，打开"渐变编辑器"，如图6-56所示。双击左侧色标，在打开的"拾色器（色标颜色）"对话框中将该色标设置为白色，如图6-57所示。再单击该色标上方的不透明度"色标"，并将"不透明度"设置为0，即可设置透明到白色的渐变，如图6-58所示。

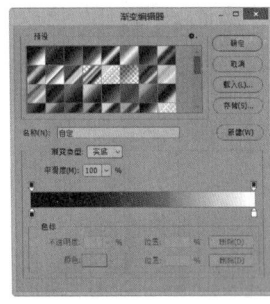 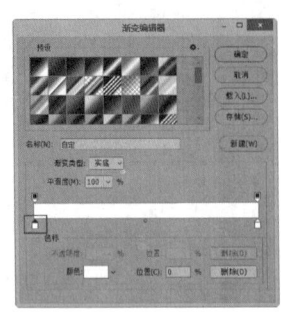

图 6-56 打开"渐变编辑器"对话框　　图 6-57 设置色标颜色

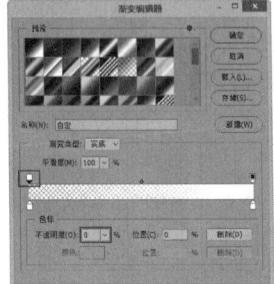

图 6-58 更改色标的"不透明度"

步骤04 在选区图像上按住鼠标左键拖出一条直线，松开鼠标后，即可创建渐变，如图6-59所示。按Ctrl+D组合键取消选区，再单击"图层"面板底部的"创建新图层"按钮，新建一个图层。

步骤05 单击工具箱中的"椭圆选区工具"，按住Shift键的同时按住鼠标左键拖出一个圆形选区，如图6-60所示。

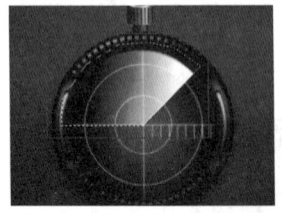 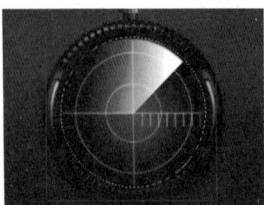

图 6-59 填充渐变　　　　图 6-60 新建图层

步骤06 单击工具选项栏中的"从选区中减去"按钮，在图像的下半部分绘制一个椭圆选区，松开鼠标后，即得到一个月牙形的选区，如图6-61所示。再使用"渐变工具"填充渐变颜色，如图6-62所示。

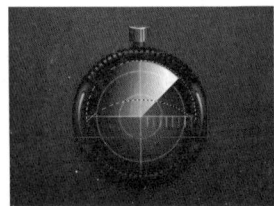 

图 6-61 绘制选区　　　　图 6-62 填充渐变

步骤07 在"图层"面板中将该图层的"不透明度"更改为60%，如图6-63所示。在"图层"面板的"背景"图层上方新建一个图层，再在工具箱中选择"画笔工具"，并在工具选项栏中将画笔设置为"柔边圆"画笔，如图6-64所示。

 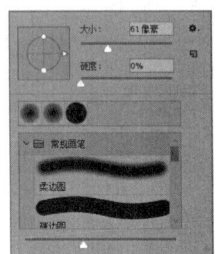

图 6-63 更改"不透明度"　　图 6-64 选择"柔边圆"画笔

步骤08 将前景色设置为"#d99e2b"，在图像上单击绘制几个圆点，如图6-65所示。新建一个图层，将前景色设置为"#f4d42f"，在图像上再绘制几个亮点。将前景色设置为白色，并按[键将画笔调小，在黄点上涂上小白点。完成效果如图6-66所示。

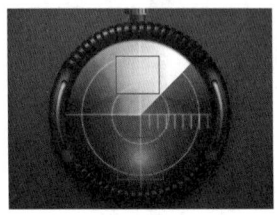 

图 6-65 添加亮点　　　　图 6-66 完成效果

6.2.6 存储渐变

使用"渐变工具"后，把自定义的几种渐变样式保存成文件格式，就可以将其添加到渐变列表中以便下次直接使用。

存储渐变有以下两种方法。

◆ 打开渐变颜色条的下拉列表框，单击右上角的按钮，在下拉菜单中执行"存储渐变"命令，如图6-67所示，打开"另存为"对话框，单击"保存"按钮，即可保存。

◆ 单击渐变颜色条，打开"渐变编辑器"对话框，单击

"存储"按钮，如图6-68所示，打开"另存为"对话框，单击"保存"按钮，即可保存。

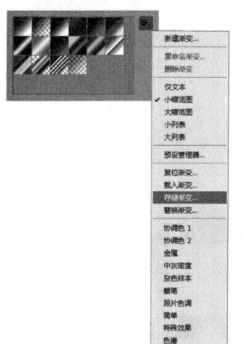

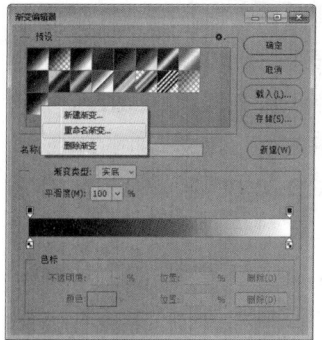

图 6-67 存储渐变　　图 6-68 "渐变编辑器"对话框

图 6-70 重命名渐变　　图 6-71 "渐变名称"对话框

6.2.7 载入渐变库

使用"渐变编辑器"对话框不仅可以将自定义的渐变保存成文件格式，还可以将网络上下载的渐变文件载入以供使用。

单击工具选项栏中的渐变颜色条，打开"渐变编辑器"对话框。在"渐变编辑器"对话框中单击"载入"按钮，如图6-69所示，打开"载入"对话框，选择需要载入的渐变文件，单击"载入"按钮，即可载入渐变文件。

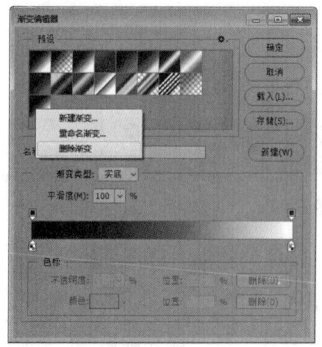

图 6-72 删除渐变

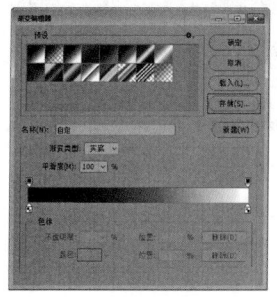

图 6-69 "渐变编辑器"对话框

6.2.8 重命名与删除渐变

使用"渐变编辑器"对话框还可以对渐变进行重命名和删除。

◆ 重命名渐变。单击工具选项栏中的渐变颜色条，打开"渐变编辑器"对话框，在"预设"选项中，任意选择一种渐变。单击鼠标右键，在弹出快捷菜单中执行"重命名渐变"命令，如图6-70所示，弹出"渐变名称"对话框，如图6-71所示，可将渐变重命名。

◆ 删除渐变。单击工具选项栏中的渐变颜色条，打开"渐变编辑器"对话框，在"预设"选项中，任意选择一种渐变。单击鼠标右键，在弹出快捷菜单中执行"删除渐变"命令，如图6-72所示，即可删除该渐变。

6.3 填充与描边　重点

填充是指在图像或选区内填充颜色，描边则是指为选区描绘可见的边缘。使用"油漆桶工具"或执行"填充"命令可以填充颜色和图案，而执行"描边"命令可以为轮廓添加颜色。

6.3.1 实战：用"油漆桶工具"为卡通画填色

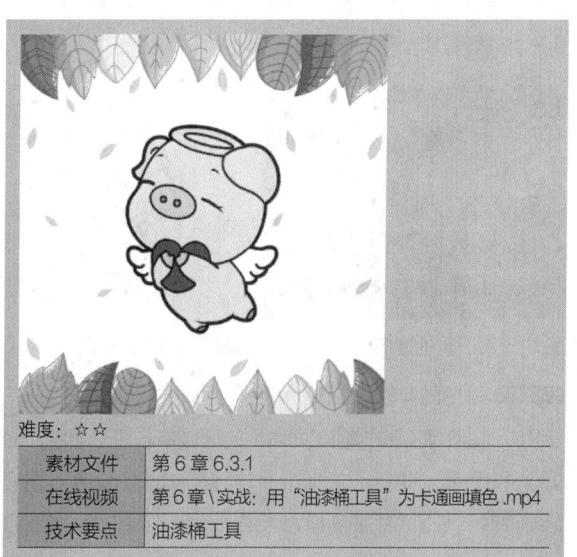

难度：☆☆

素材文件	第 6 章 6.3.1
在线视频	第 6 章\实战：用"油漆桶工具"为卡通画填色 .mp4
技术要点	油漆桶工具

使用油漆桶工具██可以在图像中填充前景色或图案。如果创建了选区，填充的区域为所选区域；如果没有创建选区，则填充与单击点颜色相近的区域。本实战使用"油漆桶工具"██在图像上单击填充颜色，完成卡通画的填色。

步骤 01 启动Photoshop CC 2018软件，选择本章的素材文件"6.3.1 用"油漆桶工具"为卡通画填色1.psd"，将其打开，如图6-73所示。单击工具箱中的"油漆桶工具"██，在工具选项栏中将"填充"设置为"前景"，如图6-74所示。

图 6-73 打开素材文件　　图 6-74 "油漆桶工具"选项栏

步骤 02 执行"窗口"→"颜色"命令，打开"颜色"面板，调整颜色并设置为前景色，如图6-75所示。使用"油漆桶工具"██在小猪的脸上单击，即可填充前景色，如图6-76所示。

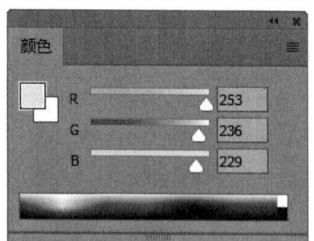

图 6-75 设置前景色　　　　图 6-76 填充颜色

步骤 03 在"颜色"面板中调整颜色，如图6-77所示，再使用"油漆桶工具"██在小猪的头顶圆圈处单击填充颜色，如图6-78所示。

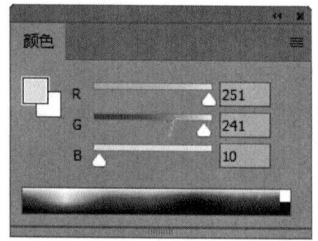

图 6-77 设置前景色　　　　图 6-78 填充颜色

步骤 04 采用同样的方法在"颜色"面板中调整前景色，并使用"油漆桶工具"██在要填色的区域单击填充颜色，如图6-79所示。执行"文件"→"打开"命令，选择本章的素材文件"6.3.1 用油漆桶为卡通画填色2.jpg"，将其打

开，如图6-80所示。

图 6-79 填充其他颜色　　图 6-80 打开素材文件

步骤 05 单击工具箱中的"移动工具"██，将素材拖动至第一个文档中，将其移至"小猪"图层的下方。再按Ctrl+T组合键打开定界框，将其调整到合适大小并铺满画布，如图6-81所示。再调整"小猪"图像的大小和位置，完成制作，如图6-82所示。

图 6-81 调整图像　　　　图 6-82 完成效果

6.3.2 "油漆桶工具"选项栏

"油漆桶工具"用于在图像或选区中填充颜色或图案，但"油漆桶工具"在填充前会对单击位置的颜色进行取样，只填充颜色相同或相似的图像区域，"油漆桶工具"选项栏如图6-83所示。

图 6-83 "油漆桶工具"选项栏

◆ 填充。可以选择填充的内容。当选择"图案"作为填充内容时，"图案"选项被激活，单击其右侧的██按钮，可以打开"图案"下拉面板，从中选择所需的填充图案。

◆ 图案。用图案填充图像，并通过面板菜单进行图案的载入、复位、替换等操作。

◆ 模式。设置实色或图案填充的模式。

◆ 不透明度。用来设置填充内容的不透明度。

◆ 容差。用来定义填充的像素与单击处的颜色相似程度。低容差会填充颜色值范围内与单击点像素非常相似的像素，高容差则填充更大范围内的像素。

◆ 消除锯齿。勾选时可以平滑填充选区的边缘。

◆ 连续的。勾选时只填充与鼠标单击点相邻的像素；取消
勾选时可填充图像中的所有相似像素。

◆ 所有图层。勾选该复选框，表示基于所有可见图层中的
合并颜色数据填充像素；取消勾选该复选框，则仅填充
当前图层。

6.4 "画笔"面板

　　"画笔"面板是非常重要的面板，通过它可以设置各
种绘画工具、图像修复工具、图像修饰工具和擦除工具的
工具属性和描边效果。

6.4.1 画笔预设选取器与"画笔"面板

　　画笔预设选取器与"画笔"面板都可以浏览、选择
Photoshop CC 2018提供的预设画笔。画笔的可控参数众
多，包括笔尖的形状、大小、硬度等。

画笔预设选取器

　　单击"画笔工具"选项栏中的▽按钮，可以打开图
6-84所示的画笔预设选取器。在其中可以选择画笔样式，
还可以设置画笔的"大小"和"硬度"。

◆ 设置画笔的角度和圆度。按住鼠标左键拖动圆上的箭
头，可以设置画笔的角度，如图6-85所示；按住鼠标
左键拖动圆上的白色圆点，可设置画笔的圆度，如图
6-86所示。

◆ 大小。拖动滑块或在文本框中输入数值可以调整画笔的
大小，在Photoshop CC 2018中将画笔"大小"的最
大值调整到了"5000像素"。

◆ 硬度。用来设置画笔笔尖的硬度。

◆ 画笔列表。在该列表内将类似的画笔进行分类，用文件
夹的形式显示画笔。单击画笔文件夹前的▷图标，可以
展开画笔列表，如图6-87所示。拖动底端的滑块，可
放大或缩小画笔缩览图，如图6-88所示。

◆ 创建新的预设■。单击面板中的该按钮，打开"新建画
笔"对话框，设置画笔的名称后，单击"确定"按钮，
可以将当前画笔保存为新的画笔预设样式。

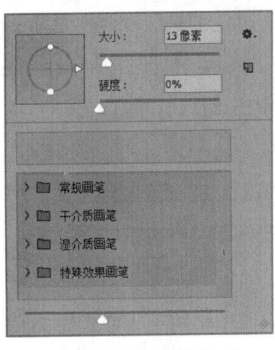

图 6-84 画笔预设选取器

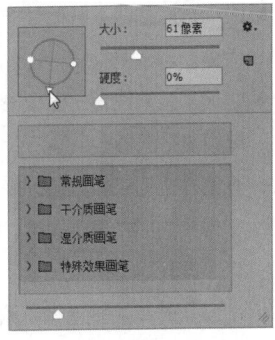

图 6-85 设置画笔角度

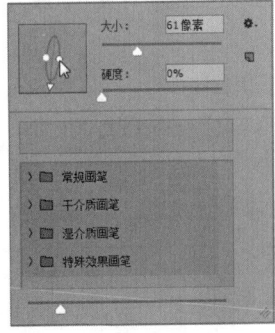

图 6-86 设置画笔圆度

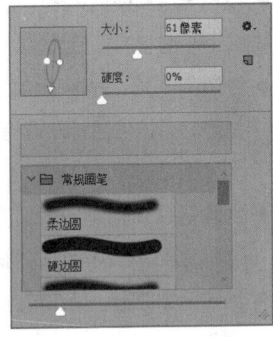

图 6-87 展开画笔列表

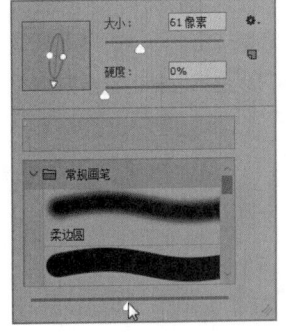

图 6-88 放大或缩小画笔缩览图

"画笔"面板

　　执行"窗口"→"画笔"命令，可以打开图6-89所示
的"画笔"面板。在"画笔"面板中提供了各种系统预设
的画笔，这些预设的画笔带有大小、形状和硬度等属性。
在使用绘画工具、修饰工具时，都可以从"画笔"面板中
选择画笔的形状。

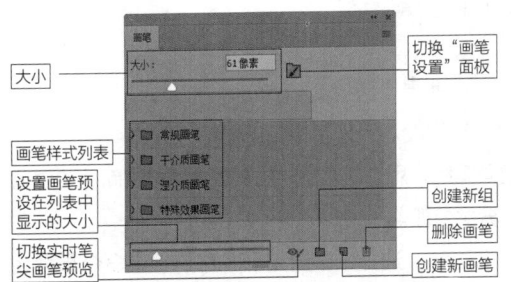

图 6-89 "画笔"面板

◆ 大小。通过输入数值或拖动下面的滑块可以调整画笔的大小。

◆ 切换"画笔设置"面板☑。单击该按钮，可以打开"画笔设置"面板。

◆ 画笔样式列表。在该列表内将类似的画笔进行分类，用文件夹的形式显示画笔。单击画笔文件夹前的 ❯图标，可以展开画笔列表。

◆ 切换实时笔尖画笔预览 ◉✓。使用毛刷笔尖时，在画布中实时显示笔尖的样式。

◆ 设置画笔预设在列表中显示的大小。拖动滑块可以放大或缩小画笔的显示大小。

◆ 删除画笔🗑。选中画笔以后，单击该按钮，可以将该画笔删除。按住鼠标左键将画笔拖动到该按钮上，也可以删除画笔。

◆ 创建新组。单击该按钮，可以新建画笔组，并将新建的画笔组放置在画笔样式列表中。

◆ 创建新画笔🗐。单击"创建新画笔"按钮🗐，可以新建画笔。

面板菜单

单击"画笔"面板右上角的▤按钮，可以打开面板菜单，如图6-90所示。在菜单中可以选择面板的显示方式，以及载入预设的画笔笔库。

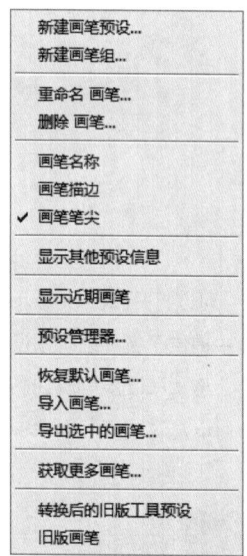

图 6-90 面板菜单

◆ 新建画笔预设。用来创建新的画笔预设。

◆ 新建画笔组。用来创建新的画笔组，可以将新建的画笔进行分类处理。

◆ 重命名画笔。选择一个画笔后，可执行该命令重命名画笔。

◆ 删除画笔。选择一个画笔后，执行该命令可将其删除。

◆ 画笔名称/画笔描边/画笔笔尖。可以设置画笔在面板中的显示方式。执行"画笔名称"命令，显示画笔的名称；执行"画笔描边"命令，显示画笔的描边缩览图；执行"画笔笔尖"命令，显示画笔的笔尖形态，如图6-91所示。每种显示方式可有不同的组合方法，可根据需要显示画笔。

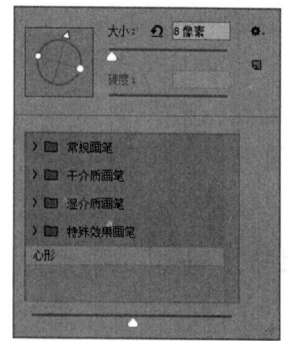
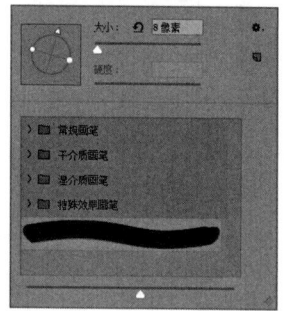
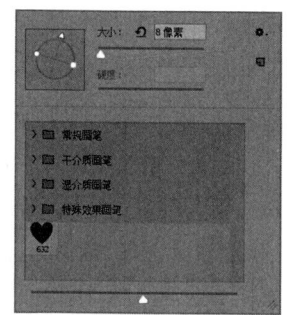

图 6-91 画笔显示方式

◆ 显示其他预设信息。执行该命令，可在画笔后显示其他的详细信息。例如，"干介质画笔"组会显示使用该画笔的工具。

◆ 显示近期画笔。显示最近使用的画笔。

◆ 预设管理器。执行该命令可以打开"预设管理器"。

◆ 恢复默认画笔。当进行了添加或删除画笔的操作后，如果想让面板恢复为默认的画笔状态，可执行该命令。

◆ 导入画笔。执行该命令可以打开"载入"对话框，选择一个外部的画笔后可将其载入画笔预设选取器和"画笔"面板中。

◆ 导出选中的画笔。可以将面板中的画笔保存为一个画笔库。

◆ 获取更多画笔。执行该命令可以联网获取更多的画笔。

◆ 转换后的旧版工具预设：执行该命令可以切换至旧版的工具预设，使用旧版的画笔绘制图形。

◆ 旧版画笔。执行该命令可以在画笔预设选取器中以文件夹的形式显示旧版画笔。

6.4.2 "画笔设置"面板

执行"窗口"→"画笔设置"命令，或按F5键，可以打开"画笔设置"面板，如图6-92所示。

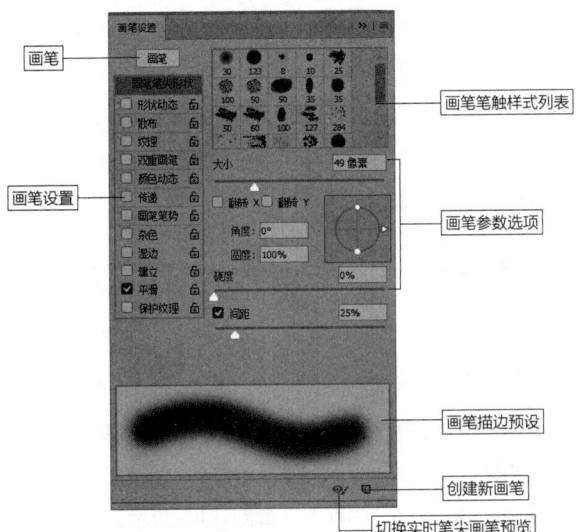

图 6-92 "画笔设置"面板

◆ 画笔。单击该按钮，打开"画笔"面板，可以浏览、选择Photoshop CC 2018提供的画笔。

◆ 画笔设置。单击这些画笔设置选项，可以切换到与该选项相对应的内容。定义画笔笔尖形状、形状动态、散布、纹理等。其中圖图标代表该选项处于可用状态，圖图标表示锁定该选项。

◆ 画笔笔触样式列表。在此列表中有各种画笔笔触样式可供选择，可以选择默认的笔触样式，也可以载入需要的画笔笔触样式。

◆ 画笔参数选项。用来调整画笔的参数。

◆ 切换实时笔尖画笔预览。使用毛刷笔尖时，在窗口中显示笔尖样式。

◆ 画笔描边预览。选择一个笔尖后，可在"画笔描边预览"选项中预览该笔尖的形状。

◆ 创建新画笔。单击该按钮可以创建一个新画笔。

6.4.3 画笔笔尖形状

勾选"画笔笔尖形状"复选框，会显示画笔的"形状""大小""硬度""间距"等参数。

◆ 大小。控制画笔大小，如图6-93所示。

◆ 翻转X/Y。将画笔笔尖在X轴或Y轴上进行翻转，如图6-94所示。

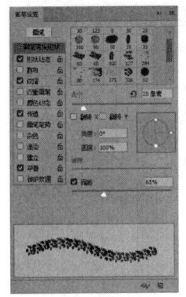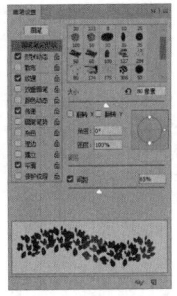

图 6-93 画笔笔尖大小

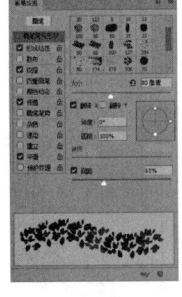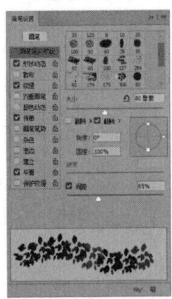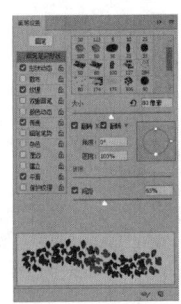

图 6-94 翻转 X/Y

◆ 角度。指定椭圆画笔或样本画笔的长轴在水平方向旋转的角度，如图6-95所示。

◆ 圆度。用来设置画笔长轴与短轴之间的比率。可以在文本框中输入数值，或拖动控制点来调整。当该值为"100%"时，笔尖为圆形，设置为其他值时可将画笔压扁，如图6-96所示。

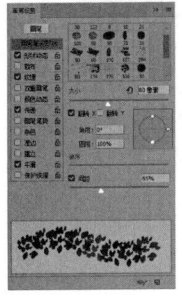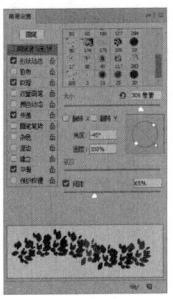

图 6-95 角度

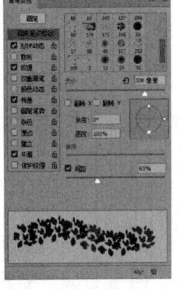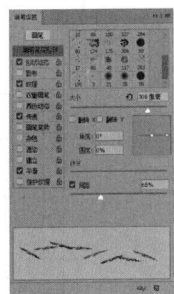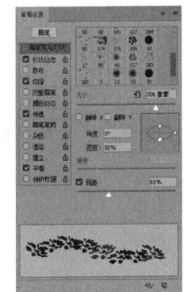

图 6-96 圆度

◆ 硬度。控制画笔硬度中心的大小。数值越小，画笔的柔和度越高，如图6-97所示。

◆ 间距。数值越高，笔迹之间的间距越大，如图6-98所示。

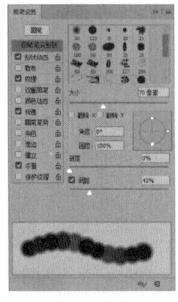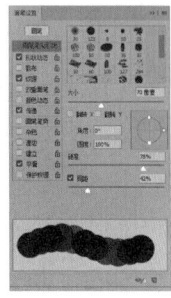

图 6-97 硬度

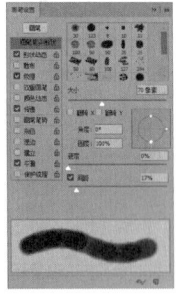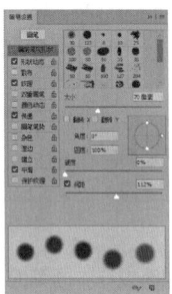

图 6-98 间距

6.4.4 形状动态

"形状动态"决定描边中画笔笔迹的变化，它可以使画笔的"大小""角度""圆度"等产生随机变化的效果。勾选"形状动态"复选框，会显示相关参数，如图6-99所示。

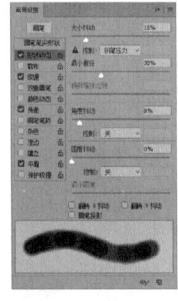

图 6-99 形状动态

◆ 大小抖动：拖动滑块或输入数值，可以控制绘制过程中画笔笔迹大小的波动幅度。数值越大，变化幅度就越大，如图6-100所示。

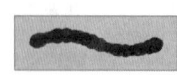

a."大小抖动"为"0"　b."大小抖动"为"50%"　c."大小抖动"为"100%"

图 6-100 大小抖动

◆ 控制。用于选择大小抖动变化产生的方式。选择"关"，表示不控制画笔笔迹的大小变换；选择"渐隐"，然后在其右侧文本框中输入数值，可控制抖动变化的渐隐步长，数值越大，画笔消失的距离越长，变化越慢，反之则距离越短，变化越快，如图6-101所示。如果计算机配置有数位板，可以选择"钢笔压力""钢笔斜度""光笔轮"选项，然后根据钢笔的压力、斜度、钢笔位置或旋转角度来改变初始直径和最小直径之间的画笔笔迹大小。

a."渐隐"为"10"　b."渐隐"为"25"　c."渐隐"为"50"

图 6-101 渐隐

◆ 最小直径。启用了"大小抖动"后，可通过该选项控制画笔笔迹在发生波动时可缩放的最小尺寸，数值越大，直径能够变化的范围越小，如图6-102所示。

a. 最小直径为"0　b. 最小直径为"100%"

图 6-102 最小直径

◆ 倾斜缩放比例。当"大小抖动"设置为"钢笔斜度"时，该选项用来设置在旋转前应用于画笔高度的倾斜比例。

◆ 角度抖动。控制画笔角度波动的幅度，数值越大，抖动的范围也就越大，如图6-103所示。可以在下面的控制下拉列表框中设置角度抖动的方式。

a."角度抖动"为"0"　b."角度抖动"为"50%"　c."角度抖动"为"100%"

图 6-103 角度抖动

◆ 圆度抖动。控制在绘画时画笔圆度的波动幅度，数值越大，圆度变化的幅度也就越大，如图6-104所示。可以在下面的"控制"下拉列表框中设置圆度抖动的方式。"最小圆度"选项可以用来设置画笔笔迹的最小圆度。

a. 圆度抖动为"0"　b. 圆度抖动为"50%"　c. 圆度抖动为"100%"

图 6-104 圆度抖动

6.4.5 散布

"散布"可以确定描边中笔迹的数目和位置，使画笔笔迹沿着绘制的线条扩散。勾选"散布"复选框，会显示相关参数，如图6-105所示。

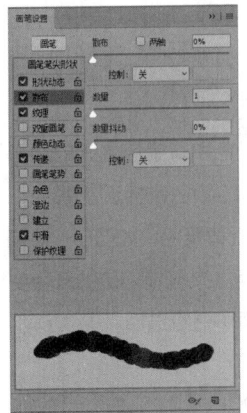

图 6-105 散布

◆ 散布/两轴。指定画笔笔迹在描边中的分散程度，该值越高，分散的范围越广，如图6-106所示。勾选"两轴"复选框时，画笔笔迹将以中心点为基准，向两侧分散。如果要设置画笔笔迹的分散方式，可以在"控制"下拉列表框中进行选择。

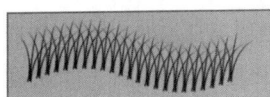

a. "散布"为"0" 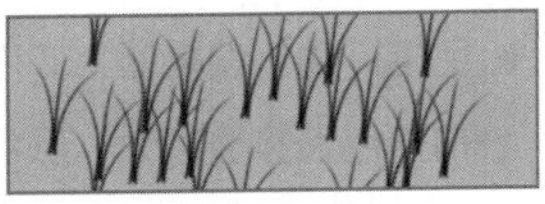　　b. "散布"为"200%"
图 6-106 散布值

◆ 数量。指定在每个间距间隔应用的画笔笔迹数量，数值越高，笔迹重复的数量越大，变化范围为1~16，如图6-107所示。

a. "数量"为"1"　　b. "数量"为"8"
图 6-107 数量

◆ 数量抖动。用来指定画笔笔迹的数量如何针对各种间距间隔而变化。

6.4.6 纹理

"纹理"可以利用图案使描边看起来像是在带纹理的画布上绘制出来的一样。在画笔上添加纹理效果，可控制纹理的叠加模式、缩放比例和深度。勾选"纹理"复选框，会显示相关参数，如图6-108所示。

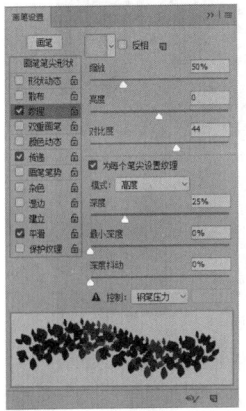

图 6-108 纹理

◆ 选择纹理。单击下拉按钮，从下拉面板中可选择所需的纹理。勾选"反相"复选框，相当于对纹理选择了"反相"命令，基于图案中的色调来反转纹理中的亮点和暗点。

◆ 缩放。设置纹理的缩放比例。数值越小，纹理越多。

◆ 亮度。设置纹理的明暗度。

◆ 对比度。用来设置纹理的对比强度，此值越大，对比越明显。

◆ 为每个笔尖设置纹理。将选定的纹理单独应用于画笔描边中的每个画笔笔迹，而不是作为整体应用于画笔描边。若取消勾选此复选框，则"最小深度"和"深度抖动"选项不可用。

◆ 模式。用于选择画笔和图案之间的混合模式。

◆ 深度。用来设置图案的混合程度，数值越大，纹理越明显。

◆ 最小深度。当"深度抖动"下面的控制选项设置为"渐隐""钢笔压力""钢笔斜度""光笔轮""旋转"，并勾选了"为每个笔尖设置纹理"复选框时，"最小深度"选项用来控制图案的最小混合程度。

◆ 深度抖动。用来设置纹理抖动的最大百分比，只有勾选了"为每个笔尖设置纹理"复选框后，该选项才可以使用。

6.4.7 双重画笔

"双重画笔"是指通过组合两个笔尖来创建画笔笔迹的效果。要使用双重画笔，首先要在"画笔笔尖形状"选项中设置主画笔，如图6-109所示，然后从"双重画笔"选项中选择另外一个笔尖，如图6-110所示。

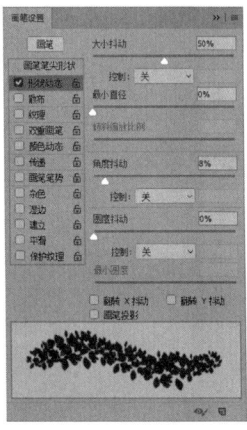 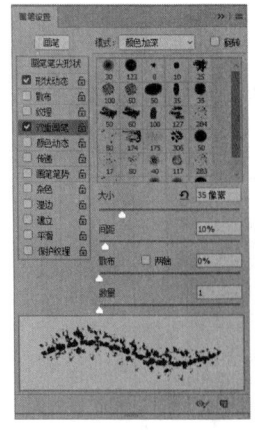

图 6-109 画笔笔尖形状　　　图 6-110 双重画笔

◆ 模式。选择主画笔和双重画笔组合画笔笔迹时要使用的混合模式。

◆ 翻转。基于图案中的色调来反转纹理中的亮点和暗点。

◆ 大小。控制双重画笔的大小。

◆ 间距。控制描边中双重画笔的笔迹之间的距离。数值越大，间距越大。

◆ 散布。指定描边中双重画笔笔迹的分布方式。

◆ 两轴。当勾选该复选框时，双重画笔笔迹会按径向分布；当取消勾选该复选框时，双重画笔笔迹将垂直于描边路径分布。

◆ 数量。指定在每个间距间隔应用的双重画笔笔迹的数量。

6.4.8 颜色动态

　　如果要让绘制出的线条的颜色、饱和度和明度等产生变化，可以勾选"颜色动态"复选框，通过设置选项参数来改变描边路线中油彩颜色的变化方式，如图6-111所示。图6-112所示为设置颜色动态前后的对比。需注意的是设置动态颜色属性时，"画笔"面板下方的预览框并不会显示出相应的效果，动态颜色效果只有在图像窗口绘画时才会看到。

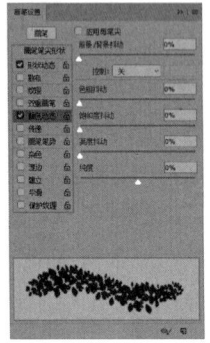

图 6-111 颜色动态

图 6-112 "颜色动态"前后效果对比

◆ 前景/背景抖动。用来指定前景色和背景色之间的油彩变化方式。数值越小，变化后的颜色越接近前景色；数值越大，变化后的颜色越接近背景色，如图6-113和图6-114所示。如果要指定如何控制画笔笔迹的颜色变化，可以在"控制"下拉列表框中进行选择。

图 6-113 "前景/背景抖动" 　　图 6-114 "前景/背景抖动"
为 "0"　　　　　　　　　　　为 "100%"

◆ 色相抖动。设置颜色变化范围。数值越小，颜色越接近前景色；数值越大，颜色变化越丰富，如图6-115和图6-116所示。

图 6-115 "色相抖动"为　　　图 6-116 "色相抖动"为
"50%"　　　　　　　　　　　"100%"

◆ 饱和度抖动。设置颜色的饱和度变化范围。数值越小，饱和度越接近前景色；数值越大，色彩的饱和度越高，如图6-117和图 6-118所示。

◆ 亮度抖动。设置颜色的亮度变化范围。数值越小，亮度越接近前景色；数值越大，颜色的亮度值越大，如图6-119和图 6-120所示。

◆ 纯度。用来设置颜色的纯度。数值越小，笔迹的颜色越接近于黑白色；数值越大，颜色纯度越高。

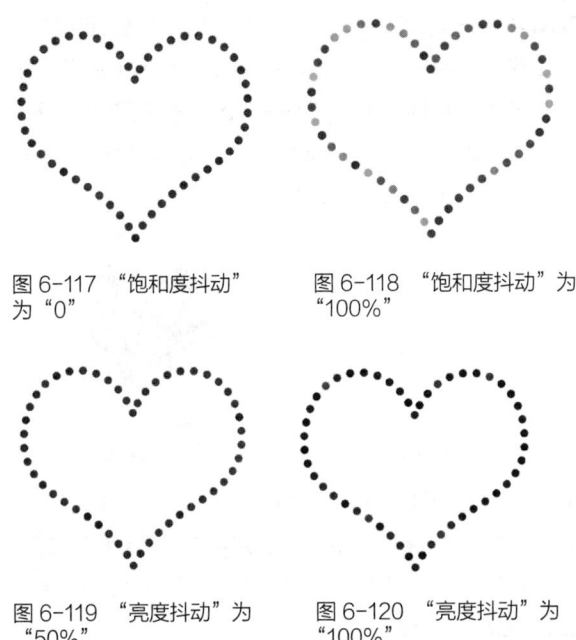

图 6-117 "饱和度抖动"
为"0"

图 6-118 "饱和度抖动"为
"100%"

图 6-119 "亮度抖动"为
"50%"

图 6-120 "亮度抖动"为
"100%"

6.4.9 传递

"传递"用来确定油彩在描边路线中的改变方式，如
图6-121所示。

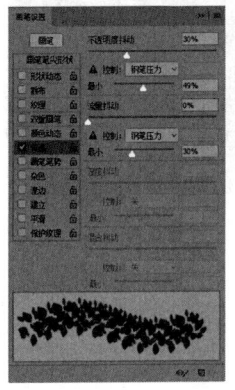

图 6-121 传递

◆ 不透明度抖动。指定画笔描边中油彩不透明度的变化方
式。如果要指定如何控制画笔笔迹的不透明度变化，可
以在"控制"下拉列表框中进行选择。

◆ 流量抖动。用来设置画笔笔迹中油彩流量的变化程度。
如果要指定如何控制画笔笔迹的流量变化，可以在"控
制"下拉列表框中进行选择。

◆ 湿度抖动。用来控制画笔笔迹中油彩湿度的变化程度。
如果要指定如何控制画笔笔迹的湿度变化，可以在"控
制"下拉列表框中进行选择。

◆ 混合抖动。用来控制画笔笔迹中油彩混合的变化程度。
如果要指定如何控制画笔笔迹的混合变化，可以在"控
制"下拉列表框中进行选择。

6.4.10 画笔笔势

"画笔笔势"用来调整毛刷画笔笔尖、倾斜画笔笔尖
的角度，如图6-122所示。

a. 默认的毛刷笔尖

b. 启用"画笔笔势"后的笔尖

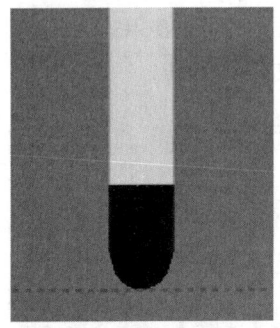

c. 默认的倾斜笔尖

d. 启用"画笔笔势"后的笔尖

图 6-122 启用"画笔笔势"前后对比

6.4.11 其他选项

"画笔"面板中还有"杂色""湿边""建立""平
滑""保护纹理"5个选项，如图6-123所示。这些选
项不能调整参数，如果要启用其中某个选项，将其勾选
即可。

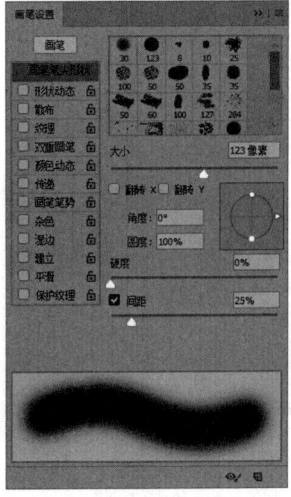

图 6-123 其他选项

◆ 杂色。为个别画笔笔尖增加额外的随的杂色。当使用柔边画笔（包含灰度值的画笔笔尖）时，该选项最能出效果。

◆ 湿边。沿画笔描边的边缘增大油彩量，创建出水彩效果。

◆ 建立。将渐变色调应用于图像，同时模拟传统的喷枪效果。该选项与工具选项栏中的"喷枪"选项相对应，勾选该复选框，或者单击工具选项栏中的 按钮，都能启用喷枪效果。

◆ 平滑。在画笔描边中生成更加平滑的曲线。当使用压感笔进行快速绘画时，该选项最有效。但它在描边渲染中可能会导致轻微的滞后。

◆ 保护纹理。将相同图案和缩放比例应用于具有纹理的所有画笔预设。勾选该复选框后，在使用多个纹理画笔绘画时，可以模拟出一致的画布纹理。

6.4.12 实战：创建自定义画笔

难度：☆☆

素材文件	第 6 章 \6.4.12
在线视频	第 6 章 \6.4.12 实战：创建自定义画笔 .mp4
技术要点	自定义画笔

在Photoshop CC 2018中，可以将绘制的图形、图像或选区内的部分图像创建为自定义的画笔。

步骤 01 启动Photoshop CC 2018软件，选择本章的素材文件"6.4.12 创建自定义画笔.psd"，将其打开，如图6-124所示。单击"图层"面板底部的"创建新图层"按钮 ，新建一个图层，命名为"心形"，并单击"图层1"图层前面的"眼睛"图标 ，隐藏图层，如图6-125所示。

图 6-124 打开素材文件

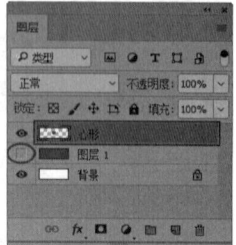

图 6-125 新建图层

步骤 02 单击工具箱中的"钢笔工具" ，设置工具模式为"路径"，绘制一个心形路径，如图6-126所示。按Ctrl+Enter组合键将路径转换为选区，再将前景色设置为（#808080），按Alt+Delete组合键填充前景色，然后按Ctrl+D组合键取消选区，如图6-127所示。

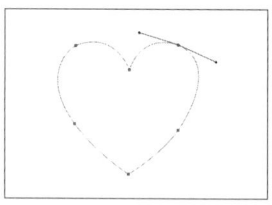

图 6-126 绘制路径

图 6-127 填充前景色

步骤 03 在"图层"面板中双击"心形"图层，打开"图层样式"对话框，添加"描边"图层样式并设置参数，如图6-128所示。单击"确定"按钮，即可为图像添加描边的效果，如图6-129所示。

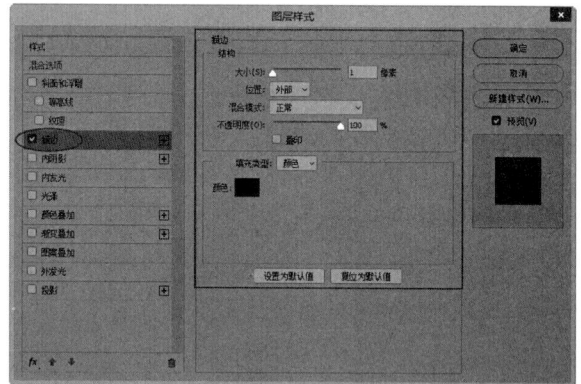

图 6-128 添加"描边"图层样式

图 6-129 添加描边效果

步骤 04 执行"编辑"→"定义画笔预设"命令，打开"画笔名称"对话框，在"名称"右侧的文本框中输入名称，单击"确定"按钮，即可将图像创建为自定义画笔，如图6-130所示。单击"图层"面板底部的"创建新图层"按钮 ，新建一个图层，命名为"画笔"，再隐藏"心形"图层并显示"图层1"图层，如图6-131所示。

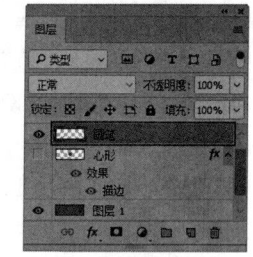

图 6-130 "画笔名称"对话框　　　图 6-131 新建图层

步骤 05 单击工具箱中的"画笔工具" ，在工具选项栏中选择自定义的"心形"画笔，如图6-132所示。将前景色设置为（#ff91cb），在图像上单击，即可创建一个心形，如图6-133所示。

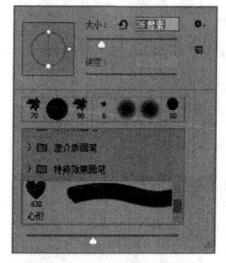

图 6-132 选择"心形"　图 6-133 创建心形
画笔

步骤 06 更改前景色，并按[或]键调整画笔的大小，再在图像上单击创建心形，如图6-134所示。单击工具箱中的"横排文字工具" ，并设置文字的字体、字号和颜色，在图像上添加文字，完成制作，如图6-135所示。

图 6-134 创建心形　　　图 6-135 完成效果

6.5 绘画工具

在Photoshop CC 2018中，绘图与绘画是两个截然不同的概念。绘图是基于Photoshop CC 2018的矢量功能创建矢量图形，而绘画则是基于像素创建位图图像。绘画工具有很多种，包括"画笔工具""铅笔工具""颜色替换工具""混合器画笔工具"等。

6.5.1 画笔工具

"画笔工具" 与毛笔比较相似，可以使用前景色绘制出各种线条，同时也可以利用它来修改通道和蒙版，是使用频率较高的工具。"画笔工具"选项栏如图6-136所示，在开始绘画之前，应该选择所需的画笔笔尖形状和大小，并设置"不透明度""流量"等画笔属性。

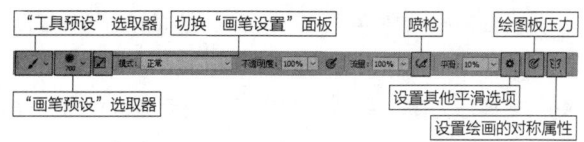

图 6-136 "画笔工具"选项栏

◆ "工具预设"选取器。单击画笔图标可以打开"工具预设"选取器，选择Photoshop CC 2018提供的样本画笔预设。

◆ "画笔预设"选取器。单击画笔选项右侧的 按钮，可以打开"画笔"预设选取器，在选取器中可以选择画笔样式，设置画笔的"大小"和"硬度"。

◆ 切换"画笔设置"面板 。单击该按钮，可以打开"画笔设置"面板，用于设置画笔的动态控制，也可以切换到"画笔"面板。

◆ 模式："模式"选项用于设置画笔绘画颜色与底图的混合方式。画笔混合模式与图层混合模式含义、原理完全相同。图 6-137所示为"正常"模式的绘制效果，图6-138所示为"溶解"模式绘制的效果。

图 6-137 "正常"模式绘制　图 6-138 "溶解"模式绘
效果　　　　　　　　　制效果

◆ 不透明度。用于设置绘制图形的不透明度，该数值越小，越能透出背景图像。

◆ 流量。用于设置画笔墨水的流量大小，以模拟真实的画笔，该数值越大，墨水的流量越大。当"流量"小于"100%"时，如果在画布上快速地绘画，就会发现绘制图形的透明度明显降低。图 6-139所示是该值为"100%"的绘制效果，图 6-140所示是该值为"50%"的绘制效果。

图 6-139 "流量"为"100%"　图 6-140 "流量"为"50%"
绘制的效果　　　　　　　绘制的效果

◆ 喷枪 。单击该按钮，可转换画笔为喷枪工作状态，在此状态下创建的线条更柔和,如果使用喷枪时按住鼠标左键不放,前景色将在单击处堆积,直至松开鼠标。

◆ 绘图板压力 ⃞。单击该按钮后,使用数位板时,光笔压力可覆盖"画笔"面板中的"不透明度"和"大小"设置。

◆ 平滑。在使用该工具时,设置工具选项栏中的"平滑"值(0~100%)即可平滑描边。当"平滑"值为0时,相当于Photoshop早期版本中的旧版平滑;当"平滑"值为100%时,描边的智能平滑量达到最大。

◆ 设置其他平滑选项。在该下拉菜单中有4种平滑模式,可使用不同的模式平滑描边。

◆ 设置绘画的对称选项。可以绘制对称图像。

答疑解惑:"画笔工具"有哪些使用技巧?

◆ 按[键可将画笔调小,按]键则调大。对于实边缘、柔边缘和书法画笔,按Shift+[组合键可减小画笔的硬度,按Shift+]组合键则增加硬度。

◆ 按数字键可调整"画笔工具"的不透明度。例如,按10,画笔不透明度为"10%";按15,画笔的不透明度为"15%";按0,不透明度会恢复为"100%"。

◆ 使用"画笔工具"时,在画面中单击,然后按住Shift键的同时单击画面中任意一点,两点之间会以直线连接。按住Shift键还可以绘制水平、垂直或45度角的直线。

6.5.2 实战:启用绘画对称绘制图形 新功能

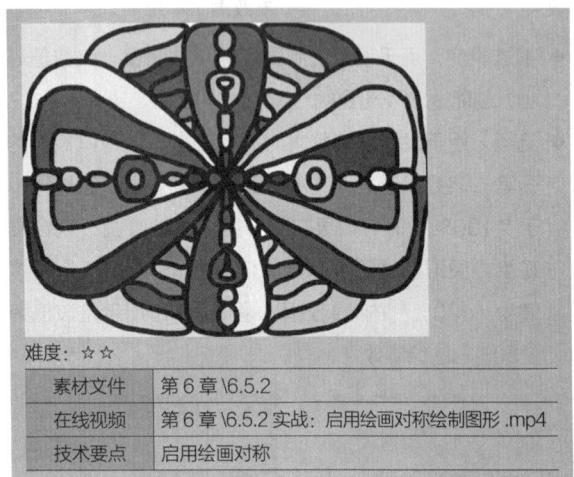

难度:☆☆

素材文件	第6章\6.5.2
在线视频	第6章\6.5.2 实战:启用绘画对称绘制图形.mp4
技术要点	启用绘画对称

步骤01 启动Photoshop CC 2018软件,执行"编辑"→"首选项"→"技术预览"命令,打开"首选项"对话框,勾选"启用绘画对称"复选框,如图6-141所示。

步骤02 执行"文件"→"新建"命令,或按Ctrl+N组合键打开"新建文档"对话框,在对话框中设置相关参数,如图

6-142所示。单击"创建"按钮新建空白文档。

步骤03 单击工具箱中的"画笔工具" ,选择一个笔刷,单击工具选项栏中的"设置绘画的对称选项"按钮 ,在弹出的下拉菜单中选择一种对称属性,如图6-143所示。

步骤04 文档中出现所选对称选项的对称轴,如图6-144所示。

步骤05 按Enter键确认。使用"画笔工具"在对称轴上绘画,绘制的图形会根据对称属性进行绘制,如图6-145所示。

步骤06 单击工具箱中的"油漆桶工具" ,设置不同的前景色,为绘制的对称图形上色,如图6-146所示。

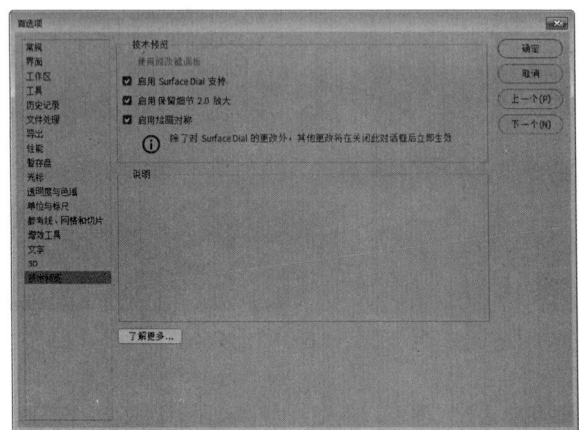

图 6-141 启用绘画对称

 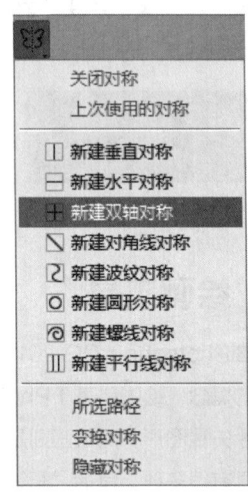

图 6-142 新建文档　　图 6-143 选择对称属性

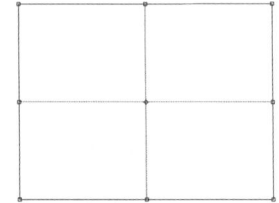

图 6-144 显示对称轴

图 6-145 绘制图形

图 6-146 为图形上色

6.5.3 铅笔工具

"铅笔工具" 的使用方法与"画笔工具"的类似，但"铅笔工具"只能绘制硬边线条或图形，和生活中的铅笔非常相似。"铅笔工具"选项栏如图6-147所示。

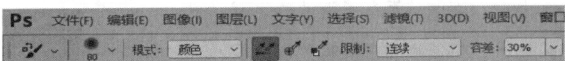

图 6-147 "铅笔工具"选项栏

◆ "画笔预设"选取器。单击▽图标，可以打开"画笔预设"选取器，在这里可以选择笔尖、设置画笔的"大小"和"硬度"。

◆ 模式。设置绘画颜色与现有像素的混合方法。

◆ 不透明度。设置铅笔绘制出来的颜色的不透明度。数值越大，笔迹的不透明度越高；数值越小，笔迹的不透明度越低。

◆ 自动涂抹。"自动涂抹"选项是"铅笔工具"特有的选项。勾选该复选框后，如果将鼠标指针放置在包含前景色的区域中，可以将该区域涂抹成背景色；如果将鼠标指针放置在不包含前景色的区域中，则可以将该区域涂抹成前景色。

🔍 **延伸讲解**

"自动涂抹"选项只适用于原始图像，也就是只能在原始图像上才能绘制出设置的前景色和背景色。如果是在新建的图层中进行涂抹，则该选项不起作用。

6.5.4 实战：用"颜色替换工具"为头发换色

难度：☆☆

素材文件	第 6 章 \6.5.4
在线视频	第 6 章 \6.5.4 实战：用"颜色替换工具"为头发换色 .mp4
技术要点	颜色替换工具

"颜色替换工具" 可以用前景色替换图像中的颜色。该工具不能用于位图、索引或多通道颜色模式的图像文件。

步骤 01 启动Photoshop CC 2018软件，选择本章的素材文件"6.5.4 用'颜色替换工具'为头发换色.psd"，将其打开，如图6-148所示。按Ctrl+J组合键复制一个图层，执行"窗口"→"颜色"命令，打开"颜色"面板并在"颜色"面板调整前景色，如图6-149所示。

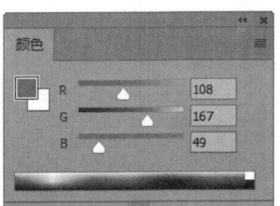

图 6-148 打开素材文件   图 6-149 设置前景色

步骤 02 单击工具箱中的"颜色替换工具"，在工具选项栏中选择一个柔边画笔，再单击"取样：连续"按钮，将"限制"设置为"连续"、"容差"设置为30%，如图6-150所示。

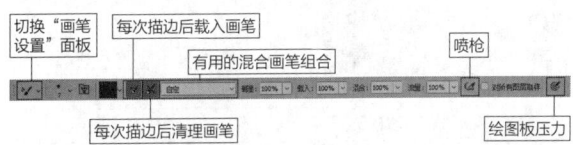

图 6-150 设置"颜色替换工具"参数

步骤 03 在人物的头发上涂抹，即可替换颜色，如图6-151所示。按[或]键调整画笔的大小，继续在人物的头发上涂抹，即可为头发换色，如图6-152所示。

图 6-151 涂抹颜色   图 6-152 完成效果

6.5.5 混合器画笔工具

"混合器画笔工具" 可以模拟真实的绘画效果，并且可以混合画布颜色和使用不同的绘画湿度，其工具选项栏如图6-153所示。

切换"画笔 设置"面板   每次描边后载入画笔   喷枪

有用的混合画笔组合

每次描边后清理画笔   绘图板压力

图 6-153 "混合器画笔工具"选项栏

◆ 切换"画笔设置"面板。单击右侧的▽按钮，可以打开

"画笔设置"面板，更方便地选择需要的画笔。

◆ 每次描边后载入画笔 ✓。可以使鼠标指针下的颜色与前景色混合。

◆ 每次描边后清理画笔 ✓。控制每一笔涂抹结束后对画笔是否更新和清理，类似于绘画后将画笔在水中清洗。

◆ 有用的混合画笔组合。提供了"干燥""潮湿"等预设的画笔组合，如图6-154所示。图 6-155所示为原始图像，图6-156和图6-157所示为使用不同预设选项时的涂抹效果。

图 6-154 不同的画笔组合

图 6-155 原始图像　图 6-156 干燥　图 6-157 非常潮湿，浅混合

◆ 潮湿。设置从画布拾取的油彩量。

◆ 载入。设置画笔上的油彩量。

◆ 混合。设置颜色混合的比例。

◆ 流量。这是以前版本中其他画笔常见的设置，可以设置描边的流动速率。

◆ 喷枪。启用喷枪模式的作用是当画笔在一个固定的位置一直描绘时，画笔会像喷枪那样一直喷出颜色。如果不启用这个模式，则画笔只绘制一下就停止流出颜色。

◆ 对所有图层取样。勾选该复选框，无论文件有多少图层，会将所有图层作为一个单独合并图层看待。

◆ 绘图板压力 ✐。当选择普通画笔时，单击该按钮可以用绘图板来控制画笔的压力。

6.5.6 实战：用"历史记录画笔工具"恢复局部色彩

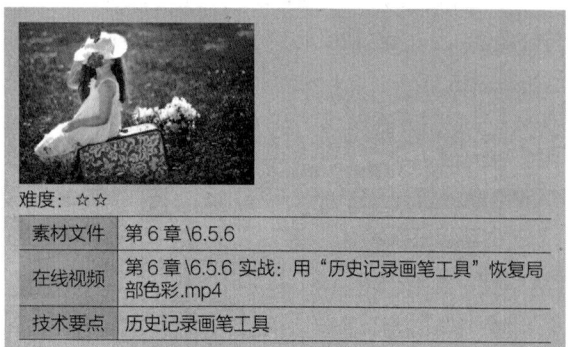

难度：☆☆

素材文件	第 6 章 \6.5.6
在线视频	第 6 章 \6.5.6 实战：用"历史记录画笔工具"恢复局部色彩.mp4
技术要点	历史记录画笔工具

"历史记录画笔工具" ✐ 可以将图像恢复到编辑过程中的某一步骤，或者将部分图像恢复为原样。该工具需要配合"历史记录"面板一同使用。

步骤 01 启动Photoshop CC 2018软件，选择本章的素材文件"6.5.6 用'历史记录画笔工具'恢复局部色彩.psd"，将其打开，如图6-158所示。按Ctrl+J组合键复制一个图层，按Ctrl+Shift+U组合键进行去色，如图6-159所示。

图 6-158 打开素材文件　图 6-159 "去色"效果

步骤 02 执行"窗口"→"历史记录"命令，打开"历史记录"面板，如图6-160所示。

步骤 03 在"历史记录"面板中单击"通过拷贝的图层"操作步骤前面的"设置历史记录画笔的源"图标 ✐，如图6-161所示。单击工具箱中的"历史记录画笔工具" ✐，在图像上涂抹人物，即可将其恢复到"通过拷贝的图层"时的状态，恢复局部色彩，如图6-162所示。

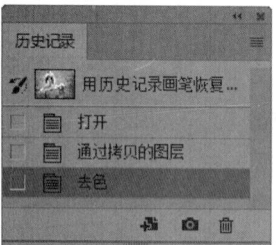 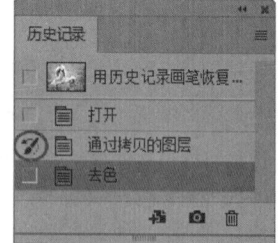

图 6-160 "历史记录"面板　图 6-161 单击"设置历史记录画笔的源"图标

图 6-162 恢复局部色彩效果

6.5.7 实战：用"历史记录艺术画笔工具"制作手绘效果

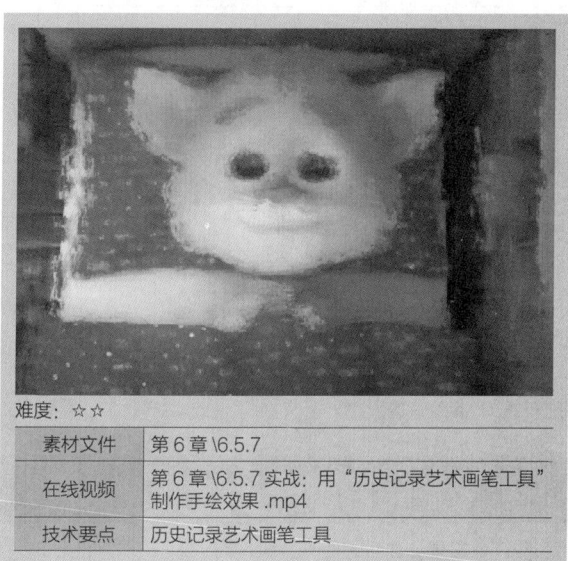

难度：☆☆

素材文件	第 6 章 \6.5.7
在线视频	第 6 章 \6.5.7 实战：用"历史记录艺术画笔工具"制作手绘效果 .mp4
技术要点	历史记录艺术画笔工具

"历史记录艺术画笔工具" 与"历史记录画笔工具"的工作方式完全相同，但它在恢复图像的同时会进行艺术化处理，创建出独具特色的艺术效果。

步骤 01 启动Photoshop CC 2018软件，选择本章的素材文件"6.5.7 用'历史记录艺术画笔工具'制作手绘效果.psd"，将其打开，如图6-163所示。

步骤 02 按Ctrl+J组合键复制一个图层，单击工具箱中的"历史记录艺术画笔工具" ，在工具选项栏"画笔预设"选取器中选择"硬画布蜡笔"，如图6-164所示，设置画笔的"样式"为"绷紧短"。

图 6-163 打开素材文件

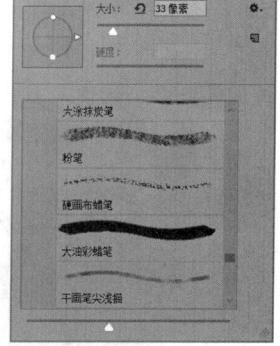

图 6-164 选择"硬画布蜡笔"

步骤 03 在图像上涂抹，即可进行艺术化处理，如图6-165所示。继续在图像上涂抹，包括图像的边缘，手绘效果制作完成，如图6-166所示。

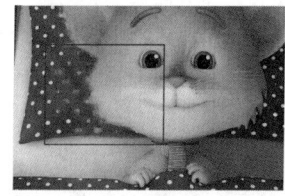

图 6-165 艺术化处理

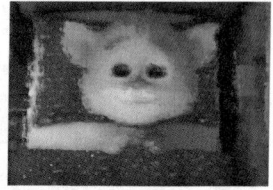

图 6-166 完成效果

6.6 橡皮擦工具 重点

"橡皮擦工具"用于擦除背景或图像，Photoshop CC 2018中包含橡皮擦、背景橡皮擦、魔术橡皮擦三种工具，分别在不同的场合使用。后两种橡皮擦主要用于抠图，而橡皮擦则因设置的选项不同，具有不同的用途。

6.6.1 橡皮擦工具

"橡皮擦工具" 可以将像素更改为背景色或透明，其工具选项栏如图6-167所示。如果使用该工具在"背景"图层或锁定了透明像素的图层（单击"图层"面板中的 按钮）中进行擦除，则擦除的像素将变成背景色；如果在普通图层中进行擦除，则擦除的像素将变成透明。

图 6-167 "橡皮擦工具"选项栏

◆ 模式。选择橡皮擦的种类。选择"画笔"选项时，可以创建柔边擦除效果，如图6-168所示；选择"铅笔"选项时，可以创建硬边擦除效果，如图6-169所示；选择"块"选项时，擦除的效果为块状，如图6-170所示。

图 6-168 "画笔"选项擦除效果　图 6-169 "铅笔"选项擦除效果　图 6-170 "块"选项擦除效果

◆ 不透明度。用来设置橡皮擦的擦除强度。设置为"100%"时，可以完全擦除像素。当"模式"设置为"块"时，该选项将不可用。

◆ 流量。用来设置橡皮擦工具的涂抹速度。

◆ 平滑。用来设置描边平滑度，值越大，平滑系数越大。

◆ 抹到历史记录。勾选该复选框以后，"橡皮擦工具"就具有了"历史记录画笔工具"的功能，能够有选择性地恢复图像至某一历史记录状态，其操作方法与"历史记录画笔工具"相同。

6.6.2 实战：用"背景橡皮擦工具"抠取动物毛发

难度：☆☆

素材文件	第 6 章 \6.6.2
在线视频	第 6 章 \6.6.2 实战：用"背景橡皮擦工具"抠取动物毛发 .mp4
技术要点	背景橡皮擦工具

"背景橡皮擦工具" ![icon] 是一种智能橡皮擦，它可以自动采集画笔中心的色样，同时删除在画笔内出现的这种颜色，使擦除区域成为透明区域。本实战利用"背景橡皮擦工具" ![icon] 擦除背景，抠取动物毛发。

步骤 01 启动Photoshop CC 2018软件，选择本章的素材文件"6.6.2 用'背景橡皮擦工具'抠取动物毛发1.psd"，将其打开，如图6-171所示。单击工具箱中的"背景橡皮擦工具" ![icon]，在工具选项栏中将"限制"设置为"连续"，如图6-172所示。

图 6-171 打开素材文件

图 6-172 设置参数

步骤 02 将鼠标指针放在图像上，按住鼠标左键拖动，即可擦除背景，如图6-173所示。在工具选项栏中单击"取样：

背景色板"按钮 ![icon]，设置"限制"为"不连续"，并勾选"保护前景色"复选框，如图6-174所示。

图 6-173 擦除背景

图 6-174 设置参数

步骤 03 单击工具箱中的"吸管工具" ![icon]，在小狗的浅色毛发上单击，将其设置为前景色，如图6-175所示。再按住Alt键的同时在残留的背景颜色上单击，将其设置为背景色，如图6-176所示。

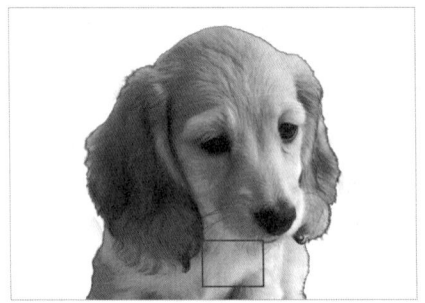

图 6-175 拾取浅色毛发颜色

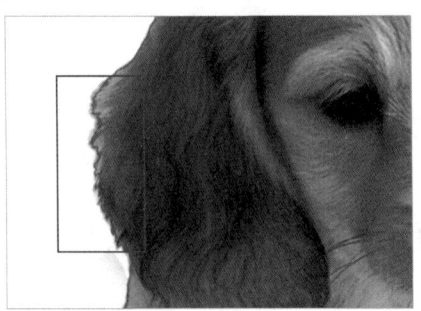

图 6-176 拾取残留背景颜色

步骤 04 使用"背景橡皮擦工具" ![icon] 在小狗边缘的毛发上涂抹，将残留的背景擦除，即可抠取图像，如图6-177所示。执行"文件"→"打开"命令，选择本章的素材文件"6.6.2 用'背景橡皮擦工具'抠取动物毛发2.jpg"，将其打开，如图6-178所示。

图 6-177　抠取图像

图 6-178　打开素材文件

步骤 05 单击工具箱中的"移动工具"，将素材拖动至该文档中，并将其移至"图层1"图层下方，画面效果如图6-179所示。再在"图层"面板中选择"图层1"图层，按Ctrl+T组合键进行自由变换，调整小狗图像的大小和位置，如图6-180所示。

图 6-179　拖动图像

图 6-180　调整图像大小

步骤 06 单击"图层"面板底部的"创建新图层"按钮，在"天空"图层的下方新建一个图层，命名为"投影"。单

击工具箱中的"画笔工具"，将前景色设置为黑色，在图像上绘制阴影，如图6-181所示。将"天空"图层的图层混合模式设置为"柔光"，完成制作，如图6-182所示。

图 6-181　绘制投影

图 6-182　完成效果

6.7　课后习题

6.7.1　绘制彩虹

难度：☆☆

素材文件	第 6 章 \6.7.1
在线视频	第 6 章 \6.7.1 绘制彩虹 .mp4
技术要点	"渐变工具"的使用

　　"渐变工具" 可以在整个文档或选区内填充渐变颜色。本习题练习绘制渐变色，为风景图像添加彩虹。

　　首先打开"古镇.jpg"素材文件，单击"渐变工具"，设置渐变颜色，在画面绘制彩色渐变，再为其添加图层蒙版，涂抹渐变颜色，并调整不透明度，最终效果如图6-183所示。

图 6-183 绘制彩虹效果图

6.7.2 为热气球描边

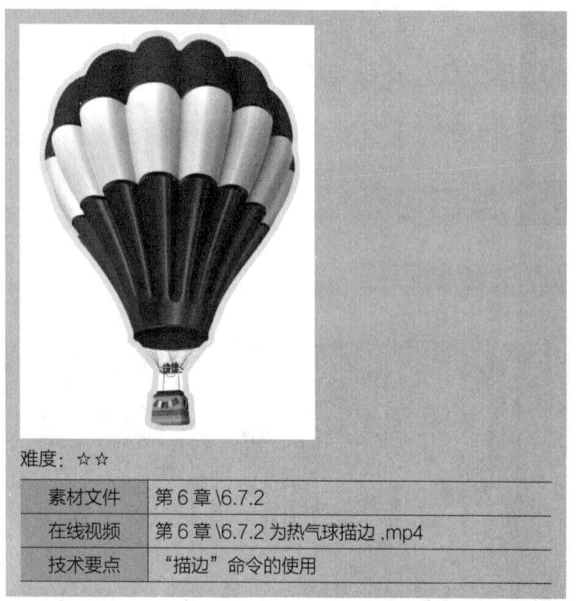

难度：☆☆

素材文件	第 6 章 \6.7.2
在线视频	第 6 章 \6.7.2 为热气球描边 .mp4
技术要点	"描边"命令的使用

　　描边是指为选区的边缘描绘可见的像素，本习题练习给对象描边的操作。

　　首先打开"热气球.jpg"素材文件，将热气球载入选区，然后执行"描边"命令，设置描边颜色，为热气球描边，最终效果如图6-184所示。

图 6-184 为热气球描边效果图

第07章

颜色与色调调整

Photoshop CC 2018拥有丰富而强大的颜色调整功能，对处理图像和数码照片非常有帮助。在一张图像中，色彩不仅能够真实记录物体，还能带给观看者不同的心理感受，创造性地使用色彩，可以营造各种独特的氛围和意境，使图像更具表现力。

学习重点与难点
- "调整"命令的使用方法 `169 页`

7.1 Photoshop CC 2018 "调整" 命令概览

"调整"命令可以轻松调整图像的色相、饱和度、对比度和亮度，修正有色彩失衡、曝光不足或过度等缺陷的图像，得到更具艺术性的数码图像。本章首先介绍有关颜色的一些基础理论知识，然后详细讲解Photoshop CC 2018各种颜色和色调调整工具的使用方法和应用技巧。

7.1.1 "调整"命令的分类

在Photoshop CC 2018的"图像"菜单中包含了用于调整图像色彩和色调的一系列命令，不同的命令有各自独特的选项和操作特点。用户可以在"图像"菜单中执行"自动色调""自动对比度""自动颜色"快速调整命令，也可以执行"图像"→"调整"子菜单中的命令，如图7-1所示，或使用"调整"面板中提供的选项，添加调整图层进行调整，如图7-2所示。

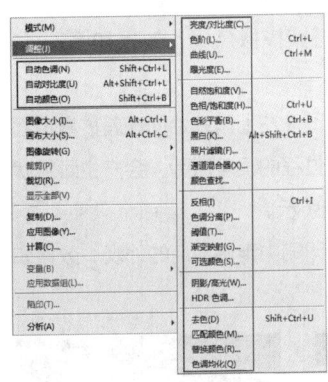

图 7-1 "调整"命令子菜单

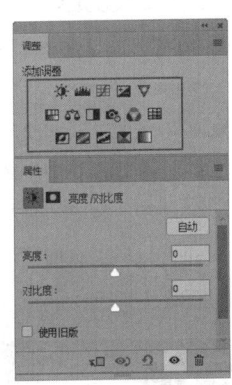

图 7-2 "调整"面板

调整颜色和色调的命令

"色阶"和"曲线"命令可以调整颜色和色调；"色相/饱和度"和"自然饱和度"命令用于调整色彩，"阴影/高光"和"曝光度"命令只能调整色调。

匹配、替换和混合颜色的命令

"匹配颜色""替换颜色""通道混合器""可选颜色"命令可以匹配多个图像之间的颜色，替换指定的颜色或调整颜色通道。

快速调整命令

"自动色调""自动对比度""自动颜色"命令能够自动调整图片的颜色和色调，可以进行简单的调整，适合初学者使用。"照片滤镜""色彩平衡"是用于调整色彩的命令，使用方法简单且直观。"亮度/对比度"和"色调均化"命令用于调整色调。

应用于特殊颜色调整的命令

"反相""阈值""色调分离""渐变映射"命令是特殊的颜色调整命令，它们可以将图片转换成负片效果、简化成黑白图像、分离色彩或者用渐变颜色转变图片中原有的颜色。

7.1.2 "调整"命令的使用方法 `重点`

Photoshop CC 2018的"调整"命令有两种使用方法，第一种是直接执行"图像"→"调整"子菜单中的命令来处理图像，第二种是通过添加调整图层来应用这些调整命令。这两种方法的调整效果相同，区别在于"调整"子菜单中的命令会修改图像的像素数据，而调整图层不会破坏图像像素。

方法一：打开原始图像，如图7-3所示，执行"图像"→"调整"→"色相/饱和度"命令，调整图像色彩，"背景"图层中的像素被修改，原始图像数据会丢失，如图7-4所示。

图 7-3 原始图像

图 7-4 方法一调整

方法二：执行"窗口"→"调整"命令再单击"色相/饱和度"按钮，或单击"图层"面板底部的"创建新的填充或调整图层"按钮，在打开的菜单中执行"色相/饱和度"命令，"图层"面板中会出现新的"色相/饱和度1"图层，如图7-5所示，该方法通过该图层对下面的原始图像产生影响，但原始图像的像素不会发生改变。使用方法一调整图像后，调整参数不被记录，确定之后就不能修改调整参数，而方法二可随时在"属性"面板中修改参数，如图7-6所示。

图 7-5 "图层"面板

图 7-6 调整"属性"面板中的参数

7.2 转换图像的颜色模式

颜色模式不仅影响可显示颜色的数量，还影响图像的通道数和图像的文件大小。Photoshop CC 2018支持的颜色模式主要包括CMYK、RGB、灰度、双色调、Lab、多通道和索引颜色模式，较常用的是CMYK、RGB、Lab颜色模式等，索引颜色模式和双色调模式则用于特殊色彩的输出。不同的颜色模式拥有特定的颜色模型，有其不同的作用和优势。

7.2.1 位图模式

位图模式只有纯黑和纯白两种颜色，位图模式图像要求的存储空间少，但无法表现出色彩、色调丰富的图像，

适合制作艺术样式或用于创作黑白对比强烈的图像。彩色图像转换成该模式后，色相和饱和度信息将会被删除，只保留亮度信息。只有灰度和双色调模式才能转换成位图模式。

打开一张RGB颜色模式的彩色图像，如图7-7所示。执行"图像"→"模式"→"灰度"命令，先将其转换为灰度模式，如图7-8所示。再执行"图像"→"模式"→"位图"命令，打开"位图"对话框，如图7-9所示，在"输出"选项中设置图像的输出分辨率，然后在"方法"选项中选择一种转换方法，单击"确定"按钮即可得到位图模式的图像。

图 7-7 原始图像　　图 7-8 灰度模式

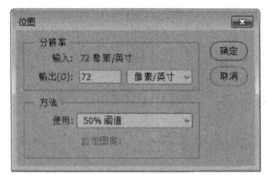

图 7-9 "位图"对话框

◆ 50%阈值。将50%色调作为分界点，灰色值高于中间色阶128的像素转换成白色，灰色值低于中间色阶128的像素转换成黑色，效果如图7-10所示。

◆ 图案仿色。用黑白点图案模拟色调，效果如图7-11所示。

◆ 扩散仿色。通过使用从图像左上角开始的误差扩散过程来转换图像，由于转换过程的误差原因，会产生颗粒状的纹理，效果如图7-12所示。

◆ 半调网屏。可模拟平面印刷中半调网点的外观，效果如图7-13所示。

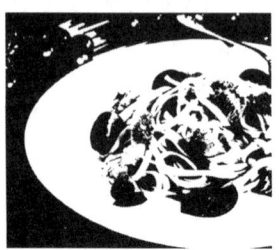 

图 7-10 50% 阈值　　图 7-11 图案仿色

图 7-12　扩散仿色

图 7-13　半调网屏

◆ 自定图案。可在"位图"对话框（如图7-14所示）中选择一种图案来模拟图像中的色调，效果如图7-15所示。

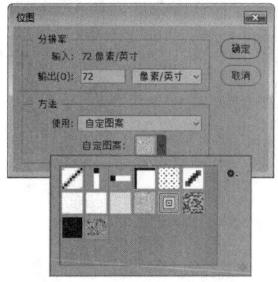
图 7-14　"位图"对话框

图 7-15　自定图案

7.2.2　灰度模式

灰度模式的图像不包含色相、饱和度信息，不存在任何颜色，由256级灰度组成，彩色图像转换成该模式后，原始图像中的所有色彩信息将会被删除。灰度图像中的每一个像素都能够用0~255的亮度值来表现，其中0代表黑色，255代表白色，其他值代表了黑、白中间过渡的灰色。在8位图像中，最多有256级灰度，在16和32位图像中，级数比8位图像大得多。

图7-16所示为将彩色图像转换成灰度模式。

图 7-16　将彩色图像转换为灰度模式

7.2.3　双色调模式

双色调模式是采用一组曲线来设置各种颜色油墨传递灰度信息的方式。使用双色油墨能得到比单一通道更多的色调层次，打印出来的图像有更多的细节。双色调模式还包含"三色调"和"四色调"选项，可以为3种或4种颜色制版。但是，只有灰度模式的图片才能转换成双色调模式。图7-17和图7-18所示分别为单色调和双色调效果。

图 7-17　单色调效果

图 7-18　双色调效果

◆ 预设。选择一个已经设置好的调整文件，可以继续编辑参数。

◆ 类型。在下拉列表框中可以选择"单色调""双色调""三色调""四色调"。其中"单色调"是用非黑色的单一油墨打印的灰度图像，"双色调""三色调""四色调"分别是用两种、3种和4种油墨打印的灰度图像，如图7-19所示。选择之后，单击各个油墨颜色块，可以打开"颜色库"对话框设置油墨颜色，显示油墨颜色名称，如图7-20所示。

◆ 编辑油墨颜色。选择"单色调"时，只能编辑一种油墨，选择"四色调"时可以编辑全部的4种油墨。单击颜色块左边的曲线图标，可以打开"双色调曲线"对话框，通过调整曲线改变油墨的百分比，如图7-21所示。

◆ 压印颜色。压印颜色是指相互打印在对方之上的两种无网屏油墨。单击该按钮后，可以在打开的"压印颜色"对话框中设置压印颜色在屏幕上的外观，压印颜色前必须指定所有颜色的名称。

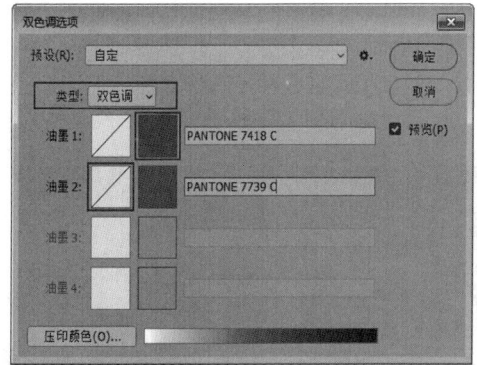
图 7-19　双色调选项

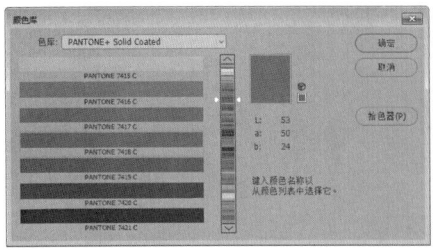

图 7-20 颜色库

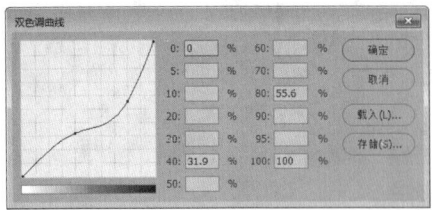

图 7-21 双色调曲线

7.2.4 索引颜色模式

索引颜色模式使用256种或更少的颜色来表现图像，可表现的颜色范围较窄，图像容量较小，常用于插入网页中的图像文件或动画（GIF）文件。转换成索引颜色模式时，系统会构建一个颜色查找表（CLUT），存放图像中的颜色，如果原始图像中的某种颜色没有出现在该表中，则系统会选取最接近的一种，或使用仿色以现有的颜色来模拟该颜色，再构建新的调色板来表现图像。

图7-22、图7-23和图7-24所示为将图像转换成索引颜色模式的效果。

- ◆ 调板。可以选择转换为索引颜色后使用的调板类型，它决定了使用哪些颜色。
- ◆ 颜色。如果在"调板"中选择"平均""可感知""可选择""随样性"，可通过输入"颜色"值指定要显示的实际颜色数量（最多256种）。
- ◆ 强制。选择将某些颜色强制包括在颜色表中。
- ◆ 杂边。指定用于填充与图像的透明区域相邻的消除锯齿边缘的背景色。
- ◆ 仿色。如果要模拟颜色表中没有的颜色，可以采用仿色。

图 7-22 原始图像

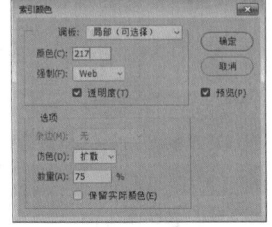

图 7-23 "索引颜色"对话框

图 7-24 索引颜色模式图像

答疑解惑：如何在保证不降低图像质量的同时减小文件的大小？

在索引颜色模式下只能进行有限的图像编辑，"渐变"和"滤镜"都不能使用，因此在编辑该模式的图像文件时，若要进一步编辑，需临时转换为RGB颜色模式，编辑完毕后再恢复成索引颜色模式。

7.2.5 RGB颜色模式

红、绿、蓝常称为光的"三原色"，绝大多数可视光谱可用红色、绿色和蓝色（RGB）3色光的不同比例和强度混合来产生。RGB颜色合成可以产生白色，因此也称它们为"加色"。加色模式用于光照、视频和显示器。例如，显示器就是通过红色、绿色和蓝色荧光粉发射光产生颜色的。

RGB颜色模式为彩色图像中每个像素的RGB分量指定一个介于0（黑色）到255（白色）的强度值。例如，亮红色可能R值为246，G值为20，而B值为50。当所有这3个分量的值相等时，结果是中性灰色；当所有分量的值均为255时，结果是纯白色；当该值都为0时，结果是纯黑色。RGB图像通过3种颜色或通道，可以在屏幕上重新生成多达1670万（256×256×256）种颜色，屏幕上的任何一个颜色都可以用一组RGB值来记录和表达，这3个通道可转换为每像素24（8×3）位的颜色信息。

在Photoshop CC 2018中除非有特殊要求而使用特定的颜色模式，否则首选都是RGB颜色模式，新建的Photoshop图像默认为RGB颜色模式，在这种模式下可以使用Photoshop CC 2018中所有的工具和命令。

7.2.6 CMYK颜色模式

在CMYK颜色模式中，C代表了青色、M代表了洋红、Y代表了黄色、K代表了黑色。

CMYK颜色模式以打印在纸上的油墨的光线吸收特性为基础。理论上，青色（C）、洋红（M）和黄色（Y）色合成的颜色吸收所有光线并生成黑色，因此这些颜色也称为"减色",但所有打印油墨都包含一些杂质,因此这3种油墨混合实际生成的是土灰色,为了得到真正的黑色,必须在油墨中加入黑色(K)油墨(为避免与蓝色混淆,黑色用K而非B表示)。

将青色(C)、洋红(M)、黄色(Y)和黑色(K)4种油墨混合重现颜色的过程称为"四色印刷"。在CMYK颜色模式下,可以为每个像素的每种印刷油墨制定一个百分比值。

?? 答疑解惑:RGB 颜色模式与 CMYK 颜色模式能否互相转换?

只要在屏幕上显示的图像,就是通过RGB颜色模式表现的;只要是在印刷品上的图案,就是通过CMYK颜色模式表现的(如期刊、杂志、报纸等)。CMYK颜色模式的色域(颜色范围)要比RGB颜色模式小,在CMYK颜色模式下,有许多滤镜功能不能使用。只有制作需要用来印刷的图像时才会使用CMYK颜色模式,而RGB颜色模式的图像用来打印或印刷,图像色彩会与屏幕显示有很大的偏差。

RGB颜色模式与CMYK颜色模式互相转换,颜色都会有所损失,特别是由RGB颜色模式转换成CMYK颜色模式时,颜色损失严重,图像变化明显,所以最好在新建文档的时候就确定好颜色模式。

7.2.7 Lab颜色模式

Lab颜色模式是目前色域(颜色范围)最宽的模式,它涵盖了RGB颜色模式和CMYK颜色模式的色域,是在不同颜色模式之间转换时使用的中间模式。

Lab颜色由亮度(光亮度)分量和两个色度分量组成。L代表光亮度分量,范围为0~100;a分量表示从绿色到红色的光谱变化,b分量表示从蓝色到黄色的光谱变化,两者范围都是−128~+127。如果只需要改变图像的亮度,而不影响其他颜色值,可以将图像转换为Lab颜色模式,如图7-25所示,然后在L通道中进行操作。

Lab颜色模式最大的优点是颜色与设备无关,无论使用什么设备(如显示器、打印机、计算机或扫描仪)创建或输出图像,这种颜色模式产生的颜色都可以保持一致。Lab颜色模式在照片调色中有着非常特别的优势。当处理明度通道时,可以在不影响色相和饱和度的情况下轻松修改图像的明暗信息;处理a和b通道时,则可以在不影响色调的情况下修改颜色,如图7-26所示。

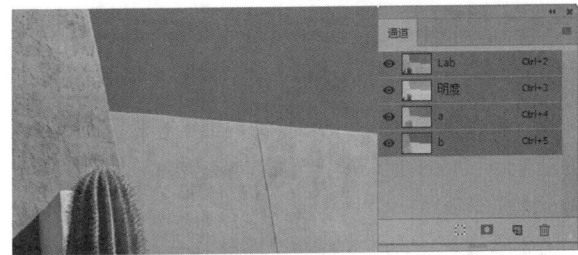

图 7-25 Lab "通道"面板

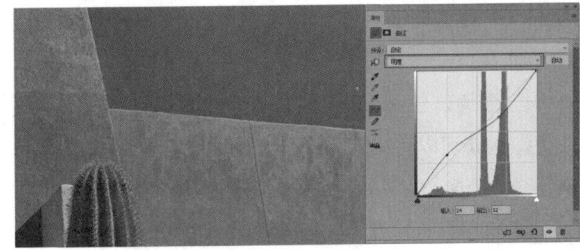

图 7-26 通道调整效果

7.2.8 多通道模式

多通道是一种减色模式,将RGB颜色模式转换为多通道模式后,可以得到青色、洋红和黄色通道,此外,如果删除RGB、CMYK、Lab颜色模式的某个颜色通道,图像会自动转换为多通道模式。在多通道模式下,每个通道都使用256级灰度,在进行特殊打印时会用到多通道模式。图7-27和图7-28所示为RGB颜色模式转换为多通道模式前后的对比。

图 7-27 RGB 颜色模式

图 7-28 多通道模式

7.2.9 位深度

位深度也称为"像素深度"或"色深度"，即多少位/像素，它是显示器、扫描仪、数码相机等使用的专业术语。Photoshop CC 2018用位深度来存储文件中每个颜色通道的颜色信息，存储的位越多，图像中所包含的颜色和色调差就越大。在Photoshop CC 2018打开一张图像后，可以执行"图像"→"模式"命令，在子菜单中选择"8位/通道""16位/通道""32位/通道"命令，改变图像的位深度。

◆ 8位/通道。位深度为8位，每个通道可支持256种颜色，图像可以有1600万个以上的颜色值。

◆ 16位/通道。位深度为16位，每个通道可包含65000种颜色信息。无论是通过扫描得到的16位/通道文件，还是数码相机拍摄得到的16位/通道的Raw格式文件，都包含了比8位/通道文件更多的颜色信息，因此，色彩渐变更加平滑，色调也更加丰富。

◆ 32位/通道。32位/通道的图像也称为"高动态范围"（HDR）图像，目前，HDR图像主要用于影片、特殊效果、3D作品及某些高端图片。

7.2.10 颜色表

当图像的颜色模式转换成索引颜色模式时，可执行"图像"→"模式"命令，在子菜单中选择"颜色表"，系统将会从图像中提取256种典型颜色，如图7-29和图7-30所示。

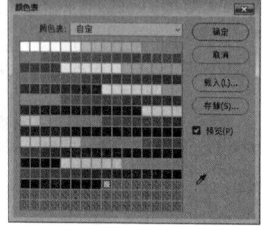

图 7-29 索引颜色模式图像　　图 7-30 "颜色表"对话框

在"颜色表"下拉列表框中可以选择一种预定义的颜色表，包括"自定""黑体""灰度""色谱""系统（Mac OS）""系统（Windows）"。

◆ 自定。创建指定的调色板。自定颜色表对于颜色数量有限的索引颜色图像可以产生特殊效果。

◆ 黑体。显示基于不同颜色的面板，这些颜色是黑体辐射物被加热发出的，从黑色到红色、橙色、黄色和白色，如图7-31所示。

◆ 灰度。显示基于从黑色到白色的256个灰阶的面板。

◆ 色谱。显示基于白光穿过棱镜所产生的颜色的调色板，从紫色、蓝色、绿色到黄色、橙色和红色，如图7-32所示。

◆ 系统（Mac OS）。显示标准的Mac OS 256色系统面板。

◆ 系统（Windows）。显示标准的Windows 256色系统面板。

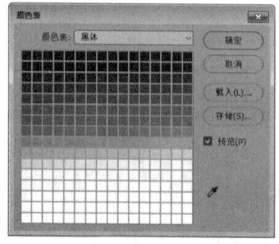
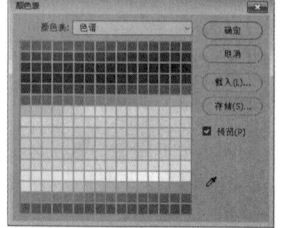

图 7-31 "黑体"颜色表　　图 7-32 "色谱"颜色表

7.3 快速调整图像

在"图像"菜单中包含了调整图像色彩和色调的一系列命令。在最基本的调整命令中，"自动色调""自动对比度""自动颜色"命令可以自动调整图像的色调或者色彩，而"亮度/对比度"和"色彩平衡"命令则可通过对话框进行调整。

7.3.1 "自动色调"命令

"自动色调"命令可让系统自动调整图像中的黑色和白色，使图像最暗的像素变黑（色阶为0），最亮的像素变白（色阶为255），并在黑白之间扩展中间色调，增强图像的对比度，如图7-33和图7-34所示。

使用"自动色调"命令可以调整明显缺乏对比度、发灰、暗淡的图像效果。它将分别设置每个颜色通道中的最亮和最暗像素为黑色和白色，然后按比例重新分配各像素的色调值，因此可能会影响色彩平衡。

图 7-33 原始图像　　图 7-34 "自动色调"效果

7.3.2 "自动对比度"命令

"自动对比度"命令可以自动调整图像的对比度，使高光看上去更亮，阴影看上去更暗。"自动对比度"命令不会单独调整通道，它只调整色调，且不会改变色彩平衡，也不会导致色偏，如图7-35和图7-36所示。

图 7-35 原始图像　　　图 7-36 "自动对比度"效果

"自动对比度"命令不会单独调整通道，它只调整色调，且不会改变色彩平衡，因此，也就不会产生色偏，但也不能用于消除色偏。该命令可以改进彩色图像的外观，但无法改善单色图像。

7.3.3 "自动颜色"命令

"自动颜色"命令可以通过搜索图像来标识阴影、中间调和高光，从而调整图像的对比度和颜色。该命令用来校正出现色偏的图像颜色时，会自动对图像的色相和色调进行判断，纠正图像的对比度和色彩平衡，如图7-37和图7-38所示。

图 7-37 原始图像　　　图 7-38 "自动颜色"效果

7.4 "亮度/对比度"命令：粗略调整照片

难度：☆

素材文件	第 7 章 \7.4
在线视频	第 7 章 \7.4 "亮度对比度"命令：粗略调整照片.mp4
技术要点	"亮度\对比度"命令

"亮度/对比度"命令用来调整图像的亮度和对比

度，它只适用于粗略调整图像。在调整时有可能丢失图像细节，对于高端输出，最好使用"色阶"或"曲线"命令来调整。

步骤01 启动Photoshop CC 2018后，选择本章的素材文件"7.4 粗略调整照片.jpg"，将其打开，如图7-39所示。

步骤02 执行"图像"→"调整"→"亮度/对比度"命令，打开"亮度/对比度"对话框，设置"亮度"为"-32"，"对比度"为"-16"，如图7-40所示。

图 7-39 打开素材文件　　　图 7-40 "亮度/对比度"命令

步骤03 勾选"使用旧版"复选框，再设置"亮度"为"-32"，"对比度"为"-16"，此时调整效果如图7-41所示。

步骤04 取消勾选"使用旧版"复选框，单击"亮度/对比度"对话框中的"自动"按钮，自动给图像调整颜色，如图7-42所示。

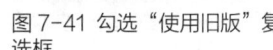

图 7-41 勾选"使用旧版"复选框　　　图 7-42 自动调整图像的亮度/对比度

7.5 "色相/饱和度"命令：制作趣味照片

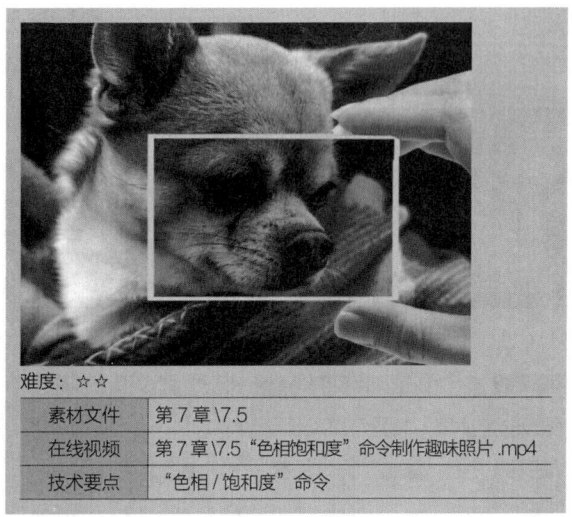

难度：☆☆

素材文件	第 7 章 \7.5
在线视频	第 7 章 \7.5 "色相饱和度"命令制作趣味照片.mp4
技术要点	"色相/饱和度"命令

本实战通过执行"色相/饱和度"命令，打开"色相/饱和度"对话框，拖动滑块调节参数，制作出黑白照片与彩色图像巧妙结合的趣味效果。

步骤 01 启动Photoshop CC 2018软件，选择本章的素材文件"7.5 趣味照片1.psd"和"7.5 趣味照片1.png"，将其打开，如图7-43和图 7-44所示。

 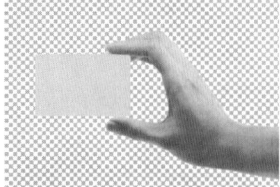

图 7-43 打开素材文件　　图 7-44 打开素材文件

步骤 02 单击工具箱中的"移动工具"，"按住鼠标左键"将素材拖动至该文档中，并调整到合适的大小和位置，如图7-45所示。单击工具箱中的"多边形套索工具"，在图像上绘制选区，如图7-46所示。

图 7-45 拖动图像　　图 7-46 绘制选区

步骤 03 执行"选择"→"变换选区"命令，显示定界框，按住鼠标左键拖动控制点调整选区大小，再按Enter键确认调整，如图7-47所示。在"图层"面板中按住鼠标左键将"背景"图层拖动至"创建新图层"按钮上，复制"背景"图层，得到"背景 拷贝"图层，单击"图层"面板底部的"添加图层蒙版"按钮，为"背景 拷贝"图层添加蒙版，如图7-48所示。

图 7-47 调整选区　　图 7-48 复制图层

步骤 04 按Ctrl+]组合键将"背景 拷贝"图层移至"图层"面板的最顶层，如图7-49所示。

步骤 05 执行"图像"→"调整"→"色相/饱和度"命令，

打开"色相/饱和度"对话框，按住鼠标左键拖动滑块调节参数，单击"确定"按钮，即可应用"色相/饱和度"的调整效果，如图7-50所示。

 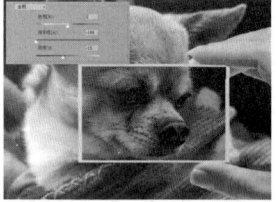

图 7-49 添加图层蒙版　　图 7-50 最终效果

7.6 "色调均化"命令：使照片亮部色调均化

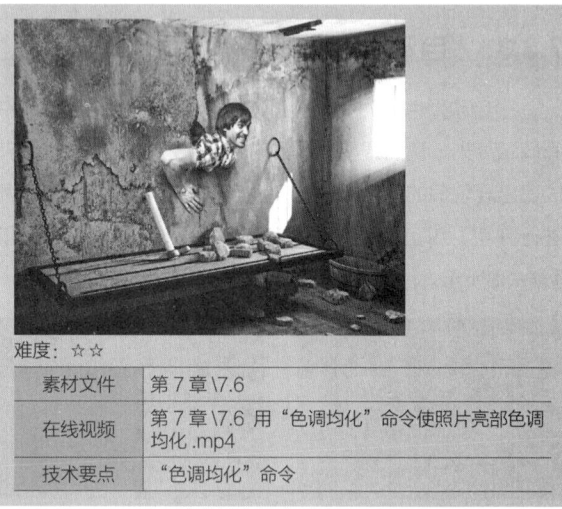

难度：☆ ☆

素材文件	第 7 章 \7.6
在线视频	第 7 章 \7.6 用"色调均化"命令使照片亮部色调均化 .mp4
技术要点	"色调均化"命令

执行此命令时，系统会查找图像中的最亮和最暗值，并将这些值重新映射，使最亮值表示白色，最暗值表示黑色。然后对亮度进行色调均化，也就是在整个灰度中均匀分布中间像素值。

步骤 01 启动Photoshop CC 2018软件，选择本章的素材文件"7.6 对照片亮部色调均化.jpg"，将其打开，如图7-51所示。

步骤 02 执行"图像"→"调整"→"色调均化"命令，此时图像效果如图7-52所示。

图 7-51 打开素材文件　　图 7-52 最终效果

7.7 "色彩平衡"命令：制作粉红色的回忆

难度：☆☆

素材文件	第 7 章 \7.7
在线视频	第 7 章 \7.7 "色彩平衡"命令：制作粉红色的回忆.mp4
技术要点	"色彩平衡"命令

粉红色是一种浪漫的颜色，可以提升照片的亮度和时尚度，营造甜蜜温馨的色彩范围。本实战用"色彩平衡"命令将照片的整体颜色风格调为粉红色。

步骤 01 启动Photoshop CC 2018软件，选择本章的素材文件"7.7 粉红色的回忆.psd"，将其打开，如图7-53所示。

步骤 02 按Ctrl+J组合键复制一个图层，执行"图像"→"调整"→"可选颜色"命令，打开"可选颜色"对话框，在"颜色"下拉列表框中选择"红色"，并拖动滑块调节参数，如图7-54所示。在"颜色"下拉列表框中选择"黄色"，并拖动滑块调节参数，如图7-55所示。

图 7-53 打开素材文件

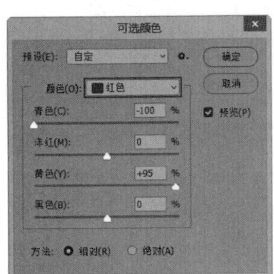
图 7-54 调节"红色"参数

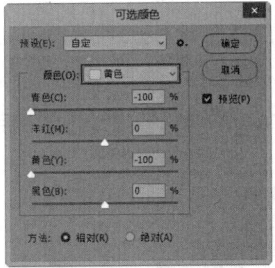
图 7-55 调节"黄色"参数

步骤 03 单击"确定"按钮，即可看到调整"可选颜色"的效果，如图7-56所示。执行"图像"→"调整"→"色阶"命令，打开"色阶"对话框，调节参数，将图像适当提亮，如图7-57所示。

图 7-56 调整"可选颜色"效果　　图 7-57 调节"色阶"参数

步骤 04 执行"图像"→"调整"→"色彩平衡"命令，打开"色彩平衡"对话框，选择"阴影"单选按钮，并调节参数，如图7-58所示。再在"色彩平衡"对话框中选择"高光"单选按钮，并调节参数，如图7-59所示。

步骤 05 单击"确定"按钮，即可将照片颜色调整为粉红的色调，如图7-60所示。

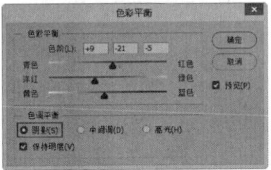
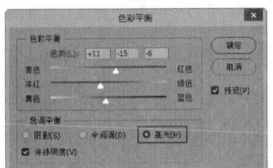

图 7-58 调节"阴影"参数　　图 7-59 调节"高光"参数

图 7-60 最终效果

7.8 "阈值"命令：制作涂鸦效果卡片

难度：☆☆☆

素材文件	第 7 章 \7.8
在线视频	第 7 章 \7.8 "阈值"命令：制作涂鸦效果卡片.mp4
技术要点	"阈值"命令、"查找边缘"命令

本实战通过"阈值"命令，将彩色图像转换为只有黑白两色效果，再用"查找边缘"命令提取人像轮廓线条，制作涂鸦效果卡片。

步骤 01 启动Photoshop CC 2018软件，选择本章的素材文件"7.8 制作涂鸦效果卡片1.jpg"，将其打开，如图7-61所示。按Ctrl+J组合键复制一个图层，执行"图像"→"调整"→"阈值"命令，打开"阈值"对话框，调节"阈值色阶"参数，将图像转换为只有黑白两色的效果，如图7-62所示。

图 7-61 打开素材文件　　　图 7-62 调整阈值效果

步骤 02 在"图层"面板选择"背景"图层，按住鼠标左键将其拖动至"创建新图层"按钮上，复制"背景"图层，如图7-63所示。按Ctrl+Shift+]组合键将"背景 拷贝"图层移至"图层"面板的最顶层，如图7-64所示。

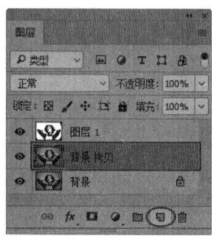

图 7-63 复制图层　　　图 7-64 调整图层顺序

步骤 03 执行"滤镜"→"风格化"→"查找边缘"命令，即可选取人物的轮廓线条，如图7-65所示。再执行"图像"→"调整"→"去色"命令，或按Ctrl+Shift+U组合键去除图像的颜色，如图7-66所示。

图 7-65 "查找边缘"效果　　　图 7-66 "去色"效果

步骤 04 在"图层"面板中将"背景 拷贝"图层的混合模式更改为"正片叠底"，如图7-67所示。按Ctrl+Shift+Alt+E组合键盖印图层，得到"图层2"图层，如图7-68所示。

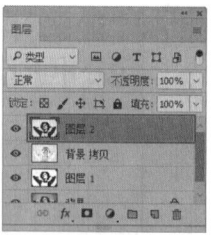

图 7-67 更改混合模式　　　图 7-68 盖印图层

步骤 05 单击工具箱中的"套索工具"，在图像上绘制选区，选取人物图像，如图7-69所示。按Ctrl+J组合键复制选区内容图像，得到"图层3"图层，如图7-70所示。

图 7-69 绘制选区　　　图 7-70 复制选区内容

步骤 06 按Ctrl+O组合键打开"7.8 制作涂鸦效果卡片2.jpg"素材文件。单击工具箱中的"移动工具"，按住鼠标左键将素材拖动至该文档中，再按Ctrl+T组合键打开定界框，按住鼠标左键拖动定界框调整大小，并在"图层"面板中将新添加素材所在的图层移至"图层3"图层的下方，如图7-71所示。

步骤 07 选择"图层3"图层，将图层混合模式更改为"正片叠底"，隐藏人物图像中的白色背景，如图7-72所示。

图 7-71 打开素材文件　　　图 7-72 调整素材图像

步骤 08 按Ctrl+T组合键显示定界框，按住鼠标左键拖动定界框，将人物调整到合适的大小和位置，如图7-73所示。

步骤 09 单击工具箱中的"裁剪工具"，按住鼠标左键拖动剪裁框，将画布调整到合适的大小，按Enter键确认裁剪，完成涂鸦效果卡片的制作，如图7-74所示。

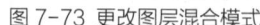

图 7-73 更改图层混合模式　　　图 7-74 最终效果

7.9 "照片滤镜"命令：制作版画风格艺术海报

难度：☆☆

素材文件	第 7 章 \7.9
在线视频	第 7 章 \7.9 "照片滤镜"命令：制作版画风格艺术海报 .mp4
技术要点	"木刻"滤镜、"照片滤镜"命令

"照片滤镜"的功能相当于传统摄影中滤光镜的功能，即模拟在相机镜头前加上彩色滤光镜，以使镜头光线的色温与色彩达到平衡，使胶片产生特定的曝光效果。本实战通过使用"照片滤镜"命令制作版画风格艺术海报。

步骤01 启动Photoshop CC 2018软件，选择本章的素材文件"7.9 制作版画风格艺术海报1.jpg"，将其打开，如图7-75所示。按Ctrl+J组合键复制一个图层，执行"滤镜"→"滤镜库"命令，打开"滤镜库"对话框，选择"艺术效果"中的"木刻"滤镜，调整参数，如图7-76所示。

图 7-75 打开素材文件　　图 7-76 复制图层

步骤02 单击"确定"按钮，即可将图像处理为版画效果，如图7-77所示。执行"图像"→"调整"→"照片滤镜"命令，打开"照片滤镜"对话框，在"滤镜"下拉列表框中选择"加温滤镜（81）"，并设置合适的"浓度"参数，如图7-77所示，单击"确定"按钮，即可应用滤镜效果，如图7-78所示。

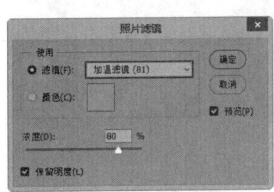

图 7-77 "照片滤镜"对话框　　图 7-78 添加"照片滤镜"效果

步骤03 按Ctrl+O组合键打开"7.9 制作版画风格艺术海报

2.png"素材，单击工具箱中的"移动工具"，按住鼠标左键将素材拖动至该文档中，再按Ctrl+T组合键打开定界框，按住鼠标左键拖动定界框调整大小，如图7-79所示。在"图层"面板中将该图层的混合模式更改为"正片叠底"，制作的版画艺术风格海报如图7-80所示。

图 7-79 调整素材图像　　图 7-80 最终效果

7.10 "反相"命令：反转图像颜色

难度：☆

素材文件	第 7 章 \7.10
在线视频	第 7 章 \7.10 "反相"命令：反转图像颜色 .mp4
技术要点	"反相"命令

"反相"命令可以反转图像中的颜色，将一个正片黑白图像变成负片，或从扫描的黑白负片得到一个正片。

步骤01 启动Photoshop CC 2018软件，选择本章的素材文件"7.10 反转图像颜色.jpg"，将其打开，如图7-81所示。

步骤02 按Ctrl+J组合键复制"背景"图层，得到"图层1"图层，如图7-82所示。

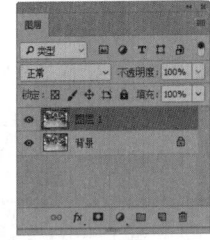

图 7-81 打开素材文件　　图 7-82 复制图层

步骤03 执行"图像"→"调整"→"反相"命令，或按Ctrl+I组合键反相图像，如图7-83所示。在"图层"面板中设置该图层的混合模式为"颜色"，制作出紫色效果，如图7-84所示。

图 7-83 "反相"效果

图 7-84 最终效果

7.11 "渐变映射"命令：制作可爱猪猪

难度：☆☆

素材文件	第 7 章 \7.11
在线视频	第 7 章 \7.11 "渐变映射"命令：制作可爱猪猪 .mp4
技术要点	"渐变映射"命令

"渐变映射"命令的主要功能是将相等图像灰度范围映射到指定的渐变填充色，本实战通过"渐变映射"命令，调节色调，营造可爱、温馨的色彩氛围。

步骤 01 启动Photoshop CC 2018软件，选择本章的素材文件"7.11 可爱猪猪1.jpg"和"7.11 可爱猪猪2.png"，将其打开，如图7-85和图 7-86所示。

图 7-85 打开素材文件 1　　图 7-86 打开素材文件 2

步骤 02 单击工具箱中的"移动工具" ，按住鼠标左键将素材拖动至该文档中，再按Ctrl+T组合键打开定界框，按住鼠标左键拖动定界框调整大小，如图7-87所示。按Ctrl+Shift+Alt+E组合键盖印图层，得到"图层1"图层，如图7-88所示。

图 7-87 调整素材图像

图 7-88 盖印图层

步骤 03 执行"图像"→"调整"→"渐变映射"命令，打开"渐变映射"对话框，单击渐变颜色条，在打开的"渐变编辑器"中设置渐变颜色，单击"确定"按钮，即可为图像添加渐变映射的效果，如图7-89所示。

步骤 04 在"图层"面板中将"图层1"图层的混合模式设置为"叠加"，将"不透明度"调整为"70%"，完成效果如图7-90所示。

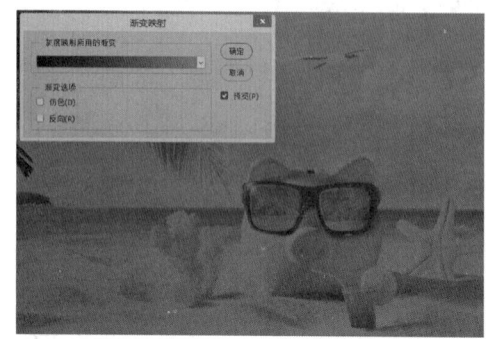

图 7-89 渐变映射效果

图 7-90 最终效果

7.12 "阴影/高光"命令：调整逆光高反差照片

难度：☆

素材文件	第 7 章 \7.12
在线视频	第 7 章 \7.12 "阴影 / 高光"命令：调整逆光高反差照片 .mp4
技术要点	"阴影 / 高光"命令

"阴影/高光"命令特别适合由于逆光摄影而形成剪影的照片，通过参数的设置，调整逆光高反差照片，让阴影区域的图像细节呈现出来。

步骤 01 启动Photoshop CC 2018软件，选择本章的素材文件"7.12 调整逆光高反差照片.psd"，将其打开，如图7-91所示。按Ctrl+J组合键复制一个图层，如图7-92所示。

图 7-91 打开素材文件　　　图 7-92 复制图层

步骤 02 执行"图像"→"调整"→"阴影/高光"命令，打开"阴影/高光"对话框，即可提高阴影区域的亮度，如图7-93所示。勾选"显示更多选项"复选框，如图7-94所示，即可显示完整的选项。

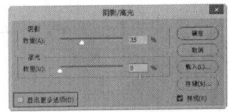

图 7-93 提高阴影区域的亮度效果　　图 7-94 勾选"显示更多选项"

步骤 03 按住鼠标左键向右侧拖动"数量"滑块，如图7-95所示，即可提高调整的强度，使图像更亮，如图7-96所示。

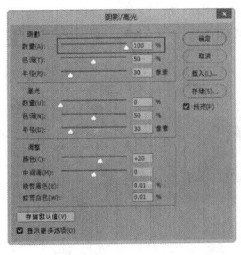

图7-95 调节"数量"参数　　图 7-96 调整效果

步骤 04 按住鼠标左键再向右侧拖动"半径"滑块，如图7-97所示，可将更多的像素定义为阴影，使色调变得柔和，并消除不自然感，如图7-98所示。

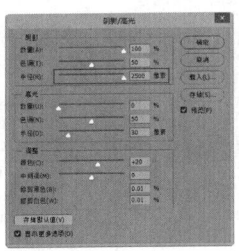

图 7-97 调节"半径"参数　　图 7-98 调整效果

步骤 05 按住鼠标左键向右侧拖动"颜色"滑块，增加颜色的饱和度，如图7-99所示，单击"确定"按钮，调整逆光高反差照片完成，效果如图7-100所示。

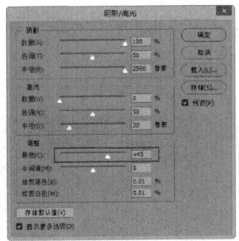

图 7-99 调节"颜色"参数　　图 7-100 最终效果

7.13 "匹配颜色"命令：匹配两张照片的颜色

难度：☆ ☆

素材文件	第 7 章 \7.13
在线视频	第 7 章 \7.13 "匹配颜色"命令：匹配两张照片的颜色 .mp4
技术要点	"匹配颜色"命令

"匹配颜色"命令可以使原始图像匹配目标图像的亮度、色相和饱和度，让两幅图像的色调看上去和谐统一，除了匹配两张不同图像的颜色，"匹配颜色"命令也可以统一同一幅图像的不同图层之间的色彩。

步骤 01 启动Photoshop CC 2018软件，选择本章的素材文件"7.13 匹配两张照片的颜色1.psd"，将其打开，如图7-101所示。按Ctrl+J组合键复制一个图层，如图7-102所示。

图 7-101 打开素材文件

图 7-102 复制图层

步骤 02 执行"文件"→"打开"命令，选择本章的素材文件"7.13 匹配两张照片的颜色2.jpg"，如图7-103所示。切换至"7.13 匹配两张照片的颜色1.psd"，执行"图像"→"调整"→"匹配颜色"命令，打开"匹配颜色"对话框，在"源"下拉列表框中选择"7.13 匹配两张照片的颜色2.jpg"素材文件，如图7-104所示。

图 7-103 打开素材文件

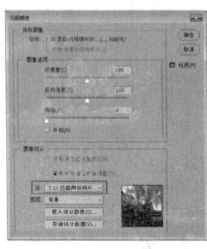

图 7-104 设置"源"选项

步骤 03 在"匹配颜色"对话框中按住鼠标左键拖动滑块，调节"明亮度""颜色强度""渐隐"的参数，如图7-105所示。单击"确定"按钮，即可匹配两张照片的颜色，如图7-106所示。

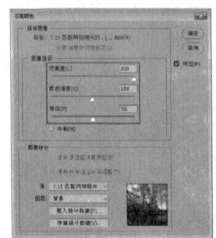

图 7-105 调节参数

图 7-106 最终效果

7.14 "替换颜色"命令：制作风光明信片

难度：☆☆	
素材文件	第 7 章 \7.14
在线视频	第 7 章 \7.14 "替换颜色"命令：制作风光明信片.mp4
技术要点	"替换颜色"命令

"替换颜色"命令可以在图像中选定特定颜色的图像范围，然后替换其中的颜色。本实战通过打开"替换颜色"对话框，调整图像的颜色，制作风光明信片。

步骤 01 启动Photoshop CC 2018软件，选择本章的素材文件"7.14 制作风光明信片.psd"，将其打开，如图7-107所示。按Ctrl+J组合键复制一个图层，如图7-108所示。

图 7-107 打开素材文件

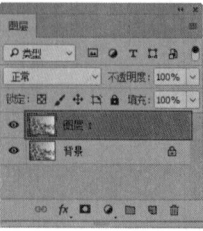

图 7-108 复制图层

步骤 02 执行"图像"→"调整"→"替换颜色"命令，打开"替换颜色"对话框，将鼠标指针移动到图像上，在枫叶上单击，即可进行颜色取样，如图7-109所示。在"替换颜色"对话框中，按住鼠标左键拖动"颜色容差"滑块，选中所有的枫叶图像，如图7-110所示。

步骤 03 调节"色相"参数，即可调整枫叶的颜色，根据情况对"饱和度"和"明度"进行调整，如图7-111所示。单击"确定"按钮，即可替换枫叶的颜色，如图7-112所示。

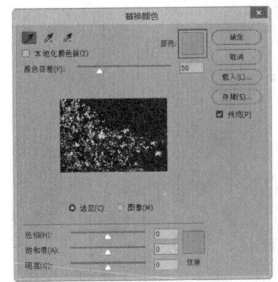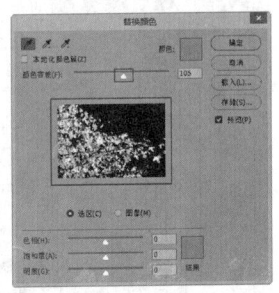

图7-109 取样颜色　　　图7-110 调节"颜色容差"参数

图 7-111 调节参数

图 7-112 调整效果

步骤 04 单击工具箱中的"裁剪工具"，按D键重置前景色和背景色，按住鼠标左键拖动剪裁框，调整画布的大小，如图7-113所示，按Enter键确认调整。单击工具箱中的"横排文字工具"，在图像上单击，在光标处输入文字，并调整文字的字号、字体和位置，完成风光明信片的制作，如图7-114所示。

图 7-113 调整画布大小

图 7-114 最终效果

7.15 课后习题

7.15.1 调整图像颜色

难度：☆☆

素材文件	第 7 章 \7.15.1
在线视频	第 7 章 \7.15.1 调整图像颜色 .mp4
技术要点	"渐变映射"命令的使用

使用"渐变映射"命令，需要先将图像转为灰度模式，然后将相等的图像灰度范围映射到指定的渐变填充色，从而得到一种彩色渐变图像效果。本习题练习执行"渐变映射"命令调整图像颜色的操作。

先打开"发型.jpg"素材文件，然后执行"渐变映射"命令，设置渐变映射的颜色，最终效果如图7-115所示。

图 7-115 调整图像颜色效果图

"自动对比度"命令可以自动调整图像的对比度，使高光看上去更亮，阴影看上去更暗。本习题练习如何提亮画面效果。

打开"水果.jpg"素材文件，执行"自动对比度"命令提亮画面的高光，最终效果如图7-116所示。

图 7-116 提亮画面效果图

7.15.2 提亮画面效果

难度：☆☆

素材文件	第 7 章 \7.15.2
在线视频	第 7 章 \7.15.2 提亮画面效果 .mp4
技术要点	"自动对比度"命令

照片修饰

第08章

Photoshop CC 2018提供了丰富多样的图像修饰工具，具有强大的修图功能。使用这些修饰工具，可以让照片更加清晰，制作出真实、完美的效果。本章将详细讲解常用的修饰工具，通过本章的学习可以快速掌握各种修饰工具的使用方法及原理。

学习重点与难点

- 裁剪工具 185页
- 镜头缺陷校正滤镜 204页
- 照片修复工具 189页
- 镜头特效制作滤镜 209页

8.1 裁剪图像

当使用数码相机拍摄照片或将老照片进行扫描时，经常需要裁剪多余的内容，使画面的构图更加完美。裁剪图像主要使用"裁剪工具"、"裁剪"命令和"裁切"命令来完成。

8.1.1 裁剪工具　　重点

裁剪是指移去部分图像，以加强构图效果的过程。使用"裁剪工具"可以裁剪多余的图像，并重新定义画布的大小。选择"裁剪工具"后，在画面中按住鼠标左键拖动出一个矩形区域，选择要保留的部分，然后按Enter键或双击鼠标左键即可完成裁剪。

在工具箱中单击"裁剪工具"，其工具选项栏如图8-1所示。

图 8-1 "裁剪工具"选项栏

- ◆ 比例。单击按钮，可以在打开的下拉列表框中选择预设的裁剪选项，如图8-2所示。
- ◆ 拉直。单击按钮，拉出一条直线，使倾斜的地平线或建筑物等和画面中其他的元素对齐，可将倾斜的画面校正过来。
- ◆ 叠加。单击按钮，在打开的下拉菜单中，提供了一系列参考线选项，如图8-3所示，可以帮助我们进行合理的构图。
- ◆ 裁切。单击按钮，可以打开一个下拉面板，如图8-4所示。Photoshop CC 2018提供了几种不同的编辑模式，选择不同的模式可以得到不同的裁剪效果。

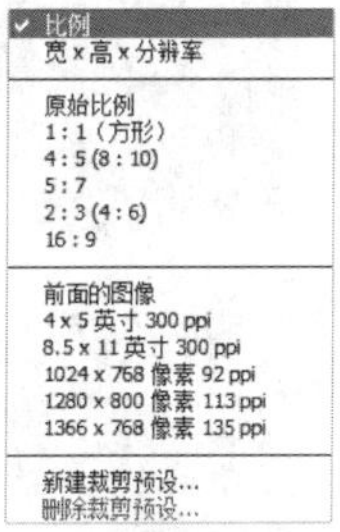

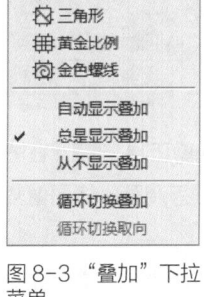

图 8-2 "比例"
下拉列表框

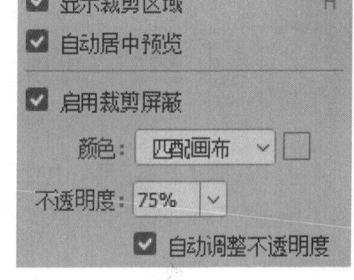

图 8-3 "叠加"下拉菜单　　图 8-4 "裁切"下拉面板

答疑解惑：怎样精确地裁剪图像？

在调整裁剪框大小和位置时，如果裁剪框比较接近图像边界，裁剪框会自动贴到图像边缘，而无法精确裁剪图像。这时只要按下Ctrl键，裁剪框便可自由调整。

延伸讲解

在按住鼠标左键拖动的过程中，按Shift键可得到正方形的裁剪范围框；按Alt键可得到以单击位置为中心的裁剪范围框；按Shift+Alt组合键，则可得到以单击位置为中心点的正方形裁剪范围框。

8.1.2 限制图像大小

"限制图像"命令可以改变照片的像素数量，将当前图像限制为指定的宽度和高度，但不改变分辨率。执行"文件"→"自动"→"限制图像"命令，可以打开"限制图像"对话框，如图8-5所示，在对话框中指定图像的"宽度"和"高度"的像素值。

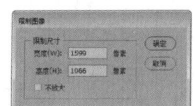

图 8-5 "限制图像"对话框

8.1.3 实战：用"裁剪工具"裁剪图像

难度：☆

素材文件	第 8 章 \8.1.3
在线视频	第 8 章 \8.1.3 实战：用"裁剪工具"裁剪图像 .mp4
技术要点	裁剪工具

本实战通过选择工具箱中的"裁剪工具"🔲，在图像上单击显示裁剪框，再对裁剪框进行调整，将图像裁剪为想要的效果。

步骤 01 启动Photoshop CC 2018软件，选择本章的素材文件"8.1.3 用'裁剪工具'裁剪图像.jpg"，将其打开，如图8-6所示。单击工具箱中的"裁剪工具"🔲，在图像上单击，即可显示矩形裁剪框，如图8-7所示。

图 8-6 打开素材文件　　　　图 8-7 显示裁剪框

步骤 02 将鼠标指针移至裁剪框的边界上，按住鼠标左键拖动即可调整裁剪框的大小，如图8-8所示，或者按住鼠标左键拖动裁剪框的控制点，即可缩放裁剪框（按住Shift键拖动，可进行等比例缩放），如图8-9所示。

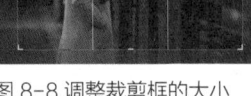

图 8-8 调整裁剪框的大小　　　图 8-9 缩放裁剪框

步骤 03 将鼠标指针放在裁剪框外时，按住鼠标左键拖动即可旋转图像，如图8-10所示。当鼠标指针放在裁剪框内时，按住鼠标左键拖动即可移动图像，如图8-11所示。

图 8-10 旋转图像　　　　　图 8-11 移动图像

步骤 04 单击工具选项栏的"复位裁剪框、图像旋转以及长宽比设置"按钮🔄，复位裁剪效果，再在工具选项栏中的"比例"下拉列表框中选择"1:1（方形）"，如图8-12所示，即可在图像上显示方形的裁剪框，如图8-13所示。

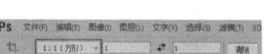

图 8-12 设置裁剪比例　　　图 8-13 显示方形裁剪框

步骤 05 对裁剪框进行调整，使裁剪图像符合要求，如图8-14所示。单击工具选项栏中的"提交当前裁剪操作"按钮✓，或按Enter键，裁剪图像完成，如图8-15所示。

图 8-14 调整裁剪框　　　　图 8-15 完成效果

8.1.4 实战：用"透视裁剪工具"校正透视畸变

难度：☆ ☆

素材文件	第 8 章 \8.1.4
在线视频	第 8 章 \8.1.4 实战：用"透视裁剪工具"校正透视畸变 .mp4
技术要点	透视裁剪工具

当拍摄高大的建筑时，视角较低，竖直的线条会向消失点集中，因此产生透视畸变。本实战通过选择工具箱中的"透视裁剪工具"，在图像上按住鼠标左键拖动，创建矩形裁剪框并拖动控制点，让顶部的两个边角与建筑的边缘保持平行，校正图像的透视畸变。

步骤01 启动Photoshop CC 2018软件，选择本章的素材文件"8.1.4 用'透视裁剪工具'校正透视畸变.jpg"，将其打开，如图8-16所示。单击工具箱中的"透视裁剪工具"，按住鼠标左键拖动，即可在图像上创建矩形裁剪框，如图8-17所示。

图 8-16 打开素材文件　　图 8-17 创建裁剪框

步骤02 将鼠标指针移至裁剪框左上角的控制点上，按住Shift键（锁定水平方向）并按住鼠标左键向右侧拖动，将右上角的控制点向左侧拖动，让顶部的两个边角与建筑的边缘保持平行，如图8-18所示。单击工具选项栏中的"提交当前裁剪操作"按钮，或按Enter键，校正透视畸变完成，如图8-19所示。

图 8-18 调整控制点　　图 8-19 完成效果

8.1.5 实战：用"裁剪"命令裁剪图像

难度：☆

素材文件	第 8 章 \8.1.5
在线视频	第 8 章 \8.1.5实战：用"裁剪"命令裁剪图像 .mp4
技术要点	"裁剪"命令

本实战通过选择工具箱中的"矩形选框工具"，按住鼠标左键拖动，在图像上创建一个矩形选区，选中要保留的图像，再执行"图像"→"裁剪"命令，即可将选区以外的图像裁剪掉，只保留选区内的图像。

步骤01 启动Photoshop CC 2018软件，选择本章的素材文件"8.1.5 用'裁剪'命令裁剪图像.jpg"，将其打开，如图8-20所示。单击工具箱中的"矩形选框工具"，按住鼠标左键拖动，在图像上创建一个矩形选区，选中要保留的图像，如图8-21所示。

图 8-20 打开素材文件　　图 8-21 创建选区

步骤02 执行"图像"→"裁剪"命令，即可将选区以外的图像裁剪掉，只保留选区内的图像，按Ctrl+D组合键取消选区，裁剪图像完成，如图8-22所示。

图 8-22 最终效果

🔍 **延伸讲解**

如果在图像上创建的是圆形选区或多边形选区，则裁剪后的图像仍为矩形。

8.1.6 实战：用"裁切"命令裁切图像

难度：☆☆

素材文件	第 8 章 \8.1.6
在线视频	第 8 章 \8.1.6实战：用"裁切"命令裁切图像 .mp4
技术要点	"裁切"命令

本实战通过执行"图像"→"裁切"命令，打开"裁切"对话框，设置裁切选项，单击"确定"按钮，将对象四周多余的画布裁切掉。

步骤01 启动Photoshop CC 2018软件，选择本章的素材文件"8.1.6 用'裁切'命令裁切图像.jpg"，将其打开，如图8-23所示。执行"图像"→"裁切"命令，打开"裁切"对话框，选择"左上角像素颜色"单选按钮，并勾选"裁切"选项组内的全部复选框，如图8-24所示。

 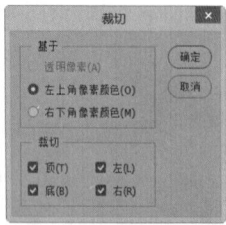

图 8-23 打开素材文件　　　图 8-24 "裁切"对话框

步骤02 单击"确定"按钮，即可将对象四周多余的画布裁切掉，如图8-25所示。

图 8-25 完成效果

"裁切"对话框选项

◆ 透明像素。可以删除图像边缘的透明区域，留下包含非透明像素的最小图像。

◆ 左上角像素颜色。从图像中删除左上角像素颜色的区域。

◆ 右下角像素颜色。从图像中删除右下角像素颜色的区域。

◆ 裁切。用来设置要修整的图像区域。

8.2 照片修饰工具

使用"模糊工具"▲、"锐化工具"▲和"涂抹工具"▲可以对图像进行模糊、锐化和涂抹处理。使用"减淡工具"▲、"加深工具"▲和"海绵工具"▲可以对图像局部的明暗、饱和度进行处理。这些工具可以对图像对比度、清晰度进行控制，以创建真实、完美的图像。

8.2.1 "模糊工具"与"锐化工具"

"模糊工具"▲可以柔化图像，减少图像的细节，而"锐化工具"▲与"模糊工具"▲恰恰相反，它通过增大图像相邻像素之间的反差以锐化图像，使图像看起来更为清晰。

模糊工具

使用"模糊工具"▲在某个区域上方绘制的次数越多，该区域就越模糊，其工具选项栏如图8-26所示。

图 8-26 "模糊工具"选项栏

◆ 画笔。可以选择一个笔尖，模糊或锐化区域的大小取决于画笔的大小。

◆ 模式。用来设置工具的混合模式，包括"正常""变暗""变亮""色相""饱和度""颜色""明度"。

◆ 强度。用来设置工具的模糊强度。

◆ 对所有图层取样。如果文档中包含多个图层，勾选该复选框，表示使用所有可见图层中的数据进行处理；取消勾选，则只对当前图层中的数据进行处理。

锐化工具

"锐化工具"▲的工具选项栏只比"模糊工具"▲多一个"保护细节"复选框，如图8-27所示。勾选该复选框后，在进行锐化处理时，将对图像的细节进行保护。

图 8-27"锐化工具"选项栏

🔍 **延伸讲解**

在对图像进行锐化处理时，应尽量选择较小的画笔并设置较低的"强度"百分比。过高的设置会使图像出现类似划痕一样的色斑像素。

8.2.2 "减淡工具"与"加深工具"

"减淡工具"▲用于增强图像部分区域的颜色亮度。它和"加深工具"▲是一组效果相反的工具，两者常用来调整图像的对比度、亮度和细节。

减淡工具

"减淡工具"▲可以对图像进行减淡处理，其工具选项栏如图8-28所示。在某个区域上方绘制的次数越多，该区域就会变得越亮。

图 8-28 "减淡工具"选项栏

◆ 范围。选择要修改的色调。选择"阴影"选项时，可以更改暗部区域；选择"高光"选项时，可以更改亮部区域；

选择"中间调"选项时,可以更改灰色的中间范围。

◆ 曝光度。可以为"减淡工具" 指定曝光。数值越高,效
果越明显。

◆ 保护色调。可以保护图像的色调不受影响。

加深工具

"加深工具" 可以对图像的阴影、中间调和高光进
行遮光、变暗处理,使色调加深。它的使用方法和"减淡
工具" 完全相同。

8.2.3 海绵工具

"海绵工具" 用于调整图像颜色的饱和度,让图
像的颜色变得更鲜艳或更灰暗。如果是在灰度模式下,该
工具则可以增加或降低画面的对比度。其工具选项栏如图
8-29所示。

图 8-29 "海绵工具" 选项栏

◆ 模式。通过下拉列表框设置模式,包括"去色"和"加
色"两个选项。

● 去色。选择此选项时,可降低图像颜色的饱和度,
使图像中的灰度色调增加。当已是灰度图像时,则会增加
中间灰度色调。

● 加色。选择此选项时,可增加图像颜色的饱和度,
使图像中的灰度色调减少。当已是灰度图像时,则会减少
中间灰度色调颜色。

◆ 流量。可以指定流量。数值越高,强度越大,效果越
明显。

◆ 自然饱和度。勾选该复选框以后,可以在增加饱和度的
同时防止颜色过度饱和而产生溢色现象。

8.2.4 涂抹工具

"涂抹工具" 可以改变图像像素的位置及图像的完
整结构,以得到特殊效果。它是模拟手指在湿颜料上涂抹
产生的笔触效果。其工具选项栏如图8-30所示。

图 8-30 "涂抹工具" 选项栏

◆ 对所有图层取样。勾选该复选框,可以将涂抹效果应用
到图像的所有图层中;取消勾选该复选框,涂抹效果只
作用于当前图层。

◆ 手指绘画。勾选该复选框,涂抹起始点的颜色是前景
色;取消勾选复选框,涂抹起始点的颜色是单击处图像
的颜色。

延伸讲解

在使用"涂抹工具" 时,按Alt键可以对"手指绘
画"复选框的使用进行切换。

8.3 照片修复工具 难点

在通常情况下,拍摄出的数码相片经常会出现各种缺
陷,使用Photoshop CC 2018的图像修复工具可以轻松
地将带有缺陷的照片修复成靓丽照片,也可以基于设计的
需要将普通的图像处理为特定的艺术效果。照片修复工具
包括图章工具组和修复工具组,其中图章工具组包括"仿
制图章工具" 和"图案图章工具" ,修复工具组包括
"污点修复画笔工具" 、"修复画笔工具" 、"修补
工具" "内容感知移动工具" 和"红眼工具" 。

8.3.1 实战:用"仿制图章工具"去除照 片中的多余人物

难度:☆☆

素材文件	第 8 章 \8.3.1
在线视频	第 8 章 \8.3.1 实战:用"仿制图章工具"去除照片中的多余人物 .mp4
技术要点	仿制图章工具

"仿制图章工具" 可以从图像中复制图像信息,
再将其应用到其他区域或其他图像中,常常用于复制图
形内容或去除照片中的缺陷。本实战通过选择工具箱中
的"仿制图章工具" ,按住Alt键在要去除的人物周
围的图像上进行取样,再放开Alt键在人物身上涂抹,将
照片中的多余人物覆盖,去除照片中的多余人物。

步骤01 启动Photoshop CC 2018软件,选择本章的素材
文件"8.3.1 用'仿制图章工具'去除照片中的多余人
物.jpg",将其打开,如图8-31所示。按Ctrl+J组合键复
制一个图层,单击工具箱中的"仿制图章工具" ,在工
具选项栏中选择"柔边圆"画笔,并设置画笔"大小",
如图8-32所示。

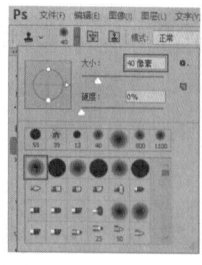

图 8-31 打开素材文件　　　　　图 8-32 设置画笔

步骤 02 将鼠标指针移至要去除的人物旁边的图像上，如图 8-33所示。按住Alt键进行取样，放开Alt键在人物身上涂抹，即可将照片中的多余人物覆盖，如图8-34所示。

步骤 03 采用同样的方法，在要去除的人物周围的图像上进行取样，再放开Alt键在人物身上涂抹，去除照片中的多余人物，如图8-35所示。

图 8-33 移动光标　　　　　图 8-34 涂抹图像

图 8-35 完成效果

"仿制图章工具"选项栏

　　使用"仿制图章工具" ▣ 可以将图像中的指定区域按原样复制到同一图像或其他图像中。它对于复制图像或修复图像中的缺陷非常有帮助，其工具选项栏如图8-36所示。

图 8-36 "仿制图章工具"选项栏

◆ 模式。在该下拉列表框中可以选择各种混合模式。

◆ 不透明度。用于设置应用该工具时的不透明度。

◆ 流量：用于设置扩散速度。

◆ 对齐。勾选此复选框，在复制图像时，不论进行多少次操作，每次复制时都会以上次取样点的最终移动位置为起点开始复制，以保持图像的连续性。否则在每次复制图像时，都会以第一次按Alt键取样时的位置为起点进行复制，因而会造成图像的多重叠加效果。

◆ 样本。从指定的图层中进行数据取样，有"当前图层""当前和下方图层""所有图层"3个选项。

8.3.2 实战：用"图案图章工具"绘制特效纹理

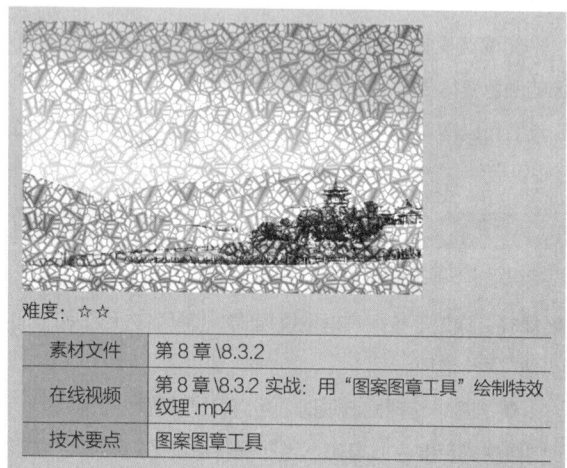

难度：☆☆

素材文件	第 8 章 \8.3.2
在线视频	第 8 章 \8.3.2 实战：用"图案图章工具"绘制特效纹理 .mp4
技术要点	图案图章工具

　　"图案图章工具"可以使用Photoshop CC 2018提供的图案或自定义的图案进行绘画。本实战通过选择工具箱中的"图案图章工具"，在工具选项栏中选择一个图案，按住鼠标左键拖动涂抹图像，绘制图案，为图像添加特效纹理。

步骤 01 启动Photoshop CC 2018软件，选择本章的素材文件"8.3.2 用'图案图章工具'绘制特效纹理.jpg"，将其打开，如图8-37所示。按Ctrl+J组合键复制一个图层，单击工具箱中的"图案图章工具" ▣，在工具选项栏中选择"柔边圆"画笔，并设置画笔"大小"，如图8-38所示。

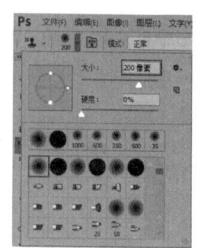

图 8-37 打开素材文件　　　　　图 8-38 设置画笔

步骤 02 在工具选项栏中设置"模式"为"叠加"，如图8-39所示。

步骤 03 打开"图案"拾色器，单击 按钮，在打开的下拉菜单中执行"图案"命令，加载该图案库，然后选择"金属画"图案，如图8-40所示。在图像上按住鼠标左键拖动涂抹图像，即可绘制图案，为图像添加特效纹理，如图8-41所示。

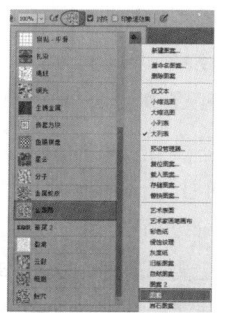

图 8-39 设置模式

图 8-40 选择"金属画"图案

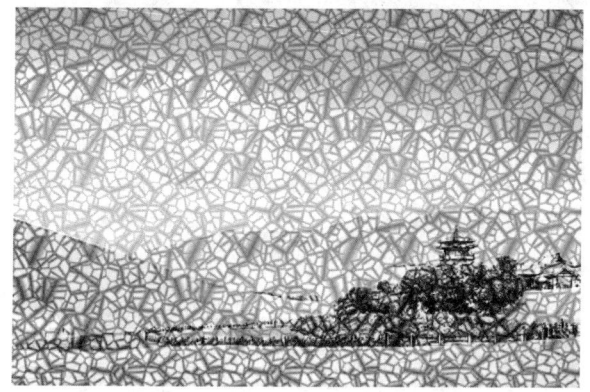

图 8-41 完成效果

"图案图章工具"选项栏

"图案图章工具" 可以用定义好的图案来复制图像，它能在目标图像上连续绘制出选定区域的图像，其工具选项栏如图8-42所示。该工具与"仿制图章工具"不同的是，"图案图章工具"只对当前图层起作用。

图 8-42 "图案图章工具"选项栏

◆ 对齐。勾选该复选框后，可以保持图案与原始起点的连续性，即使多次单击也不例外；取消勾选后，每次单击都重新应用图案。

◆ 印象派效果。勾选该复选框后，可以模拟出印象派效果的图案。

8.3.3 实战：用"修复画笔工具"去除鱼尾纹和眼中血丝

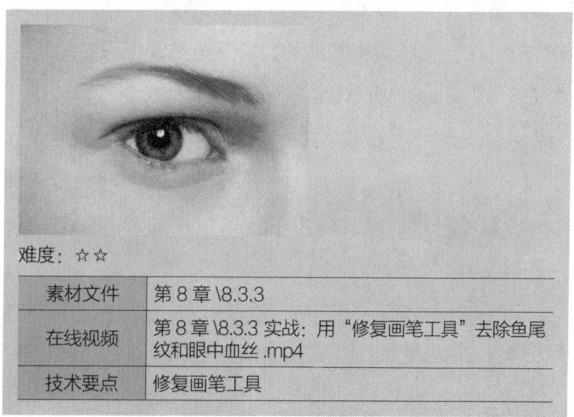

难度：☆☆

素材文件	第 8 章 \8.3.3
在线视频	第 8 章 \8.3.3 实战：用"修复画笔工具"去除鱼尾纹和眼中血丝 .mp4
技术要点	修复画笔工具

"修复画笔工具"从要被修饰区域周围的图像取样，再将取样的纹理、光照、透明度和阴影等与所修复的像素匹配，去除照片中的污点或划痕，并且修复效果自然。

步骤 01 启动Photoshop CC 2018软件，选择本章的素材文件"8.3.3 用'修复画笔工具'去除鱼尾纹和眼中血丝.jpg"，将其打开，如图8-43所示。按Ctrl+J组合键复制一个图层，单击工具箱中的"修复画笔工具" ，在工具选项栏中设置画笔的"硬度"为0，并设置合适的画笔"大小"，如图8-44所示。

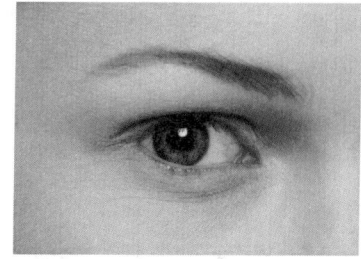

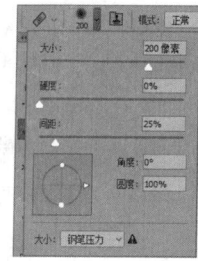

图 8-43 打开素材文件　　　图 8-44 设置画笔

步骤 02 在"模式"下拉列表框中选择"替换"，并将"源"设置为"取样"，将鼠标指针移动至眼角周围没有皱纹的皮肤上，如图8-45所示。

步骤 03 按住Alt键进行取样。放开Alt键，在眼角的皱纹处按住鼠标左键拖动，即可进行修复，如图8-46所示。

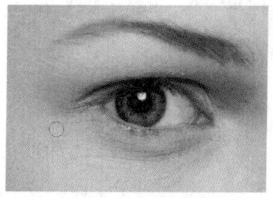

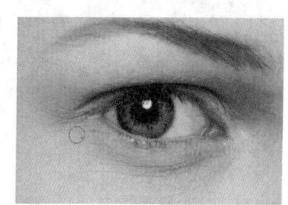

图 8-45 取样图像　　　图 8-46 修复皱纹

步骤04 按住Alt键在眼角周围没有皱纹的皮肤上单击取样，再放开Alt键在皱纹处按住鼠标左键拖动，并按 [或] 键调整画笔大小，即可修复鱼尾纹，如图8-47所示。采用同样的方法，去除眼中的血丝。去除鱼尾纹和眼中的血丝完成效果如图8-48所示。

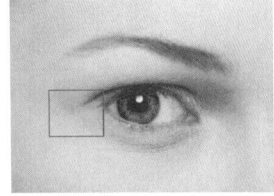 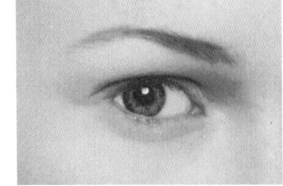

图 8-47 去除鱼尾纹　　　　图 8-48 完成效果

"修复画笔工具"选项栏

"修复画笔工具" 与"图案图章工具"原理及使用方法非常相似，也是通过从图像中取样或填充图案来修复图像。不同的是"修复画笔工具"在填充时，会将取样点的像素溶入到目标区域，使修复区域与周围图像完美地结合在一起，"修复画笔工具"选项栏如图8-49所示。

图 8-49 "修复画笔工具"选项栏

◆ 源。设置用于修复像素的源。选择"取样"选项时，可以使用当前图像的像素来修复图像；选择"图案"选项时，可以使用图案填充图像，但该图像在填充图案时，可根据周围的环境自动调整填充图案的色彩和色调。

◆ 对齐。勾选该复选框以后，可以连续对像素进行取样，即使松开鼠标也不会丢失当前的取样点；取消勾选该复选框后，则会在每次停止并重新开始绘制时使用初始取样点中的样本像素。

8.3.4 实战：用"污点修复画笔工具"去除面部色斑

难度：☆☆

素材文件	第 8 章 \8.3.4
在线视频	第 8 章 \8.3.4 实战：用"污点修复画笔工具"去除面部色斑 .mp4
技术要点	污点修复画笔工具

"污点修复画笔工具"可以快速地去除照片中的污点、划痕或其他瑕疵部分，与"修复画笔工具"相似，也可以使用图像或图案中的样本像素进行绘画，并将样本像素的纹理、光照、透明度和阴影与所修复的像素相匹配，并且"污点修复画笔工具"可以自动从所修饰区域周围的图像取样。本实战通过选择工具箱中的"污点修复画笔工具"，在斑点处单击去除色斑。

步骤01 启动Photoshop CC 2018软件，选择本章的素材文件"8.3.4 用'污点修复画笔工具'去除面部色斑.jpg"，将其打开，如图8-50所示。按Ctrl+J组合键复制一个图层，单击工具箱中的"污点修复画笔工具" ，在工具选项栏中设置画笔的"硬度"为0，并设置合适的画笔"大小"，如图8-51所示。

 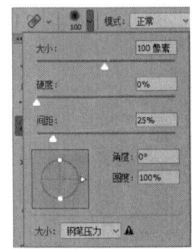

图 8-50 打开素材文件　　　图 8-51 设置画笔

步骤02 设置"类型"为"内容识别"，将鼠标指针移至脸上的斑点处，单击即可去除斑点，如图8-52所示。采用同样的方法，按[或]键调整画笔大小，继续在脸上、鼻子等斑点处单击，去除面部色斑完成，如图8-53所示。

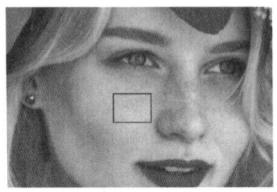 

图 8-52 去除斑点　　　　图 8-53 完成效果

"污点修复画笔工具"选项栏

"污点修复画笔工具"可以快速地除去图像中的瑕疵和其他刮痕。它不同于"修复画笔工具"，在使用该工具时，不需要预先对图像进行取样，直接在需要修复的图像上按住鼠标左键拖动，即可完成修复。其工具选项栏如图8-54所示。

图 8-54 "污点修复画笔工具"选项栏

◆ 模式。用来设置修复图像时使用的混合模式。除"正常""正片叠底"等模式以外，还有一个"替换"模式，该模式可以保留画笔描边的边缘处的杂色、胶片颗粒和纹理。

◆ 类型。用来设置修复的方法。选择"内容识别"选项时,可以使用选区周围的像素进行修复;选择"创建纹理"选项时,可以使用选区中的所有像素创建一个用于修复该区域的纹理;选择"近似匹配"选项时,可以使用选区边缘周围的像素来查找要用作修补选定区域的图像区域。

8.3.5 实战:用"修补工具"复制人像

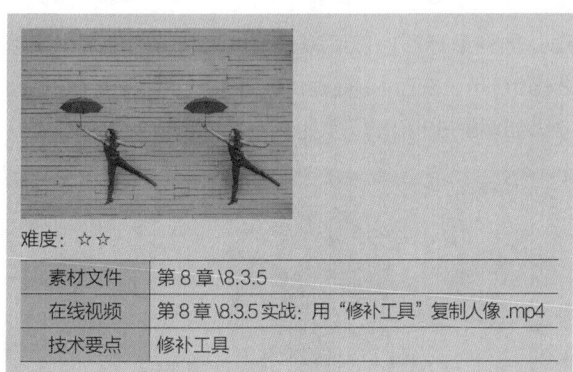

难度:☆☆

素材文件	第 8 章 \8.3.5
在线视频	第 8 章 \8.3.5 实战:用"修补工具"复制人像 .mp4
技术要点	修补工具

"修补工具"用其他区域或图案中的像素来修复选中的区域,并将样本像素的纹理、光照和阴影与源像素进行匹配,与"修复画笔工具"用法类似,但需要用选区来定位修补范围。本实战通过选中工具箱中的"修补工具",按住鼠标左键拖动,在图像上沿着人物轮廓绘制选区,将人物选中,再将鼠标指针放在选区内并按住鼠标左键向左侧拖动,复制选区内的图像。

步骤 01 启动Photoshop CC 2018软件,选择本章的素材文件"8.3.5 用'修补工具'复制人像.jpg",将其打开,如图8-55所示。按Ctrl+J组合键复制一个图层,单击工具箱中的"修补工具",在工具选项栏中将"修补"设置为"目标",如图8-56所示。

图 8-55 打开素材文件　　　图 8-56 设置参数

步骤 02 按住鼠标左键拖动,在图像上沿着人物轮廓绘制选区,将人物选中,如图8-57所示。

步骤 03 将鼠标指针放在选区内,按住鼠标左键向左侧拖动,即可复制选区内的图像,如图8-58所示。再按Ctrl+D组合键取消选区,如图8-59所示。

图 8-57 选中人物　　　图 8-58 复制图像

图 8-59 取消选区

步骤 04 单击"图层"面板底部的"添加图层蒙版"按钮,为图层添加蒙版,如图8-60所示。将前景色设置为黑色,使用柔边画笔在复制的人物周围涂抹,去除复制的图像与原始背景的不自然感,复制人像完成,如图8-61所示。

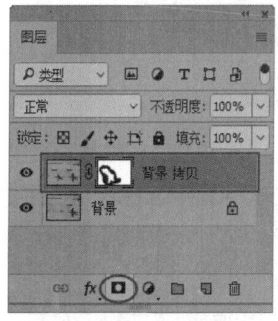

图 8-60 添加图层蒙版　　　图 8-61 完成效果

"修补工具"选项栏

"修补工具"可以用其他区域或图案中的像素来修复选区内的图像,与"修复画笔工具"一样,"修补工具"会将样本像素的纹理、光照和阴影与源像素进行匹配,其工具选项栏如图8-62所示。

图 8-62 "修补工具"选项栏

◆ 选区创建方式。单击"新选区"按钮,可以创建一个新选区,如果图像中存在选区,则原始选区将被新选区替代;单击"添加到选区"按钮,可以在当前选区的基础上添加新的选区;单击"从选区减去"按钮,可以在原始选区中减去当前绘制的选区;单击"与选区交叉"按钮,可以得到原始选区与当前创建选区相交的部分。

◆ 修补。创建选区以后,选择"源"选项时,按住鼠标左键将选区拖动到要修补的区域以后,松开鼠标就会用当前选区中的图像修补原来选中的内容;选择"目标"选项时，则会将选中的图像复制到目标区域。

◆ 透明。勾选该复选框后，可以使修补的图像与原始图像产生透明的叠加效果。

◆ 使用图案。创建选区后，单击"使用图案"按钮，可以使用图案修补选区内的图像。

8.3.6 实战：用"内容感知移动工具"修复照片

难度：☆☆

素材文件	第 8 章 \8.3.6
在线视频	第 8 章 \8.3.6 实战：用"内容感知移动工具"修复照片 .mp4
技术要点	内容感知移动工具

"内容感知移动工具"是一个更强大的修复工具，可以选择和移动局部图像。当图像重新组合后，出现的空洞会自动填充相匹配的图像内容。本实战通过选择工具箱中的"内容感知移动工具"，修复照片。

步骤01 启动Photoshop CC 2018软件，选择本章的素材文件"8.3.6 用'内容感知移动工具'修复照片.jpg"，将其打开，如图8-63所示。

图 8-63 打开素材文件

步骤02 按Ctrl+J组合键复制一个图层。单击工具箱中的"内容感知移动工具"，在工具选项栏中将"模式"设置为"移动"，沿着小鸟的轮廓绘制选区，将小鸟选中，如图8-64所示。

图 8-64 创建选区

步骤03 将鼠标指针放在选区内，按住鼠标左键向左侧拖动，放开鼠标后，即可将图像移动至新的位置，如图8-65所示。按Enter键确认移动，并自动填充空缺的图像，如图8-66所示。

图 8-65 移动图像

图 8-66 移动图像

步骤04 按Ctrl+D组合键取消选区，单击工具箱中的"仿制图章工具"，处理电线衔接不自然的部分，如图8-67所示。

图 8-67 处理不自然区域

步骤05 按Ctrl+J组合键复制一个图层，单击工具箱中的"内容感知移动工具"，在工具选项栏中将"模式"设置为"扩展",沿着小鸟的轮廓绘制选区,将小鸟选中,如图8-68所示。

图 8-68 绘制选区

步骤 06 将鼠标指针放在选区内,按住鼠标左键向左侧和右侧分别拖动,按Enter键确认移动,再按Ctrl+D组合键取消选区,即可复制两只小鸟,如图8-69所示。单击工具箱中的"仿制图章工具" ,处理电线衔接不自然的部分,修复照片完成,如图8-70所示。

图 8-69 复制图像

图 8-70 完成效果

"内容感知移动工具"选项栏

图 8-71所示为"内容感知移动工具"选项栏。

图 8-71 "内容感知移动工具"选项栏

◆ 模式。用来选择图像移动的方式,包括"移动"和"扩展"。

◆ 结构。用来设置图像修复精度。

◆ 对所有图层取样。如果文档中包含了多个图层,勾选该复选框,可以对所有图层中的图像进行取样。

"红眼工具"选项栏

"红眼工具" 专门用于处理在弱光中拍照时因闪光

而造成的红眼现象,同时还可以快速地改变图像局部的色相、饱和度、颜色与亮度,如去除人物照片上的红眼和给黑白照片上色。"红眼工具"的使用方法非常简单,只需要在设置参数后,在图像中的红眼位置单击即可。其工具选项栏如图8-72所示。

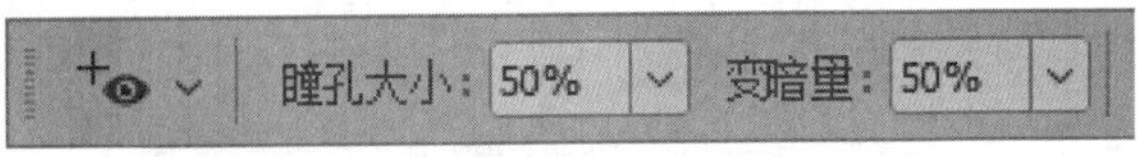

图 8-72 "红眼工具"选项栏

◆ 瞳孔大小。设置瞳孔的大小,即眼睛暗色中心的大小。

◆ 变暗量。设置瞳孔的暗度。

> **❓答疑解惑:红眼是怎么产生的?如何避免红眼的产生?**
>
> 红眼是由于相机闪光灯在视网膜上反光引起的。在光线暗淡的房间里拍照时,光线比较黑暗,人眼瞳孔放大,如果闪光灯的强光突然照射,瞳孔来不及收缩,强光直射视网膜,视觉神经的血红色就会出现在照片上形成"红眼"。为了避免红眼,除了可以在Photoshop CC 2018中进行矫正以外,还可以使用相机的红眼消除功能来消除红眼。

> **🔍 延伸讲解**
>
> 除了使用专门的"红眼工具"来修复,使用"画笔工具",设置前景色为黑色、"模式"为"颜色",也可以去除人物的红眼。

8.4 用"液化"滤镜扭曲图像

"液化"滤镜是修饰图像和创建艺术效果的强大工具,其使用方法比较简单,但功能相当强大,可以创建推、拉、旋转、扭曲和收缩等变形效果,常用来修改图像的特定区域。

8.4.1 "液化"对话框

打开一张图像文件后,执行"滤镜"→"液化"命令,可以打开"液化"对话框,如图8-73所示。"液化"对话框左侧为工具箱,右侧为各种选项组。

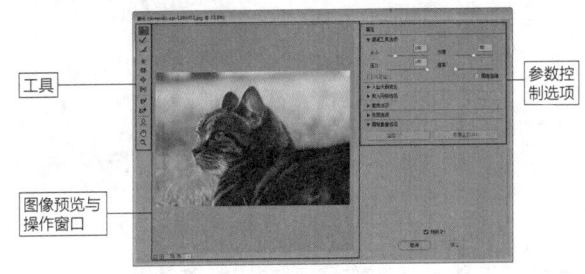

图 8-73 "液化"对话框

8.4.2 使用变形工具

使用"液化"对话框中的变形工具在图像上按住鼠标左键并拖动可进行变形操作，变形集中在画笔区域中心，并随着鼠标在某个区域中的重复拖动而得到增强。

◆ 向前变形工具◢。通过在图像上按住鼠标左键拖动，向前推动图像而产生变形，如图8-74所示。

◆ 重建工具◢。用于恢复变形的图像。在变形区域按住鼠标左键拖动进行涂抹，可以使变形区域的图像恢复到原来的效果，如图8-75所示。

图 8-74 变形图像

图 8-75 重置区域

◆ 顺时针旋转扭曲工具◢。拖动鼠标可以顺时针旋转图像，如图8-76所示。如果按住Alt键进行操作，则可以逆时针旋转图像，如图8-77所示。

图 8-76 顺时针旋转图像

图 8-77 逆时针旋转图像

◆ 褶皱工具◢。可以使像素向画笔区域的中心移动，使图像产生内缩效果，如图8-78所示。

◆ 膨胀工具◢。可以使像素向画笔区域中心以外的方向移动，使图像产生向外膨胀的效果，如图8-79所示。

图 8-78 褶皱效果

图 8-79 膨胀效果

◆ 左推工具◢。当按住鼠标左键向上拖动时，像素会向

左移动；当按住鼠标左键向下拖动时，像素会向右移动，如图8-80所示；按住Alt键的同时按住鼠标左键向上拖动，像素会向右移动；按住Alt键的同时按住鼠标左键向下拖动，像素会向左移动，如图8-81所示。

图 8-80 右推效果　　　　图 8-81 左推效果

◆ 冻结蒙版工具◢。如果需要对某个区域进行处理，并且不希望操作影响到其他区域，可以使用该工具绘制出冻结区域，如图8-82所示。此后使用变形工具处理图像时，该区域将受到保护而不会发生变形，如图8-83所示。

图 8-82 冻结部分区域　　　图 8-83 保护部分区域

◆ 解冻蒙版工具◢。使用该工具在冻结区域涂抹，可以将其解冻。

◆ 脸部工具◢。使用该工具可以识别人物的五官，可以按住鼠标左键拖动定界框或调整参数来修饰五官。

◆ 抓手工具◢/缩放工具◢。这两个工具的使用方法与工具箱中的相应工具完全相同。

8.4.3 设置"画笔工具选项"

在"画笔工具选项"下，可以设置当前使用工具的各种属性，如图8-84所示。

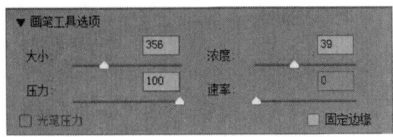
图 8-84 画笔工具选项

◆ 大小。用来设置扭曲图像的画笔的大小。

◆ 浓度。控制画笔边缘的羽化范围。画笔中心产生的效果最强，边缘处最弱。

◆ 压力。控制画笔在图像上产生扭曲的速度。

◆ 速率。设置当前使用工具，如"旋转扭曲工具"，在预览图像中保持静止时扭曲所应用的速度。

◆ 光笔压力。当计算机配有压感笔或数位板时，勾选该复选框可以通过压感笔的压力来控制工具。

8.4.4 设置"画笔重建选项"

"画笔重建选项"下的参数主要用来设置重建方式，以及如何撤销所选择的操作，如图8-85所示。

图 8-85 画笔重建选项

◆ 重建。单击该按钮，可以打开"恢复重建"对话框，设置重建数量，如图8-86所示，可以应用重建效果，以创建扭曲度较小的显示效果。

图 8-86 "恢复重建"对话框

◆ 恢复全部。单击该按钮，可以取消所有的扭曲效果。

8.4.5 设置"蒙版选项"

如果图像中包含有选区或蒙版，可以通过"蒙版选项"来设置蒙版的保留方式，如图8-87所示。

图 8-87 蒙版选项

◆ 替换选区 ◐。显示原始图像中的选区、蒙版或透明度。

◆ 添加到选区 ◑。显示原始图像中的蒙版，以便可以使用"冻结蒙版工具"将其加到选区。

◆ 从选区中减去 ◖。从当前的冻结区域中减去通道中的像素。

◆ 与选区交叉 ◑。只使用当前处于冻结状态的选定的像素。

◆ 反相选区 ◐。使用选定像素使当前的冻结区域相反。

◆ 无：单击该按钮，可以使图像全部解冻。

◆ 全部蒙住。单击该按钮，可以使图像全部冻结。

◆ 全部反相。单击该按钮，可以使冻结区域和解冻区域反相。

8.4.6 设置"视图选项"

"视图选项"主要用来显示或隐藏图像、网格和背景。另外，还可以设置网格大小和颜色、蒙版颜色、背景模式和不透明度，如图8-88所示。

◆ 显示图像。控制是否在预览窗口中显示图像。

◆ 显示网格。勾选该复选框可以在预览窗口中显示网格，通过网格可以更好地查看扭曲，图8-89和图8-90所示分别是扭曲前的网格和扭曲后的网格。启用"显示网格"以后，网格大小选项和网格颜色选项才可用，这两个选项主要用来设置网格的密度和颜色。

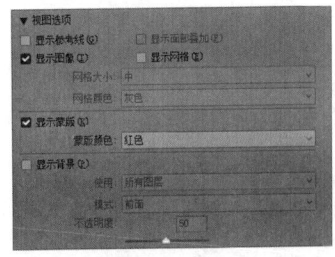

图 8-88 视图选项

图 8-89 扭曲前的网格　　图 8-90 扭曲后的网格

◆ 显示蒙版。使用蒙版颜色覆盖冻结区域。在"蒙版颜色"选项中可以设置蒙版颜色。

◆ 显示背景。如果当前图像中包含多个图层，可通过勾选该复选框将其他图层作为背景来显示，以便更好地观察扭曲后的图像与其他图层的合成效果。

● 使用。在"使用"下拉列表框中可以选择作为背景的图层。

● 模式。在"模式"下拉列表框中可以选择将背景放在当前图层的前面或后面，以便查看对图像所做出的修改。

● 不透明度：用来设置背景图层的不透明度。

8.5 用"消失点"滤镜编辑照片

"消失点"滤镜可以在包含透视平面（如建筑物的侧面、墙壁、地面或任何矩形对象）的图像中进行透视校正操作。在修饰、仿制、复制、粘贴或移去图像内容时，系统可以准确确定这些操作的方向。

8.5.1 "消失点"对话框

执行"滤镜"→"消失点"命令，可以打开"消失点"对话框，如图8-91所示。对话框中包含用于定义透视平面、编辑图像的工具及一个可预览图像的工作区。

图 8-91 "消失点"对话框

"消失点"对话框左侧为工具栏，共列举了10种工具。

◆ 编辑平面工具 ▶。用来选择、编辑、移动平面的节点并调整平面大小。

◆ 创建平面工具 ▦。通过定义平面的4个角节点创建平面，如图8-92所示。

◆ 选框工具 ▤。可以在预览图像中创建矩形选区，如图8-93所示。建立选区以后，将鼠标指针放置在选区内，按住Alt键的同时按住鼠标左键拖动选区，可以复制图像。如果按住Ctrl键的同时按住鼠标左键拖动选区，则可以用源图像填充该选区。

图 8-92 创建平面　　　　图 8-93 创建选区

◆ 图章工具 ▤。仿制图像，并根据平面的设置自动产生透视效果。使用该工具时，按住Alt键在透视平面内单击可以设置取样点，然后在其他区域按住鼠标左键拖动进行仿制操作。

◆ 画笔工具 ✎。在平面上绘制选定的颜色。

◆ 变换工具 ▦。可以缩放、旋转或移动复制的图像。

◆ 吸管工具 ✎。选择预览图像中的颜色作为画笔绘制时使用的颜色。

◆ 测量工具 ▦。在透视平面中测量项目的距离和角度。

◆ 抓手工具 ✋。移动预览图像。

◆ 缩放工具 🔍。放大或缩小预览图像。

8.5.2 实战：在透视状态下复制图像

难度：☆☆

素材文件	第 8 章 \8.5.2
在线视频	第 8 章 \8.5.2 实战：在透视状态下复制图像 .mp4
技术要点	"消失点"滤镜

本实战通过执行"滤镜"→"消失点"命令，打开"消失点"对话框，使用"创建平面工具" ▦ 创建透视平面，再使用"选框工具" ▤，按住鼠标左键拖动在图像上创建选区，将鼠标指针放在选区内，按住Alt键的同时按住鼠标左键拖动复制图像。

步骤 01 启动Photoshop CC 2018软件，选择本章的素材文件"8.5.2 在透视状态下复制图像.jpg"，将其打开，如图8-94所示。按Ctrl+J组合键复制一个图层，如图8-95所示。

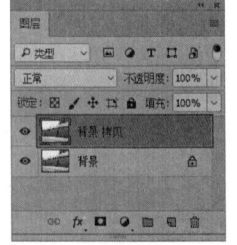

图 8-94 打开素材文件　　　图 8-95 复制图层

步骤 02 执行"滤镜"→"消失点"命令，打开"消失点"对话框，单击工具箱中的"创建平面工具" ▦，在图像上单击添加节点，如图8-96所示。闭合节点后，即可创建透视平面，如图8-97所示。

图 8-96 创建透视平面1　　图 8-97 创建透视平面2

步骤03 单击工具箱中的"选框工具" ■，在图像上按住鼠标左键拖动创建选区，如图8-98所示。将鼠标指针放在选区内，按住Alt键的同时按住鼠标左键拖动，即可复制图像，如图8-99所示。

图 8-98 创建选区　　　　图 8-99 复制图像

步骤04 按Ctrl+D组合键取消选区，再采用同样的方法在图像上绘制选区，按住Alt键的同时按住鼠标左键拖动，复制选区，如图8-100所示。单击"确定"按钮，复制图像完成，如图8-101所示。

图 8-100 复制选区　　　　图 8-101 完成效果

答疑解惑：为什么透视平面是红色的？

定义透视平面时，蓝色定界框是有效平面，红色定界框是无效平面。红色平面中不能拉出垂直平面。如果定界框为黄色，则可以拉出垂直平面或进行编辑，但也无法获得正确的对齐结果，如图8-102所示。

a. 有效平面　　b. 无效平面1　　c. 无效平面2
图 8-102 定义透视平面

延伸讲解

"消失点"滤镜使用技巧如下。

● 如果在使用"消失点"前新建一个图层，则修改结

果会出现在该图层上，而不会对原有图像造成破坏。

● 在操作的过程中，如果出现了失误，可以按Ctrl+Z组合键还原一次操作，连续按Alt+Ctrl+Z组合键可逐步还原。如果想要撤销全部操作，可按住Alt键单击"复位"按钮，对话框中的图像就会恢复为初始状态。

● 如果要在图像中保留透视平面信息，可以用PSD、TIFF或JPEG格式存储文档。

● 在定义透视平面的过程中，可以在边角处放置节点。处理细节时，按X键可缩放预览图像。

8.6 用Photomerge创建全景图

拍摄照片时，有时无法将需要的景物完全纳入镜头中，这时可以多次拍摄景物的各个部分，然后通过执行"Photomerge"命令，将照片的各个部分合成一幅完整的照片。

8.6.1 自动对齐图层

使用"自动对齐图层"命令可以根据不同图层中的相似内容，如角和边，自动对齐图层。用户可以指定一个图层作为参考图层，也可以让系统自动选择参考图层，其他图层将与参考图层对齐，以便使匹配的内容能够自动进行叠加。

在"图层"面板中选择两个或两个以上的图层，然后执行"编辑"→"自动对齐图层"命令，打开"自动对齐图层"对话框，如图8-103所示。

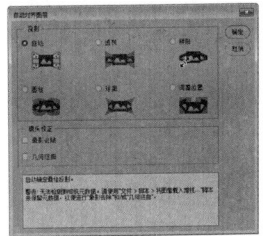

图 8-103 "自动对齐图层"对话框

◆ 自动。通过分析源图像应用"透视"或"圆柱"版面。

◆ 透视。通过将源图像中的一张图像指定为参考图像来创建一致的复合图像，然后变换其他图像，以匹配图层的重叠内容。

◆ 拼贴。对齐图层并匹配重叠内容，并且不更改图像中对象的形状。

◆ 圆柱。通过在展开的圆柱上显示各个图像来减少"透视"版面中会出现的"领结"扭曲，同时图层的重叠内容仍然相互匹配。

◆ 球面。将图像与宽视角对齐，也就是垂直和水平。指定某个源图像，默认情况下一般是中间图像，作为参考图像以后，对其他图像选择球面变换，以匹配重叠的内容。

◆ 调整位置。对齐图层并匹配重叠内容，但不会变换源图层。

◆ 晕影去除。对导致图像边缘，尤其是角落，比图像中心暗的镜头缺陷进行补偿。

◆ 几何扭曲。补偿桶形、枕形或鱼眼失真。

🔍 **延伸讲解**

如果"自动"投影方式未能完全套准图层，可以尝试使用"调整位置"投影方式。

8.6.2 自动混合图层

使用"自动混合图层"命令可以缝合或组合图像，使最终图像中获得平滑的过渡效果。"自动混合图层"功能根据需要对每个图层应用图层蒙版，以遮盖过度曝光或曝光不足的区域或内容差异。"自动混合图层"功能仅适用于RGB颜色或灰度模式图像，不适用于智能对象、视频图层、3D图层或"背景"图层。

选择两个或两个以上的图层，然后执行"编辑"→"自动混合图层"命令，打开"自动混合图层"对话框，如图8-104所示。

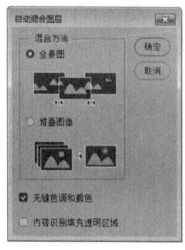

图 8-104 "自动混合图层"对话框

◆ 全景图。将重叠的图层混合成全景图。

◆ 堆叠图像。混合每个区域相应区域中的最佳细节。该选项适合于已对齐的图层，如图8-105所示。

图 8-105 堆叠图像

8.6.3 实战：将多张照片拼接成全景图

难度：☆ ☆

素材文件	第 8 章 \8.6.3
在线视频	第 8 章 \8.6.3 实战：将多张照片拼接成全景图 .mp4
技术要点	"Photomerge"命令

本实战通过执行"文件"→"自动"→"Photomerge"命令，打开"Photomerge"对话框。在"版面"选项中选择"自动"，单击"添加打开的文件"按钮，将窗口中打开的3张照片添加到列表中。勾选"混合图像"复选框，单击"确定"按钮，自动拼合照片，并添加图层蒙版，使照片直接无缝连接，将多张照片拼成全景图。

步骤 01 启动Photoshop CC 2018软件，选择本章的素材文件"8.6.3 将多张照片拼接成全景图"文件夹中的三张照片素材，将它们打开，如图8-106、图 8-107和图8-108所示。

图 8-106 打开素材文件 1 　　　　图 8-107 打开素材文件 2

步骤 02 执行"文件"→"自动"→"Photomerge"命令，打开"Photomerge"对话框，在"版面"选项中选择"自动"，单击"添加打开的文件"按钮，将窗口中打开的3张照片添加到列表中，再勾选"混合图像"复选框，如图8-109所示。

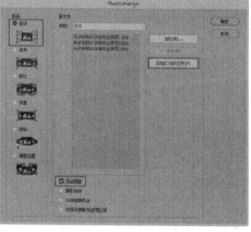

图 8-108 打开素材文件 3 　　　　图 8-109 "Photomerge" 对话框

步骤 03 单击"确定"按钮，系统将会自动拼合照片，并添加图层蒙版，使照片直接无缝连接，如图8-110所示。单击工具箱中的"矩形选框工具" ■，将照片内容选中，如图8-111所示。

图 8-110 拼合照片

图 8-111 创建选区

步骤 04 执行"图像"→"裁剪"命令，将空白区域和多余的图像内容裁剪掉，将多张照片拼成全景图完成，如图8-112所示。

图 8-112 完成效果

?? 答疑解惑：什么样的照片能合成全景图？

用于合成全景图的每张照片都要有一定的重叠内容，系统需要识别这些重叠的地方才能拼接照片。一般来说，重叠处应该占照片的10%~15%。

8.7 编辑HDR照片

HDR图像是通过合成多幅以不同曝光度拍摄的同一场景或同一人物的照片而创建的高动态范围图片，主要用于影片、特殊效果、3D作品及某些高端图片。HDR是"高动态范围"的缩写，HDR图像可以按照比例存储真实场景中的所有明度值，画面中无论高光还是阴影区域的细节都可以保留，色调层次更加丰富。

8.7.1 调整HDR图像的色调

"HDR色调"命令可以用来修补太亮或太暗的图像，制作出高动态范围的图像效果，对于处理风景图像非常有用。打开一张图像文件，如图8-113所示，执行"图像"→"调整"→"HDR色调"命令，打开"HDR色调"对话框，如图8-114所示。

图 8-113 原始图像

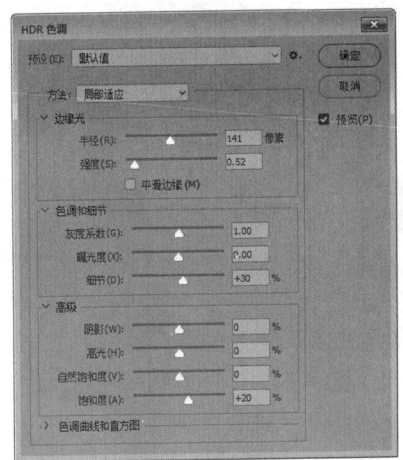

图 8-114 "HDR 色调"对话框

◆ 预设。在下拉列表框中可以选择预设的HDR效果，既有黑白效果，也有彩色效果。

◆ 方法。选择采用何种HDR方法调整图像。

◆ 边缘光。该选项用于调整图像边缘光的强度，如图8-115所示。

◆ 色调和细节。调节该选项组中的选项可以使图像的色调和细节更加丰富细腻，如图8-116所示。

图 8-115 调整"边缘光"

图 8-116 调整色调和细节

◆ 高级。该选项组用来调整图像的整体色彩。

◆ 色调曲线和直方图。该选项组的使用方法与"曲线"命令的使用方法相同。

8.7.2 调整HDR图像的曝光

"曝光度"命令专门用于调整HDR图像的曝光效果，它是通过在线性颜色空间，而不是当前颜色空间，选择计算而得出的曝光效果。打开一张图像，如图8-117所示，然后执行"图像"→"调整"→"曝光度"命令，打开"曝光度"对话框，如图8-118所示。

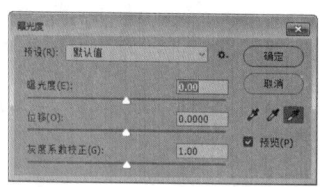

图 8-117 原始图像　　　　图 8-118 "曝光度"对话框

◆ 预设。Photoshop CC 2018预设了4种曝光效果，分别是"减1.0""减2.0""加1.0""加2.0"。

◆ 预设选项 ⚙。单击"预设选项"按钮 ⚙，可以将当前设置的参数进行保存，或载入一个外部的预设调整文件。

◆ 曝光度。按住鼠标左键向左拖动滑块，可以降低曝光效果，如图8-119所示；按住鼠标左键向右拖动滑块，可以提高曝光效果，如图8-120所示。

图 8-119 降低曝光效果　　　图 8-120 提高曝光效果

◆ 位移。该选项主要对阴影和中间调起作用，可以使其变暗，但对高光基本不会产生影响，如图8-121所示。

◆ 灰度系数校正。使用一种乘方函数来调整图像灰度系数，如图8-122所示。

图 8-121 调整位移　　　　图 8-122 调整灰度系数

8.7.3 调整HDR图像的动态范围视图

如果HDR图像的动态范围超出了计算机显示器的显示范围，那么在打开图像文件时，可能会出现非常暗或褪色的现象。执行"视图"→"32位预览选项"命令，可以打开"32位预览选项"对话框，如图8-123所示，可对HDR图像的预览进行调整。

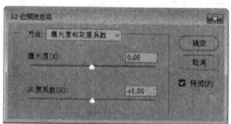

图 8-123 "32 位预览选项"对话框

可以通过两种方式对HDR图像的预览进行调整。

◆ 在"方法"下拉列表框中选择"曝光度和灰度系数"，然后按住鼠标左键拖动"曝光度"和"灰度系数"的滑块调整图像的亮度和对比度。

◆ 在"方法"下拉列表框中选择"高光压缩"，系统会自动压缩HDR图像中的高光值，使其位于8位/通道或16位/通道图像文件的亮度值范围内。

8.7.4 实战：将多张照片合并为HDR图像

难度：☆ ☆ ☆

素材文件	第 8 章 \8.7.4
在线视频	第 8 章 \8.7.4 实战：将多张照片合并为 HDR 图像 .mp4
技术要点	"合并到 HDR Pro"命令

本实战通过执行"文件"→"自动"→"合并到HDR Pro"命令，打开"合并到HDR Pro"对话框。单击"添加打开的文件"按钮，将窗口中打开的3张照片添加到列表中。单击"确定"按钮，弹出"合并到HDR Pro"对话框，并显示合并的源图像、合并结果的预览图像，然后拖动滑块调节参数，将多张照片合并为HDR图像。

步骤 01 启动Photoshop CC 2018软件，选择本章的素材文件"8.7.4 将多张照片合并为HDR图像"文件夹中的3张照片素材，将它们打开，如图8-124、图 8-125和图8-126所示。

步骤 02 执行"文件"→"自动"→"合并到HDR Pro"命令，打开"合并到HDR Pro"对话框，单击"添加打开的文件"按钮，将窗口中打开的3张照片添加到列表，如图8-127所示。

图 8-124 打开素材文件 1

图 8-125 打开素材文件 2

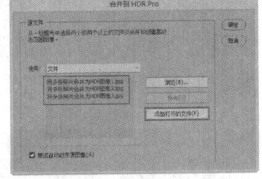

图 8-126 打开素材文件 3　　图 8-127 "合并到 HDR Pro"对话框

步骤 03 单击"确定"按钮，弹出"手动设置曝光值"对话框，如图8-128所示。单击"确定"按钮，系统将会对图像进行处理，弹出"合并到HDR Pro"对话框，并显示合并的源图像、合并结果的预览图像，如图8-129所示。

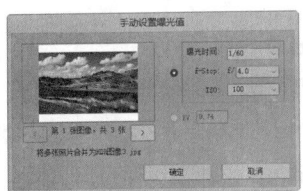

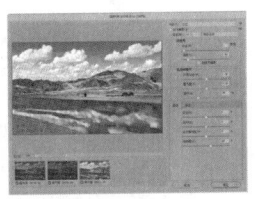

图 8-128 "手动设置曝光值"对话框　　图 8-129 "合并到 HDR Pro"对话框

步骤 04 按住鼠标左键拖动各个选项的滑块，调节参数，同时观察图像效果，如图8-130所示。再单击"曲线"选项卡，调节曲线，增强对比度，如图8-131所示。

图 8-130 调节参数　　图 8-131 调节曲线

步骤 05 单击"确定"按钮，即可将多张照片合并为HDR图像，并新建一个文件，如图8-132所示。按Ctrl+J组合键复制一个图层，如图8-133所示。

步骤 06 执行"图像"→"调整"→"照片滤镜"命令，打开"照片滤镜"对话框，在"滤镜"下拉列表框中选择"加温滤镜（85）"，如图8-134所示。单击"确定"按钮，为图像添加滤镜效果，如图8-135所示。

图 8-132 合并为 HDR 图像　　图 8-133 复制图层

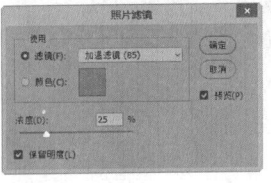

图 8-134 "照片滤镜"对话框　　图 8-135 添加滤镜效果

步骤 07 在"图层"面板中将该图层的混合模式更改为"变暗"，如图8-136所示。将多张照片合并为HDR图像完成，如图8-137所示。

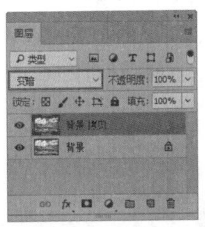

图 8-136 更改混合模式　　图 8-137 完成效果

?? 答疑解惑：什么样的照片适合制作 HDR 照片？

如果要通过Photoshop CC 2018合成HDR照片，至少要拍摄3张不同曝光度的照片（每张照片的曝光相差一档或两档），其次，要通过改变快门速度（而非光圈大小）进行包围式曝光，以避免照片的景深发生改变，并且最好使用三脚架。

8.8 镜头缺陷校正滤镜 难点

"自适应广角"滤镜可以校正由于使用广角镜头而造成的镜头扭曲。它可以快速拉直在全景图或采用鱼眼镜头和广角镜头拍摄的照片中看起来弯曲的线条。除了用"自适应广角"滤镜校正缺陷镜头，还可以使用"镜头校正"滤镜修复镜头。

"镜头校正"滤镜可以修复常见的镜头瑕疵，如桶形失真、枕形失真、晕影和色差等，也可以使用该滤镜来旋转图像，或修复由于相机在垂直或水平方向上倾斜而导致的图像透视错误，该滤镜只能处理8位/通道和16位/通道的图像。

8.8.1 实战：自动校正镜头缺陷

难度：☆

素材文件	第 8 章 \8.8.1
在线视频	第 8 章 \8.8.1 实战：自动校正镜头缺陷 .mp4
技术要点	"镜头校正"滤镜

本实战通过执行"滤镜"→"镜头校正"命令，打开"镜头校正"对话框，勾选"校正"选项组中的"几何扭曲"复选框，单击"确定"按钮，自动校正镜头缺陷。

步骤 01 启动Photoshop CC 2018软件，选择本章的素材文件"8.8.1 自动校正镜头缺陷.jpg"，将其打开，如图8-138所示。按Ctrl+J组合键复制一个图层，如图8-139所示。

图 8-138 打开素材文件

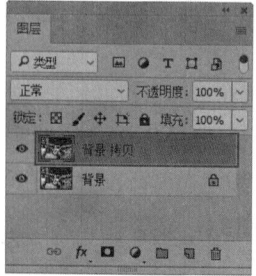

图 8-139 复制图层

步骤 02 执行"滤镜"→"镜头校正"命令，打开"镜头校正"对话框，勾选"校正"选项组中的"几何扭曲"复选框，如图8-140所示。单击"确定"按钮，即可自动校正镜头缺陷，如图8-141所示。

图 8-140 勾选"几何扭曲"复选框

图 8-141 完成效果

"镜头校正"对话框中的选项

◆ 校正。可以选择要解决的问题。如果校正后导致图像超出了原始尺寸，可勾选"自动缩放图像"复选框，或者在"边缘"下拉列表框中指定如何处理出现的空白区域。选择"边缘扩展"，可扩展图像的边缘像素来填充空白区域；选择"透明度"，空白区域保持透明；选择"黑色"或"白色"，则使用黑色或白色填充空白区域。

◆ 搜索条件。可以手动设置相机的制造商、相机型号和镜头类型，这些选项指定后，系统就会给出与之匹配的镜头配置文件。

◆ 镜头配置文件/联机搜索。可以选择与相机和镜头匹配的配置文件。如果没有找到合适的配置文件，可单击"联机搜索"按钮，获取Photoshop社区所创建的其他配置文件。

◆ 显示网格。勾选该复选框，可在画面中显示网格，通过网格线可以更好地判断所需的校正参数。通过"大小"选项可以调整网格间距。单击颜色块，可以打开"拾色器"，修改网格颜色。

8.8.2 实战：校正出现色差的照片

难度：☆☆

素材文件	第 8 章 \8.8.2
在线视频	第 8 章 \8.8.2 实战：校正出现色差的照片 .mp4
技术要点	"镜头校正"滤镜

色差是由于镜头对不同平面中不同颜色的光进行对焦而产生的，具体表现为背景与前景对象相接的边缘会出现红、蓝或绿色的杂边。拍摄照片时，如果背景的亮度高于前景，就容易出现色差。本实战通过执行"滤镜"→"镜头校正"命令，打开"镜头校正"对话框，单击"自定"选项卡，在"色彩"选项组中设置各个选项的参数，来校正出现色差的照片。

步骤 01 启动Photoshop CC 2018软件，选择本章的素材文件"8.8.2 校正出现色差的照片.jpg"，将其打开，如图8-142所示。单击选择工具箱中的"缩放工具"，在图像上单击放大图像，可以看到叶子边缘的色差非常明显，如图8-143所示。

图 8-142 打开素材文件

图 8-143 放大图像

步骤 02 按Ctrl+J组合键复制一个图层，如图8-144所示。

执行"滤镜"→"镜头校正"命令，打开"镜头校正"对话框，单击工具箱中的"缩放工具"，再单击"自定"选项卡，如图8-145所示。

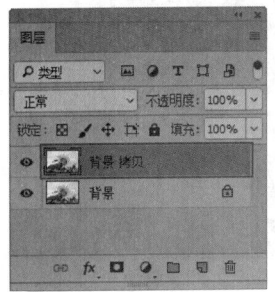

图 8-144 复制图层

图 8-145 "镜头校正"对话框

步骤 03 在"色差"选项组中按住鼠标左键向右拖动"修复红/青边"滑块，再按住鼠标左键向左拖动"修复绿/洋红边"滑块，可以看到预览图像的消除色差效果，如图8-146所示。单击"确定"按钮，即可校正出现色差的照片，如图8-147所示。

图 8-146 调节参数

图 8-147 完成效果

8.8.3 实战：校正出现晕影的照片

难度：☆☆

素材文件	第 8 章 \8.8.3
在线视频	第 8 章 \8.8.3 实战：校正出现晕影的照片 .mp4
技术要点	"镜头校正"滤镜

晕影的特点表现为图像的边缘比图像的中心暗。本实战通过执行"滤镜"→"镜头校正"命令，打开"镜头校正"对话框。单击"自定"选项卡，在"晕影"选项组中调节"数量"和"中点"的参数，来校正出现晕影的照片。

步骤 01 启动Photoshop CC 2018软件，选择本章的素材文件"8.8.3 校正出现晕影的照片.jpg"，将其打开，如图 8-148所示。按Ctrl+J组合键复制一个图层，如图 8-149所示。

图 8-148 打开素材文件

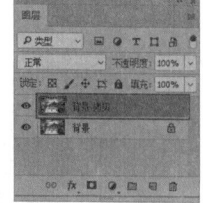

图 8-149 复制图层

步骤 02 执行"滤镜"→"镜头校正"命令，打开"镜头校正"对话框，单击"自定"选项卡，在"晕影"选项组中按住鼠标左键向右侧拖动"数量"滑块，将边角调亮，再按住鼠标左键向右侧拖动"中点"滑块，如图 8-150所

示。单击"确定"按钮，即可校正出现晕影的照片，如图 8-151所示。

图 8-150 调节参数

图 8-151 完成效果

🔍 **延伸讲解**

"中点"用于指定"数量"滑块所影响的区域的宽度，数值高只会影响图像的边缘，数值低则会影响较多的图像区域。

应用透视变换

在"镜头校正"对话框中，"变换"选项组中包含扭曲图像的选项，可用于修复由于相机垂直或水平倾斜而导致的透视现象。

◆ 垂直透视/水平透视。用于校正由于相机垂直或水平倾斜而导致的图像透视。"垂直透视"可以使图像中的垂直线平行，"水平透视"可以使水平线平行。

◆ 角度。与"拉直工具"的作用相同，可以旋转图像以针对相机歪斜加以校正，或者在校正透视后进行调整。

◆ 比例。可以向上或向下调整图像缩放，图像的像素尺寸不会改变。它的主要用途是填充由于枕形失真、旋转或透视校正而产生的图像空白区域。放大实际上是裁剪图像，并使差值增大到原始像素尺寸，因此，放大比例过高会导致图像变虚。

8.8.4 实战：用"自适应广角"滤镜校正照片

难度：☆☆

素材文件	第8章\8.8.4
在线视频	第8章\8.8.4 实战：用"自适应广角"滤镜校正照片.mp4
技术要点	"自适应广角"滤镜

　　"自适应广角"滤镜可以快速拉直全景图像或使用广角（或鱼眼）镜头拍摄的照片中的弯曲对象，该滤镜可以检测拍摄该照片的相机和镜头型号，并使用镜头特性拉直图像。本实战通过执行"滤镜"→"自适应广角"命令，打开"自适应广角"对话框，系统会自动对照片进行简单的校正，再使用"约束工具"在弯曲的图像上创建约束线，来校正图像。

步骤01 启动Photoshop CC 2018软件，选择本章的素材文件"8.8.4 用'自适应广角'滤镜校正照片.jpg"，将其打开，如图8-152所示。按Ctrl+J组合键复制一个图层，如图8-153所示。

图 8-152 打开素材文件

图 8-153 复制图层

步骤02 执行"滤镜"→"自适应广角"命令，打开"自适应广角"对话框，系统会自动对照片进行简单的校正，如图8-154所示。单击工具箱中的"约束工具" ，将鼠标指针放在弯曲的图像上单击，并向下拖动出一条绿色的约束线，如图8-155所示。

图 8-154 "自适应广角"对话框

图 8-155 拖动出绿色的约束线

步骤03 松开鼠标后，即可将弯曲的图像拉直，如图8-156所示。采用同样的方法，在弯曲比较明显的地方创建约束线，将图像校正。单击"确定"按钮，即可将照片校正，如图8-157所示。

图 8-156 校正图像

图 8-157 完成效果

"自适应广角"对话框中的工具

◆ 约束工具 ▧ 。单击图像或按住鼠标左键拖动端点，可以添加或编辑约束线。按住Shift键单击可添加水平或垂直约束线，按住Alt键单击可删除约束线。

◆ 多边形约束工具 ▨ 。单击图像或按住鼠标左键拖动端点可以添加或编辑多边形约束线，按住Alt键单击可删除约束线。

◆ 移动工具 ✜ 。可以移动对话框中的图像。

◆ 抓手工具 ✋ 。单击放大窗口的显示比例后，可以用该工具移动画面。

◆ 缩放工具 🔍 。单击可放大窗口的显示比例，按住Alt键单击则缩小显示比例。

"自适应广角"对话框中的选项

◆ 校正。在该下拉列表框中可以选择投影模型，包括"鱼眼""透视""自动""完整球面"。

◆ 缩放。校正图像后，可通过该选项来缩放图像，以填满空缺。

◆ 焦距。用来指定焦距。

◆ 裁剪因子。用来指定裁剪因子。

◆ 原照设置。勾选该复选框后，可以使用照片元数据中的焦距和裁剪因子。

◆ 细节。该选项中会实时显示鼠标指针下方图像的细节（比例为100%）。使用"约束工具" ▧ 和"多边形约束工具" ▨ 时，可通过观察该图像来定位约束点。

◆ 显示约束。勾选该复选框后，可以显示约束线。

◆ 显示网格。勾选该复选框后，可以显示网格。

8.8.5 实战：用"自适应广角"滤镜制作大头照

难度：☆☆

素材文件	第8章\8.8.5
在线视频	第8章\8.8.5 实战：用"自适应广角"滤镜制作大头照.mp4
技术要点	"自适应广角"滤镜

本实战通过执行"滤镜"→"自适应广角"命令，打开"自适应广角"对话框。在"校正"下拉列表框中选择"透视"选项，再按住鼠标左键拖动"焦距"和"缩放"滑块，创建膨胀效果并缩小图像的比例，单击"确定"按钮，模拟鱼眼镜头创建大头照。

步骤 01 启动Photoshop CC 2018软件，选择本章的素材文件"8.8.5 用'自适应广角'滤镜制作大头照.jpg"，将其打开，如图8-158所示。按Ctrl+J组合键复制一个图层，如图8-159所示。

图 8-158 打开素材文件

图 8-159 复制图层

步骤 02 执行"滤镜"→"自适应广角"命令，打开"自适应广角"对话框。在"校正"下拉列表框中选择"透视"选项，按住鼠标左键拖动"缩放"滑块扭曲图像，创建膨胀效果，再按住鼠标左键拖动"焦距"滑块，缩小图像的比例，如图8-160所示。单击"确定"按钮，即可模拟鱼眼镜头创建大头照，如图8-161所示。

图 8-160 设置"自适应广角"滤镜

图 8-161 完成效果

…滤镜功能是非常强大的，
…面。通过滤镜可以制作出绚丽多彩的
…不仅能够改变图像的效果，遮盖缺点和修饰
…还能够在原始图像的基础上创作出令人意想不到
…果。

9.1 实战：用"镜头模糊"滤镜制作景深效果

难度：☆☆☆

素材文件	第 8 章 \8.9.1
在线视频	第 8 章 \8.9.1 实战：用"镜头模糊"滤镜制作景深效果 .mp4
技术要点	"镜头模糊"滤镜

"镜头模糊"滤镜可以为图像添加模糊效果，并用Alpha通道或图层蒙版的深度值来映射像素的位置，使图像中的一些对象在焦点内，另一些区域变模糊，生成景深效果。本实战通过执行"滤镜"→"模糊"→"镜头模糊"命令，打开"镜头模糊"对话框，调整"模糊焦距"和"光圈"选项组中的"半径"参数，制作景深效果。

步骤01 启动Photoshop CC 2018软件，选择本章的素材文件"8.9.1 用'镜头模糊'滤镜制作景深效果.jpg"，将其打开，如图8-162所示。按Ctrl+J组合键复制一个图层，如图8-163所示。

图 8-162 打开素材文件

图 8-163 复制图层

步骤02 单击工具箱中的"快速选择工具" ，创建选区，选中荷花，如图8-164所示。在工具选项栏中单击"选择并遮住"按钮，如图8-165所示。

图 8-164 创建选区

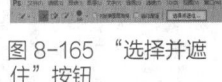

图 8-165 "选择并遮住"按钮

步骤03 打开"选择并遮住"对话框，在"属性"面板中按住鼠标左键拖动"羽化"滑块，设置参数，如图8-166所示，单击"确定"按钮，应用羽化效果。再单击"通道"面板底部的"将选区存储为通道"按钮 ，将选区保存在通道中，创建"Alpha1"通道，如图8-167所示。

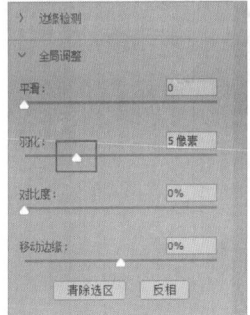

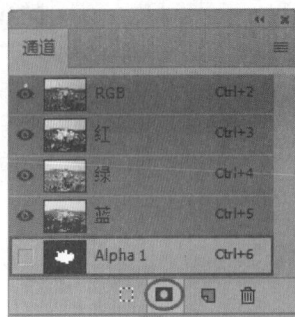

图 8-166 设置"羽化"参数　图 8-167 创建通道

步骤04 按Ctrl+D组合键取消选区，执行"滤镜"→"模糊"→"镜头模糊"命令，打开"镜头模糊"对话框。在"源"下拉列表框中选择"Alpha1"通道，用通道限定模糊范围，使背景变得模糊，再调整"模糊焦距"和"光圈"选项组中的"半径"参数，如图8-168所示。单击"确定"按钮，即可创建模糊。制作景深效果完成，如图8-169所示。

图 8-168 "镜头模糊"对话框

图 8-169 完成效果

❓ 答疑解惑：什么是景深？

　　拍摄照片时，调节相机镜头，使离相机有一定距离的景物清晰成像的过程叫作"对焦"，那个景物所在的点，称为"对焦点"。因为"清晰"并不是一种绝对的概念，所以对焦点前（靠近相机）、后一定距离内景物的成像都可以是清晰的，这个前后范围的总和，就叫作"景深"，意思是只要在这个范围之内的景物，都能清楚地被拍摄到。

"镜头模糊"对话框中的选项

◆ 更快。提高预览速度。

◆ 更加准确。查看图像的最终效果，需要较长的预览时间。

◆ 深度映射。从"源"下拉列表框中可以选择使用Alpha通道或图层蒙版来创建景深效果，前提是图像中存在Alpha通道或图层蒙版。其中通道或蒙版中的白色区域将被模糊，而黑色区域将保持原样，"模糊焦距"选项用来设置位于角点内的像素的深度，"反相"选项用来反转Alpha通道或图层蒙版。

◆ 光圈。该选项组用来设置模糊的显示方式。"形状"选项用来选择光圈的形状，"半径"选项用来设置模糊的数量，"叶片弯度"选项用来设置对光圈边缘进行平滑处理的程度，"旋转"选项用来旋转光圈。

◆ 镜面高光。该选项组用来设置镜面高光的范围。"亮度"选项用来设置高光的亮度；"阈值"选项用来设置亮度的停止点，比停止点亮的所有像素都被视为镜面高光。

◆ 杂色。"数量"选项用来在图像中添加或减少杂色；"分布"选项用来设置杂色的分布方式，包含"平均"和"高斯分布"两种。

◆ 单色。如果勾选"单色"复选框，则添加的杂色为单一颜色。

8.9.2 实战：用"场景模糊"滤镜编辑照片

难度：☆☆

素材文件	第 8 章 \8.9.2
在线视频	第 8 章 \8.9.2 实战：用"场景模糊"滤镜编辑照片.mp4
技术要点	"场景模糊"滤镜

　　"场景模糊"滤镜可以通过一个或多个"图钉"对照片场景中不同的区域应用模糊。本实战通过执行"滤镜"→"模糊画廊"→"场景模糊"命令，打开"场景模糊"对话框，在图像上单击添加"图钉"，并在"模糊工具"面板设置"模糊"参数，单击"确定"按钮，来应用模糊。

步骤 01 启动Photoshop CC 2018软件，选择本章的素材文件"8.9.2 用'场景模糊'滤镜编辑照片.jpg"，将其打开，如图8-170所示。按Ctrl+J组合键复制一个图层，如图8-171所示。

图 8-170 打开素材文件

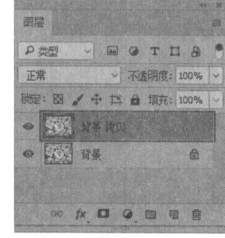

图 8-171 复制图层

步骤 02 执行"滤镜"→"模糊画廊"→"场景模糊"命令，打开"场景模糊"对话框，将鼠标指针放在"图钉"上，并在"模糊工具"面板将"场景模糊"中的"模糊"参数设置为"0像素"，如图8-172所示。再在图像上单击，添加一个"图钉"，并设置"模糊"参数，即可模糊"图钉"区域的图像，如图8-173所示。

图 8-173 添加"图钉"

步骤 03 采用同样的方法，在图像上添加"图钉"，如图 8-174所示，并设置"模糊"参数，按住鼠标左键拖动可移动"图钉"，按Delete键可删除"图钉"。单击"确定"按钮，应用模糊，制作完成，如图8-175所示。

图 8-174 添加"图钉"

图 8-175 完成效果

难度：☆☆	
素材文件	第 8 章 \8.9.3
在线视频	第 8 章 \8.9.3 实战：用"移轴模糊"滤镜模拟移轴摄影 .mp4
技术要点	"移轴模糊"滤镜

移轴摄影利用移轴镜头拍摄作品，照片效果就像是缩微模型一样。本实战通过执行"滤镜"→"模糊画廊"→"移轴模糊"命令，打开"移轴模糊"对话框。按住鼠标左键拖动"图钉"，定位图像中最清晰的点，按住鼠标左键拖动直线和虚线，调整清晰和模糊的区域范围，再调整"模糊"参数，模拟移轴摄影。

步骤 01 启动Photoshop CC 2018软件，选择本章的素材文件"8.9.3 用'移轴模糊'滤镜模拟移轴摄影.jpg"，将其打开，如图8-176所示。按Ctrl+J组合键复制一个图层，如图8-177所示。

图 8-176 打开素材文件

……是由清晰到模糊的过渡区域，虚线外是模糊区域，按住鼠标左键拖动直线和虚线，调整清晰和模糊的区域范围，如图8-179所示。

图 8-178 移动"图钉"

图 8-179 调整直线和虚线

步骤03 在"模糊工具"面板中设置"倾斜偏移"中的"模糊"参数，如图8-180所示。单击"确定"按钮，即可应用倾斜偏移效果，如图8-181所示。

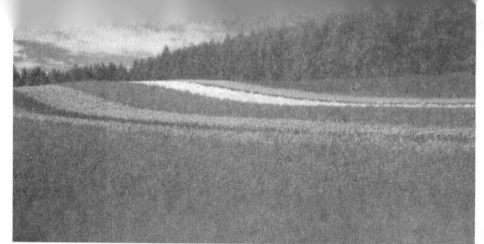

图 8-181 倾斜偏移效果

步骤04 单击"调整"面板中的"颜色查找"按钮▦，创建"颜色查找"调整图层，并在打开的颜色查找"属性"面板的"3DLUT文件"下拉列表框中选择"Fuji F125 Kodak 2393 (by Adobe).cube"调整文件，如图8-182所示。制作完成，如图8-183所示。

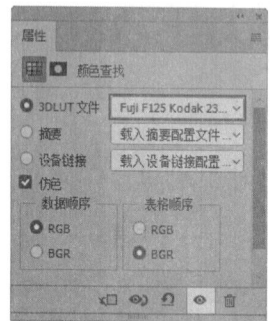

图 8-182 颜色查找"属性"面板

图 8-183 完成效果

8.10 课后习题

8.10.1 减淡荷花颜色

难度：☆☆

素材文件	第 8 章 \8.10.1
在线视频	第 8 章 \8.10.1 减淡荷花颜色 .mp4
技术要点	"减淡工具"的使用

"减淡工具" 可以对图像进行减淡处理。在某个区域上方绘制的次数越多，该区域就会变得越亮。本习题练习减淡荷花颜色的操作。

先打开"荷花.jpg"素材文件，然后使用"减淡工具" 在荷花上涂抹，最终效果如图8-184所示。

图 8-184 减淡荷花颜色效果图

8.10.2 用"修补工具"去除拖鞋

难度：☆☆

素材文件	第 8 章 \8.10.2
在线视频	第 8 章 \8.10.2 用修补工具去除拖鞋 .mp4
技术要点	"修补工具"的使用

"修补工具" 可以利用样本或图案来修复所选图像区域中不理想的部分。本习题练习使用"修补工具"绘制选区，将多余的拖鞋去除的操作。

打开"湖面.jpg"素材文件，使用"修补工具" 将画面中的拖鞋圈出来，按住鼠标左键拖动，将拖鞋清除，最终效果如图8-185所示。

图 8-185 用"修补工具"去除拖鞋效果图

蒙版与通道

第09章

通道是Photoshop CC 2018核心功能之一。它的重要性在于：在Photoshop CC 2018中进行的所有选区、修图、调色等操作，其原理和最终结果都是通道发生了改变。本章将对蒙版与通道的原理和用法进行讲解。

学习重点与难点

- 蒙版的种类和用途 `214页`
- 设置剪贴蒙版的图层混合模式 `221页`
- Alpha通道与选区互相转换 `228页`
- 剪贴蒙版的图层结构 `220页`
- 图层蒙版的原理 `221页`

9.1 蒙版总览

蒙版原本是摄影术语．是指用于控制不同区域曝光的传统暗房技术。Photoshop CC 2018中的蒙版与曝光无关，它借鉴了"区域处理"这一概念，可以处理局部图像。

9.1.1 蒙版的种类和用途 `重点`

在Photoshop CC 2018中，蒙版是合成图像的必备利器。蒙版可以遮盖住部分图像，使其避免受到操作的影响，这种隐藏而非删除的编辑方式是一种非常方便的非破坏性编辑方式。图9-1和图9-2所示是用蒙版合成的作品。

图 9-1 合成图像作品 1

图 9-2 合成图像作品 2

在Photoshop CC 2018中，蒙版分为剪贴蒙版、矢量蒙版和图层蒙版。剪贴蒙版通过一个对象的形状来控制其他图层的显示区域，矢量蒙版通过路径和矢量形状来控制图像的显示区域，图层蒙版通过蒙版中的灰度信息来控制图像的显示区域。

🔍 延伸讲解

使用蒙版编辑图像，不仅可以避免因为使用橡皮擦或剪切、删除等造成的失误操作，还可以对蒙版应用一些滤镜，以得到一些意想不到的特效。

9.1.2 "属性"面板

"属性"面板用于调整所选图层中的图层蒙版和矢量蒙版的"浓度"和"羽化"范围，如图9-3所示。此外，使用"光照效果"滤镜创建调整图层时，也会用到"属性"面板。

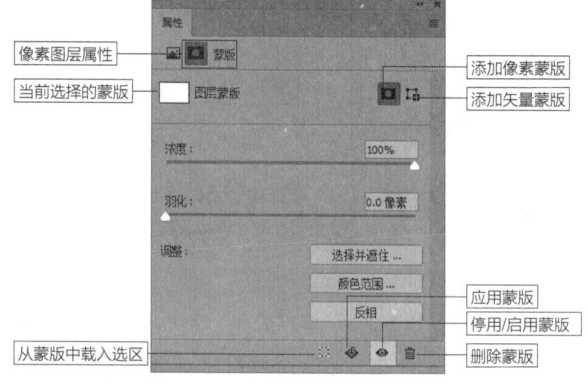

图 9-3 "属性"面板

◆ 当前选择的蒙版。显示了在"图层"面板中选择的蒙版的类型，如图9-4和图9-5所示，此时可在"属性"面板中对其进行编辑，如图9-6所示。

  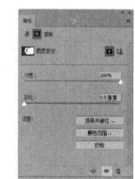

图 9-4 原始图像　　图 9-5 "图层"面板　　图 9-6 "属性"面板

◆ 添加像素蒙版/添加矢量蒙版。单击■按钮，可以为当前图层添加像素蒙版；单击■按钮，则添加矢量蒙版。
◆ 浓度。拖动滑块可以控制蒙版的不透明度，即蒙版的遮盖强度，如图9-7、图9-8和图9-9所示。

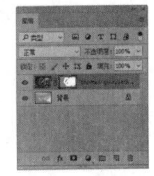

图9-7 图像效果　图9-8 设置"浓度"　图9-9 "图层"面板

◆ 羽化。拖动滑块可以柔化蒙版的边缘，如图9-10、图9-11和图9-12所示。

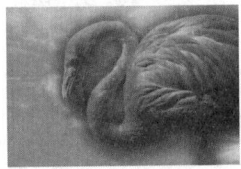

图9-10 图像效果　图9-11 设置"羽化"　图9-12 "图层"面板

◆ 颜色范围。单击该按钮，可以打开"色彩范围"对话框，此时可在图像中取样并调整颜色容差来修改蒙版范围。

◆ 反相。单击该按钮，可以反转蒙版的遮盖区域，如图9-13、图9-14和图9-15所示。

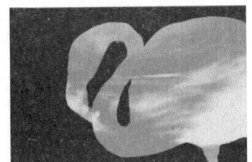

图9-13 图像效果　图9-14 设置"反相"　图9-15 "图层"面板

◆ 从蒙版中载入选区。单击该按钮，可以载入蒙版中包含的选区。

◆ 应用蒙版。单击该按钮，可以将蒙版应用到图像中，同时删除被蒙版遮盖的图像。

◆ 停用/启用蒙版。单击该按钮，或按住Shift键单击蒙版的缩览图，可以停用（或重新启用）蒙版。停用蒙版时，蒙版缩览图上会出现一个红色的"×"，如图9-16、图9-17和图9-18所示。

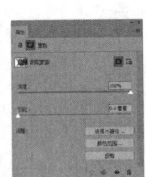
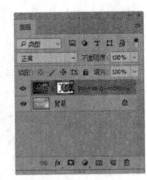

图9-16 图像效果　图9-17 "属性"面板　图9-18 "图层"面板

◆ 删除蒙版。单击该按钮，可删除当前蒙版。将蒙版缩

览图拖动到"图层"面板底部的按钮上，也可以将其删除。

9.2 矢量蒙版

矢量蒙版是由钢笔、自定形状等矢量工具创建的蒙版，它与分辨率无关，无论怎样缩放都能保持光滑的轮廓，因此，常用来制作Logo、按钮或其他Web设计元素。图层蒙版和剪贴蒙版都是基于像素的蒙版，矢量蒙版则将矢量图形引入到蒙版中，它不仅丰富了蒙版的多样性，还提供了一种可以在矢量状态下编辑蒙版的特殊方式。

9.2.1 实战：创建矢量蒙版

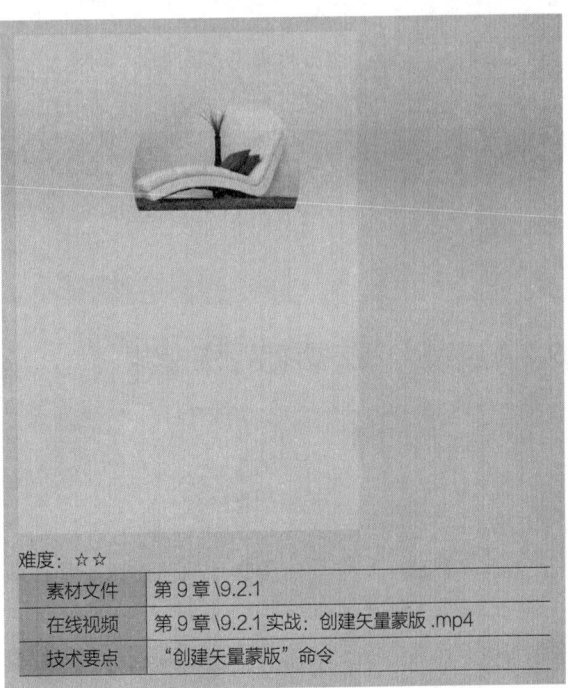

难度：☆☆	
素材文件	第 9 章 \9.2.1
在线视频	第 9 章 \9.2.1 实战：创建矢量蒙版 .mp4
技术要点	"创建矢量蒙版"命令

步骤01 启动Photoshop CC 2018软件。选择本章的素材文件"9.2.1 创建矢量蒙版.psd"，将其打开，如图9-19所示。

步骤02 单击工具箱中的"椭圆工具"，在工具选项栏中设置工具模式为"路径"，按住Shift键，同时按住鼠标左键并拖动，在画面中绘制圆形路径，如图9-20所示。

步骤03 执行"图层"→"矢量蒙版"→"当前路径"命令，或按住Ctrl键单击"图层"面板中的按钮，即可基于当前路径创建矢量蒙版，路径区域外的图像会被蒙版遮盖，如图9-21和图9-22所示。

图 9-19 打开素材文件　图 9-20 绘制圆形路径　图 9-21 创建矢量蒙版

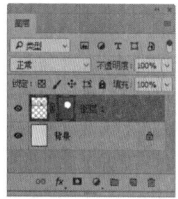

图 9-22 "图层"面板

9.2.2 实战：为矢量蒙版添加效果

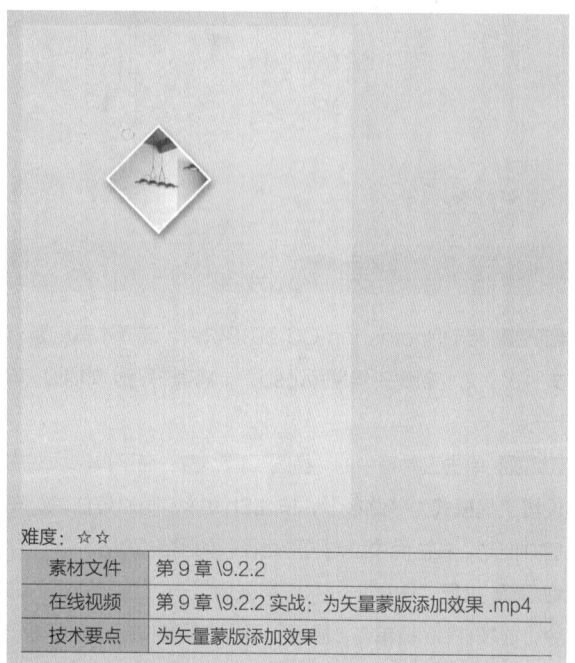

难度：☆☆

素材文件	第 9 章 \9.2.2
在线视频	第 9 章 \9.2.2 实战：为矢量蒙版添加效果 .mp4
技术要点	为矢量蒙版添加效果

步骤 01 启动 Photoshop CC 2018 软件，选择本章的素材文件"9.2.2 为矢量蒙版添加效果.jpg"，将其打开，如图9-23所示。单击工具箱中的"矩形工具" ，在工具选项栏中设置工具模式为"路径"，在按住Shift键的同时按住

鼠标左键并拖动，在画面中绘制矩形路径。按Ctrl+T组合键显示定界框，在工具选项栏中设置"旋转"为45度，如图9-24所示。

步骤 02 执行"图层"→"矢量蒙版"→"当前路径"命令，或按住Ctrl键单击"图层"面板中的 按钮，创建矢量蒙版，如图9-25所示。

图 9-23 打开素材文件　图 9-24 绘制并旋转路径

图 9-25 创建矢量蒙版

步骤 03 在"图层"面板中双击创建了矢量蒙版的图层，打开"图层样式"对话框，依次添加"描边""投影"效果，参数设置如图9-26和图9-27所示。

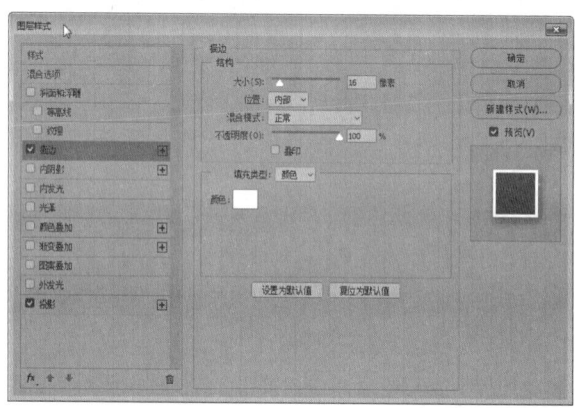

图 9-26 添加"描边"效果

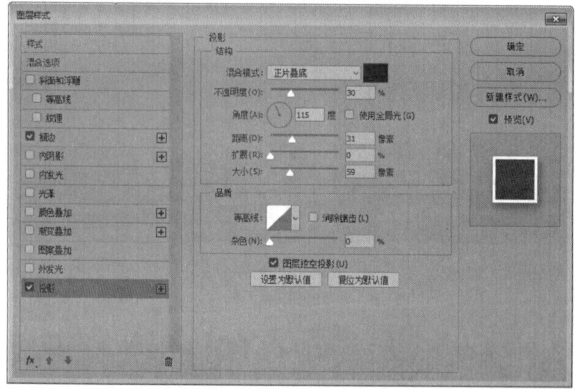

图 9-27 添加"投影"效果

步骤 04 单击"确定"按钮关闭对话框，即可为矢量蒙版图层添加图层效果，如图9-28和图9-29所示。

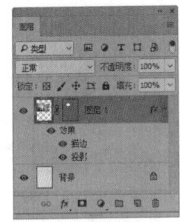

图 9-28 "图层"
面板 　　图 9-29 添加图层效果

9.2.3 实战：向矢量蒙版中添加形状

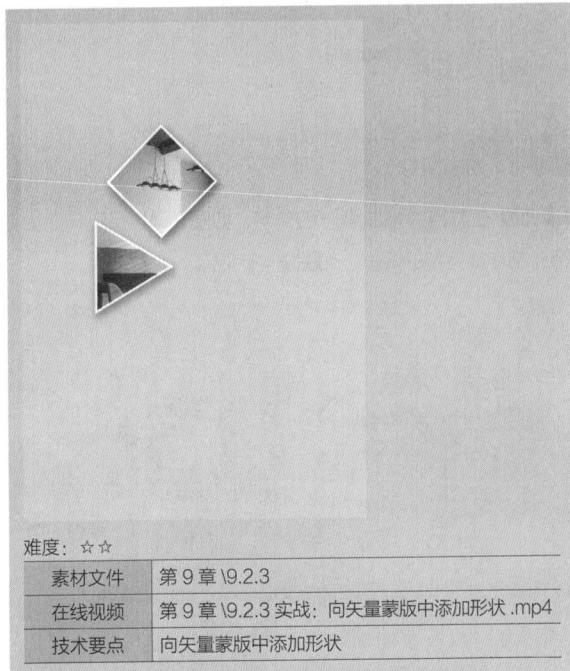

难度：☆☆

素材文件	第 9 章 \9.2.3
在线视频	第 9 章 \9.2.3 实战：向矢量蒙版中添加形状 .mp4
技术要点	向矢量蒙版中添加形状

步骤 01 选择本章的素材文件"9.2.3 向矢量蒙版中添加形状.psd"，单击矢量蒙版将其选中，它的缩览图外面会出现一个白色的框，此时画面中会显示出矢量图形，如图9-30和图 9-31所示。

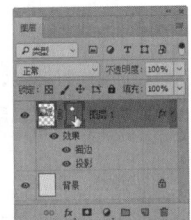

图 9-30 选择矢量蒙版 　　图 9-31 "图层"
面板

步骤 02 单击工具箱中的"多边形工具" ，在工具选项栏中设置工具模式为"路径"、"边"为"3"，在画面中按住鼠标左键并拖动以绘制三角形路径，如图9-32所示。

可以将它添加到矢量蒙版中，如图9-33所示。

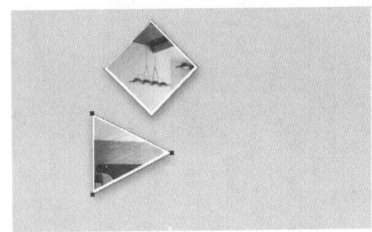

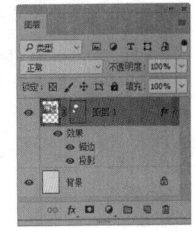

图 9-32 绘制形状路径 　　图 9-33 "图层"
面板

9.2.4 实战：编辑矢量蒙版中的图形

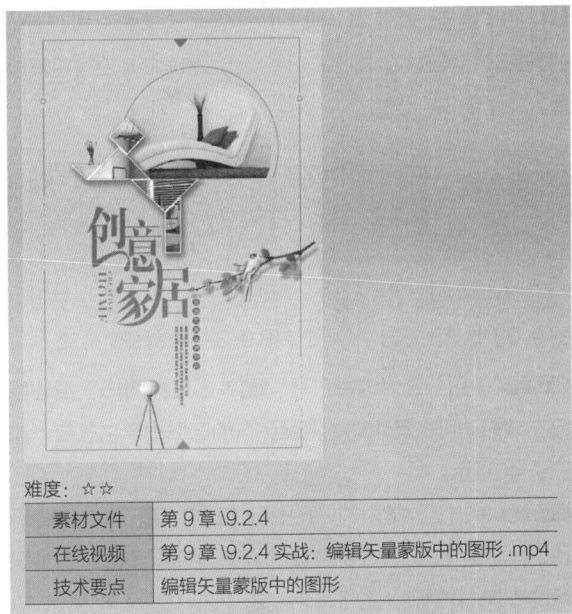

难度：☆☆

素材文件	第 9 章 \9.2.4
在线视频	第 9 章 \9.2.4 实战：编辑矢量蒙版中的图形 .mp4
技术要点	编辑矢量蒙版中的图形

创建矢量蒙版以后，可以使用"路径选择工具" 移动或者修改路径，从而改变蒙版的遮盖区域，下面继续使用前面的文件来进行编辑。

步骤 01 按Ctrl+T组合键可对路径进行旋转和缩放，蒙版遮盖的图像内容会随之发生改变，如图9-34所示。

步骤 02 按照前面所述方式，在矢量蒙版中添加更多形状，如图9-35所示。

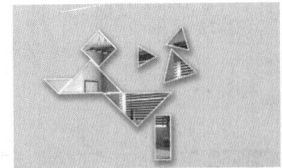

图 9-34 自由变换 　　图 9-35 绘制形状路径

❓ 答疑解惑：如何变换已经添加了矢量蒙版的图像大小？

按住Ctrl键并单击添加了矢量蒙版的图层缩览图，生成选区。按Ctrl+T组合键，可以自由变换添加了矢量蒙版图像的大小，而不会改变矢量图形的形状，如图9-36和图9-37所示。

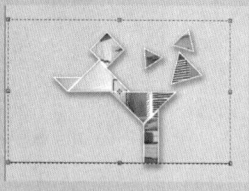 

图 9-36 缩放前　　　　图 9-37 缩放后

步骤 03 选择矢量蒙版，画面中会显示矢量图形。单击工具箱中的"路径选择工具" ▶，按住Shift键单击画面右上角的图形，将其选中，如图9-38所示，按Delete键可将其删除，如图9-39所示。

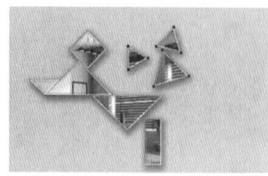 

图 9-38 选择图形　　　　图 9-39 删除图形

步骤 04 使用"路径选择工具" ▶单击矢量图形，按住鼠标左键拖动可将其移动，蒙版遮盖的区域也随之改变，如图9-40所示。

步骤 05 单击工具箱中的"直接选择工具" ▶，单击矢量图形的一个锚点，按住鼠标左键拖动可以将锚点移动，改变蒙版的形状，蒙版遮盖的区域也随之改变，如图9-41所示。

图 9-40 移动位置　　　　图 9-41 调整形状

🔍 **延伸讲解**

　　单击矢量蒙版，执行"图层"→"矢量蒙版"→"删除"命令，或者将矢量蒙版拖动到"删除图层"按钮📃上，可以删除矢量蒙版。

步骤 06 单击添加了矢量蒙版的图层，单击工具箱中的"移动工具" ⊕，将所有矢量图像一起移动，蒙版遮盖的区域不会改变，如图9-42所示。

步骤 07 单击工具箱中的"椭圆工具" ⬭，在工具选项栏中选择"形状"选项，设置"填充"为无、"描边"颜色为黑

色、"描边"宽度为"1像素"，在画面中按住鼠标左键并拖动以绘制圆形，如图9-43所示，应用删除锚点的方式裁剪圆形，如图9-44所示。

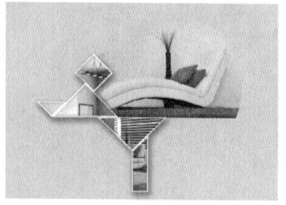 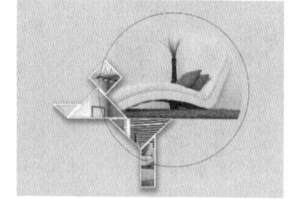

图 9-42 移动位置　　　　图 9-43 绘制圆形

图 9-44 裁剪圆形

步骤 08 在文档中添加素材和文字，如图9-45所示，加以装饰，制作成完整的海报，如图9-46所示。

图 9-45 添加素材和文字　　　　图 9-46 最终效果

🔄 **相关链接**

　　文字的创建与段落的编辑将在"文字"章节中介绍，相关内容请参阅"第11章 文字"。

9.2.5 变换矢量蒙版

　　单击"图层"面板中的矢量蒙版缩览图，选择蒙版，如图9-47所示。执行"编辑"→"变换路径"子菜单中的命令，如图9-48所示，即可对矢量蒙版进行各种变换操作。矢量蒙版与分辨率无关，因此，在进行变换和变形操作时不会产生锯齿。

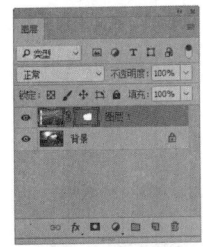

图 9-47 选择矢量蒙版　图 9-48 "变换路径"子菜单命令

延伸讲解

　　矢量蒙版缩览图与图像缩览图之间有一个链接图标，它表示蒙版与图像处于链接状态，此时进行任何变换操作，蒙版都与图像一同变换。如果想要单独变换图像或蒙版，可以执行"图层"→"矢量蒙版"→"取消链接"命令或单击该图标取消链接，之后再进行相应的操作。

相关链接

　　矢量蒙版的变换方法与图像的变换方法相同，详细内容请参阅"3.14 图像的变换与变形操作"。关于矢量工具和路径的创建与编辑方法，请参阅"10.4 编辑路径"。

9.2.6 将矢量蒙版转换为图层蒙版

　　选择矢量蒙版所在的图层，执行"图层"→"栅格化"→"矢量蒙版"命令，可将其栅格化，使之转换为图层蒙版，如图9-49和图9-50所示。或者在蒙版缩览图上单击鼠标右键，在弹出的快捷菜单中执行"栅格化矢量蒙版"命令，如图9-51所示，所达到的效果相同。栅格化矢量蒙版以后，蒙版就会转换为图层蒙版，不再有矢量形状存在。

图 9-49 原始图像

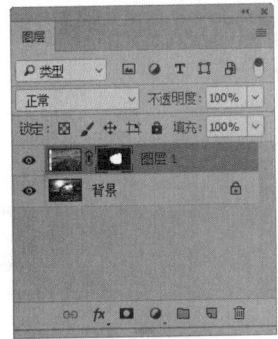

图 9-50 "图层"面板

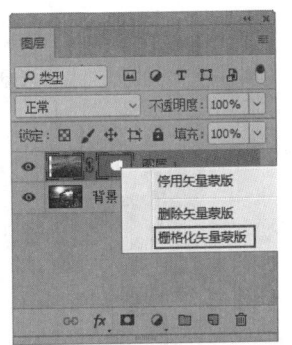

图 9-51 栅格化矢量蒙版

9.3 剪贴蒙版

　　剪贴蒙版由基底图层和内容图层两个部分组成。基底图层是位于剪贴蒙版最底端的一个图层，内容图层则可以有多个。其原理是通过使用处于下方图层的形状来限制上方图层的显示状态，也就是说，基底图层用于限定最终图像的形状，而内容图层则用于限定最终图像显示的内容。

9.3.1 实战：创建剪贴蒙版

难度：☆☆

素材文件	第 9 章 \9.3.1
在线视频	第 9 章 \9.3.1 实战：创建剪贴蒙版 .mp4
技术要点	创建剪贴蒙版

　　剪贴蒙版可以用一个图层中包含像素的区域来限制它上层图像的显示范围。它的最大优点是可以通过一个图层来控制多个图层的可见内容，而图层蒙版和矢量蒙版都只能控制一个图层。

步骤 01 启动Photoshop CC 2018软件，选择本章的素材文件"9.3.1 创建剪贴蒙版1.jpg"和"9.3.1 创建剪贴蒙版2.jpg"，将其打开，如图9-52所示。按住Ctrl键单击按钮，在"9.3.1 创建剪贴蒙版2"图层下面新建一个图层，然后隐藏"9.3.1 创建剪贴蒙版2"图层，如图9-53所示。

图 9-52 打开素材文件

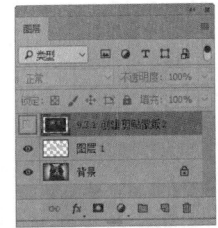

图 9-53 "图层"面板

步骤 02 选择"图层 1"图层，单击工具箱中的"椭圆工具"，在工具选项栏中设置工具模式为"像素"，如图9-54所示。按住Shift键绘制两个圆形形状，如图9-55所示。

图 9-54 设置参数

图 9-55 绘制圆形

步骤03 显示"9.3.1创建剪贴蒙版2"图层，执行"图层"→"创建剪贴蒙版"命令或按Alt+Ctrl+G组合键，将该图层与它下面的图层创建为一个剪贴蒙版，如图9-56和图9-57所示。

图 9-56 创建剪贴蒙版　　　　图 9-57 "图层"面板

🔍 **延伸讲解**

　　剪贴蒙版可以应用于多个图层，但是这些图层必须相邻。选择一个内容图层，执行"图层"→"释放剪贴蒙版"命令，可以从剪贴蒙版中释放出该图层。如果该图层上面还有别的内容图层，则这些图层也会一同被释放。

9.3.2 剪贴蒙版的图层结构 　　重点

　　在剪贴蒙版中，最下面的图层叫作"基底图层"（ 图标指向的那个图层，它的名称带有下画线）。位于它上面的图层叫作"内容图层"，它们的缩览图是缩进的，并带有 状图标（指向基底图层），如图9-58和图9-59所示。

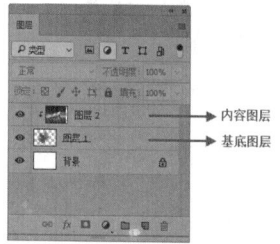

内容图层
基底图层

图 9-58 图像效果　　　　图 9-59 "图层"面板

基底图层中的透明区域充当了整个剪贴蒙版的蒙

版，也就是说，它的透明区域就像蒙版一样，可以将内容图层中的图像隐藏起来。因此，只要移动基底图层，就会改变内容图层的显示区域，如图9-60和图9-61所示。

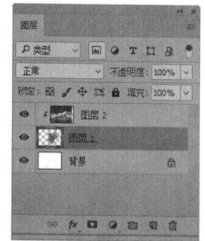

图 9-60 移动基底图层　　　　图 9-61 "图层"面板

9.3.3 设置剪贴蒙版的不透明度

　　剪贴蒙版的显示效果依赖于基底图层的"不透明度"属性，如图9-62和图9-63所示。因此，调整基底图层的"不透明度"时，可以控制整个剪贴蒙版的显示效果，如图9-64和图9-65所示。

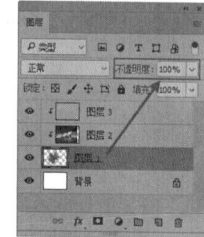

图 9-62 图像效果　　　　图 9-63 "图层"面板

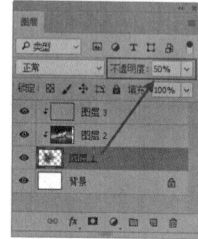

图 9-64 调整效果　　　　图 9-65 调整"不透明度"

　　调整内容图层的"不透明度"时，不会影响到剪贴蒙版中的其他图层，如图9-66和图9-67所示。

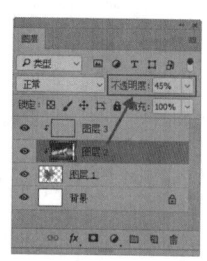

图 9-66 调整效果　　　　图 9-67 调整"不透明度"

9.3.4 设置剪贴蒙版的图层混合模式 重点

剪贴蒙版使用基底图层的混合属性，当基底图层为"正常"模式时，所有的图层会按照各自的图层混合模式与下面的图层混合。调整基底图层的图层混合模式时，整个剪贴蒙版中的图层都会使用此模式与下面的图层混合，如图9-68和图9-69所示。

图 9-68 图像效果

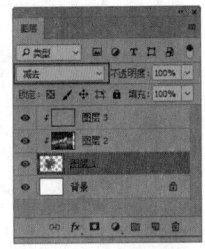

图 9-69 调整图层混合模式

调整内容图层时，仅对其自身产生作用，不会影响其他图层，如图9-70和图9-71所示。

图 9-70 图像效果

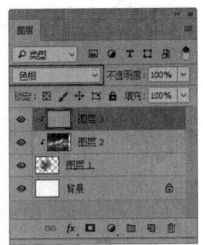

图 9-71 调整图层混合模式

相关链接

"图层样式"对话框中的"将剪贴图层混合成组"复选框可以改变剪贴蒙版的图层混合模式，详细内容请参阅"9.7.5 将剪贴图层混合成组"。

9.3.5 将图层加入或移出剪贴蒙版

将一个图层拖动到基底图层上，可将其加入剪贴蒙版中，如图9-72和图9-73所示。将内容图层移出剪贴蒙版，则可以释放该图层，如图9-74和图9-75所示。

图 9-72 拖动图层

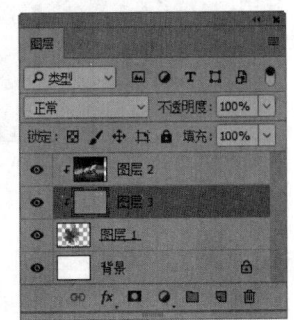

图 9-73 加入剪贴蒙版

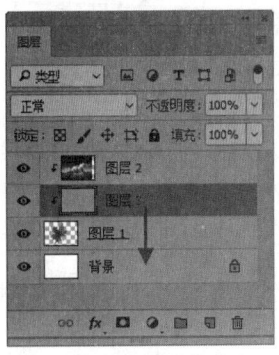

图 9-74 拖动图层

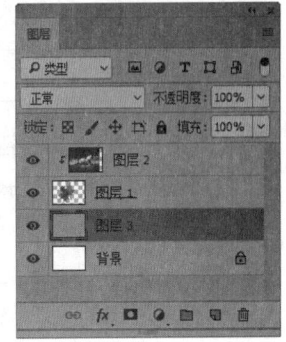

图 9-75 移出剪贴蒙版

9.3.6 释放剪贴蒙版

选择基底图层正上方的内容图层，如图9-76所示，执行"图层"→"释放剪贴蒙版"命令，或在图层上单击右键，在弹出的快捷菜单中执行"释放剪贴蒙版"命令，即可释放所选剪贴蒙版图层。也可以直接按Alt+Ctrl+G组合键，释放全部剪贴蒙版，如图9-77所示。

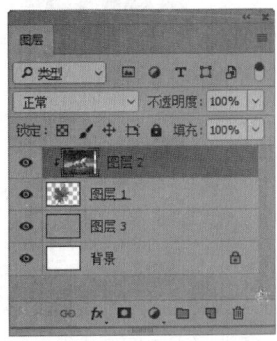

图 9-76 "图层"面板

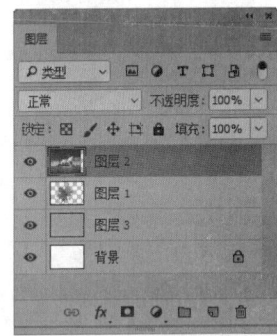

图 9-77 释放全部剪贴蒙版

延伸讲解

将鼠标指针放在两个图层中间，按住Alt键，当鼠标指针变为 形状时，单击可以快速创建剪贴蒙版。再次按住Alt键，当鼠标指针变为 形状时，单击即可释放剪贴蒙版。

9.4 图层蒙版

图层蒙版是一个256级色阶的灰度图像，它蒙在图层上面，起到遮盖图层的作用，其本身并不可见。图层蒙版主要用于合成图像。此外，创建调整图层、填充图层，或者运用智能滤镜时，系统也会自动为其添加图层蒙版，因此，图层蒙版还可以控制颜色调整和滤镜范围。

9.4.1 图层蒙版的原理 重点

图层蒙版与矢量蒙版相似，都属于非破坏性编辑工具，但是图层蒙版是位图工具，通过使用"画笔工具"、填充命令等处理蒙版的黑白关系，从而控制图像的显示或隐藏。在创建调整图层、填充图层及为智能对象添加智能滤镜时，系统会自动为图层添加一个图层蒙版，读者可以在图层蒙版中对调色范围、填充范围及滤镜应用区域进行调整。

在Photoshop CC 2018中，图层蒙版遵循"黑透、白不透"的工作原理。也就是说，在图层蒙版中，纯白色对应的图像是可见的，纯黑色会遮盖图像，灰色区域会使图像呈现出一定程度的透明效果（灰色越深，图像越透明），如图9-78所示。基于以上原理，当想要隐藏图像的某些区域时，为它添加一个蒙版，再将相应的区域涂黑即可；当想让图像呈现出半透明效果时，可以将蒙版涂灰。

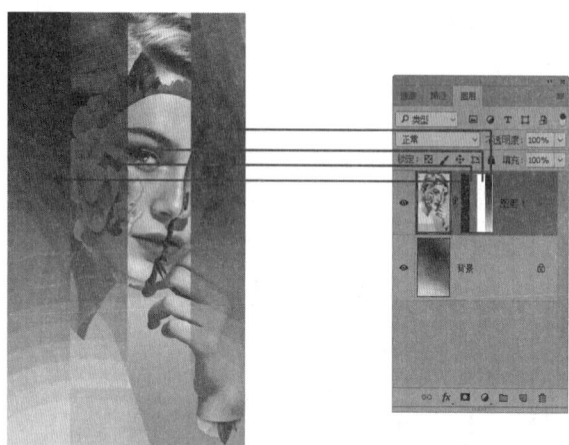

图 9-78 蒙版逐级变换

图层蒙版是位图图像，几乎可以使用所有的绘画工具来编辑。例如，用柔角画笔修改蒙版可以使图像边缘产生逐渐淡出的过渡效果，如图9-79所示；用"渐变工具"编辑蒙版可以将当前图像逐渐融入到另一个图像中，图像之间的融合效果自然、平滑，如图9-80所示。

图 9-79 画笔修改图层蒙版效果

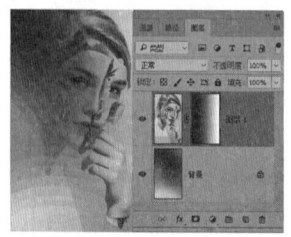

图 9-80 "渐变工具"编辑图层蒙版效果

9.4.2 实战：创建图层蒙版

难度：	☆☆☆
素材文件	第 9 章 \9.4.2
在线视频	第 9 章 \9.4.2 实战：创建图层蒙版 .mp4
技术要点	创建图层蒙版

本实战通过执行"创建图层蒙版"命令，用海上日出照片和城市照片合成城市日出景象，再通过相同的原理，对文字进行相同的操作。

步骤 01 启动Photoshop CC 2018软件，选择本章的素材文件"9.4.2 创建图层蒙版1.jpg"（"背景"图层）和"9.4.2 创建图层蒙版2.jpg"（"图层 1"图层），将其打开，如图9-81和图9-82所示。

图 9-81 打开素材文件 1

图 9-82 打开素材文件 2

步骤 02 将两张图像拖入同一个文档中，如图9-83所示。选择"图层 1"图层，然后单击"图层"面板底部的"添加图层蒙版"按钮，为该图层添加蒙版，如图9-84所示。

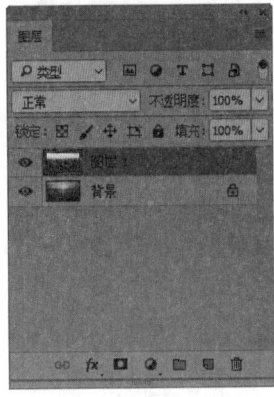

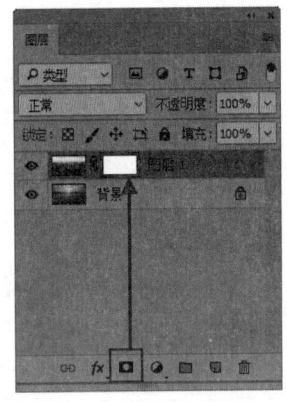

图 9-83　"图层"面板　　　　图 9-84　创建图层蒙版

延伸讲解

执行"图层"→"图层蒙版"→"显示全部"命令，可以创建一个显示全部图层内容的白色蒙版；执行"图层"→"图层蒙版"→"隐藏全部"命令，可以创建一个隐藏全部图层内容的黑色蒙版。

步骤 03 新创建的图层蒙版为白色蒙版，不会遮盖图像。单击工具箱中的"画笔工具" ，如图9-85所示，在蒙版中涂抹黑色，遮盖"图层1"图层的天空部分，如图9-86和图9-87所示。如果涂抹到了建筑区域，可以按X键，将前景色切换为白色，用白色绘制可以重新显示图像。

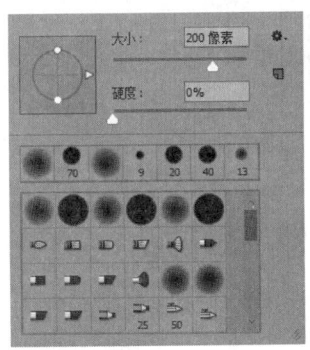

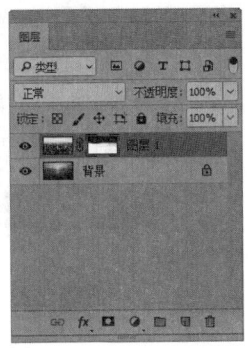

图 9-85　设置画笔参数　　　　图 9-86　"图层"面板

图 9-87　蒙版效果

步骤 04 单击"横排文字工具" ，在画面中输入文字，如

图9-88所示。文字参数如图9-89和图9-90所示。

图 9-88　文字效果

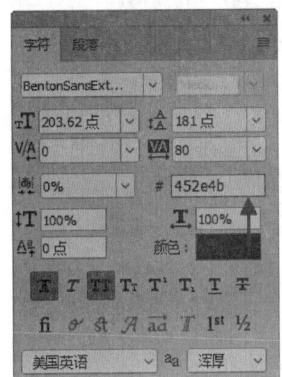

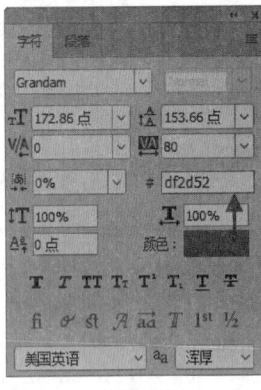

图 9-89　文字参数1　　　　图 9-90　文字参数2

步骤 05 单击红色文字图层，然后单击"图层"面板中的"添加图层蒙版"按钮 ，为该图层添加蒙版，如图9-91所示。单击"画笔工具" ，在蒙版中涂抹黑色，遮盖部分文字，如图9-92所示，呈现出文字缠绕的效果，如图9-93所示。

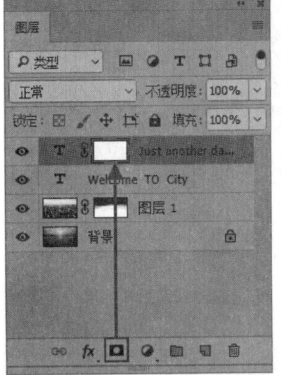

图 9-91　"图层"面板　　　　图 9-92　涂抹文字

图 9-93　文字效果

答疑解惑：如何快速准确地涂抹文字需要遮盖的部分？

按住Ctrl键，单击"WELCOME TO CITY"文字图层的图层缩览图，如图9-94所示，即可选中文字，如图9-95所示，然后再单击蒙版进行涂抹，就不会遮盖选区外的图像了。

图 9-94 "图层"面板 图 9-95 生成选区

延伸讲解

当使用画笔、加深、减淡、模糊、锐化、涂抹等工具修改图层蒙版时，可以选择不同样式的笔尖，此外，还可以用各种滤镜编辑蒙版，得到特殊的图像合成效果。使用"画笔工具"时，选择"柔边缘"画笔，涂抹时不会造成边缘僵硬的效果，在工具选项栏中设置画笔"不透明度"，进行涂抹，可以控制遮盖效果，降低"不透明度"可以使遮盖效果呈现半透明状态。

9.4.3 实战：从通道中生成蒙版

难度：☆☆☆☆

素材文件	第9章\9.4.3
在线视频	第9章\9.4.3 实战：从通道中生成蒙版.mp4
技术要点	从通道中生成蒙版

本实战通过复制通道，粘贴至蒙版中，合成彩色钻石效果。

步骤 01 启动Photoshop CC 2018软件，选择本章的素材文件"9.4.3 从通道中生成蒙版1.jpg"，将其打开，如图9-96所示。打开"通道"面板，将"蓝"通道拖动到"创建新通道"按钮 ▣ 上进行复制，得到"蓝 拷贝"通道，如图9-97所示。

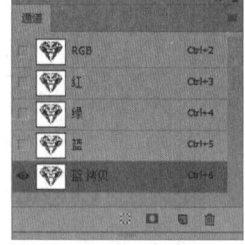

图 9-96 打开素材文件　　图 9-97 复制通道

步骤 02 按Ctrl+L组合键打开"色阶"对话框，将阴影滑块和高光滑块向中间移动，增加对比度，如图9-98和图9-99所示。

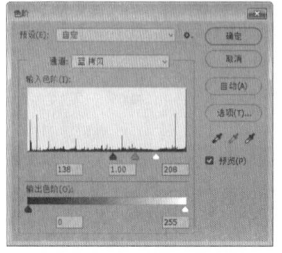

图 9-98 调整"色阶"　　图 9-99 调整效果

步骤 03 现在背景是白色的，按Ctrl+I组合键将通道反相，如图9-100所示。按Ctrl+A组合键全选，再按Ctrl+C组合键将通道复制到剪贴板中。按Ctrl+2组合键返回到RGB通道，重新显示彩色图像，如图9-101所示。

图 9-100 "反相"效果　　图 9-101 彩色图像

步骤 04 选择本章的素材文件"9.4.3 从通道中生成蒙版2.jpg"（"背景"图层）和"9.4.3 从通道中生成蒙版3.jpg"（"图层1"图层），将其打开，使用"移动工具" ▤ 将合成素材拖入到背景文档中，如图9-102和图9-103所示。

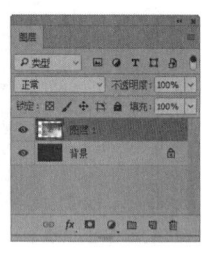

图 9-102 打开素材文件　　图 9-103 "图层"面板

步骤 05 选择"图层 1"图层，然后单击"图层"面板底部的"添加图层蒙版"按钮█，为该图层添加蒙版，如图9-104所示。

步骤 06 按住Alt键单击蒙版缩览图，文档窗口中会显示蒙版图像。按Ctrl+V组合键将复制的通道粘贴到蒙版中，如图9-105所示。

步骤 07 按Ctrl+D组合键取消选择，如图9-106所示。单击图像缩览图，重新显示图像内容，如图9-107所示。

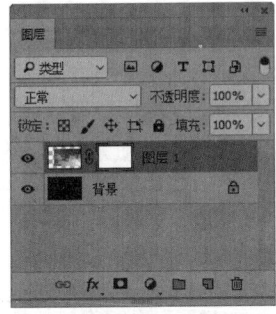

图 9-104 添加蒙版

图 9-105 粘贴通道

图 9-106 取消选区

图 9-107 合成效果

步骤 08 单击"调整"面板中的"曲线"按钮█，创建"曲线"调整图层，在"预设"下拉列表中框选择"增加对比度(RGB)"选项，增加对比度，如图9-108和图9-109所示。

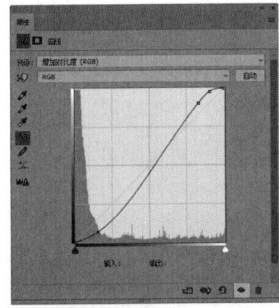

图 9-108 调整曲线

图 9-109 图像效果

步骤 09 按Ctrl+J组合键复制添加图层蒙版的图层，如图9-110所示。再按Ctrl+T组合键，在定界框内单击鼠标右键，选择"垂直翻转"命令，翻转后移动位置如图9-111所示。

步骤 10 单击"图层 1 拷贝"图层的图层蒙版缩览图，单击工具箱的"渐变工具"█，设置前景色为黑色，在工具选项栏中设置渐变为"前景色到透明"的线性渐变，在图层蒙版上绘制出渐变效果，如图9-112所示。制作投影，"图层"面板和投影效果如图9-113和图9-114所示。

图 9-110 复制图层

图 9-111 调整位置

图 9-112 添加渐变

图 9-113 "图层"面板

图 9-114 渐变效果

步骤 11 在画面中添加文字等装饰内容，完成"钻石"海报的制作，如图9-115所示。

图 9-115 最终效果

❓ 答疑解惑：如何在添加蒙版以后编辑图像内容？

添加图层蒙版后，蒙版缩览图外侧有一个白色的边框，如图9-116所示。它表示蒙版处于编辑状态，此时进行的所有操作将应用于蒙版。如果要编辑图像，则单击图像缩览图，将边框转移到图像上，即可编辑图像，如图9-117所示。

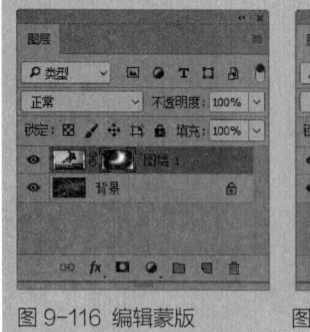

图 9-116 编辑蒙版　　图 9-117 编辑图像

9.4.4 复制与转移蒙版

按住Alt键将一个图层的蒙版拖至另外的图层，可以将蒙版复制到目标图层，如图9-118和图9-119所示。如果直接将蒙版拖至另外的图层，则可将该蒙版转移到目标图层，原图层将不再有蒙版，如图9-120所示。

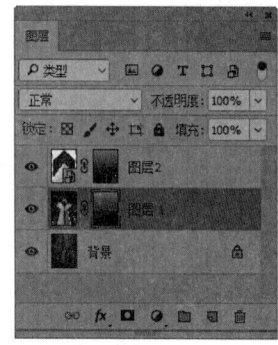

图 9-118 拖动蒙版　　图 9-119 复制蒙版

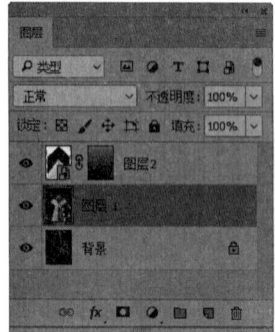

图 9-120 转移蒙版

9.4.5 链接与取消链接蒙版

创建图层蒙版后，蒙版缩览图和图像缩览图中间有一

个链接图标，它表示蒙版与图像处于链接状态，此时进行变换操作，蒙版会与图像一同变换。执行"图层"→"图层蒙版"→"取消链接"命令，或者单击该图标，可以取消链接。取消后可以单独变换图像，也可以单独变换蒙版。

9.5 通道总览

通道是用于存储图像颜色和选区等不同类型信息的灰度图像。在Photoshop CC 2018中，只要是支持图像颜色模式的格式，都可以保留颜色通道。如果要保存Alpha通道，可以将文件存储为PDF、TIFF、PSB或RAW格式；如果要保存专色通道，可以将文件存储为DCS2.0格式。在Photoshop CC 2018中包含3种类型的通道，即颜色通道、Alpha通道和专色通道。

9.5.1 "通道"面板

通道是存储不同类型信息的灰度图像，一个图像最多可有56个通道，所有的通道都具有与源图像相同的尺寸和像素数目。"通道"面板可以创建、保存和管理通道。打开一个图像时，系统会自动创建该图像的颜色信息通道。执行"窗口"→"通道"命令，打开"通道"面板，如图9-121所示。

◆ "显示"图标。单击此按钮可以设置通道是可见还是隐藏。

◆ 通道缩览图。在通道名称的前面显示各个通道颜色的亮度值缩览图。

◆ 面板菜单。单击右上角的菜单按钮，在打开的面板菜单里提供了一些通道操作命令，如"新建通道""复制通道""删除通道"等，如图9-122所示。通过"通道"面板菜单，可以调整通道缩览图的大小或隐藏通道缩览图。执行"通道"面板菜单中"面板选项"命令，在打开的"通道面板选项"对话框中选择缩览图大小，如图9-123所示，如单击"无"单选按钮，则关闭缩览图显示。

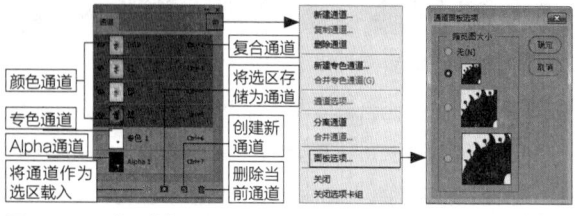

图 9-121 "通道"面板　　图 9-122 面板菜单　　图 9-123 通道面板选项

◆ 复合通道。面板中先列出的通道是复合通道，在复合通

道下可以同时预览和编辑所有颜色通道。

◆ 颜色通道。用于记录图像颜色信息的通道。

◆ 专色通道。用来保存专色油墨的通道。

◆ Alpha通道。用来保存选区的通道。

◆ 将通道作为选区载入▦。单击该按钮，可以载入所选通道内的选区。

◆ 将选区存储为通道▣。单击该按钮，可以将图像中的选区保存在通道内。

◆ 创建新通道▣。单击该按钮，可创建Alpha通道。

◆ 删除当前通道▣。单击该按钮，可删除当前选择的通道，但复合通道不能删除。

9.5.2 颜色通道

在打开新图像时会自动创建颜色通道，图像的颜色模式决定了所创建的颜色通道的数目，它们记录了图像内容和颜色信息。在Photoshop CC 2018中编辑图像，实际上就是在编辑颜色通道。

图像的颜色模式不同，颜色通道的数量也不相同。RGB颜色模式图像包含红、绿、蓝和一个用于编辑图像内容的复合通道，如图9-124所示；CMYK颜色模式图像包含青色、洋红、黄色、黑色和一个复合通道，如图9-125所示；Lab颜色模式图像包含明度、a、b和一个复合通道，如图9-126所示；位图、灰度、双色调和索引颜色颜色模式的图像都只有一个通道。它们包含了所有将被打印或显示的颜色。

9.5.3 Alpha通道

Alpha通道有3种用途。一是用于保存选区；二是可以将选区存储为灰度图像，这样就能够通过用画笔、加深、减淡等工具及各种滤镜编辑Alpha通道来修改选区；三是Alpha通道中可以载入选区。

打开一张图像文件，如图9-127所示，执行"窗口"→"通道"命令，打开"通道"面板。单击"通道"面板下方的"创建新通道"按钮▣，即可为当前图像或选区创建一个Alpha通道。完成Alpha通道的创建后，可以使用选择工具或绘图工具对Alpha通道进行编辑，由此改变通道中的图像内容。

在Alpha通道中，白色代表了可以被选择的区域，黑色代表了不能被选择的区域，灰色代表了可以被部分选择的区域，即"羽化区域"。用白色涂抹Alpha通道可以扩大选区范围，用黑色涂抹则收缩选区范围，用灰色涂抹可以增加羽化范围。在Alpha通道制作一个呈现灰度阶梯的选区，如图9-128所示，可以选取出图9-129所示的图像。

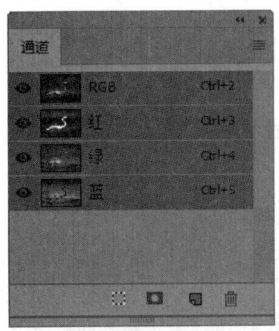

图 9-124 RGB 颜色模式

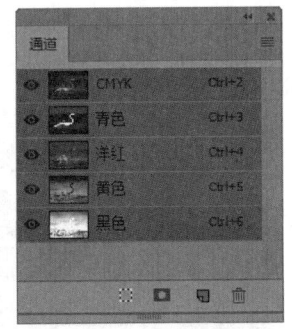

图 9-125 CMYK 颜色模式

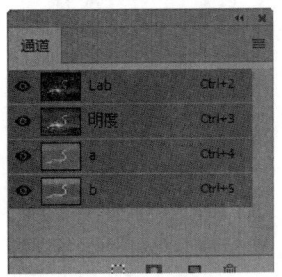

图 9-126 Lab 颜色模式

图 9-127 打开图像文件

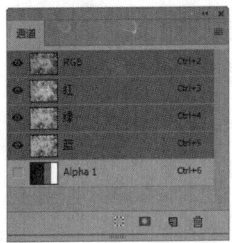

图 9-128 "通道"面板

图 9-129 图像效果

延伸讲解

Alpha通道的存储除了Photoshop的文件格式PSD以外，GIF格式和TIFF格式的文件都可以存储Alpha通道。而GIF文件还可以用Alpha通道去除图像的背景，使其呈现出透明效果，因此可以使用GIF文件的这一特性制作出任意形状的图像。

9.5.4 专色通道

专色通道指定用于专色油墨印刷的附加印版。专色通道是一种特殊的预混油墨，可以使用除了青色、洋红、黄色、黑色以外的颜色来绘制图像，如金银色油墨、荧光油墨等，它们用于替代或补充普通的印刷色CMYK油墨。通常情况下，专色通道都是以专色的名称来命名的。

9.6 编辑通道

在对"通道"面板和不同类型的通道有一定的了解后，接下来还需要对通道的基本操作进行学习，包括创建通道、重命名通道、复制通道和删除通道等，让通道的编辑更加便捷。

9.6.1 通道的基本操作

打开一个图像文件，执行"窗口"→"通道"命令，打开"通道"面板，单击"通道"面板中的一个通道即可选择该通道，文档窗口中会显示所选通道的灰度图像，如图9-130和图9-131所示。

图 9-130 灰度图像

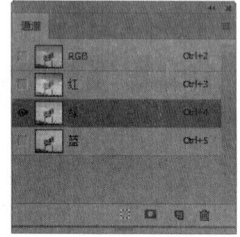

图 9-131 "通道"面板

按住Shift键单击其他通道，可以选择多个通道，如图9-132所示，此时窗口中会显示所选颜色通道的复合信息，如图9-133所示。通道名称的左侧显示了通道内容的缩览图，在编辑通道时，缩览图会自动更新。

单击RGB复合通道可以重新显示其他颜色通道，如图9-134和图9-135所示，此时可同时预览和编辑所有颜色通道。

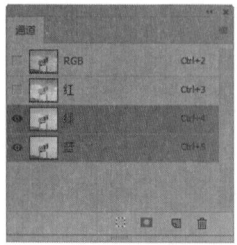

图 9-132 选择多个通道

图 9-133 图像效果

图 9-134 图像效果

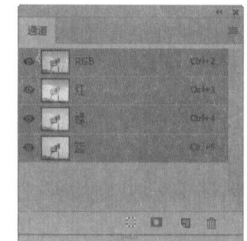

图 9-135 "通道"面板

延伸讲解

按Ctrl+数字键可以快速选择通道。例如，如果图像为RGB颜色模式，按Ctrl+3组合键可以选择红通道；按Ctrl+4组合键可以选择绿通道；按Ctrl+5组合键可以选择蓝通道；按Ctrl+6组合键可以选择蓝通道下面的Alpha通道；如果要回到RGB复合通道，可按Ctrl+2组合键。

9.6.2 Alpha通道与选区互相转换　重点

将选区保存到Alpha通道中

如果在画面中创建了选区，单击"通道"面板中的按钮可将选区保存到Alpha通道中，如图9-136和图9-137所示。

图 9-136 创建选区

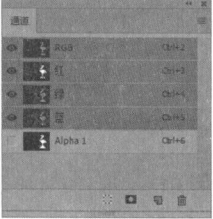

图 9-137 "通道"面板

载入Alpha通道中的选区

在"通道"面板中选择要载入选区的Alpha通道，单击"将通道作为选区载入"按钮，即可载入该通道中的选区。此外，按住Ctrl键单击Alpha通道也可以载入选区，如图9-138和图9-139所示。这样操作的好处是不必来回切换通道。

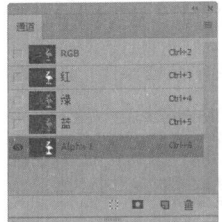
图 9-138 载入选区

图 9-139 图像选区

延伸讲解

　　如果当前图像中包含选区，按住Ctrl键单击"通道""路径""图层"面板中的缩览图时，可以通过按键来进行选区运算。例如，按住Ctrl键（鼠标指针变为图状）单击可以将它作为一个新选区载入；按住Ctrl+Shift组合键（鼠标指针变为图状）单击可将它添加到现有选区中；按住Ctrl+Alt组合键（鼠标指针变为图状）单击可以从当前的选区中减去载入的选区；按住Ctrl+Shift+Alt组合键（鼠标指针变为图状）单击可进行与当前选区相交的操作。

9.6.3 实战：在图像中定义专色

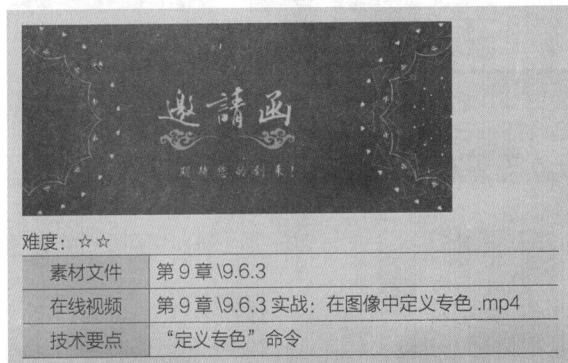

难度：☆☆

素材文件	第 9 章 \9.6.3
在线视频	第 9 章 \9.6.3 实战：在图像中定义专色 .mp4
技术要点	"定义专色"命令

　　专色印刷是指采用青色、品红、黄色、黑色四色油墨以外的其他色油墨来复制原稿颜色的印刷工艺。如果要印刷带有专色的图像，需要用专色通道来存储专色。

步骤 01 启动Photoshop CC 2018软件，选择本章的素材文件"9.6.3 在图像中定义专色.psd"，将其打开，如图9-140所示。单击工具箱中的"魔棒工具"，取消勾选"连续"复选框，在背景上单击，选中背景，如图9-141所示。

图 9-140 打开素材文件

图 9-141 创建选区

步骤 02 执行"通道"面板菜单中的"新建专色通道"命令，打开"新建专色通道"对话框。将"密度"设置为100%，单击"颜色"选项右侧的颜色块，如图9-142所示。打开"拾色器（专色）"，再单击"颜色库"按钮，切换到"颜色库"对话框，选择一种专色，如图9-143所示。

图 9-142 新建专色通道

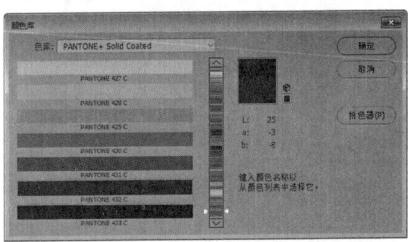
图 9-143 颜色库

步骤 03 单击"确定"按钮返回到"新建专色通道"对话框，不要修改"名称"，否则可能无法打印此文件。单击"确定"按钮，创建专色通道，即可用专色填充选中的图像，如图9-144和图9-145所示。

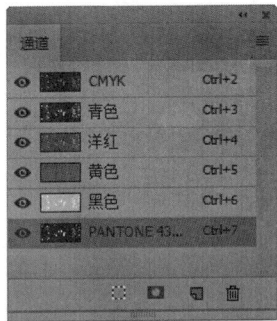
图 9-144 "通道"面板

图 9-145 填充图像选区

9.6.4 编辑与修改专色

选择专色通道后，可以用绘画或编辑工具在图像中绘画，从而编辑专色。用黑色绘画可添加更多不透明度为100%的专色；用灰色绘画可添加不透明度较低的专色；用白色涂抹的区域无专色。绘画或编辑工具选项中的"不透明度"选项决定了用于打印输出的实际油墨浓度。如果要修改专色，可以双击专色通道的缩览图，打开"专色通道选项"对话框进行设置。

9.6.5 重命名、复制与删除通道

重命名通道

双击"通道"面板中任意通道的名称，在文本框中可以为它输入新的名称，如图9-146所示。但复合通道和颜色通道不能重命名。

复制和删除通道

将一个通道拖动到"通道"面板底部的"新建通道"按钮 上，可以复制该通道，如图9-147所示。在"通道"面板中选择需要删除的通道，单击鼠标右键，执行"删除当前通道"命令，可将其删除，也可以直接将通道拖动到"通道"面板底部的"删除通道"按钮 上进行删除。

复合通道不能复制，也不能删除。颜色通道可以复制，但如果删除了，复合通道也就不再存在，图像会自动转换为多通道模式，如图9-148所示。

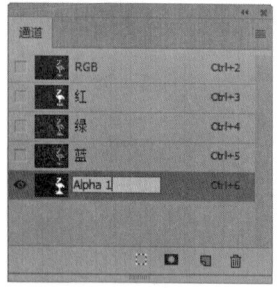

图 9-146 重命名通道

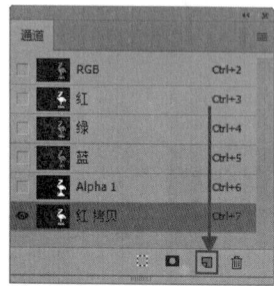

图 9-147 复制通道

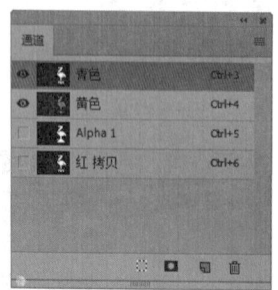

图 9-148 删除复合通道效果

9.6.6 同时显示Alpha通道和图像

编辑Alpha通道时，文档窗口中只显示通道中的图像，如图9-149和图9-150所示，这使某些操作，如描绘图像边缘时，会因看不到彩色图像而不够准确。遇到这种问题，可在复合通道前单击眼睛图标 ，系统会显示图像并以一种颜色替代Alpha通道的灰度图像，这种效果就类似于在快速蒙版状态下编辑选区，如图9-151和图9-152所示。

图 9-149 编辑通道

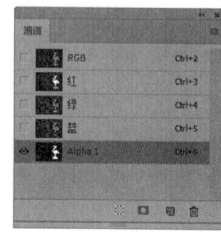

图 9-150 "通道"面板

图 9-151 图像效果

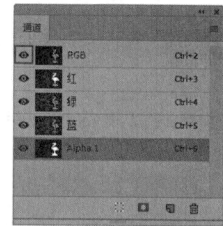

图 9-152 "通道"面板

9.6.7 实战：通过分离通道创建灰度图像

难度：☆☆

素材文件	第 9 章 \9.6.7
在线视频	第 9 章 \9.6.7 实战：通过分离通道创建灰度图像 . mp4
技术要点	"分离通道"命令

RGB颜色模式图像包含红、绿、蓝和一个用于编辑图像内容的复合通道；CMYK颜色模式图像包含青色、洋红、黄色、黑色和一个复合通道。通过"分离通道"命令可以将图像分离成单个颜色通道的灰度图像文件。

步骤01 启动Photoshop CC 2018软件，选择本章的素材文件"9.6.7通过分离通道创建灰度图像.jpg"，将其打开，如图9-153和图9-154所示。

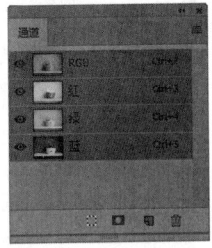

图 9-153 打开素材文件　　图 9-154 "通道"面板

步骤02 打开"通道"面板菜单，执行"分离通道"命令，可以将通道分离成为单独的图像文件，如图9-155、图9-156和图9-157所示。其标题栏中的文件名为文件的名称加上该通道名称的缩写，源文件被关闭。当需要在不能保留通道的文件格式中保留单个通道信息时，分离通道非常有用。但是，PSD格式的分层图像文件不能进行分离通道的操作。

图 9-155 "红"通道图像效果

图 9-156 "绿"通道图像效果

图 9-157 "蓝"通道图像效果

9.6.8 实战：通过合并通道创建彩色图像

难度：☆☆

素材文件	第 9 章 \9.6.8
在线视频	第 9 章 \9.6.8 实战：通过合并通道创建彩色图像．mp4
技术要点	"合并通道"命令

在Photoshop CC 2018中，多个通道图像可以合并为一个图像通道，创建为彩色图像。但图像必须是单一通道模式，具有相同的像素尺寸且处于打开的状态。

步骤01 启动Photoshop CC 2018软件，选择本章的素材文件"9.6.8 通过合并通道创建彩色图像1（红）.jpg""9.6.8 通过合并通道创建彩色图像2（蓝）.jpg""9.6.8 通过合并通道创建彩色图像3（绿）.jpg"，将其打开，如图9-158、图9-159和图9-160所示。

图 9-158 打开素材文件 1

图 9-159 打开素材文件 2

图 9-160 打开素材文件 3

步骤 02 执行"通道"面板菜单中的"合并通道"命令，打开"合并通道"对话框。在"模式"下拉列表框中选择"RGB颜色"选项，如图9-161所示。单击"确定"按钮，打开"合并RGB通道"对话框，设置各个颜色通道对应的图像文件，如图9-162所示。

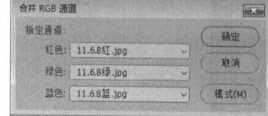

图 9-161 合并通道   图 9-162 合并 RGB 通道

步骤 03 单击"确定"按钮，将它们合并为一个彩色的RGB颜色模式图像，如图9-163和图9-164所示。如果在"合并RGB通道"对话框中改变通道所对应的图像，则合成后图像的颜色也不相同，如图9-165和图9-166所示。

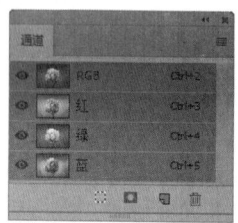

图 9-163 RGB 颜色模式图像   图 9-164 "通道"面板

图 9-165 合并图像效果 1

图 9-166 合并图像效果 2

9.6.9 实战：将通道图像粘贴到图层中

难度：☆ ☆

素材文件	第 9 章 \9.6.9
在线视频	第 9 章 \9.6.9 实战：将通道图像粘贴到图层中 .mp4
技术要点	将通道图像粘贴到图层中

步骤 01 启动Photoshop CC 2018软件，选择本章的素材文件"9.6.9 将通道图像粘贴到图层中.jpg"，将其打开，如图9-167所示。选择"绿"通道，如图9-168所示，画面中会显示该通道的图像，按Ctrl+A组合键全选，按Ctrl+C组合键复制。

图 9-167 打开素材文件

图 9-168 "通道"面板

步骤 02 按Ctrl+2组合键，返回到RGB复合通道，显示彩色的图像。按Ctrl+V组合键可以将复制的通道粘贴到一个新的图层中，如图9-169和图9-170所示。

图 9-169 粘贴通道

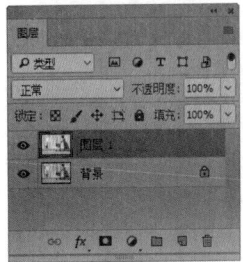

图 9-170 "图层"面板

9.6.10 实战：将图层图像粘贴到通道中

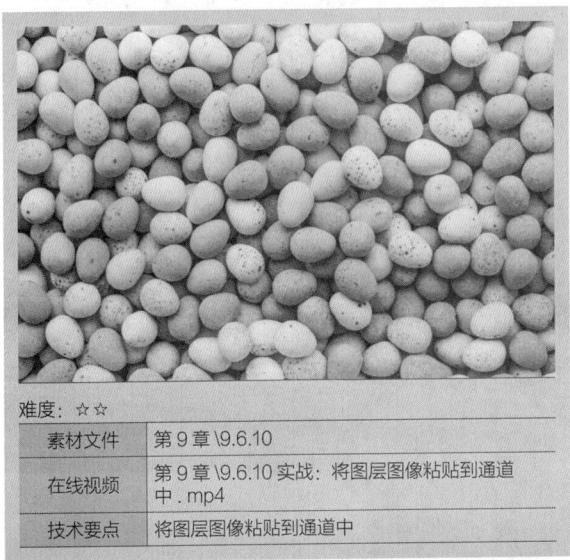

难度：☆☆	
素材文件	第 9 章 \9.6.10
在线视频	第 9 章 \9.6.10 实战：将图层图像粘贴到通道中 . mp4
技术要点	将图层图像粘贴到通道中

步骤01 启动Photoshop CC 2018软件，选择本章的素材文件"9.6.10 将图层图像粘贴到通道中.jpg"，将其打开，如图9-171所示。按Ctrl+A组合键全选，按Ctrl+C组合键复制。

步骤02 单击"通道"面板底部的"创建新通道"按钮 ，新建一个通道，如图9-172所示。按Ctrl+V组合键，即可将复制的图像粘贴到该通道中，如图9-173所示。

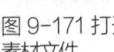
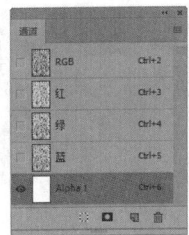
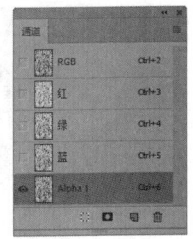

图 9-171 打开　　　图 9-172 "通道"　　图 9-173 粘贴图像
素材文件　　　　面板

9.7 高级混合选项

选择一个图层，执行"图层"→"图层样式"→"混合选项"命令，或者双击该图层，可以打开"图层样式"对话框，显示"混合选项"设置内容。"高级混合"选项组是用于控制图层蒙版、剪贴蒙版和矢量蒙版属性的重要功能，它还可以创建挖空效果。

9.7.1 常规混合与高级混合

在"图层样式"对话框中，"常规混合"选项组中的选项与"图层"面板中的"不透明度"和混合模式相同，"高级混合"选项组中的"填充不透明度"与"图层"面板中的"填充""不透明度"选项作用相同，如图9-174和图9-175所示。

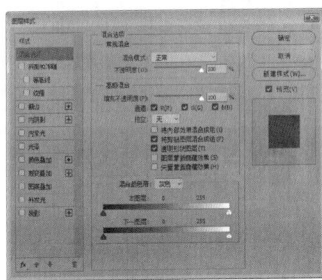
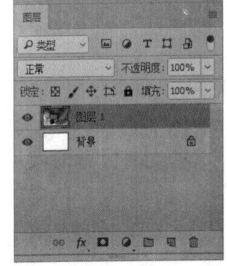

图 9-174 图层样式　　　　图 9-175 "图层"面板

9.7.2 限制混合通道

"通道"选项与"通道"面板中的各个通道一一对应。RGB颜色模式图像包含红(R)、绿(G)和蓝（B）3个颜色通道，它们混合生成RGB复合通道。复合通道中的图像也就是在窗口中看到的彩色图像，如图9-176所示。如果取消勾选一个通道，如取消勾选"B"复选框，就会从复合通道中排除此通道，此时看到的彩色图像就只是由"R"和"G"这两个通道混合生成的，如图9-177所示。

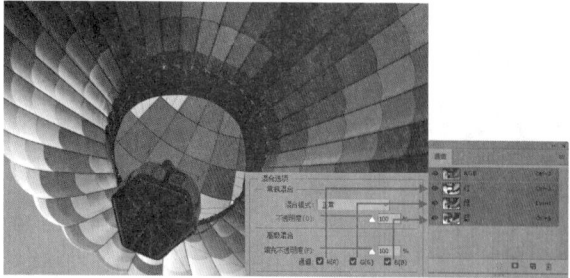

图 9-176 图像效果与"通道"面板

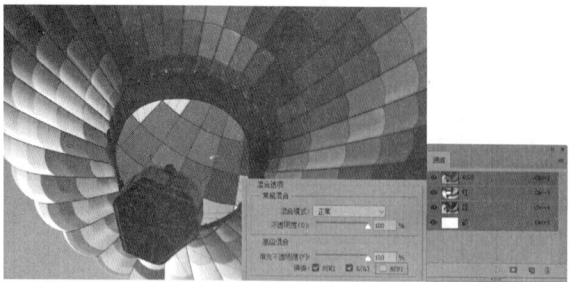

图 9-177 取消勾选"B"复选框的图像效果及"通道"面板

9.7.3 挖空

挖空是指下面的图像穿透上面的图层显示出来。创建挖空效果时，首先要将被挖空的图层放到要被穿透的图层之上，然后将需要显示出来的图层设置为"背景"图层，如图9-178和图9-179所示。双击要挖空的图层，打开"图层样式"对话框，降低"填充不透明度"值。最后在"挖空"下拉列表框中选择一个选项，选择"无"表示不创建挖空，选择"浅"或"深"，都可以挖空到"背景"图层，如图9-180和图9-181所示。如果文档中没有"背景"图层，则无论选择"浅"，还是"深"，都会挖空到透明区域，如图9-182和图9-183所示。

图 9-178 图像效果

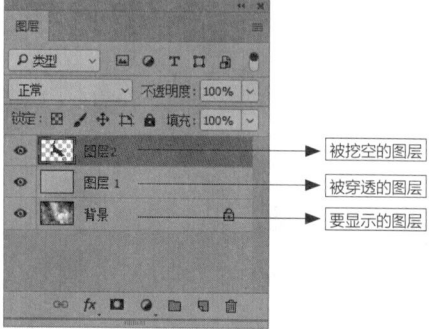

图 9-179 "图层"面板

被挖空的图层
被穿透的图层
要显示的图层

图 9-180 图像效果

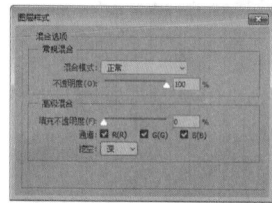

图 9-181 图层样式

图 9-182 图像效果

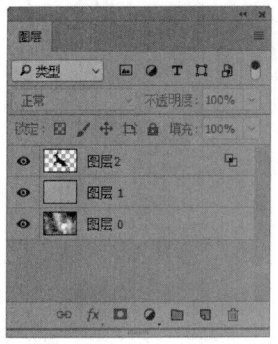

图 9-183 没有"背景"图层

9.7.4 将内部效果混合成组

为添加了"内发光""颜色叠加""渐变叠加""图案叠加"效果的图层,设置挖空效果时,如图9-184所

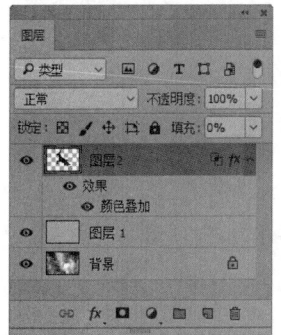

示,如果勾选"将内部效果混合成组"复选框,则添加的效果不会显示,图9-185至图9-188所示为取消勾选该复选框时的挖空效果。

图 9-184 "图层"面板

图 9-185 图像效果

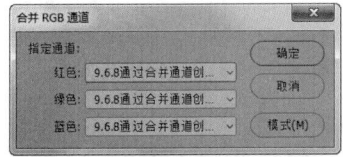

图 9-186 图层样式

图 9-187 取消勾选该复选框时的图像效果

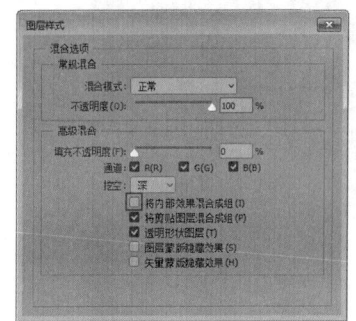

图 9-188 取消勾选该复选框

9.7.5 将剪贴图层混合成组

"将剪贴图层混合成组"复选框用来控制剪贴蒙版中基底图层的混合模式。默认情况下,基底图层的混合模式影响整个剪贴蒙版,如图9-189、图9-190和图9-191所示。取消勾选该复选框,则基层图层的混合模式仅影响自身,不会影响内容图层,如图9-192和图9-193所示。

图 9-189 图像效果

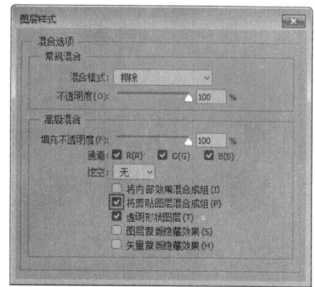

图 9-190 勾选该复选框

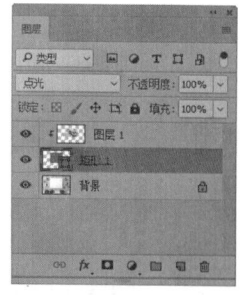

图 9-191 "图层"面板

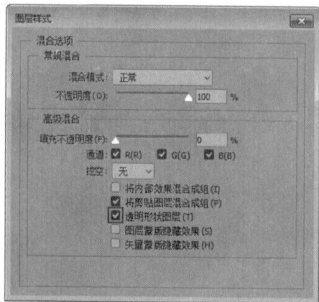

图 9-195 勾选该复选框

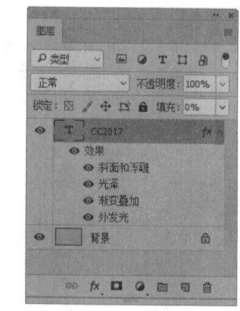

图 9-196 "图层"面板

图 9-192 图像效果

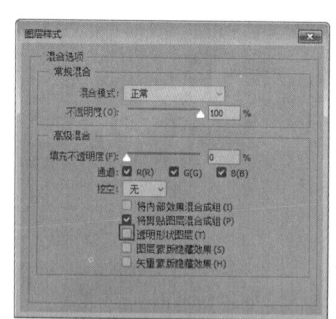

图 9-197 图像效果

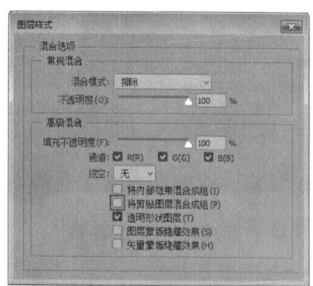

图 9-193 取消勾选该复选框

9.7.6 透明形状图层

"透明形状图层"复选框可以限制图层样式和挖空范围。默认情况下，该复选框为勾选状态，此时图层样式或挖空被限定在图层的不透明区域，如图9-194、图9-195和图9-196所示。取消勾选该复选框，则可在整个图层范围内应用这些效果，如图9-197和图9-198所示。

图 9-198 取消勾选该复选框

9.7.7 图层蒙版隐藏效果

如果为添加了图层蒙版的图层应用图层样式，勾选"图层蒙版隐藏效果"复选框，蒙版中的效果不会显示，如图9-199、图9-200和图9-201所示。取消勾选复选框，则效果会在蒙版区域内显示，如图9-202和图9-203所示。

图 9-194 图像效果

图 9-199 图像效果

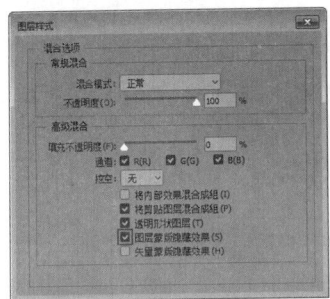
图 9-200 勾选该复选框

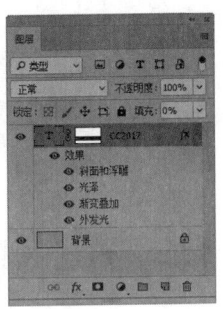
图 9-201 "图层"面板

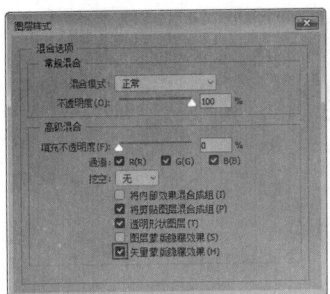
图 9-205 勾选该复选框

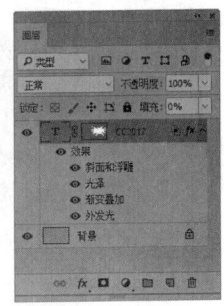
图 9-206 "图层"面板

图 9-202 图像效果

图 9-207 图像效果

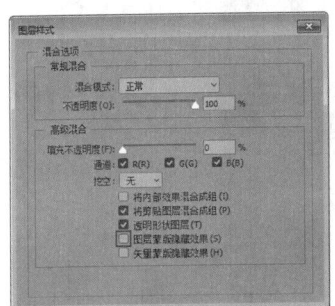
图 9-203 取消勾选该复选框

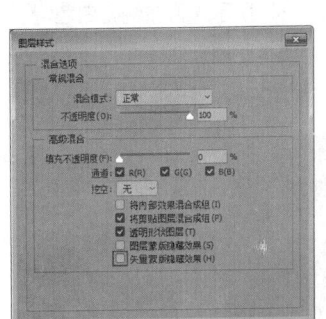
图 9-208 取消勾选该复选框

9.7.8 矢量蒙版隐藏效果

如果添加了矢量蒙版的图层应用了图层样式,勾选"矢量蒙版隐藏效果"复选框,则在矢量蒙版区域中的效果不会显示,如图9-204、图9-205和图9-206所示。取消勾选该复选框,则效果会在矢量蒙版区域内显示,如图9-207和图9-208所示。

9.8 高级蒙版

在"图层样式"对话框中有一个高级蒙版——混合颜色带,它可以隐藏图像。其独特之处体现在其既可以隐藏当前图层中的图像,也可以让下面图层中的图像穿透当前图层显示出来,或者同时隐藏当前图层和下面图层中的部分图像,这是其他任何一种蒙版都无法实现的。"混合颜色带"用来抠取火焰、烟花、彩虹、闪电等深色背景中的对象。

"混合颜色带"用来控制当前图层与它下面的图层混合时,在混合结果中显示哪些像素。打开一个文件,如图9-209和图9-210所示,双击"图层 1"图层,打开"图层样式"对话框。"混合颜色带"在对话框的底部,它包含一个"混合颜色带"下拉列表框,以及"本图层"和"下一图层"两组滑块,如图9-211所示。

图 9-204 图像效果

图 9-209 打开图像文件

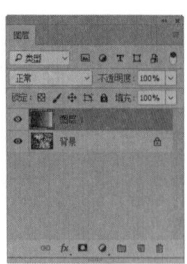

图 9-210 "图层"面板

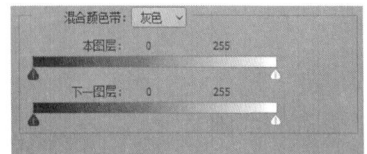

图 9-211 混合颜色带

◆ 本图层。"本图层"是指当前正在处理的图层，拖动"本图层"滑块，可以隐藏当前图层中的像素，显示出下面图层中的图像。例如，将左侧的黑色滑块移向右侧时，当前图层中所有比该滑块所在位置暗的像素都会被隐藏，如图9-212和图9-213所示；将右侧的白色滑块移向左侧时，当前图层中所有比该滑块所在位置亮的像素都会被隐藏，如图9-214和图9-215所示。

图 9-212 图像效果

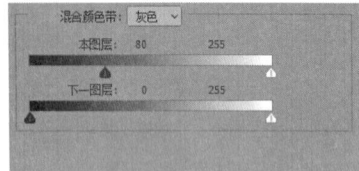

图 9-213 混合颜色带

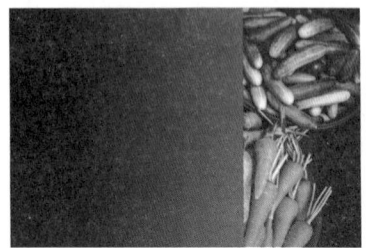

图 9-214 图像效果

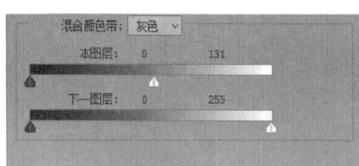

图 9-215 混合颜色带

◆ 下一图层。"下一图层"是指当前图层下面的那一个图层。拖动"下一图层"中的滑块，可以使下面图层中的像素穿透当前图层显示出来。例如，将左侧的黑色滑块移向右侧时，可以显示下面图层中较暗的像素，如图9-216和图9-217所示；将右侧的白色滑块移向左侧时，则可以显示下面图层中较亮的像素，如图9-218和图9-219所示。

图 9-216 图像效果

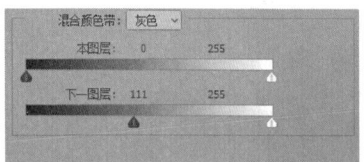

图 9-217 混合颜色带

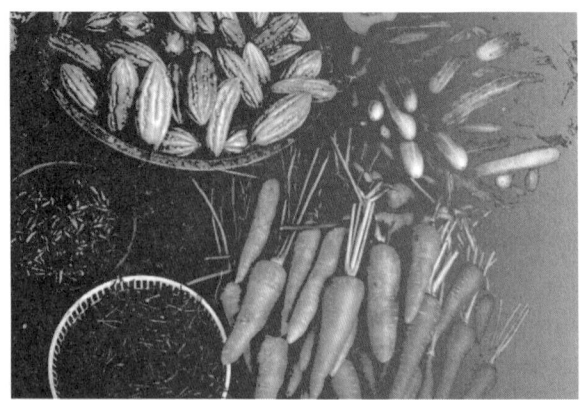

图 9-218 图像效果

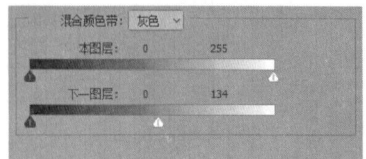

图 9-219 混合颜色带

◆ "混合颜色带"下拉列表框。在该选项下拉列表框中可以选择控制混合效果的颜色通道。选择"灰色",表示使用全部颜色通道控制混合效果;也可以选择一个颜色通道来控制混合效果。

延伸讲解

使用混合滑块只能隐藏像素,而不是真正删除像素。重新打开"图层样式"对话框后,将滑块拖回原来的起始位置,便可以将隐藏的像素显示出来。

9.8.1 实战:闪电抠图

难度:☆☆☆

素材文件	第 9 章 \9.8.1
在线视频	第 9 章 \9.8.1 实战:闪电抠图 .mp4
技术要点	"混合颜色带"命令

在Photoshop CC 2018中,通过编辑"混合颜色带",对闪电图像进行抠图,然后通过蒙版合成。

步骤 01 启动Photoshop CC 2018软件,选择本章的素材文件"9.8.1 闪电抠图1.jpg"("背景"图层)和"9.8.1 闪电抠图2.jpg"(图层 1),将其打开,如图9-220、图9-221和图9-222所示。

图 9-220 打开素材文件 1

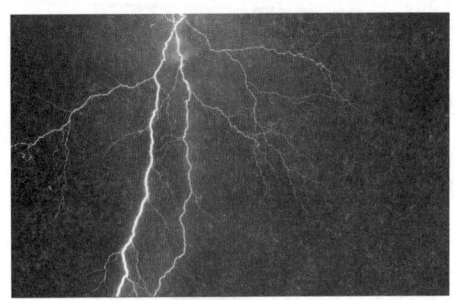

图 9-221 打开素材文件 2

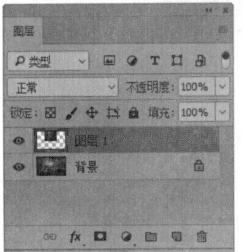

图 9-222 "图层"面板

步骤 02 双击"图层 1"图层,打开"图层样式"对话框。按住Alt键单击"本图层"中的黑色滑块将它分开,将右半边滑块向右侧拖至靠近白色滑块处。这样可以创建一个较大的半透明区域,使得闪电周围的蓝色能够较好地融合到背景图像中,并且半透明区域还可以增加背景的亮度,正好体现出闪电照亮夜空的效果,如图9-223和图9-224所示。

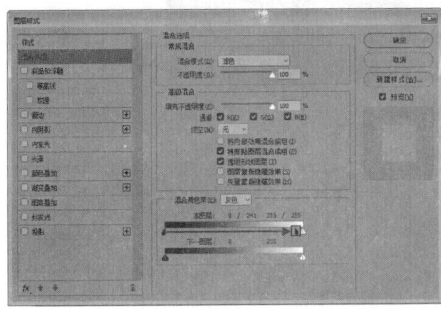

图 9-223 调整滑块

图 9-224 图像效果

步骤 03 按Ctrl+T组合键,调整闪电位置及大小,如图9-225所示。单击"图层"面板底部的"添加图层蒙版"按钮 ■ ，为"图层1"图层添加图层蒙版，如图9-226所示。单击"画笔工具" ■ ，在闪电边缘涂抹黑色，可将其适当模糊和隐藏，最终效果如图9-227所示。

图 9-225 调整位置

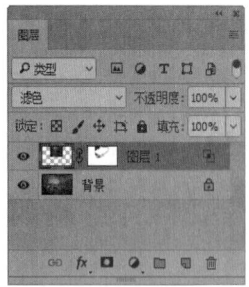

图 9-226 "图层"面板

图 9-227 最终效果

9.8.2 实战：用设定的通道抠取花瓶

难度：☆☆

素材文件	第 9 章 \9.8.2
在线视频	第 9 章 \9.8.2 实战：用设定的通道抠取花瓶 .mp4
技术要点	在通道中抠图

抠图是指将一个图像的部分内容准确地选取出来，使之与背景分离。在图像处理中，抠图是非常重要的工作，抠选的图像是否准确、彻底，是影响图像合成效果真实性的关键。

步骤01 启动Photoshop CC 2018软件，选择本章的素材文件"9.8.2 用设定的通道抠取花瓶.jpg"，将其打开，如图9-228所示。按住Alt键双击"背景"图层，或单击"背景"图层后面的 ■ 按钮，将其转换为普通图层，如图9-229所示。

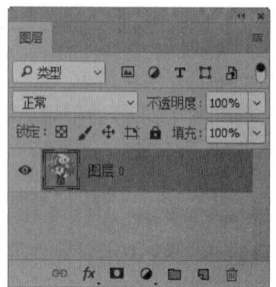

图 9-228 打开素材文件　　　图 9-229 转换为普通图层

步骤02 打开"通道"面板，单击"红""绿""蓝"通道，观察窗口中的图像，如图9-230、图9-231和图9-232所示。可以看到，"蓝"通道中的花瓶与背景的色调对比最清晰。

图 9-230 "红"通道　　　图 9-231 "绿"通道

图 9-232 "蓝"通道

步骤03 双击"图层 0"图层，打开"图层样式"对话框。在"混合颜色带"下拉列表框中选择"蓝"通道。向左侧拖动"本图层"组中的白色滑块，即可隐藏蓝色背景，如

图9-233和图9-234所示。

图 9-233 选择"蓝"通道　　图 9-234 图像效果

步骤 04 在"图层"面板中，图像缩览图仍然保留了背景，如图9-235所示。由此可知，背景只是被暂时隐藏了。下面来创建一个真正删除背景的透明图像。

步骤 05 单击"图层"面板底部的"创建新图层"按钮，新建一个图层，如图9-236所示。按Alt+Shift+Ctrl+E组合键盖印图层，这样既能将混合结果盖印到新建的图层中，又能让原图层（图层0）不受影响，如图9-237所示。

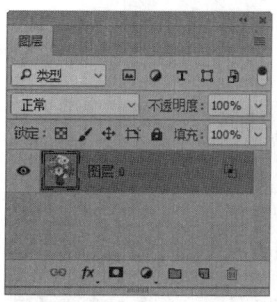 

图 9-235 "图层"面板　　图 9-236 新建图层

图 9-237 盖印图层

🔍 **延伸讲解**

如果同时调整了"本图层"和"下一图层"的滑块，则图层的盖印结果只能是删除"本图层"滑块所隐藏的区域中的图像。

9.9 高级通道混合工具

图层之间可以通过"图层"面板中的混合模式选项来相互混合，而通道之间则主要靠"应用图像"和"计算"命令来实现混合。这两个命令与混合模式的关系密切，常用来修改选区，是高级抠图命令。

9.9.1 "应用图像"命令

打开一个文件，如图9-238和图9-239所示，执行"图像"→"应用图像"命令，打开"应用图像"对话框，如图9-240所示。对话框中有"源""目标""混合"3个选项。"源"选项组是指参与混合的对象，"目标"是指被混合的对象，即选择该命令前选择的图层或通道，"混合"选项组用来控制两者如何混合。图9-241和图9-242所示为混合结果。

图 9-238 打开图像文件　　图 9-239 "图层"面板

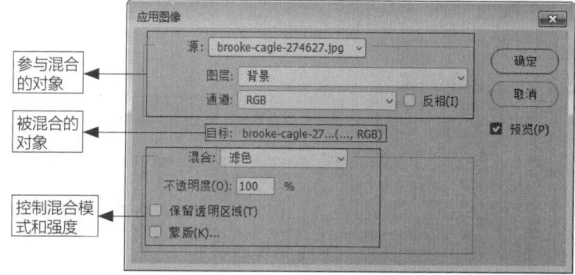

图 9-240 "应用图像"对话框

图 9-241 图像效果

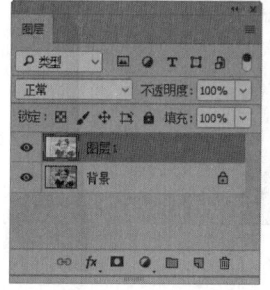

图 9-242 "图层"面板

设置参与混合的对象

在"应用图像"对话框中，"源"选项组用来设置参与混合的源文件，如图9-243所示，源文件可为通道或图层。

◆ 源。默认为当前文件，也可以选择使用其他文件与当前图像混合，但选择的文件必须打开，且与当前文件具有相同尺寸和分辨率。

◆ 图层。如果源文件为分层的文件，可在该选项中选择源图像中的一个图层来参与混合。

◆ 通道。用来设置源文件中参与混合的通道。勾选"反相"复选框可将通道反相后再进行混合。

图 9-245 图像效果

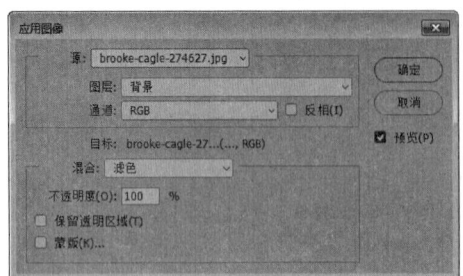

图 9-243 "源"选项组

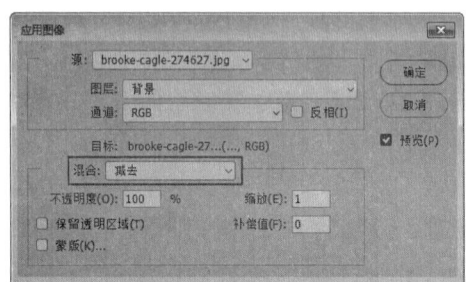

图 9-246 减去

设置被混合的对象

在"目标"选项后可以选择被混合的对象。"应用图像"命令的特别之处是必须在执行命令前选择被混合的目标文件。它可以是图层，也可以是通道，但无论是哪一种，都必须在执行该命令前先将其选择。

设置混合模式和强度

◆ 设置混合模式。"混合"下拉列表框中包含了可供选择的混合模式，设置混合模式后即可混合通道或图层。

"应用图像"命令包含"图层"面板中没有的两个图层混合模式，即"相加"和"减去"。"相加"模式可以对通道（或图层）进行相加运算，如图9-244和图9-245所示；"减去"模式可以对通道（或图层）进行相减运算，如图9-246和图9-247所示。

图 9-247 图像效果

◆ 调整混合强度。如果要控制通道或图层的混合强度，可以调整"不透明度"值，该值越高，混合的强度越大，如图9-248、图9-249、图9-250和图9-251所示。

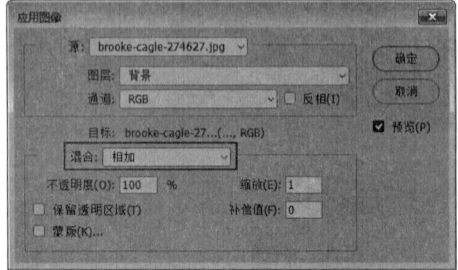

图 9-244 相加

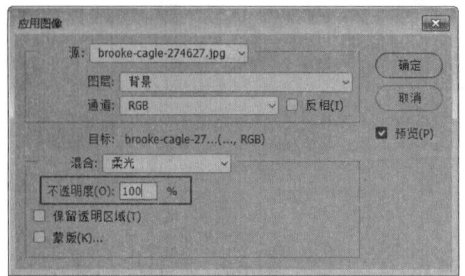

图 9-248 "不透明度"为"100%"

图 9-249 图像效果

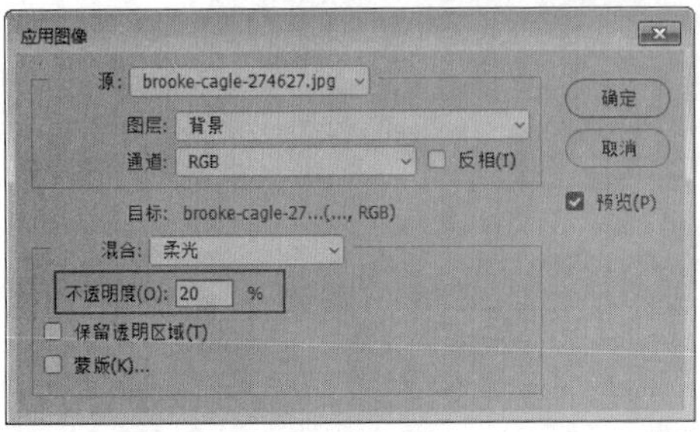

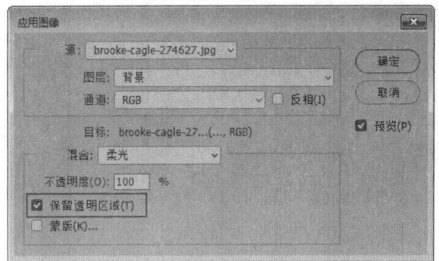

图 9-252 保留透明区域

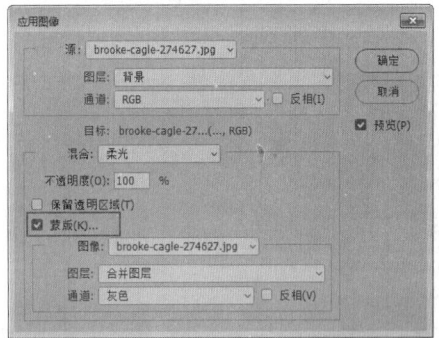

图 9-253 蒙版

图 9-250 "不透明度"为"20%"

图 9-251 图像效果

控制混合范围

"应用图像"命令有两种控制混合范围的方法。第一种是勾选"保留透明区域"复选框,将混合效果限定在图层的不透明区域内,如图9-252所示;第二种是勾选"蒙版"复选框,显示出隐藏的选项,如图9-253所示,然后选择包含蒙版的图像和图层。对于"通道",可以选择任何颜色通道或Alpha通道用作蒙版,也可使用基于现用选区或选中图层(透明区域)边界的蒙版。勾选"反相"复选框可以反转通道的蒙版区域和未蒙版区域。

9.9.2 "计算"命令

"计算"命令与"应用图像"命令作用基本相同,它可以混合两个来自一个或多个源图像的单个通道。使用该命令可以创建新的通道和选区,也可生成新的黑白图像。

打开一个图像文件,如图9-254所示,执行"图像"→"计算"命令,打开"计算"对话框,如图9-255所示。

图 9-254 打开图像文件

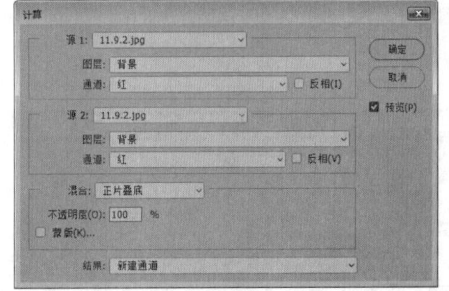

图 9-255 "计算"对话框

◆ 源1。用来选择第一个源图像、图层和通道。

◆ 源2。用来选择与"源1"混合的第二个源图像、图层和通道。该文件必须是打开的，并且是与"源1"的图像具有相同尺寸和分辨率。

◆ 结果。可以选择一种计算结果的生成方式。选择"新建通道"，可以将计算结果应用到新的通道中，参与混合的两个通道不会受到任何影响，如图9-256所示；选择"新建文档"，可得到一个新的黑白图像，如图9-257所示；选择"选区"，可得到一个新的选区，如图9-258所示。

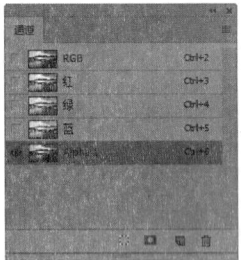

图 9-256 选择"新建通道"

图 9-257 选择"新建文档"

图 9-258 选择"选区"

答疑解惑："应用图像"与"计算"命令有何区别？

"计算"对话框中的"图层""通道""不透明度""蒙版"等选项与"应用图像"对话框中的选项相同。

"应用图像"命令需要先选择要被混合的目标通道，之后再打开"应用图像"对话框指定参与混合的通道。

"计算"命令不受这种限制，打开"计算"对话框以后，可以任意指定目标通道，因此它更灵活些。不过，如果要对同一个通道进行多次的混合，使用"应用图像"命令操作更加方便，因为该命令不会生成新通道，而使用"计算"命令则必须来回切换通道。

9.9.3 实战：用通道和"钢笔工具"抠取冰雕

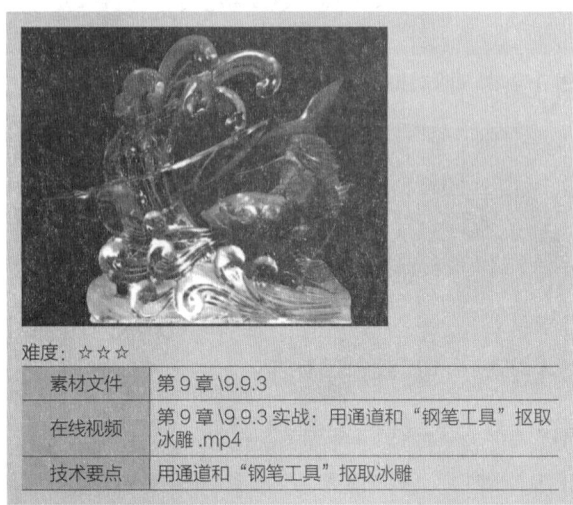

难度：☆☆☆

素材文件	第 9 章 \9.9.3
在线视频	第 9 章 \9.9.3 实战：用通道和"钢笔工具"抠取冰雕.mp4
技术要点	用通道和"钢笔工具"抠取冰雕

通道在抠图方面非常强大，通过它可以将选区存储为单一通道图像，再使用各种绘画工具、选择工具和滤镜来编辑通道，制作出精确的选区。由于可以使用许多重要的功能编辑通道，在通道中制作选区时，要求操作者应具备全面的技术和融会贯通的能力。

步骤01 启动Photoshop CC 2018软件，选择本章的素材文件"9.9.3用通道和'钢笔工具'抠取冰雕.jpg"，将其打开，如图9-259所示。冰雕的表面光滑，适合使用"钢笔工具"勾勒轮廓。冰雕内部的透明区域可以在通道中寻找抠取办法。下面先查看一下通道中是否有清晰的轮廓，分别按Ctrl+3、Ctrl+4、Ctrl+5组合键查看"红""绿""蓝"通道，如图9-260、图9-261和图9-262所示。

图 9-259 打开素材文件

图 9-260　"红"通道

图 9-261　"绿"通道

图 9-262　"蓝"通道

步骤 02 可以看到，"绿"通道中冰雕的轮廓最明显。选择"绿"通道，单击"钢笔工具" ，在工具选项栏中选择"路径"选项，绘制冰雕的轮廓，如图9-263所示。按Ctrl+Enter组合键，将路径转换为选区，如图9-264所示。

图 9-263　绘制路径

图 9-264　生成选区

相关链接

　　"钢笔工具"可以绘制光滑的轮廓，关于该工具的使用方法，请参阅"10.3用'钢笔工具'绘图"。

步骤 03 执行"图像"→"计算"命令，打开"计算"对话框。设置"源1"的"通道"为"选区"、"源2"的"通道"为"红"、混合模式为"正片叠底"、"结果"为"新建通道"，如图9-265所示。

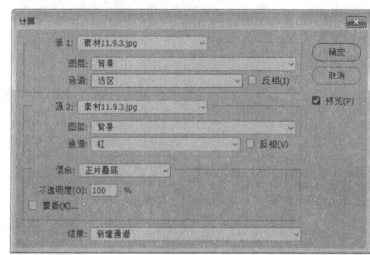

图 9-265　"计算"对话框

步骤 04 单击"确定"按钮，将混合结果创建为一个新的Alpha通道，如图9-266和图9-267所示。

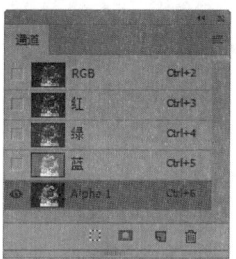

图 9-266　创建通道

图 9-267　图像效果

🔍 **延伸讲解**

　　"红"通道中的冰雕细节最丰富，因此，在"计算"命令中，用"红"通道与选区进行计算，而选区又将计算的范围限定在冰雕中，这样的话，冰雕以外的背景就不会参与计算，系统会用黑色填充没有计算的区域，背景就变为了黑色。"正片叠底"混合模式使得通道内的图像变暗，在选取冰雕后，背景图像对冰雕的影响就会变小。

步骤 05 按住Alt键双击"背景"图层，或单击"背景"图层后面的🔒按钮，将它转换为普通图层，它的名称会变为"图层0"，如图9-268所示。

步骤 06 按住Ctrl键单击Alpha通道，载入冰雕选区。单击"添加图层蒙版"按钮▣，用蒙版遮盖背景，如图9-269和图9-270所示。

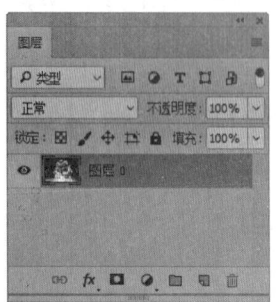
图 9-268 "图层"面板

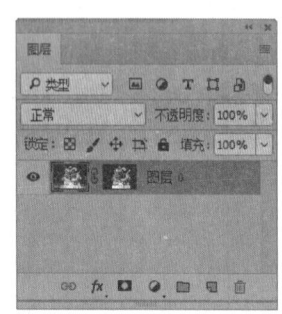
图 9-269 添加图层蒙版

图 9-270 图像效果

步骤 07 新建一个图层，在该图层中填充蓝色，并设置图层混合模式为"颜色"。按Alt+Ctrl+G组合键，创建剪贴蒙版，如图9-271所示。该图层混合模式可将当前图层的色

相与饱和度应用到下面的冰雕图像中，但冰雕图像的亮度保持不变，这样就可以为冰雕着色了，蓝色会突出冰雕晶莹的质感，如图9-272所示。图9-273所示为加入新背景的冰雕。

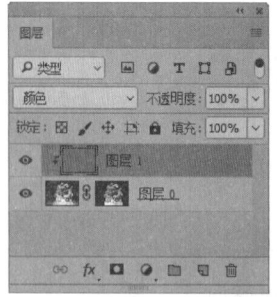
图 9-271 创建剪贴蒙版

图 9-272 为冰雕着色

图 9-273 图像效果

9.10 课后习题

9.10.1 使用蒙版制作趣味效果

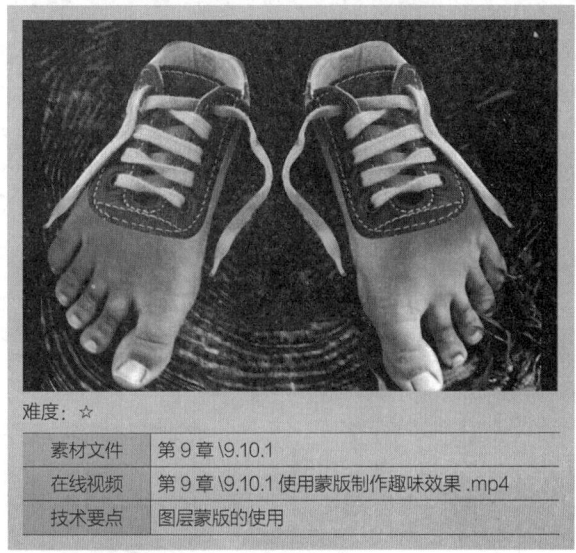

难度：☆

素材文件	第 9 章 \9.10.1
在线视频	第 9 章 \9.10.1 使用蒙版制作趣味效果 .mp4
技术要点	图层蒙版的使用

　　图层蒙版主要用于图像的合成，可以利用图层蒙版将几种不同的物体合成在一起，本习题练习使用图层蒙版制作趣味合成效果。

　　先打开所有素材文件，将鞋子文档拖动到脚文档中，将鞋子的上部分载入选区，再为其创建图层蒙版，涂抹多余部分，最终效果如图9-274所示。

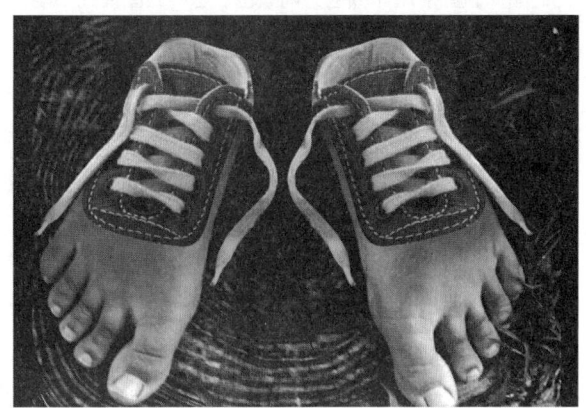

图 9-274 使用蒙版制作趣味效果图

9.10.2 创建七夕节广告海报

难度：☆

素材文件	第 9 章 \9.10.2
在线视频	第 9 章 \9.10.2 创建七夕节广告海报 .mp4
技术要点	"通道"面板的使用

　　七夕节广告海报需要渲染温馨浪漫的气氛。本习题通过进入"通道"面板并对图像添加滤镜的操作，来为七夕节广告海报添加浪漫爱心背景。

　　打开"七夕.psd"素材文件，打开"通道"面板，选择未显示的"Alpha 1"通道，为通道内容添加滤镜效果，并将通道内容载入选区。切换至"图层"面板，为选区填充白色，最终效果如图9-275所示。

图 9-275 七夕节广告海报效果图

矢量工具与路径

第 10 章

形状和路径是Photoshop CC 2018可以建立的两种矢量图形。矢量对象可以自由地缩小或放大，而不影响其分辨率，还可输出到Illustrator矢量图形软件中进行编辑。

路径在Photoshop CC 2018中有着广泛的应用，它可以描边和填充颜色，作为剪切路径而应用到矢量蒙版中。此外，路径还可以转换为选区，因而常用于抠取复杂而光滑的对象。

学习重点与难点

- 选择绘图模式 248页
- 认识锚点 251页
- 转换锚点的类型 258页

- 认识路径 250页
- 用"弯曲钢笔工具"绘制图形 255页
- 用"钢笔工具"抠图 260页

10.1 了解绘图模式

Photoshop CC 2018中的钢笔和形状矢量工具可以创建不同类型的对象，包括形状图层、工作路径和像素图形。选择一个矢量工具后，需要先在工具选项栏中选择相应的绘制模式，然后再进行绘图操作，如图10-1所示。

图 10-1 "自定形状工具"选项栏

10.1.1 选择绘图模式 　　重点

形状

选择"形状"选项后，可以在单独的一个形状图层中创建形状图形，如图10-2所示。形状图层由填充区域和形状两部分组成，填充区域定义了形状的颜色、图案和图层的不透明度，形状则是一个矢量图形，它同时出现在"路径"面板中，如图10-3所示。

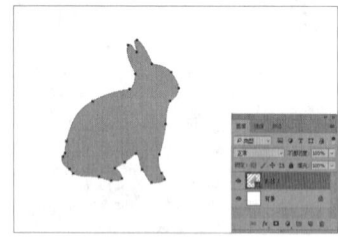

图 10-2 形状图形　　　　　　图 10-3 "路径"面板

路径

选择"路径"选项后，可创建工作路径。工作路径不会出现在"图层"面板中，只出现在"路径"面板中，如图10-4和图10-5所示。路径可以转换为选区或创建矢量蒙版，也可以填充和描边从而得到光栅化的图像。

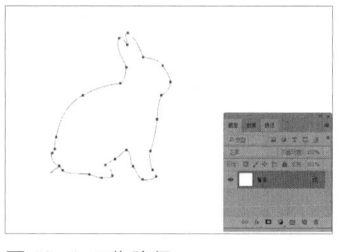

图 10-4 工作路径　　　　　　图 10-5 "路径"面板

像素

选择"像素"选项后，可以在当前图像上创建出光栅化的图像，图形填充颜色为前景色。这种绘图模式不能创建矢量图像，因此在"路径"面板中，也不会出现路径，如图10-6和图10-7所示。

图 10-6 创建光栅化图像　　　图 10-7 "路径"面板

10.1.2 形状

选择"形状"选项后，可以在"填充"及"描边"下拉面板中选择纯色、渐变和图案对图形进行填充和描边，工具选项栏如图10-8所示。

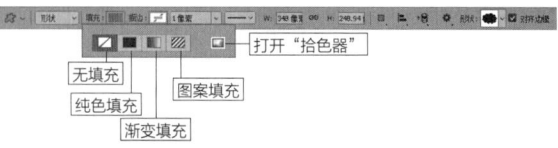

图 10-8 "自定形状工具"选项栏

◆ 对图形进行填充。采用不同内容对图形进行填充的效果，如图10-9所示。

a. 无填充   b. 用纯色填充

c. 用渐变填充   d. 用图案填充

图 10-9 填充效果图

◆ 对图形进行描边。采用不同内容对图形进行描边的效果，如图10-10所示。

a. 用纯色描边   b. 用渐变描边

c. 用图案描边

图 10-10 描边效果图

◆ 设置描边宽度。单击"设置形状描边宽度"按钮▼，打开下拉菜单，拖动滑块可以调整描边宽度，如图10-11所示。

◆ 设置描边选项。单击"设置形状描边类型"按钮▼，打开下拉面板，如图10-12所示，可以设置描边选项。

 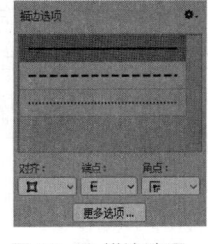

图 10-11 调整描边宽度 图 10-12 描边选项

● 描边选项。可以选择用实线、虚线和圆点来描边，如图10-13所示。

a. 实线描边   b. 虚线描边

c. 圆点描边

图 10-13 描边选项

● 对齐。单击"对齐"按钮，可以打开下拉菜单，选择描边和路径的对齐方式，包括内部▤、居中▣和外部▢，如图10-14所示。

a. 内部对齐   b. 居中对齐

c. 外部对齐

图 10-14 描边对齐

● 端点。单击"端点"按钮，可以打开下拉菜单，选择路径端点的样式，包括端面 ⊑、圆形 ⊆ 和方形 ⊑。

● 角点。单击"角点"按钮，可以打开下拉菜单，选择路径转角处的转折样式，包括斜接 ⊩、圆形 ⊮ 和斜面 ⊮，如图10-15所示。

a. 斜接角点

b. 圆形角点

c. 斜面角点

图 10-15 角点样式

● 更多选项。单击该按钮，可以打开"描边"对话框，如图10-16所示，该对话框中除包含前面的选项之外，还可以调整虚线间距，如图10-17所示。

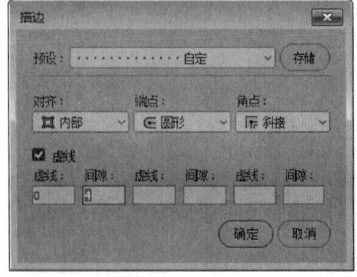

图 10-16 "描边"对话框

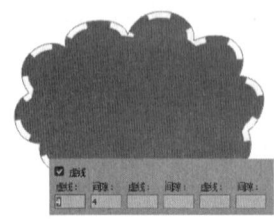

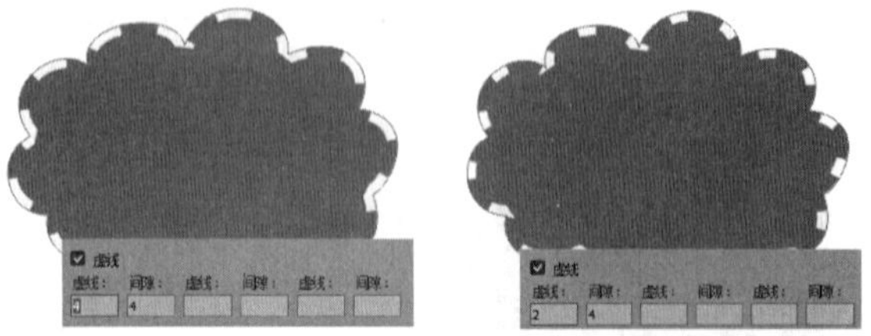

图 10-17 虚线间距

10.1.3 路径

在工具选项栏中设置工具模式为"路径"选项，绘制

路径后，可以单击工具选项栏中的"选区""蒙版""形状"按钮，将路径转换为选区、矢量蒙版或形状图层，如图10-18所示。

a. 绘制路径

b. 单击"选区"按钮得到的选区

c. 单击"蒙版"按钮得到的矢量蒙版

d. 单击"形状"按钮得到的形状图层

图 10-18 转换路径类型

10.1.4 像素

在工具选项栏中选择"像素"选项后，可以为绘制的图像设置"模式"和"不透明度"，其工具选项栏如图10-19所示。

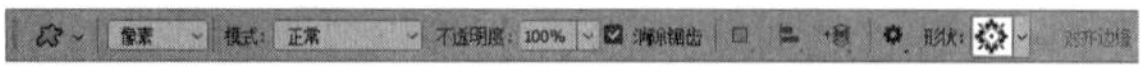

图 10-19 工具选项栏

◆ 模式。可以设置混合模式，让绘制的图像与下方其他图像产生混合效果。

◆ 不透明度。可以为图像指定不透明度，使其呈现透明效果。

◆ 消除锯齿。可以平滑图像的边缘，消除锯齿。

10.2 了解路径和锚点的特征

矢量图是由数学定义的矢量形状组成的，因此，矢量工具创建的是一种由锚点和路径形成的图形。下面来了解路径和锚点的特征及它们之间的关系，以便为学习矢量工具，尤其是"钢笔工具"打下基础。

10.2.1 认识路径　　重点

路径是一种轮廓，虽然路径不包含像素，但是可以使用颜色填充或描边。路径可以作为矢量蒙版来控制图层的显示区域。为了方便随时使用，可以将其保存在"路径"面板中。另外，路径可以转化为选区。

路径可以使用"钢笔工具"和形状工具来绘制，绘制的路径有开放式、闭合式或复合式3种。

- 开放路径。相对于闭合路径，其起始锚点和结束锚点未重合，如图10-20所示。
- 闭合路径。相对于开放路径，其起始锚点和结束锚点重合为一个锚点，是没有起点和终点的，路径呈闭合状态，如图10-21所示。
- 复合路径。是将两个独立的路径通过相交、相减等模式创建为一个新的复合状态路径，如图10-22所示。

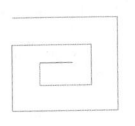  

图 10-20 开放路径　　图 10-21 闭合路径　　图 10-22 复合路径

10.2.2 认识锚点 　重点

路径由一个或多个直线段或曲线段组成，锚点标记路径段的端点。在曲线段上，每个选中的锚点显示一条或两条方向线，方向线以方向点结束，方向线和方向点的位置共同决定了曲线段的大小和形状。锚点分为平滑点和角点两种类型。由平滑点连接的路径段可以形成平滑的曲线，如图10-23所示；由角点连接起来的路径段可以形成直线，如图10-24所示，或转折曲线，如图10-25所示。

 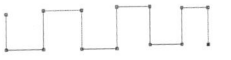

图 10-23 平滑点连接的曲线　　图 10-24 角点连接的直线

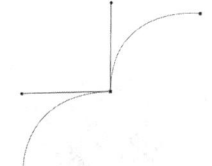

图 10-25 角点连接的转折曲线

路径不能被打印出来，因为它是矢量对象，不包含像素，只有在路径中填充颜色后才能打印出来。

10.3 用"钢笔工具"绘图

"钢笔工具" 是Photoshop CC 2018中强大的绘图工具。它主要有两种用途：一是绘制矢量图形，二是绘制选区对象。在作为选区工具使用时，"钢笔工具"描绘的轮廓光滑、准确，将路径转换为选区就可以准确地选择对象。

10.3.1 实战：绘制直线

难度：☆☆

素材文件	第 10 章 \10.3.1
在线视频	第 10 章 \10.3.1 实战：绘制直线 .mp4
技术要点	用"钢笔工具"绘制直线

步骤 01 启动Photoshop CC 2018软件，选择本章的素材文件"10.3.1 绘制直线.jpg"，将其打开，如图10-26所示。

步骤 02 单击工具箱中的"钢笔工具" ，在工具选项栏中设置工具模式为"形状"、"填充"颜色为"#ec6941"、"描边"为无，将鼠标指针移至画面中，鼠标指针变为 形状时，单击可创建一个锚点，如图10-27所示。

步骤 03 将鼠标指针移至下一个位置单击，创建第二个锚点，两个锚点会连接成一条由角点定义的直线路径，如图10-28所示。

图 10-26 打开素材文件

图 10-27 创建锚点

图 10-28 绘制路径

步骤 04 将鼠标指针放在路径的起点，当鼠标指针变为 ◦。形状时，单击即可闭合路径，如图10-29所示。

步骤 05 使用相同的方法，绘制其他填充颜色的形状，效果如图10-30所示。

图 10-29 闭合路径

图 10-30 效果图

10.3.2 实战：绘制曲线

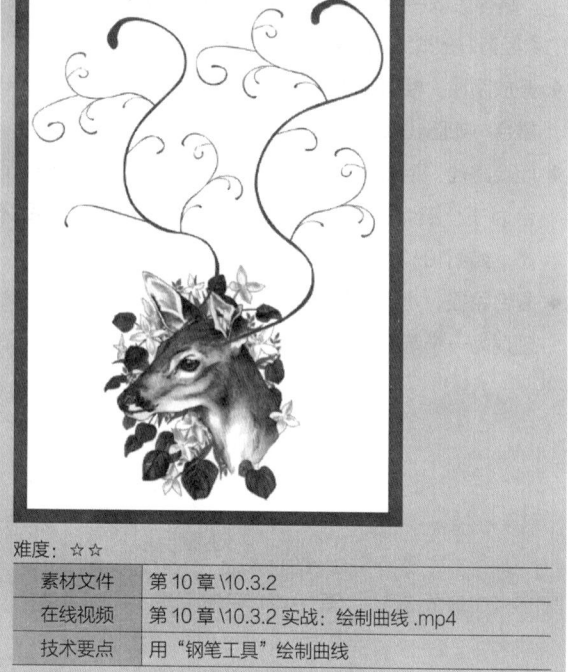

难度：☆☆

素材文件	第 10 章 \10.3.2
在线视频	第 10 章 \10.3.2 实战：绘制曲线 .mp4
技术要点	用"钢笔工具"绘制曲线

步骤 01 启动Photoshop CC 2018软件，选择本章的素材文件"10.3.2 绘制曲线.jpg"，将其打开，如图10-31所示。

步骤 02 单击工具箱中的"钢笔工具" ⬛，在工具选项栏中设置工具模式为"形状"，在画面中单击定义起始锚点，在合适的位置上单击确定第二个锚点时，不松开鼠标左键并拖动鼠标，创建方向线，如图10-32所示。继续绘制曲线，如图10-33所示。

步骤 03 用同样的方法创建锚点，绘制出曲线路径，设置"填充"颜色为"#a84200"，填充颜色。

步骤 04 按住Ctrl键，转换为"直接选择工具" ⬛，调整锚点位置，再按住Alt键转换为"转换点工具" ⬛，调整锚点弧度，如图10-34所示。

图 10-31 打开素材文件

图 10-32 创建方向线

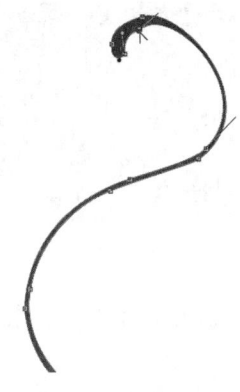

图 10-33　绘制曲线　　　　图 10-34　调整曲线

步骤 05　用同样的方法绘制并复制曲线路径，如图10-35所示。

步骤 06　选择最长曲线的图层，单击鼠标右键，在弹出的快捷菜单中执行"栅格化图层"命令。单击"图层"面板底部的"添加图层蒙版"按钮，添加蒙版。单击工具箱中"画笔工具"，调整不透明度，涂抹鹿头和曲线接触的地方，使其过渡自然，效果如图10-36所示。

图 10-35　绘制并复制曲线　　　图 10-36　效果图

10.3.3　实战：绘制转角曲线

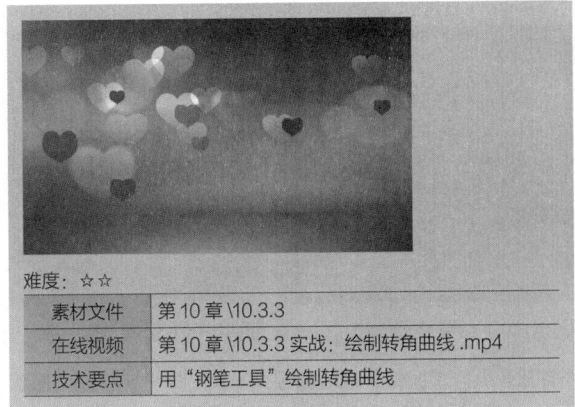

难度：☆☆	
素材文件	第 10 章 \10.3.3
在线视频	第 10 章 \10.3.3 实战：绘制转角曲线 .mp4
技术要点	用"钢笔工具"绘制转角曲线

步骤 01　启动Photoshop CC 2018软件，选择本章的素材文件"10.3.3 绘制转角曲线.jpg"，将其打开，如图

10-37所示。

步骤 02　执行"视图"→"显示"→"网格"命令，显示网格。单击工具箱中的"钢笔工具"，设置工具模式为"路径"，按住鼠标左键并拖动，在画面中创建一个平滑点，如图10-38所示。

步骤 03　将鼠标指针移动到下一个锚点处，按住鼠标左键并拖动以创建曲线，如图10-39所示。

图 10-37　打开素材文件

图 10-38　创建平滑点　　　　图 10-39　创建曲线

步骤 04　将鼠标指针移动到下一个锚点处，继续在画面中单击，但不拖动鼠标，创建一个角点，如图10-40所示。继续在左侧绘制曲线，如图10-41所示。

步骤 05　将鼠标指针移动到路径起点上，建立一个闭合路径，如图10-42所示。按住Ctrl键切换为"直接选择工具"，在路径的起始处单击显示锚点，当前锚点上出现两条方向线，将鼠标指针移动到左侧的方向线上，按住Alt键切换为"转换点工具"，向上拖动方向线，让左侧与右侧对称，如图10-43所示。

图 10-40　创建角点　　　　图 10-41　绘制曲线

图 10-42 闭合路径　　　图 10-43 调整方向线

步骤 06 按住Alt键切换为"转换点工具" ，选择底部锚点，调整心形的弧度，如图10-44所示。按住Ctrl键切换为"直接选择工具" ，适当调整锚点的位置，完成心形的绘制，如图10-45所示。

步骤 07 新建图层，按Ctrl+Enter组合键，将路径转换为选区，如图10-46所示。

步骤 08 设置前景色为红色，按Alt+Delete组合键填充颜色，再按Ctrl+H组合键隐藏网格，调整心形的大小和位置，以及该图层的不透明度，如图10-47所示。

步骤 09 用同样的方法制作其他的心形，完成效果如图10-48所示。

图 10-44 调整弧度　　　图 10-45 完成绘制

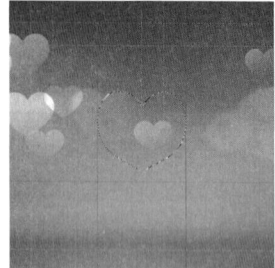

图 10-46 创建选区

图 10-47 调整心形

图 10-48 效果图

10.3.4 实战：创建自定义形状

难度：☆☆

素材文件	第 10 章 \10.3.4
在线视频	第 10 章 \10.3.4 实战：创建自定义形状 .mp4
技术要点	创建自定义形状

步骤 01 启动Photoshop CC 2018软件，执行"文件"→"新建"命令，新建文档。

步骤 02 单击工具箱中的"钢笔工具" ，在工具选项栏中设置工具模式为"路径"，在文档中绘制路径，如图10-49所示。

步骤 03 单击"路径"面板中已绘制的工作路径，选择该路径，如图10-50所示。

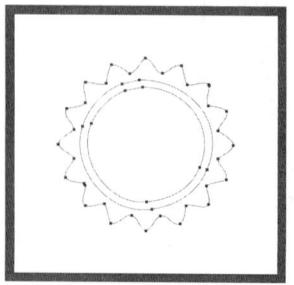 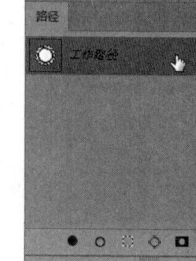

图 10-49 绘制路径　　　图 10-50 选择路径

步骤 04 执行"编辑"→"自定义形状"命令，打开"形状名称"对话框，输入名称，如图10-51所示，单击"确定"按钮。

步骤 05 单击工具箱中的"自定形状工具"■，在工具选项栏"自定形状拾色器"选项的下拉面板中找到定义的图案，如图10-52所示。

图 10-51 "形状名称"对话框

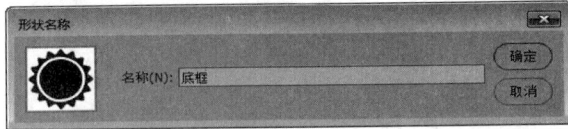

图 10-52 "形状"下拉面板

步骤 06 设置前景色为"#64c3d9"，选择"背景"图层，按Alt+Delete组合键填充蓝色。在画面中绘制形状，并填充颜色为"#ffd800"，如图10-53所示。打开素材文件并将其拖入当前文件中，效果如图10-54所示。

图 10-53 填充颜色

图 10-54 效果图

10.3.5 实战："弯度钢笔工具" 绘制图形　新功能

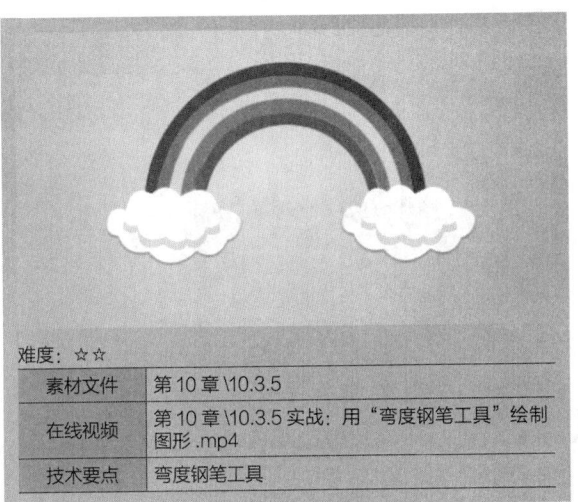

难度：☆☆

素材文件	第 10 章 \10.3.5
在线视频	第 10 章 \10.3.5 实战：用"弯度钢笔工具"绘制图形 .mp4
技术要点	弯度钢笔工具

"弯度钢笔工具"■可以创建自定形状或定义精确的路径，无需切换组合键即可转换钢笔的直线或曲线模式。本实战主要讲解"弯度钢笔工具"的用法，通过实战了解这一新增功能。

步骤 01 启动Photoshop CC 2018软件，执行"文件"→"新建"命令，在弹出的对话框中设置参数，如图10-55所示。

步骤 02 设置前景色为"#e7f4fc"，背景色为"#b6dcf3"。单击工具箱中的"渐变工具"■，在"渐变编辑器"中选择前景色到背景色的渐变，单击"径向渐变"按钮■，按住鼠标左键从画布的中心往四周拖动，填充径向渐变，如图10-56所示。

步骤 03 单击工具箱中的"弯度钢笔工具"■，设置工具选项栏中的工具模式为"路径"，在文档中绘制图形的大致轮廓，如图10-57所示。

步骤 04 将鼠标指针放置在没有锚点的路径上，鼠标指针变为■形状时，单击可在路径上添加锚点，如图10-58所示。

步骤 05 将鼠标指针放在锚点上，当鼠标指针变为■形状时，即可移动锚点的位置，如图10-59所示。

图 10-55 新建文档

图 10-56 填充径向渐变

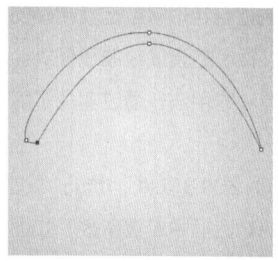

图 10-57 绘制路径

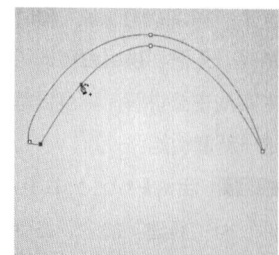

图 10-58 添加锚点

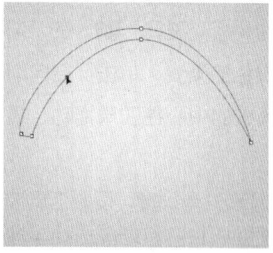

图 10-59 移动锚点

步骤 06 将鼠标指针放在锚点上，双击锚点可将平滑点转换为角点，如图10-60所示。再次双击，可将角点转换为平滑点。

步骤 07 使用相同的操作方法，依次调整各个锚点的位置，如图10-61所示。

步骤 08 按Ctrl+Enter组合键将路径转换为选区，新建图层并填充红色，如图10-62所示。

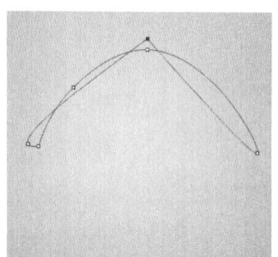

图 10-60 平滑点转换为角点

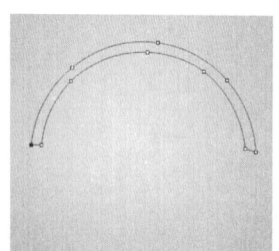

图 10-61 调整锚点

图 10-62 新建图层并填充颜色

步骤 09 使用相同的操作方法，制作卡通图形，效果如图10-63所示。

图 10-63 最终效果

10.3.6 自由钢笔工具

"自由钢笔工具" 以徒手绘制的方式建立路径。在工具箱中选择该工具，移动鼠标指针至图像窗口中，按住鼠标左键自由拖动，到达适当的位置后松开鼠标，鼠标指针所移动的轨迹即为路径。在绘制路径的过程中，系统会自动根据曲线的走向添加适当的锚点并设置曲线的平滑度，如图10-64所示。

a. 原始图像

b. 绘制路径

图 10-64 添加路径效果

10.3.7 磁性钢笔工具

单击"自由钢笔工具" ，勾选工具选项栏中的"磁性的"复选框，可将它转换为"磁性钢笔工具" 。"磁性钢笔工具"与"磁性套索工具"非常相似，在单击确定路径起始点后，沿着图像边缘移动鼠标指针，系统会自动根据颜色反差建立路径。

单击"磁性钢笔工具" ，在工具选项栏中单击 按钮，如图10-65所示。

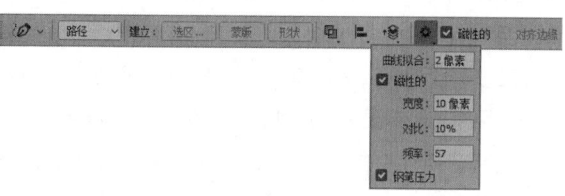

图 10-65 "磁性钢笔工具"选项栏

◆ 曲线拟合。沿路径按拟合贝塞尔曲线时允许的错误容差创建锚点。像素值越小，允许的错误容差越小，创建的路径越精细。

◆ 磁性的。勾选"磁性的"复选框。其中"宽度"用于检测"自由钢笔工具"从鼠标指针开始指定距离以内的边缘；"对比"用于指定该区域边缘像素对比度的数值，数值越大，图像的对比度越低；"频率"用于设置锚点添加到路径中的频率。

◆ 钢笔压力。启用钢笔压力可以更改钢笔的宽度。

10.4 编辑路径

要想使用"钢笔工具"准确地描摹对象的轮廓，必须熟练掌握锚点和路径的编辑方法，下面就来了解如何对锚点和路径进行编辑。

10.4.1 选择与移动锚点、路径段和路径

选择锚点、路径段和路径

Photoshop CC 2018提供了两个路径选择工具："路径选择工具" 和"直接选择工具" 。

"路径选择工具" 用于选择整条路径。移动鼠标指针至路径区域内任意位置单击，路径所有锚点即被全部选中，锚点以黑色实心显示，此时在路径上方按住鼠标左键拖动可移动整个路径，如图10-66所示。如果当前的路径有多条子路径，可按住Shift键依次单击，以连续选择各个子路径，如图10-67所示。或者按住鼠标左键拖动拉出一个虚框，与框交叉和被框包围的所有路径都将被选择，如图10-68所示。如果要取消选择，可在空白处单击。

图 10-66 选择整条路径

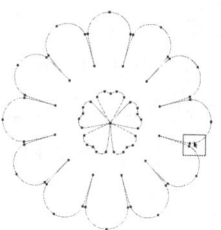

图 10-67 选择多条路径

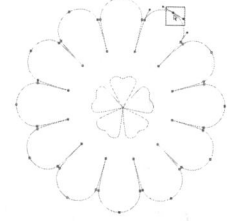

图 10-68 选择框选的路径

使用"直接选择工具" 单击任意锚点即可选择该锚点，选中的锚点为黑色实心，未选中的为空心方块，如图10-69所示。单击一个路径段，可以选择该路径段，如图10-70所示。

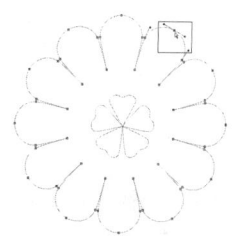

图 10-69 选择锚点

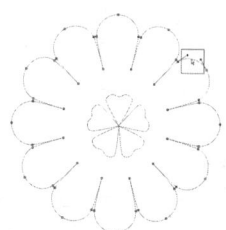

图 10-70 选择路径段

移动锚点、路径段和路径

选择锚点、路径段和路径后，按住鼠标左键不放并拖动，即可将其移动。如果选择了锚点，鼠标指针从锚点上移开了，但又想移动锚点，可将鼠标指针重新定位在锚点上，单击选择锚点并按住鼠标左键拖动才可将其移动，否则，只能在画面中拖动出一个矩形框，可以框选锚点或路径段，但不能移动锚点。路径也是如此，从选择的路径上移开鼠标指针后，需要重新将鼠标指针定位在路径上才能将其移动。

🔍 **延伸讲解**

按住Alt键单击一个路径段，可以选择该路径段及路径段上的所有锚点。

10.4.2 添加锚点与删除锚点

使用"添加锚点工具" 和"删除锚点工具" 可添加和删除锚点。

添加锚点

使用"添加锚点工具" 可以在路径上添加锚点。将鼠标指针放在路径上，如图10-71所示，当鼠标指针变为形状时，在路径上单击即可添加一个锚点，如图10-72所示。如果单击并按住鼠标左键拖动，可以添加一个平滑锚点，如图10-73所示。

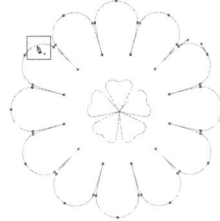
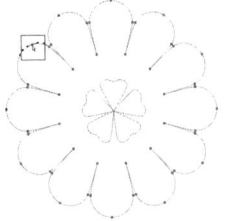

图 10-71 将鼠标指针放　　图 10-72 添加锚点
在路径上

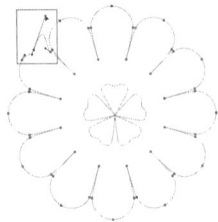

图 10-73 添加平滑锚点

删除锚点

使用"删除锚点工具" 可以删除路径上的锚点。将鼠标指针放在锚点上，如图10-74所示，当鼠标指针变为形状时，单击即可删除锚点，如图10-75所示。使用"直接选择工具" ，选择锚点后，按Delete键也可以将其删除，但该锚点两侧的路径段也会同时被删除。如果路径为闭合路径，则会变为开放式路径，如图10-76所示。

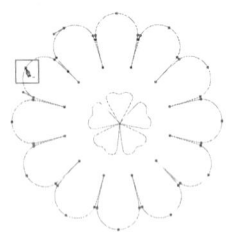
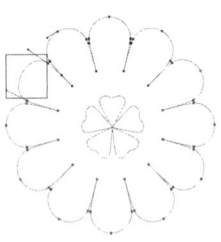

图 10-74 将鼠标指针放在　　图 10-75 删除锚点
锚点上

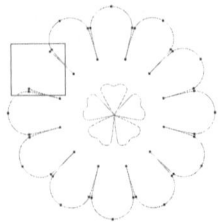

图 10-76 删除路径段

10.4.3 转换锚点的类型　　重点

"转换点工具" 用于转换锚点的类型。使用"转换点工具" 可轻松完成平滑点和角点之间的相互转换。如果当前锚点为角点，在工具箱中单击"转换点工具" ，然后移动鼠标指针至角点上，按住鼠标左键拖动可将其转换为平滑点，如图10-77和图10-78所示。如果需要转换的是平滑点，单击该平滑点可将其转换为角点，如图10-79所示。

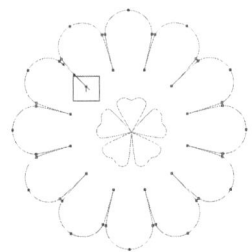
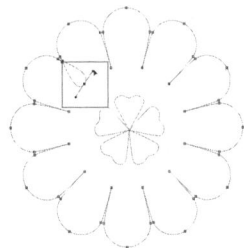

图 10-77 将鼠标指针放　　图 10-78 角点转换为平滑点
在角点上

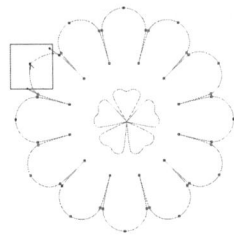

图 10-79 平滑点转换为角点

10.4.4 调整路径形状

方向线和方向点的用途

　　在曲线路径段上，每个锚点都包含一条或两条方向线，方向线的端点是方向点，如图10-80所示。移动方向点可以调整方向线的长度和方向，从而改变曲线的形状。移动平滑点上的方向线时，会同时调整该点两侧的曲线路径段，如图10-81所示。移动角点上的方向线时，则只调整与方向线同侧的曲线路径段，如图10-82所示。

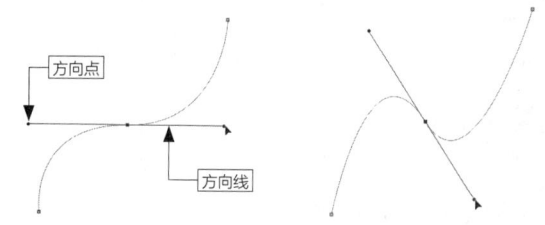

图 10-80 方向点和方向线　　　图 10-81 移动平滑点上的方向线

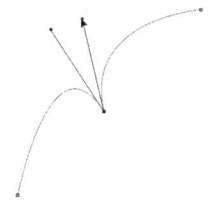

图 10-82 移动角点上的方向线

调整方向线

　　"直接选择工具" 和"转换点工具" 都可以调整方向线。图10-83所示为移动前的位置，使用"直接选择工具" 拖动平滑点上的方向线时，方向线始终保持为一条直线状态，锚点两侧的路径段都会发生改变，如图10-84所示。使用"转换点工具" 拖动方向线时，则可以单独调整平滑点任意一侧的方向线，而不会影响到另外一侧的方向线和路径段，如图10-85所示。

图 10-83 调整前　　　图 10-84 用"直接选择工具"调整方向线

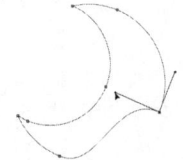

图 10-85 用"转换点工具"调整方向线

延伸讲解

　　使用"钢笔工具" 时，按住Ctrl键单击路径可以显示锚点，单击锚点可以选择锚点，按住Ctrl键拖动方向点可以调整方向线。

10.4.5 路径的运算方法

　　用"魔棒工具" 和"快速选择工具" 选取对象时，通常都要对选区进行相加、相减等运算，使其符合要求。使用"钢笔工具"或其他形状工具时，也要对路径进行相应的运算，才能得到想要的轮廓。

　　单击工具选项栏中的 按钮，可以在打开的下拉菜单中选择路径运算方式，如图10-86所示。下面有两个路径，云朵是先绘制的路径，小鸟是后绘制的路径，如图10-87所示。绘制完一个路径后，单击不同的运算按钮，再绘制一个路径，就会得到不同的运算结果。

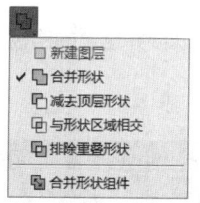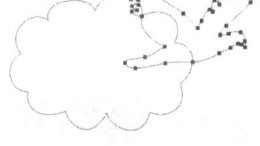

图 10-86 路径运算方式　　　图 10-87 绘制路径

◆ 新建图层 。单击该按钮，可以创建新的路径层。

◆ 合并形状 。单击该按钮，新绘制的路径会与现有的路径合并，如图10-88所示。

◆ 减去顶层形状 。单击该按钮，可从现有的路径中减去新绘制的路径，如图10-89所示。

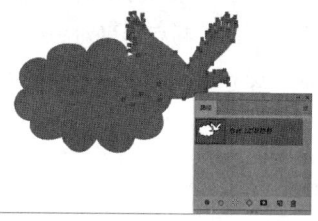

图 10-88 合并形状

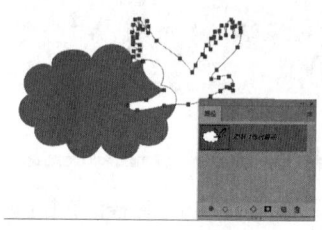

图 10-89 减去顶层形状

◆ 与形状区域相交 。单击该按钮，得到的路径为新路径与现有路径相交的区域，如图10-90所示。

◆ 排除重叠形状■。单击该按钮，得到的路径为合并路径
中排除重叠的区域，如图10-91所示。

图 10-90 与形状区域相交

图 10-91 排除重叠形状

◆ 合并形状组件■。单击该按钮，可以合并重叠的路径
组件。

延伸讲解

如果选择了多锚点，则"编辑"菜单中的"变换"命
令会变为"变换点"命令。

10.4.6 路径的变换操作

在"路径"面板中选择路径，执
行"编辑"→"变换路径"子菜单中
的命令，如图10-92所示，可以显示
定界框，拖动控制点即可对路径进
行缩放、旋转、斜切、扭曲等变换
操作。

图 10-92 "变换路径"子菜单

相关链接

路径的变换方法与变换图像的方法相同，请参阅
"3.14 图像的变换与变形操作"。

10.4.7 对齐与分布路径

使用"路径选择工具"■，选择多个子路径，单击工具
选项栏中的■按钮，打开下拉菜单选择一个对齐与分布选项，
即可对所选择路径进行对齐与分布操作，如图10-93所示。

◆ 对齐路径。工具选项栏中的对齐选项包括"左边"对
齐、"水平居中"对齐、"右边"对齐、"顶边"对
齐、"垂直居中"对齐和"底边"对齐。

◆ 分布路径。工具选项栏中的分布选项包括左边、水平居
中、右边、顶边、垂直居中和底边。要分布路径，应至
少选择三个路径组件，然后单击工具选项栏中的一个分
布选项即可进行路径的分布操作。

图 10-93 路径分布对齐方式

10.4.8 调整路径排列方式

选择一个路径后，单击工具选项栏中的■按钮，可以
在打开的下拉菜单中选择一个选项，如图10-94所示，调
整路径的排列方式。

图 10-94 路径排列方式

10.4.9 实战：用"钢笔工具"抠图 重点

难度：☆☆

素材文件	第 10 章 \10.4.9
在线视频	第 10 章 \10.4.9 实战：用钢笔工具抠图 .mp4
技术要点	用"钢笔工具"抠图

步骤 01 启动Photoshop CC 2018软件，选择本章的素材文件"10.4.9 用'钢笔工具'抠图1.jpg"，将其打开，如图10-95所示。

步骤 02 单击工具箱中的"钢笔工具"，设置工具选项栏中的工具模式为"路径"，单击创建第一个锚点，如图10-96所示。

图 10-95 打开素材文件　　图 10-96 创建锚点

步骤 03 沿花瓶边缘绘制平滑路径，按住Alt键单击锚点，平滑点可以转换为角点，如图10-97所示。按住Ctrl键将鼠标指针放在任意锚点上，按住鼠标左键并拖动，可移动锚点，如图10-98所示。

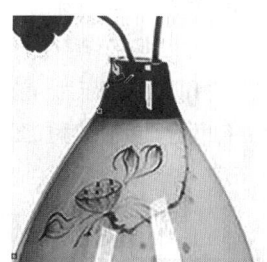

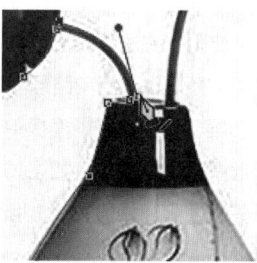

图 10-97 平滑点转换为角点　　图 10-98 移动锚点

步骤 04 闭合路径，单击工具箱中的"添加锚点工具"，为路径添加锚点，并调整锚点，如图10-99所示。单击"删除锚点工具"，为路径删除多余的锚点，如图10-100所示。

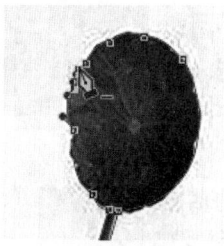

图 10-99 添加锚点　　图 10-100 删除锚点

步骤 05 按Ctrl+J组合键复制该图层，切换到"路径"面板，选择描边的花瓶路径，如图10-101所示。单击"路径"面板底部的"将路径作为选区载入"按钮，将路径载入选区，如图10-102所示。

步骤 06 按Shift+Ctrl+I组合键反选选区，按Delete键删除

多余选区，抠取花瓶。按Ctrl+D组合键取消选区，隐藏"背景"图层，显示复制图层，如图10-103所示。

步骤 07 选择本章的素材文件"10.4.9 使用钢笔工具抠图2.jpg"，将其打开，将抠取的花瓶拖动到背景素材中，调整大小和位置，如图10-104所示。

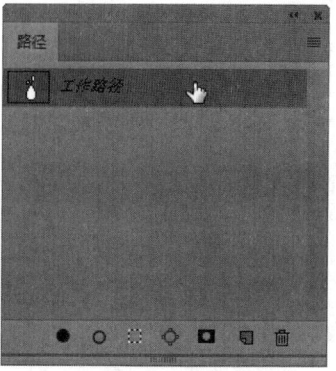

图 10-101 选择路径　　图 10-102 载入选区

图 10-103 抠取花瓶　　图 10-104 拖动花瓶

步骤 08 复制花瓶图层，按Ctrl+T组合键，将花瓶垂直翻转，调整位置，设置该图层"不透明度"为"50%"，如图10-105所示。选择复制的图层，添加图层蒙版，单击工具箱的"渐变工具"，按住鼠标左键从上往下拖动，制作花瓶倒影，如图10-106所示。

步骤 09 单击工具箱中的"直排文字工具"，输入文字，效果如图10-107所示。

图 10-105 翻转花瓶　　图 10-106 制作倒影

图 10-107 输入文字

10.5 "路径"面板

"路径"面板用于保存和管理路径，面板中显示了每条存储的路径、当前工作路径及当前矢量蒙版的名称和缩览图。

10.5.1 了解"路径"面板

执行"窗口"→"路径"命令，可以打开"路径"面板，如图10-108所示。

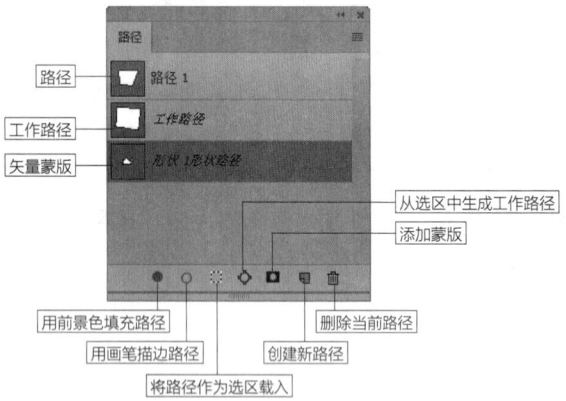

图 10-108 "路径"面板

◆ 路径。当前文件中包含的路径。

◆ 工作路径。使用"钢笔工具"或其他形状工具绘制的路径为工作路径。工作路径是出现在"路径"面板中的临时路径，如果没有存储便取消了对它的选择，在"路径"面板空白处单击可取消对工作路径的选择。再绘制新的路径时，原工作路径将被新的工作路径替换，如图10-109所示。

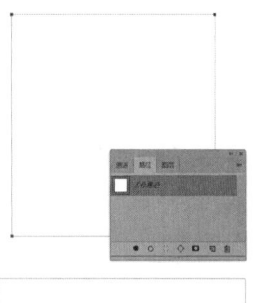

图 10-109 工作路径

◆ 矢量蒙版。当前文件中包含的矢量蒙版。

◆ 用前景色填充路径。用前景色填充路径区域。

◆ 用画笔描边路径。用"画笔工具"■描边路径。

◆ 将路径作为选区载入。将当前选择的路径转换为选区。

◆ 从选区中生成工作路径。从当前的选区中生成工作路径。

◆ 添加蒙版。从当前路径创建蒙版，图10-110所示为当前图层，在"路径"面板中选择路径图层，单击"添加图层蒙版"■按钮，如图10-111所示，即可从路径中生成矢量蒙版，如图10-112所示。

图 10-110 当前图层

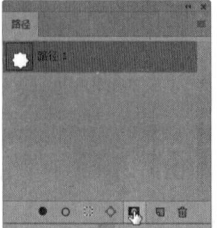

图 10-111 添加蒙版

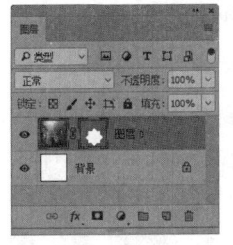

图 10-112 从路径生成蒙版

◆ 创建新路径。单击"路径"面板中的"创建新路径"
   按钮 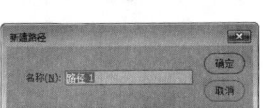，可以新建路径，如图10-113所示。执行"路
   径"面板菜单中的"新建路径"命令，或按住Alt键的同
   时单击面板中"创建新路径"按钮 ，可以打开"新建
   路径"对话框，如图10-114所示，在对话框中输入路径
   的名称，单击"确定"按钮，也可以新建路径。新建路径
   后，可以使用"钢笔工具"或其他形状工具绘制图形，此
   时创建的路径不再是工作路径，如图10-115所示。

◆ 删除当前路径。可以删除当前选择的路径。通过"路
   径"面板的面板菜单也可实现这些操作，面板菜单如图
   10-116所示。

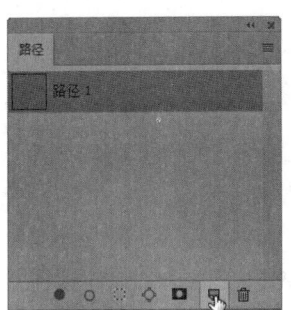

图 10-113 新建路径

图 10-114 "新建路径"对
话框

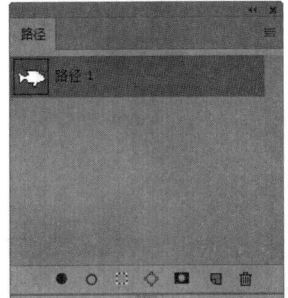
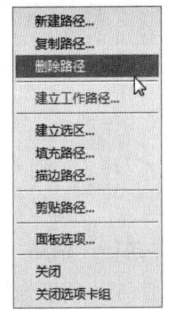

图 10-115 创建路径   图 10-116 面板菜单

10.5.2 了解工作路径

在使用"钢笔工具" 直接绘图时，如图10-117
所示，该路径在"路径"面板中便被保存为工作路径，
"路径"面板如图10-118所示。如果在绘制路径前单击
"路径"面板上的"创建新路径"按钮 ，如图10-119

所示，新建一个图层，然后再绘制路径，则创建的只是路
径，如图10-120所示。

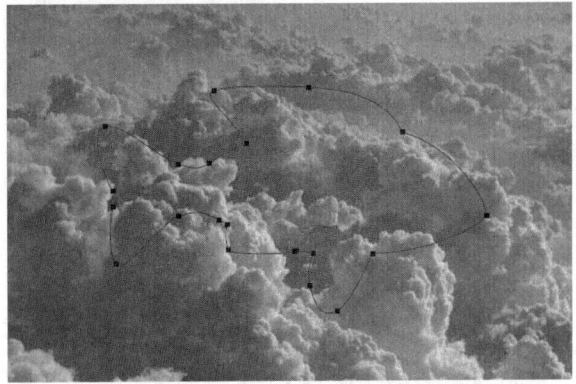

图 10-117 绘制路径

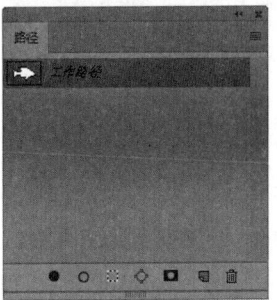
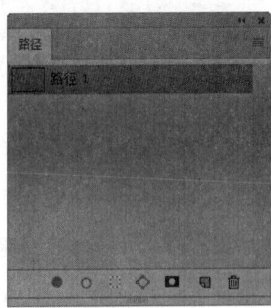

图 10-118 工作路径   图 10-119 创建新路径

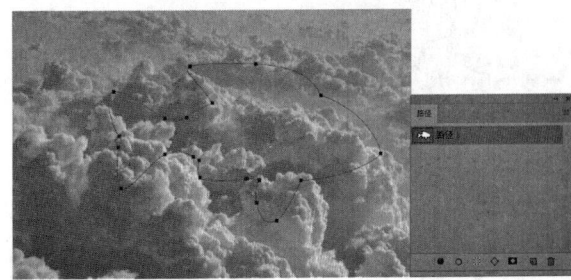

图 10-120 绘制路径

工作路径只是暂时保存路径，如果不选中此路径，再
次在图像中绘制路径后，新的工作路径将替换原来的工作
路径。因此若要避免工作路径被替代，应将其中的路径保
存起来。

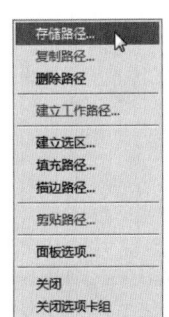

要保存工作路径中的路径，可以
执行"路径"面板的面板菜单中的"存
储路径"命令，如图10-121所示。在
"存储路径"对话框中设置路径的名
称，如图10-122所示。设置完毕后单
击"确定"按钮，面板将显示已存储的
新路径，如图10-123所示。

图 10-121 "存储路径"命令

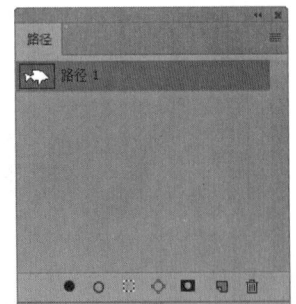

图 10-122 "存储路径"对话框　图 10-123 存储新路径

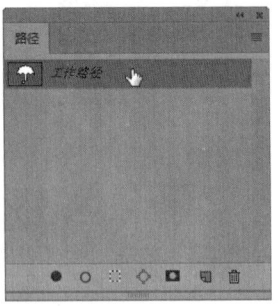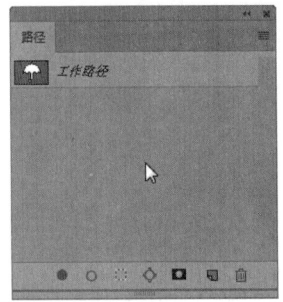

图 10-127 选择路径　　　　图 10-128 取消选择路径

延伸讲解

　　在"路径"面板中双击工作路径，或者在弹出的"存储路径"对话框中输入名称，然后单击"确定"按钮即可保存路径。

10.5.3 新建路径

　　单击"路径"面板中的"创建新路径"按钮，可以创建一个新的路径，如图10-124所示。如果要在新建路径时为路径命名，可以按住Alt键单击"创建新路径"按钮，在打开的"新建路径"对话框中进行设置，如图10-125和图10-126所示。

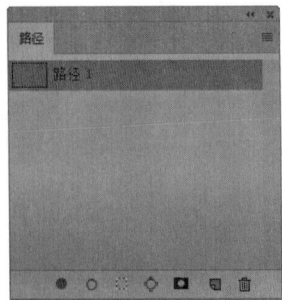

图 10-124 新建路径　　　　图 10-125 "新建路径"对话框

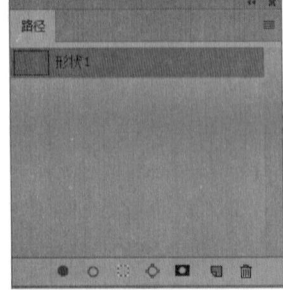

图 10-126 更改路径名称

10.5.4 选择路径与隐藏路径

选择路径

　　在"路径"面板中的路径处单击即可选择该路径，如

图10-127所示。要取消选择，在面板的空白处单击即可，如图10-128所示，同时也会隐藏文档窗口中的路径。

隐藏路径

　　选择路径后，文档窗口中会始终显示该路径，即使是使用其他工具进行图像处理时也是如此。如果要保持路径的选取状态，但又不希望路径对视线造成干扰，可按Ctrl+H组合键隐藏画面中的路径，再次按该组合键可以重新显示路径。在"路径选择工具"、"直接选择工具"及"钢笔工具"等任一种工具被选中的情况下，按Esc键也可以隐藏路径。

10.5.5 复制与删除路径

　　在"路径"面板中将需要复制的路径拖动至"创建新路径"按钮上，可以直接复制此路径。选择路径，然后执行"路径"面板菜单中的"复制路径"命令。在打开的"复制路径"对话框中输入新路径的名称即可复制并重命名路径，如图10-129所示。

图 10-129 "复制路径"对话框

　　使用"路径选择工具"选择画面中的路径，执行"编辑"→"拷贝"命令，可以将路径复制到剪贴板，执行"编辑"→"粘贴"命令，可以粘贴路径。如果在其他图像中执行"粘贴"命令，则可将路径粘贴到该文档中，图10-130所示为复制的路径，图10-131所示为

将它粘贴到另一文档的效果。用"路径选择工具"选择路径后，可直接将其拖动到其他图像中。

图 10-130 复制路径

图 10-131　粘贴路径

10.5.6 实战：路径与选区相互转换

难度：☆☆	
素材文件	第 10 章 \10.5.6
在线视频	第 10 章 \10.5.6 实战：路径与选区相互转换 .mp4
技术要点	路径与选区相互转换

步骤 01 启动Photoshop CC 2018软件，选择本章的素材文件"10.5.6 路径与选区相互转换1.jpg"，将其打开，如图10-132所示。

步骤 02 单击工具箱中的"快速选择工具"，在背景上单击，创建选区，如图10-133所示。按Ctrl+Shift+I组合键，反选选区，选中人物，如图10-134所示。

图 10-132　打开素材文件

图 10-133　创建选区

图 10-134　反选选区

步骤 03 单击"路径"面板底部的"从选区生成工作路径"按钮，可以将选区转换为路径，如图10-135所示。此时"路径"面板上生成一个工作路径，如图10-136所示。

图 10-135　选区转换为路径

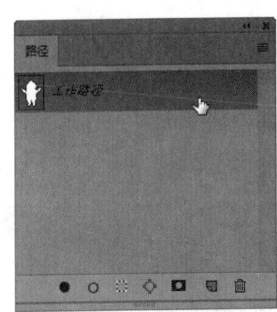

图 10-136　生成工作路径

步骤 04 选择"路径"面板中的"工作路径"，单击"将路径作为选区载入"按钮，可以将路径转换为选区，如图10-137所示。按Ctrl+J组合键复制图层，隐藏"背景"图层，抠取圣诞老人，如图10-138所示。

图 10-137　路径转换为选区

图 10-138 抠取人物

步骤 05 选择本章的素材文件"10.5.6 路径与选区相互转换2.jpg",将其打开,将抠取的圣诞老人拖入贺卡文档中,调整位置和大小,如图10-139所示,用同样的方法加入其他素材,输入文字,如图10-140所示。

图 10-139 移动人物

图 10-140 输入文字

10.5.7 实战:用历史记录填充路径区域

难度:☆☆

素材文件	第 10 章 \10.5.7
在线视频	第 10 章 \10.5.7 实战:用历史记录填充路径区域 . mp4
技术要点	用历史记录填充路径区域

步骤 01 启动Photoshop CC 2018软件,选择本章的素材文件"10.5.7 用历史记录填充路径区域.jpg",将其打开,如图10-141所示。

图 10-141 打开素材文件

步骤 02 设置前景色为"#343e73",执行"滤镜"→"滤镜库"命令,在弹出的"滤镜库"对话框中选择"纹理"中的"染色玻璃"滤镜,设置参数,为莲花添加染色玻璃效果,如图10-142所示。

步骤 03 执行"窗口"→"历史记录"命令,打开"历史记录"面板。单击"历史记录"面板中"创建新快照"按钮

📷，创建"快照1"，设置"历史记录"面板中的源为"快照1"，选择"打开"历史记录，如图10-143所示。

步骤04 在"路径"面板中选择"工作路径"。单击鼠标右键，在弹出的快捷菜单中执行"填充路径"命令，设置参数，如图10-144所示。

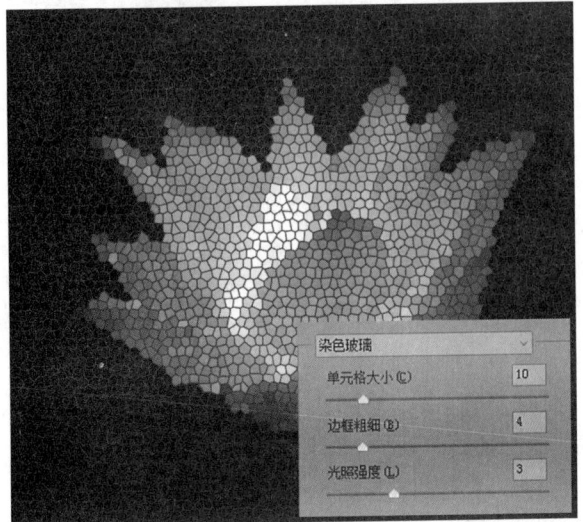

图 10-142 添加染色玻璃效果

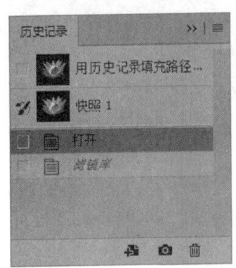 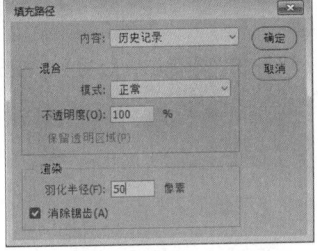

图 10-143 创建新快照　　图 10-144 "填充路径"对话框

步骤05 单击"确定"按钮，按Ctrl+H组合键隐藏路径，利用历史记录填充路径区域，如图10-145所示。

图 10-145 填充路径效果

10.5.8 实战：用"画笔工具"描边路径

难度：☆☆

素材文件	第 10 章 \10.5.8
在线视频	第 10 章 \10.5.8实战：用"画笔工具"描边路径 .mp4
技术要点	用"画笔工具"描边路径

步骤01 启动Photoshop CC 2018软件，选择本章的素材文件"10.5.8 用'画笔工具'描边路径.jpg"，将其打开，如图10-146所示。

步骤02 单击工具箱中的"魔棒工具" 🔧，在人物上单击，创建人物选区，如图10-147所示。

图 10-146 打开素材文件　　图 10-147 创建选区

步骤03 单击"路径"面板上的"从选区生成路径"按钮◇，将选区转换为路径，如图10-148所示。单击"画笔工具" 🔧，设置画笔的"大小"为"4像素"、"硬度"为"100%"，设置前景色为"#fff000"。

图 10-148 选区转换为路径

步骤04 在"图层"面板中新建一个图层，在"路径"面板中选择"工作路径"，单击鼠标右键，在弹出的快捷菜单中执行"描边路径"命令。设置"工具"为"画笔"，如图10-149所示，单击"确定"按钮，隐藏路径，效果如图10-150所示。

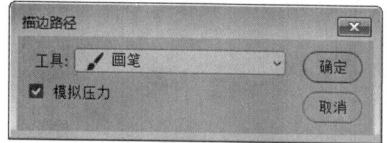

图10-149 "描边路径"对话框

图10-150 效果图

10.6 使用形状工具绘图

形状实际上就是由路径轮廓围成的矢量图形。使用Photoshop CC 2018提供的"矩形工具"▭、"圆角矩形工具"▭、"椭圆工具"◯、"多边形工具"⬡、"直线工具"╱，可以创建规则的几何形状，使用"自定形状工具"✦可以创建不规则的复杂形状。

10.6.1 矩形工具

使用"矩形工具"▭可以绘制出正方形和矩形，使用方法与"矩形选框工具"▭的使用方法类似。在绘制时，按住Shift键可以绘制正方形，如图10-151所示；按住Alt键可以以单击点为中心绘制矩形，如图10-152所示；按住Shift+Alt组合键可以以单击点为中心绘制正方形，如图10-153所示。

图10-151 绘制正方形

图10-152 以单击点为中心绘制矩形

图10-153 以单击点为中心绘制正方形

在工具选项栏中单击✿按钮，打开"矩形工具"▭的设置选项，如图10-154所示。

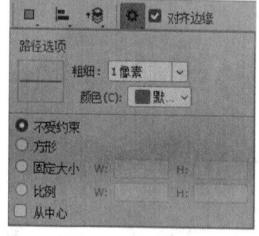

图10-154 "矩形工具"选项栏

◆ 不受约束。选择该选项，可以绘制出任意大小的矩形。

◆ 方形。选择该选项，可以绘制出任意大小的正方形。

◆ 固定大小。选择该选项并在它右侧的文本框中输入数值，"W"为宽度，"H"为高度，此后单击时，只创建预设大小的矩形，如图10-155所示。

◆ 比例。选择该选项并在它右侧的文本框中输入数值，"W"为宽度，"H"为高度，此后无论创建多大的矩形，矩形的宽度和高度都保持预设的比例，如图10-156所示。

◆ 从中心。以任何方式创建矩形时，只要勾选了该复选框，单击点即为矩形的中心。

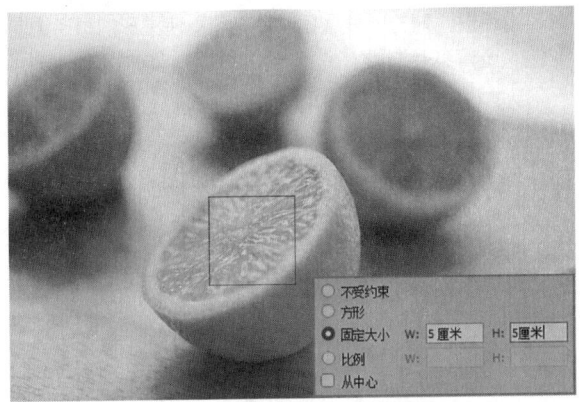

图 10-155 绘制固定大小矩形

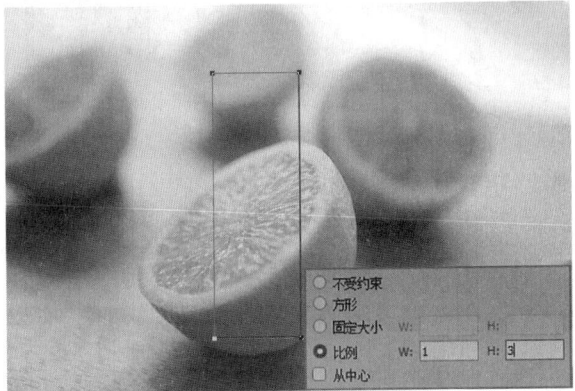

图 10-156 绘制固定比例的矩形

◆ 对齐边缘。勾选该复选框，矩形的边缘与像素的边缘重合，图形的边缘不会出现锯齿；取消勾选时，矩形边缘会出现模糊的像素。

10.6.2 圆角矩形工具

使用"圆角矩形工具" 可以创建出具有圆角效果的矩形，其创建方法和选项与"矩形工具" 完全相同，只不过多了一个"半径"选项，如图10-157所示。"半径"选项用来设置圆角的半径，数值越大，圆角越大，如图10-158所示。

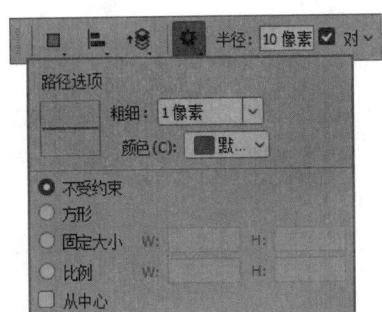

图 10-157 "圆角矩形工具"选项栏

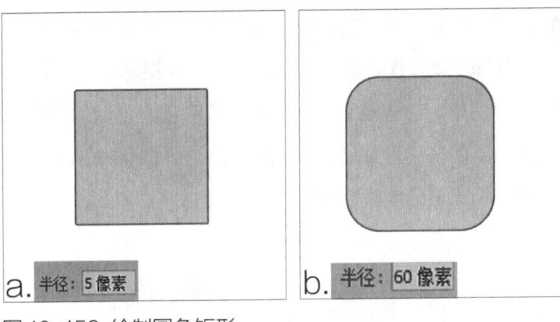

图 10-158 绘制圆角矩形

10.6.3 椭圆工具

使用"椭圆工具" 可以创建出椭圆，其工具选项栏如图10-159所示。如果要创建椭圆，按住鼠标左键拖动即可进行创建，如图10-160所示；如果要创建圆形，可以按住Shift键或Shift+Alt组合键（以单击点为中心）进行创建，如图10-161所示。"椭圆工具" 的选项及创建方法与"矩形工具" 基本相同，可以创建不受约束的椭圆和圆形，也可以创建固定大小和比例的图形。

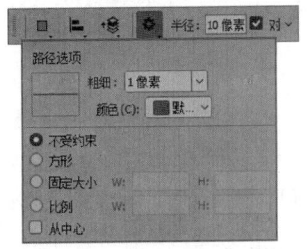

图 10-159 "椭圆工具"选项栏

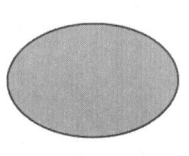

图 10-160 绘制椭圆

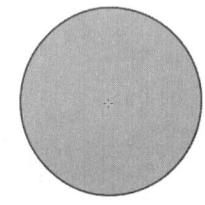

图 10-161 绘制圆

10.6.4 多边形工具

使用"多边形工具" 可以创建出正多边形（最少为3条边）和星形，其工具选项栏如图10-162所示。

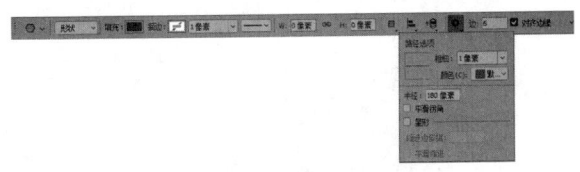

图 10-162 "多边形工具"选项栏

◆ 半径。设置多边形或星形的半径长度，然后按住鼠标左键并拖动将创建指定半径值的多边形或星形。

◆ 平滑拐角。勾选该复选框以后，可以创建出具有平滑拐角效果的多边形或星形，图10-163和图10-164所示为勾选和未勾选该复选框的效果。

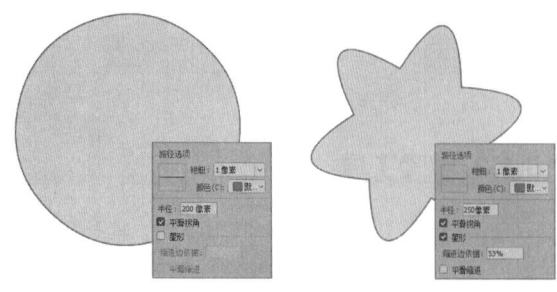

图 10-163 勾选"平滑拐角"复选框效果

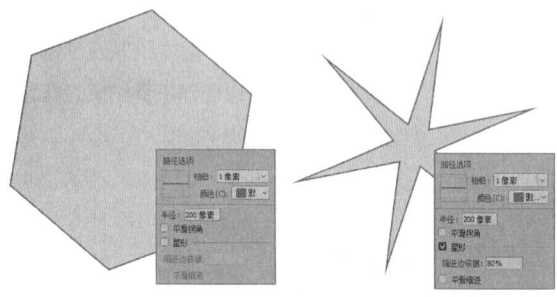

图 10-164 未勾选"平滑拐角"复选框效果

◆ 星形。勾选该复选框后，可以创建星形，下面的"缩进边依据"选项主要用来设置星形边缘向中心缩进的百分比，数值越高，缩进量越大，如图10-165所示。

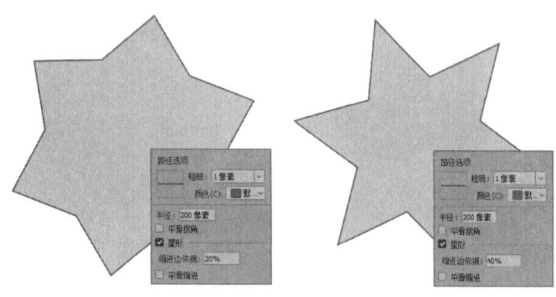

a. 缩进量为"20%"　　　　b. 缩进量为"40%"

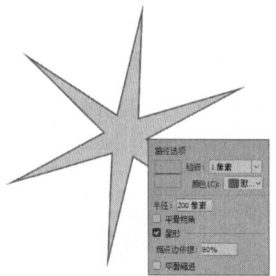

c. 缩进量为"80%"
图 10-165 绘制星形

◆ 平滑缩进。勾选该复选框以后，可以使星形的每条边向中心平滑缩进。

10.6.5 直线工具

"直线工具" ▨用来创建直线和带箭头的线段。选择该工具后，按住鼠标左键并拖动可以创建直线或线段，按住Shift键可以创建水平、垂直或以45度角为增量的直线。它的工具选项栏中包含了设置直线粗细的选项，此外，下拉面板中还包含了设置箭头的选项，如图10-166所示。

图 10-166 "直线工具"选项栏

◆ 起点/终点。勾选"起点"复选框，可以在直线的起点处添加箭头，如图10-167所示；勾选"终点"复选框，可以在直线的终点处添加箭头，如图10-168所示；如果两个都勾选，则在两端都会添加箭头，如图10-169所示。

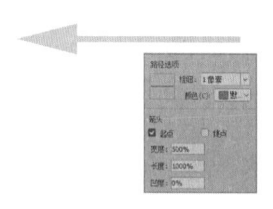 

图 10-167 勾选"起点"复选框　　图 10-168 勾选"终点"复选框

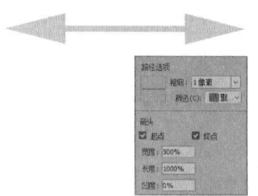

图 10-169 勾选"起点"和"终点"复选框

◆ 宽度。用来设置箭头宽度和直线宽度的百分比，范围为10%~1000%，图10-170和图10-171所示为使用不同百分比创建的箭头。

◆ 长度。用来设置箭头长度与直线宽度的百分比，范围为10%~5000%。

◆ 凹度。用来设置箭头的凹陷程度。范围为−50%~50%。当该值为0时，箭头没有凹陷，如图10-172所示；当值大于0时，箭头尾部向内凹陷，如图10-173所示；当值小于0时，箭头尾部向外凸出，如图10-174所示。

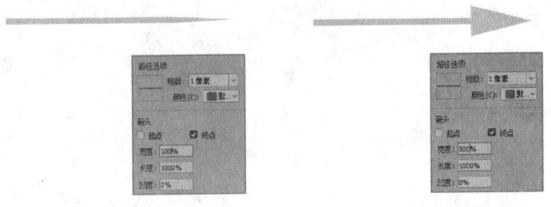

图 10-170 "宽度"为"100%"　　图 10-171 "宽度"为"500%"

图 10-172 "凹度"为"0"　　图 10-173 "凹度"大于"0"

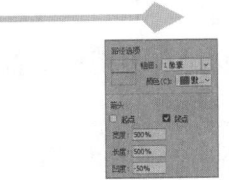

图 10-174 "凹度"小于"0"

10.6.6 自定形状工具

使用"自定形状工具" 可以绘制Photoshop CC 2018预设的各种形状及自定义形状。其工具选项栏如图 10-175所示。

图 10-175 "自定形状工具"选项栏

单击工具选项栏"形状"选项后的下拉按钮，从下拉面板中选择所需要的形状，如图10-176所示，最后在图像窗口中按住鼠标左键拖动即可绘制相应的形状，如图10-177所示。

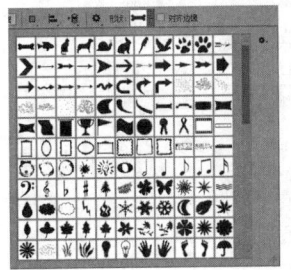

图 10-176 "形状"下拉面板　　图 10-177 绘制形状

单击下拉面板右上角的 按钮，可以打开面板菜单，如图10-178所示。在菜单的底部包含了Photoshop CC 2018提供的预设形状库，选择一个形状库后，可以打开一个提示对话框，如图10-179所示。单击"确定"按钮，可以用载入的形状替换面板中原有的形状，如图10-180所示；单击"追加"按钮，可在面板中原有形状的基础上添加载入的形状；单击"取消"按钮，则取消操作。除了Photoshop CC 2018自带的形状外，还可以创建自定义的形状。

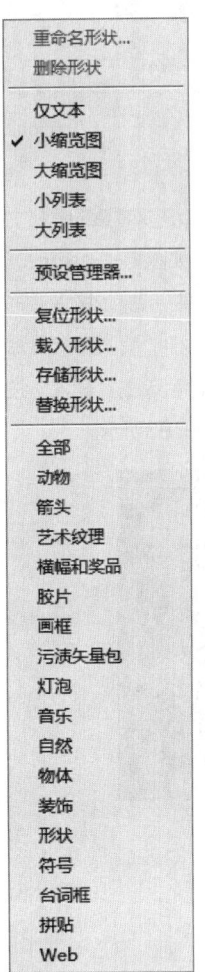

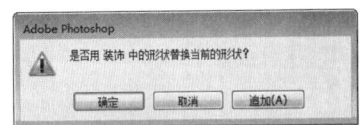

图 10-178 面板菜单　　图 10-179 提示对话框

图 10-180 "形状"下拉面板

10.6.7 实战：载入形状库

难度：☆☆

素材文件	第 10 章 \10.6.7
在线视频	第 10 章 \10.6.7 实战：载入形状库 .mp4
技术要点	载入形状库

步骤 01 启动Photoshop CC 2018软件，选择本章的素材文件"10.6.7 载入形状库.jpg"，将其打开，如图10-181所示。

步骤 02 单击工具箱中的"自定形状工具" ，打开"形状"下拉面板，单击右上角 按钮，执行"载入形状"命令，如图10-182所示。找到所需的文件，单击"载入"按钮，将图形文件载入形状库中，如图10-183所示。

图 10-181 打开素材文件

图 10-182 执行"载入形状"命令　　图 10-183 载入形状库

步骤 03 选择需要的图形，在画面中绘制该图形，调整位置和大小，效果如图10-184所示。

图 10-184 效果图

答疑解惑：定义为自定形状有什么用处？

定义形状与定义图案、样式画笔类似，可以保存到"自定形状工具" 的形状预设中，以后如果需要绘制相同的形状，可以直接调用自定的形状。

延伸讲解

在使用形状工具绘制矩形、圆形、多边形、直线和自定形状时，在创建形状的过程中按空格键可以移动形状的位置。

10.7 课后习题

10.7.1 用"钢笔工具"绘制笑脸

难度：☆

素材文件	第 10 章 \10.7.1
在线视频	第 10 章 \10.7.1 用"钢笔工具"绘制笑脸 .mp4
技术要点	"钢笔工具"的使用

"钢笔工具" ▨ 是绘制路径时首选的工具，也是在制作图像过程中常常用到的工具。本习题练习用"钢笔工具"绘制形状，给橘子绘制卡通笑脸。

首先创建橘子素材选区，将选区中的橘子选取出来，再使用"钢笔工具"绘制表情，最终效果如图10-185所示。

图 10-185 用"钢笔工具"绘制笑脸效果图

10.7.2 用"描边路径"命令添加花草

"描边路径"命令能够以当前所使用的绘画工具沿任何路径进行描边。本习题练习运用"钢笔工具"，绘制曲线路径，为画面添加花草图形。

打开"背景.jpg"素材文件，使用"画笔工具"，选择一种花草笔触的画笔，再使用"钢笔工具"绘制路径，在路径上添加锚点，最后描边路径，为路径添加花草图形，最终效果如图10-186所示。

图 10-186 用"描边路径"命令添加花草效果图

难度：☆

素材文件	第 10 章 \10.7.2
在线视频	第 10 章 \10.7.2 用"描边路径"命令添加花草 .mp4
技术要点	"钢笔工具"和"描边路径"命令的使用

文字

第 **11** 章

文字是设计作品的重要组成部分，它不仅可以传达信息，还能起到美化版面、强化主题的作用。本章详细讲解Photoshop中文字的输入和编辑方法，通过本章的学习，读者可以快速地掌握点文字、段落文字的输入方法，变形文字的设置及路径文字的制作技巧。

学习重点与难点

- 文字的类型 `274页`
- 转换水平文字与垂直文字 `280页`
- 基于文字创建工作路径 `288页`
- 创建点文字和段落文字 `275页`
- 创建变形文字 `280页`
- 将文字转换为形状 `288页`

11.1 解读Photoshop CC 2018 中的文字

Photoshop CC 2018 中文字的操作和处理方法非常灵活，可以添加各种图层样式，或进行变形等艺术化处理，使之鲜活醒目。

11.1.1 文字的类型 `重点`

Photoshop CC 2018中的文字是由以数学方式定义的形式组成的，当在图像中创建文字时，字符由像素组成，并与图像文件具有相同的分辨率。但是，在将文字栅格化以前，Photoshop CC 2018会保留基于矢量的文字轮廓。因此，即使是对文字进行缩放或调整文字大小，文字也不会因为分辨率的限制而出现锯齿。

文字的划分方式有很多种。如果从排列方式上划分，可以将文字分为横排文字和直排文字，如图11-1和图11-2所示；如果从创建的方式上划分，可以将其分为点文字、段落文字和路径文字；如果从样式上划分，则可将其分为普通文字和变形文字。

图 11-1 横排文字

图 11-2 直排文字

11.1.2 文字工具选项栏

在Photoshop CC 2018 中选择文字工具，可看到其工具选项栏，如图11-3所示。

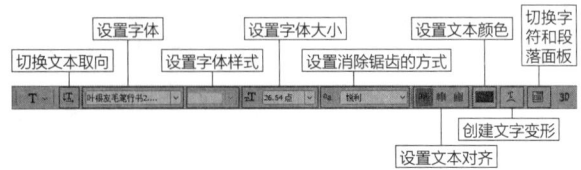

图 11-3 文字工具选项栏

Photoshop CC 2018中的文字工具包括"横排文字工具"、"直排文字工具"、"横排文字蒙版工具"和"直排文字蒙版工具"4种，如图11-4所示。

其中"横排文字工具"和"直排文字工具"用来创建点文字、段落文字和路径文字，"横排文字蒙版工具"和"直排文字蒙版工具"用来创建文字选区。

- 切换文本取向。用于选择文字的输入方向。
- 设置字体。用于设定文字的字体。
- 设置字体样式。用于为字符设置样式，包括"Regular"

（规则的）、"Italic"（斜体）、"Bold"（粗体）、
"Bold Italic"（粗斜体）、"Black"（黑体）等，如
图11-5所示。该选项只对英文字体有效。

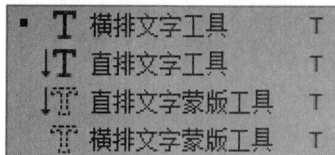

图 11-4 文字工具　　　　　图 11-5 字体样式

◆ 设置字体大小。用于设定文字的大小。

◆ 设置消除锯齿的方式。用于消除文字的锯齿，包括
"无""锐利""犀利""浑厚""平滑"5个选项。

◆ 设置文本对齐。用于设定文字的段落格式，分别是"左
对齐"■、"居中对齐"■和"右对齐"■。

◆ 设置文本颜色。单击颜色色块，可在打开的拾色器中设
置文字的颜色。

◆ 创建文字变形■。用于对文字进行变形操作。

◆ 切换"字符"和"段落"面板■。用于显示或隐藏"字
符"和"段落"面板。

答疑解惑："首选项"对话框中"文字"选项有何作用？

执行"编辑"→"首选项"→"常规"命令或按
Ctrl+K组合键可以打开"首选项"对话框。在"首选项"
对话框左侧选择"文字"选项，可以切换到"文字选项"
选项组，如图11-6所示。

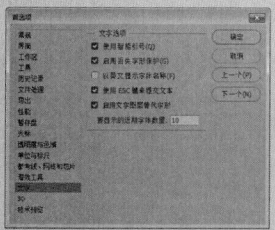

图 11-6 "文字选项"选项组

◆ 使用智能引导。设置是否显示智能引号。

◆ 启用丢失字形保护。设置是否启用丢失字形保护。勾选
该复选框，如果文件中丢失了某种字体，系统会弹出警
告提示。

◆ 以英文显示字体名称。勾选该复选框，在字体列表中只
能以英文的方式来显示字体的名称。

◆ 使用Esc键来提交文本。勾选该复选框，输入完文字后可
以按Esc键提交文本。

◆ 启用文字图层替代字形。勾选该复选框，使用"字形"
面板输入文字后，会以"文字图层"来替代字形。

11.2 创建点文字和段落文字　重点

点文字是一个水平或垂直的文本行，在处理标题等字
数较少的文字时，可以通过点文字来完成。段落文字具有
自动换行、可调整文字区域大小等优势，是进行文本排版
的不二之选。

11.2.1 实战：创建点文字

难度：☆

素材文件	第 11 章 \11.2.1
在线视频	第 11 章 \11.2.1 实战：创建点文字 .mp4
技术要点	文字工具

本实战通过选择工具箱中的"横排文字工具"■，
在工具选项栏中设置字体、大小和颜色，然后在图像上
单击并在光标处输入文字，即可创建点文字。

步骤01 启动Photoshop CC 2018软件，选择本章的素材文
件"11.2.1 创建点文字.psd"，将其打开，如图11-7所示。
单击工具箱中的"横排文字工具"■，在工具选项栏中设置
字体、大小和颜色，如图11-8所示。

图 11-7 打开素材文件

图 11-8 设置"横排文字工具"属性

步骤02 在需要添加文字的位置单击，设置插入点，会出现一
个闪烁的光标，如图11-9所示。在光标处输入文字，如图
11-10所示。

图 11-9 设置插入点

图 11-10 输入文字

步骤 03 将鼠标指针放在字符外,按住鼠标左键拖动调整文字的位置,如图11-11所示。单击工具选项栏中的☑按钮,或按Ctrl+Enter组合键结束文字的输入操作,在"图层"面板中自动生成一个文字图层,如图11-12所示。

图 11-11 移动文字

图 11-12 结束文字的输入操作

步骤 04 采用同样的方法,在图像上单击,并在光标处输入文字,如图11-13所示,单击工具选项栏中的☑按钮,或按Ctrl+Enter组合键结束文字的输入操作。单击工具箱中的"移动工具"✛,按住鼠标左键拖动,将文字调整到合适的位置,完成点文字的创建,如图11-14所示。

图 11-13 输入文字

图 11-14 完成效果

11.2.2 实战:编辑文字内容

难度:☆☆

素材文件	第 11 章 \11.2.2
在线视频	第 11 章 \11.2.2 实战:编辑文字内容 .mp4
技术要点	文字工具

本实战通过选中工具箱中的"横排文字工具" T,按住鼠标左键拖动以选中文字,对文字进行字体、大小和

颜色等属性的更改，以及介绍如何删除和添加文字。

步骤 01 启动Photoshop CC 2018软件，选择本章的素材文件"11.2.2 编辑文字内容.psd"，将其打开，如图11-15所示。单击工具箱中的"横排文字工具" T，按住鼠标左键拖动以选中部分文字，如图11-16所示。

图 11-15 打开素材文件   图 11-16 选中文字

步骤 02 重新输入文字，即可修改所选文字，如图11-17所示。按住鼠标左键拖动选中部分文字，按Delete键，即可删除所选文字，如图11-18所示。

🔍 **延伸讲解**

在文字输入状态下，连续单击3下可以选择一行文字，连续单击4下可以选择整个段落，按Ctrl+A组合键可选择全部的文字。

图 11-17 修改文字   图 11-18 删除文字

步骤 03 将鼠标指针放在文字行上单击，设置插入点，即可出现一个闪烁的光标，如图11-19所示。再输入符号，即可添加文字内容，如图11-20所示。

图 11-19 设置插入点   图 11-20 添加前面的符号

步骤 04 采用同样的方法，在文字行上单击，出现光标后添加符号，如图11-21所示。按住鼠标左键拖动选中全部文字，或在文字上单击后，按Ctrl+A组合键选择全部文字，如图11-22所示。

图 11-21 添加后面的符号   图 11-22 选中文字

步骤 05 在工具选项栏中重新设置文字的大小和颜色，如图11-23所示，即可修改文字样式。再单击工具选项栏中的 ✓ 按钮，或按Ctrl+Enter组合键结束文字的编辑操作，然后单击工具箱中的"移动工具" ，按住鼠标左键拖动文字调整到合适的位置，完成文字内容的编辑，如图11-24所示。

图 11-23 设置文字属性

图 11-24 修改文字

11.2.3 实战：创建段落文字

难度： ☆	
素材文件	第 11 章 \11.2.3
在线视频	第 11 章 \11.2.3 实战：创建段落文字 .mp4
技术要点	文字工具

本实战通过选择工具箱中的"横排文字工具" T，

按住鼠标左键在图像上向右拖曳出一个虚线框，放开鼠标后，创建定界框，再在光标处输入文字，来创建段落文字。

步骤 01 启动Photoshop CC 2018软件，选择本章的素材文件"11.2.3 创建段落文字.psd"，将其打开，如图11-25所示。单击工具箱中的"横排文字工具"，在工具选项栏中设置字体、大小和颜色，如图11-26所示。

图 11-25 打开素材文件

图 11-26 设置"横排文字工具"属性

步骤 02 按住鼠标左键在图像上向右下角拖曳出一个虚线框，如图11-27所示。放开鼠标后，即可创建定界框，出现一个闪烁的光标，如图11-28所示。

图 11-27 创建定界框 1

图 11-28 创建定界框 2

步骤 03 在光标处输入文字，当文字到达文本框的边界时会自动换行，如图11-29所示。再单击工具选项栏中的✓按钮，或按Ctrl+Enter组合键结束文字的输入操作，然后单击工具箱中的"移动工具"，按住鼠标左键拖动文字调整到合适的位置，完成段落文字的创建，如图11-30所示。

图 11-29 输入文字

图 11-30 完成效果

11.2.4 实战：编辑段落文字

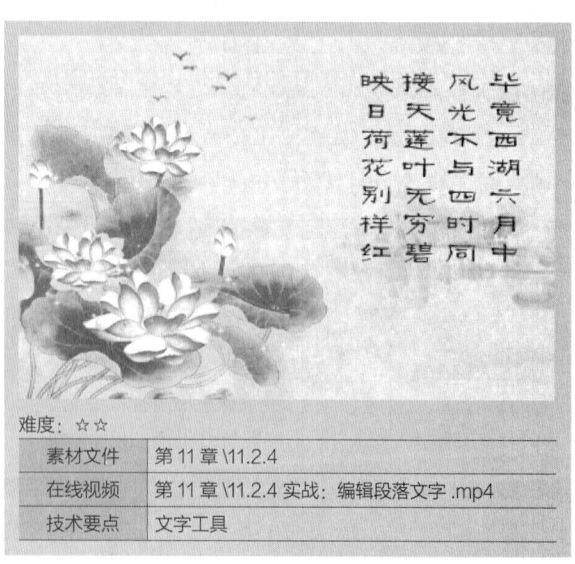

难度：☆☆

素材文件	第 11 章 \11.2.4
在线视频	第 11 章 \11.2.4 实战：编辑段落文字 .mp4
技术要点	文字工具

本实战通过选择工具箱中的"直排文字工具"，在文字上单击设置插入点，同时显示文字的定界框，再调整定界框，从而对文字进行缩放和旋转操作。按住鼠

标左键拖动以选择文字,并在工具选项栏中设置文字的字体、大小和颜色,编辑段落文字。

步骤 01 启动Photoshop CC 2018软件,选择本章的素材文件"11.2.4 编辑段落文字.psd",将其打开,如图11-31所示。单击工具箱中的"直排文字工具" ,在文字上的任意处单击设置插入点,即可显示文字的定界框,如图11-32所示。

图 11-31 打开素材文件

图 11-32 显示定界框

步骤 02 按住Ctrl键拖动定界框,即可等比例缩放文字,如图11-33所示。将光标移动到定界框外,当光标变为弯曲的双向箭头时,按住鼠标左键拖动即可旋转文字,如图11-34所示。

图 11-33 缩放文字

图 11-34 旋转文字

步骤 03 按Ctrl+Z组合键撤销上一步操作,取消旋转,如图11-35所示。按住鼠标左键拖动以选中全部文字,或在文字上单击后按Ctrl+A组合键选择全部文字,如图11-36所示。

图 11-35 取消旋转

图 11-36 选中文字

步骤 04 在工具选项栏中重新设置文字的字体、大小和颜色,如图11-37所示,即可修改文字。再单击工具选项栏中的 按钮,或按Ctrl+Enter组合键结束文字的编辑操作,然后单击工具箱中的"移动工具" ,按住鼠标左键拖动将文字调整到合适的位置,完成段落文字的编辑,如图11-38所示。

图 11-37 设置文字属性

图 11-38 完成效果

11.2.5 转换点文字与段落文字

点文字和段落文字可以相互转换。如果是点文字，执行"文字"→"转换为段落文字"命令，可将其转换为段落文字；如果是段落文字，执行"文字"→"转换为点文字"命令，可将其转换为点文字。

将段落文字转换为点文字时，溢出定界框的字符会被删除掉，因此，为避免丢失文字，应首先调整定界框，使所有文字在转换前都显示出来。

11.2.6 转换水平文字与垂直文字 **重点**

水平文字和垂直文字可以互相转换，执行"文字"→"取向"→"水平/垂直"命令，或单击工具选项栏中的"切换文本取向"按钮，效果如图11-39所示。

图 11-39 转换水平文字与垂直文字

11.3 创建变形文字

在Photoshop CC 2018中可以对文字进行变形操作，将文字转换为波浪形、球形等各种形状，从而创建富有动感的文字特效。

11.3.1 实战：创建变形文字 **重点**

难度：☆☆

素材文件	第 11 章 \11.3.1
在线视频	第 11 章 \11.3.1 实战：创建变形文字 .mp4
技术要点	设置"变形文字"

本实战通过执行"文字"→"文字变形"命令，打开"变形文字"对话框，在"样式"下拉列表框中选择"扇形"，并调整参数，来创建文字变形效果。

步骤 01 启动Photoshop CC 2018软件，选择本章的素材文件"11.3.1 创建变形文字.psd"，将其打开，如图11-40所示。在"图层"面板中选择文字图层，如图11-41所示。

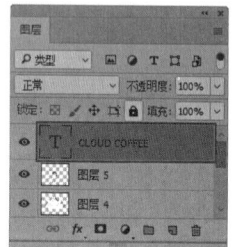

图 11-40 打开素材文件　　图 11-41 选择文字图层

步骤 02 执行"文字"→"文字变形"命令，打开"变形文字"对话框，如图11-42所示。在"样式"下拉列表框中选择"扇形"，并调整参数，如图11-43所示。

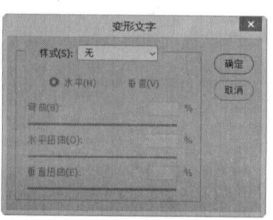

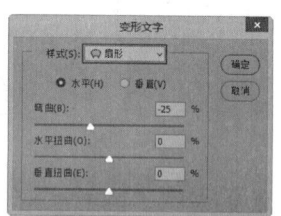

图 11-42 "变形文字"对话框　　图 11-43 设置"扇形"参数

步骤 03 单击"确定"按钮，即可创建文字变形，如图11-44所示。创建文字变形后，可以看到"图层"面板中该文字图层的缩览图中出现一条弧线，即文字变形图层，如图11-45所示。

 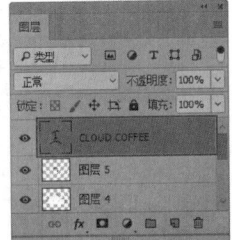

图 11-44 创建文字变形　　图 11-45 文字变形图层

步骤 04 双击该图层，打开"图层样式"对话框，添加"描边"样式，并设置参数，如图11-46所示。单击"确定"按钮，即可添加"描边"效果，然后单击工具箱中的"移动工具"，按住鼠标左键拖动文字调整到合适的位置，完成制作，如图11-47所示。

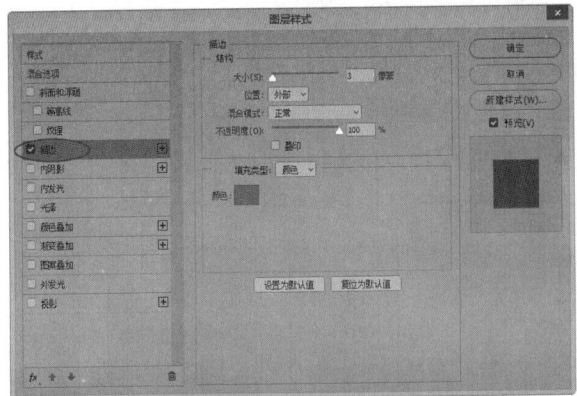

图 11-46 添加"描边"样式

图 11-47 完成效果

11.3.2 设置变形选项

输入文字以后，在文字工具的工具选项栏中单击"创

建文字变形" 按钮，打开"变形文字"对话框，如图11-48所示，在"样式"下拉列表框中可以选择变形文字的样式，如图11-49所示。

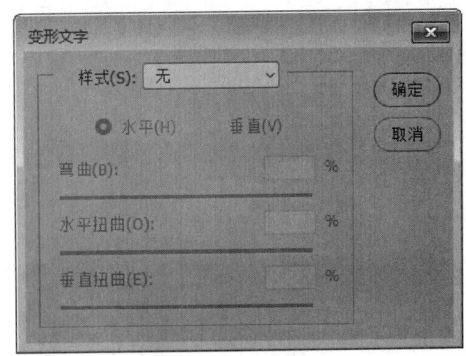 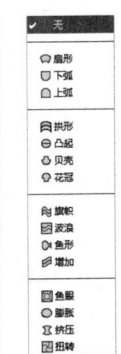

图 11-48 "变形文字"对话框　　图 11-49 "变形文字"样式

Photoshop CC 2018提供16种文字变形样式，如图11-50所示。

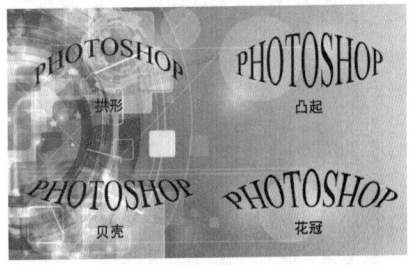
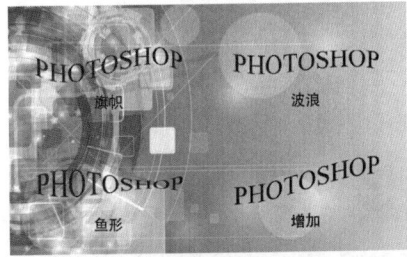
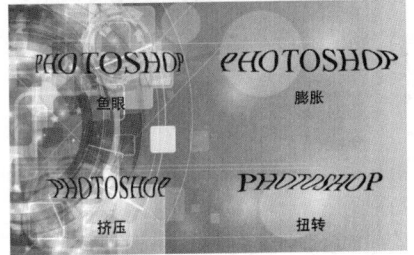

图 11-50 变形样式效果

创建变形文字后，可以调整其他参数选项来调整变形效果。

◆ 水平/垂直。选择"水平"选项时，文字扭曲的方向为水平方向，如图11-51所示；选择"垂直"选项时，文字扭曲的方向为垂直方向，如图11-52所示。

图 11-51 水平

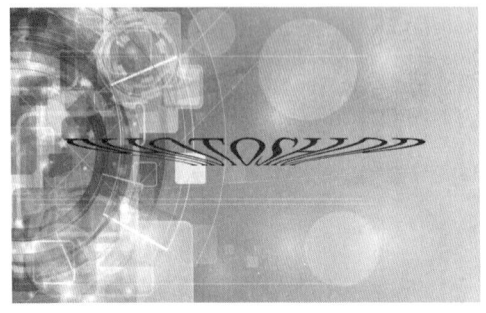

图 11-52 垂直

◆ 弯曲。用来设置文字的弯曲程度，如图11-53所示。

a. "弯曲"为"-50%"

b. "弯曲"为"100%"

图 11-53 "弯曲"程度对比

◆ 水平扭曲。设置水平方向的透视扭曲变形程度，如图11-54所示。

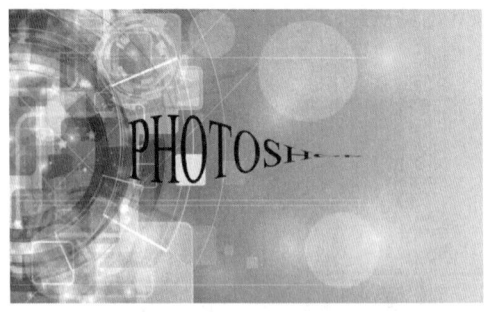

a. "水平扭曲"为"-100%"

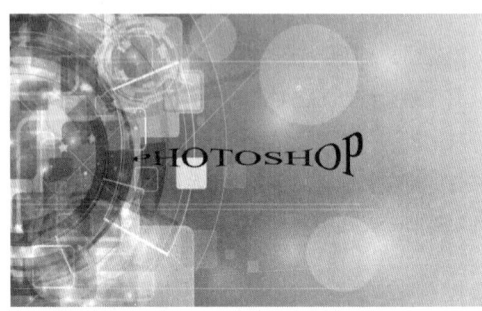

b. "水平扭曲"为"100%"

图 11-54 "水平扭曲"程度对比

◆ 垂直扭曲。用来设置垂直方向的透视扭曲变形程度，如图11-55所示。

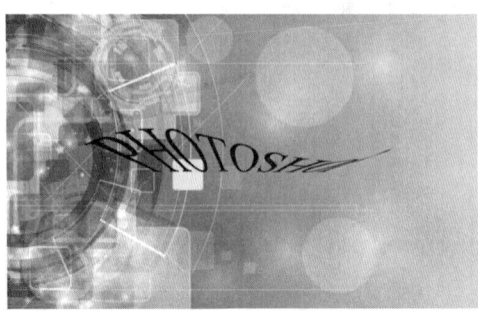

a. "垂直扭曲"为"-50%"

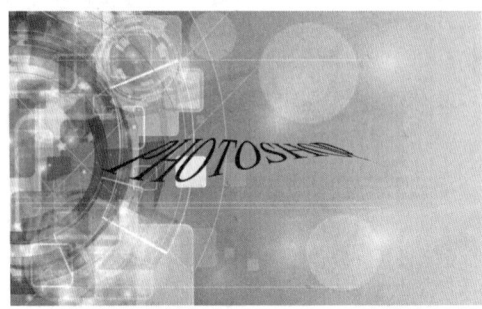

b. "垂直扭曲"为"50%"

图 11-55 "垂直扭曲"程度对比

延伸讲解

对带有"仿粗体"样式的文字进行变形，会弹出将去除文字的"仿粗体"样式的对话框，经过变形操作的文字不能再添加"仿粗体"样式。

11.3.3　重置变形与取消变形

使用"横排文字工具" **T** 和"直排文字工具" **T** 创建的文本，只要保持文字的可编辑性，即没有将其栅格化、转换成为路径或形状前，可以随时进行重置变形与取消变形的操作。

◆ 重置变形。要重置变形，可选择一个文字工具，然后单击工具选项栏中的"创建文字变形"按钮 **工**，也可以执行"文字"→"文字变形"命令，打开"变形文字"对话框，再修改变形参数，或者在"样式"下拉列表框中选择另一种样式。

◆ 取消变形。要取消文字的变形，可以打开"变形文字"对话框，在"样式"下拉列表框中选择"无"选项，单击"确定"按钮关闭对话框，即可取消文字的变形。选择"无"样式，将不能设置变形参数，如图11-56所示。

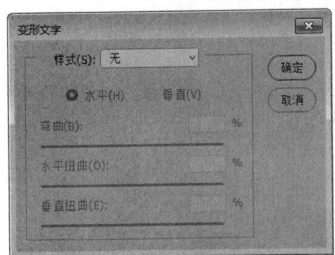

图 11-56　"无"选项

文字图层"属性"面板参数

在文字图层"属性"面板中可以设置文字的大小、间距、对齐方式、宽度、倾斜等参数，如图11-57所示。

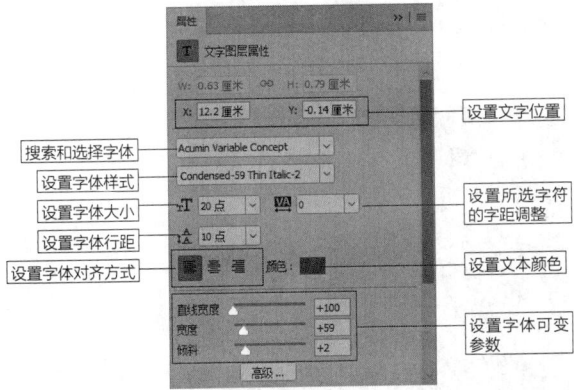

图 11-57　文字图层"属性"面板

◆ 设置字体位置。可以设置字体水平与垂直的位置。
◆ 搜索和选择字体。单击右侧的按钮，在弹出的快捷菜单中可以筛选和搜索字体。
◆ 设置字体样式。单击右侧的按钮，可以设置可变字体的样式。
◆ 设置字体大小。在文本框中输入数值可改变字体的大小。
◆ 设置字体行距。可设置文字之间的行距。
◆ 设置字体对齐方式。可以设置字体的对齐方式，包括"左对齐文本""居中对齐文本""右对齐文本"。
◆ 设置所选字符的字距调整。选择部分字符时，可调整所选字符的间距；没有选择字符时，可调整所有字符的间距。
◆ 设置字体可变参数。拖动滑块，可以调整可变字体的直线宽度、宽度和倾斜参数。

延伸讲解

"设置字体可变参数"只有可变字体才可用，其他常规字体没有该功能。

11.4　创建路径文字

路径文字是指创建在路径上的文字，文字会沿着路径排列，改变路径形状时，文字的排列方式也会随之改变。一直以来，路径文字都是矢量软件才具有的功能，Photoshop CC 2018中增加了路径文字功能后，文字的处理方式就变得更加灵活。

答疑解惑：什么是临时文字路径？

在绘制的路径上输入文字后，切换至"路径"面板，会发现面板中有两个路径图层。其中工作路径为钢笔绘制的开放路径，而以输入的文字命名的路径则是将目标路径复制一条出来，该路径属于临时路径，在"路径"面板中将其选择，图像中即显示该路径。在"路径"面板中不能删除该路径，也不能更改路径名称，如图11-58所示。

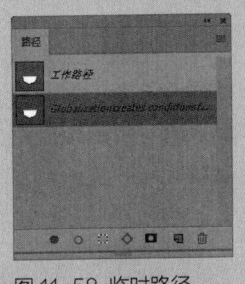

图 11-58　临时路径

11.4.1 实战：移动与翻转路径文字

难度：☆☆

素材文件	第 11 章 \11.4.1
在线视频	第 11 章 \11.4.1 实战：移动与翻转路径文字 .mp4
技术要点	直接选择工具

　　本实战通过在"图层"面板选择文字图层，再选择工具箱中的"直接选择工具" ，将鼠标指针定位在文字上，沿着路径拖动文字起点和终点，即可移动路径文字。单击并向路径的另一侧拖动文字，即可翻转路径文字。

步骤 01 启动Photoshop CC 2018软件，选择本章的素材文件"11.4.1 移动与翻转路径文字.psd"，将其打开，如图11-59所示。在"图层"面板中选择文字图层，如图11-60所示。

图 11-59 打开素材文件

图 11-60 选择文字图层

步骤 02 可看到图像上显示路径，如图11-61所示。单击工具箱中的"直接选择工具" ，将鼠标指针定位在文字上，沿着路径拖动文字终点，即可移动路径文字，如图11-62所示。

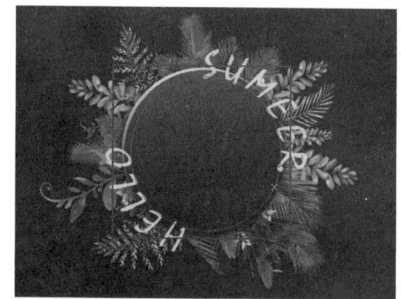

图 11-61 显示路径

图 11-62 移动路径文字 1

步骤 03 沿着路径拖动文字起点，继续移动路径文字，如图11-63所示。单击并向路径的另一侧拖动文字，即可翻转路径文字，如图11-64所示。

图 11-63 移动路径文字 2

图 11-64 翻转路径文字

11.4.2 实战：编辑文字路径

难度：☆☆

素材文件	第 11 章 \11.4.2
在线视频	第 11 章 \11.4.2 实战：编辑文字路径 .mp4
技术要点	直接选择工具

本实战通过在"图层"面板选择文字图层，再选择工具箱中的"直接选择工具" 单击路径，显示锚点。然后移动锚点或调整方向线，修改路径形状，文字会沿着修改后的路径重新排列。

步骤 01 启动Photoshop CC 2018软件，选择本章的素材文件"11.4.2 编辑文字路径.psd"，将其打开，如图11-65所示。在"图层"面板中选择文字图层，如图11-66所示。

图 11-65 打开素材文件

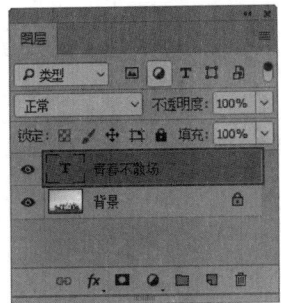

图 11-66 选择文字图层

步骤 02 图像上显示路径，如图11-67所示。单击工具箱中的"直接选择工具" ，单击路径，即可显示锚点，如图

11-68所示。

图 11-67 显示路径

图 11-68 显示锚点

步骤 03 移动锚点或调整方向线，即可修改路径形状，文字则会沿着修改后的路径重新排列，如图11-69所示。完成效果如图11-70所示。

图 11-69 修改路径

图 11-70 完成效果

11.5 格式化字符

格式化字符是指设置字符的属性。输入文字后，可在工具选项栏或"字符"面板中设置文字的字体、大小和颜色等属性。而创建文字之后，也可以通过以上两种方式修改文字的属性。默认情况下，设置文字属性时会影响所选文字图层中的所有文字，如果要修改部分文字，可以先用文字工具将它们选择，再进行编辑。

11.5.1 使用"字符"面板

"字符"面板提供了比工具选项栏更多的选项，如图 11-71和图 11-72所示。字体系列、字体样式、字体大小、文字颜色和消除锯齿等都与工具选项栏中的相应选项相同。

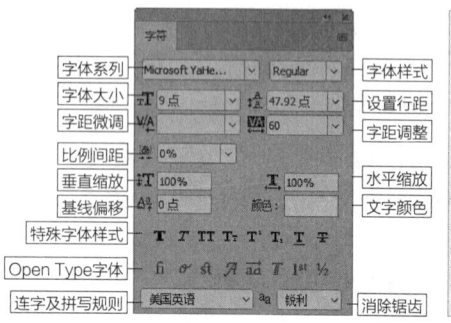

图 11-71 "字符"面板

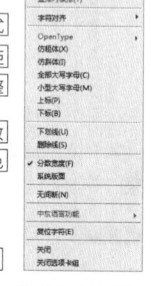

图 11-72 面板菜单

◆ 设置行距。行距是指各行之间的垂直间距。同一段落的行与行之间可以设置不同的行距，但文字行中的最大行距决定了该行的行距。图 11-73所示是行距为"20点"的文字（字体大小为"21点"），图 11-74所示是行距调整为"40点"的文字。

图 11-73 行距为"20点"

图 11-74 行距为"40点"

◆ 字距微调。用来调整两个文字之间的间距，在操作时首先在要调整的两个文字之间单击，设置插入点，如图 11-75所示，然后再调整字距，图11-76所示为增加该值后的文字，图11-77所示为减少该值后的文字。

图 11-75 设置插入点

图 11-76 增加字距后的文字

图 11-77 减少字距后的文字

◆ 字距调整。选择了部分文字时，可调整所选文字的间距，如图11-78所示；没有选择文字时，可调整所有文字的间距，如图11-79所示。

◆ 比例间距。用来设置所选文字的比例间距。

◆ 水平缩放/垂直缩放。水平缩放用于调整文字的宽度，垂直缩放用于调整文字的高度。这两个百分比相同时，可进行等比缩放；若不同时，可进行不等比缩放。

◆ 基线偏移。用来控制文字与基线的距离，它可以升高或降低所选文字。

◆ Open Type字体。包含当前PostScript和TrueType字体不具备的功能，如花饰字和自由连字。

◆ 连字及拼写规则。可对所选文字进行有关连字符和拼写规则的语言设置。Photoshop CC 2018使用语言词典检查连字符连接。

图 11-78 调整所选文字的字距

图 11-79 调整所有文字的字距

🔍 **延伸讲解**

　　当文字图层转换为普通图层后，就可以在此图层进行绘画、颜色调整和添加滤镜等操作，但是转换为普通图层的文字图层就不再具备文字属性，不能再对其进行字体设置、字号设置等操作。

11.5.2 实战：设置特殊字体样式

难度：☆☆

素材文件	第 11 章 \11.5.2
在线视频	第 11 章 \11.5.2 实战：设置特殊字体样式 .mp4
技术要点	"字符"面板

　　本实战通过执行"文字"→"面板"→"字符"命令，打开"字符"面板。再选择工具箱中的"横排文字工具" T，按住鼠标左键拖动选中文字，然后在"字符"面板上单击特殊字体样式按钮，来为文字设置特殊字体样式。

步骤 01 启动Photoshop CC 2018软件，选择本章的素材文件"11.5.2 设置特殊字体样式.psd"，将其打开，如图

11-80所示。执行"文字"→"面板"→"字符"命令，打开"字符"面板，如图11-81所示。

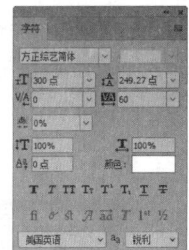

图 11-80　打开素材文件　　　图 11-81 "字符"面板

步骤 02 单击工具箱中的"横排文字工具" T，按住鼠标左键拖动选中部分文字，如图11-82所示。单击"字符"面板中的"仿粗体"按钮 T，如图11-83所示。

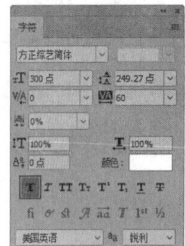

图 11-82　选中文字　　　图 11-83 单击"仿粗体"按钮

步骤 03 将所选文字加粗，如图11-84所示，单击工具选项栏中的✓按钮，或按Ctrl+Enter组合键结束文字的编辑操作。按住鼠标左键拖动选中文字，如图11-85所示。

图 11-84　加粗效果　　　图 11-85　选中文字

步骤 04 单击"字符"面板中的"下画线"按钮 T，如图11-86所示，即可添加下画线。单击工具选项栏中的✓按钮，或按Ctrl+Enter组合键结束文字的编辑操作，特殊字体样式设置完成，如图11-87所示。

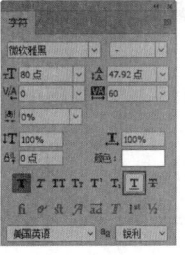

图 11-86 "下画线"按钮　图 11-87 完成效果

11.6 基于文字创建工作路径 重点

在图像中输入文字，如图11-88所示，执行"文字"→"创建工作路径"命令，即可将文字转换为路径。在"图层"面板中隐藏文字图层，可看到创建的工作路径，如图11-89所示。

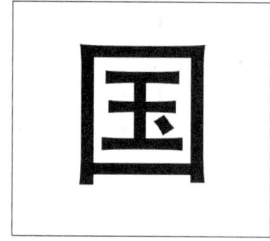

图 11-88 输入文字

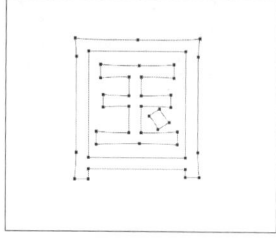

图 11-89 创建工作路径

或者选择文字图层，然后在文字图层上单击鼠标右键，在弹出的菜单中执行"创建工作路径"命令，如图11-90所示，也可将文字的轮廓转换为工作路径，如图11-91所示。

图 11-90 "创建工作路径"执行

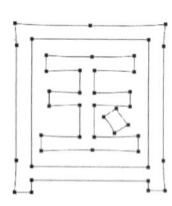

图 11-91 创建工作路径

单击工具箱中的"直接选择工具"，在路径中单击，显示路径锚点。单击某一个锚点，会看到锚点由空心变为实心，如图11-92所示。按住鼠标左键拖动锚点，即可改变锚点位置，如图11-93所示。

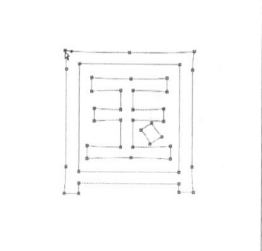

图 11-92 选择锚点

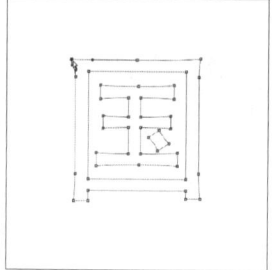

图 11-93 改变锚点位置

单击工具箱中的"删除锚点工具"，将鼠标指针放在需要删除的锚点上并单击，如图11-94所示，删除锚点，使用"转换点工具"调整好锚点后，在图像中的空白处单击隐藏锚点，如图11-95所示。

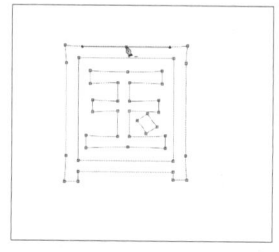

图 11-94 删除锚点

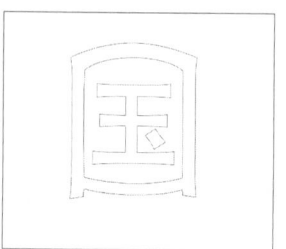

图 11-95 调整锚点

按Ctrl+Enter组合键将调整好的路径转化为选区，如图11-96所示。新建图层为选区填充颜色，取消选区可以得到新的文字，如图11-97所示。

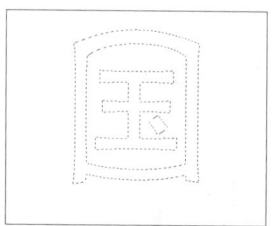

图 11-96 路径转换选区

图 11-97 填充颜色

延伸讲解

此处所创建的文字只是一个普通图层，并不是文字图层，而之前所创建的文字图层也不会消失，只是在"路径"面板中出现一个相关的工作路径。

11.7 将文字转换为形状 重点

在图像中输入文字，执行"文字"→"转换为形状"命令，如图11-98所示，可将文字转换为形状。将文字转换为形状后，文字图层也被转换为形状图层，如图11-99所示。

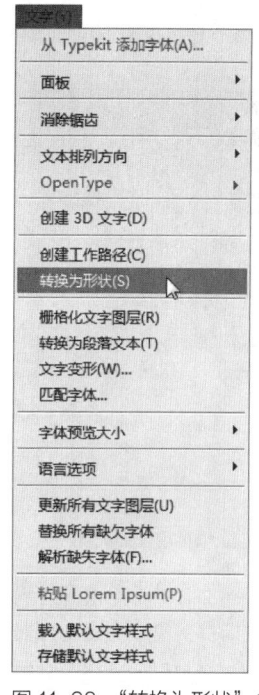

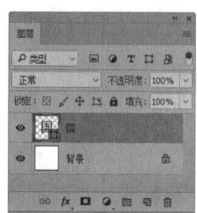

图 11-98　"转换为形状"命令　　图 11-99　"图层"面板

图 11-104　旋转文本框

11.8　课后习题

11.8.1　制作早餐海报

选择文字图层，在文字图层上单击鼠标右键，在弹出的菜单中执行"转换为形状"命令，如图11-100所示，也可以将文字图层转换为形状图层。将文字转换为形状，可以创建基于文字的矢量蒙版，选择工具箱中的"直接选择工具"可以改变文字的形状，如图11-101所示。

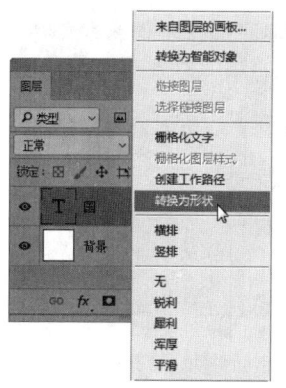

图 11-100　选择"转换为形状"　图 11-101　改变形状

难度：☆

素材文件	第 11 章 \11.8.1
在线视频	第 11 章 \11.8.1 制作早餐海报 .mp4
技术要点	"段落样式"面板的使用

本习题练习制作早餐海报，早餐海报需要文字搭配食物图以增加观看者的食欲，精致的文字搭配各式各样的早餐美食是早餐海报的理想效果。

先用段落样式编辑，编辑完文字后，再为文字添加"描边"和"投影"效果，最终效果如图11-105所示。

答疑解惑：如何在编辑模式下变换点文字？

在编辑模式下也可以变换点文字。按住Ctrl键，文字周围将出现一个文本框，如图11-102所示，此时就可以像自由变换一样变换点文字，如图11-103和图11-104所示。

图 11-102　显示文本框　　　图 11-103　调整文本框

图 11-105　早餐海报效果图

11.8.2 制作文字人像海报

难度：☆

素材文件	第 11 章 \11.8.2
在线视频	第 11 章 \11.8.2 制作文字人像海报 .mp4
技术要点	文字工具的使用

　　海报注重设计感，海报中的文字效果可以为画面营造动感和时尚感。本习题练习制作文字人像海报，运用文字工具，为画面增加动感效果。

　　新建文档并为背景填充黑色，使用"横排文字工具"，将整个画面都输入文字，并将文字区域进行旋转。然后添加人物素材，并将嘴巴抠取出来，放置在最前面。最后将文字载入选区并反选选区，将文字区域外多余的人像删除，最终效果如图11-106所示。

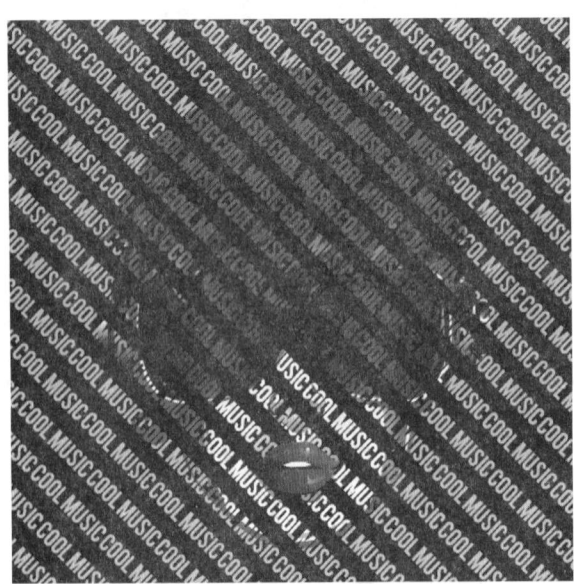

图 11-106 文字人像海报效果图

11.8.3 制作圣诞海报文字

难度：☆

素材文件	第 11 章 \11.8.3
在线视频	第 11 章 \11.8.3 制作圣诞海报文字 .mp4
技术要点	变形文字的运用

　　本习题练习变形文字，在圣诞主题的背景上添加趣味文字，制作海报的效果。添加文字并对文字进行变形操作，转换为旗帜形状，再结合"钢笔工具"的使用，从而得到富有动感的文字特效。

　　首先打开"背景.jpg"素材文件，使用"横排文字工具"添加文字，再单击"创建变形文字"按钮变形文字，最后使用"钢笔工具"在文字上方绘制路径，为文字添加"斜面和浮雕"和"描边"图层样式，最终效果如图11-107所示。

图 11-107 圣诞海报效果图

第12章 滤镜

滤镜是Photoshop的万花筒，可以在顷刻之间完成许多令人眼花缭乱的特殊效果，如指定印象派绘画或马赛克拼贴外观，或者添加独一无二的光照和扭曲效果。Photoshop CC 2018的所有滤镜都按类别放置在"滤镜"菜单中，使用时只需执行这些滤镜命令即可。本章将详细讲解各类滤镜的使用方法及特效的创建。

学习重点与难点 ————
● 智能滤镜与普通滤镜的区别 291页　　　● 重新排列智能滤镜 294页
● 显示与隐藏智能滤镜 295页　　　　　　● 滤镜库概览 296页

12.1 智能滤镜

所谓智能滤镜，实际上就是应用在智能对象上的滤镜。与应用在普通图层上的滤镜不同，应用在智能对象上的滤镜保存的是滤镜的参数和设置，而不是应用滤镜的效果。这样在应用滤镜的过程中，当发现某个滤镜的参数设置不恰当、滤镜前后次序颠倒或不需要某个滤镜时，就可以像更改图层样式一样，将该滤镜关闭或重设滤镜参数，Photoshop CC 2018会使用新的参数对智能对象重新进行计算和渲染。

要使用智能滤镜，首先需要将普通图层转换为智能对象。选中图层，执行"滤镜"→"转换为智能滤镜"命令，如图12-1所示，或者在普通图层的缩略图上单击鼠标右键，在打开的快捷菜单中执行"转换为智能对象"命令，如图12-2所示，即可将普通图层转换为智能对象，如图12-3所示。

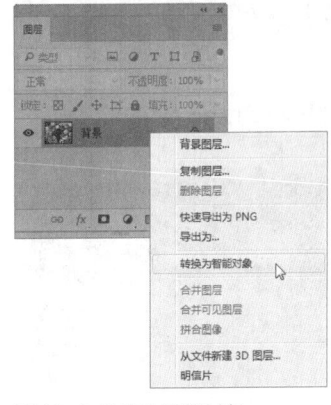

图 12-2 转换为智能对象

图 12-3 普通图层转换为智能对象

12.1.1 智能滤镜与普通滤镜的区别　重点

在Photoshop CC 2018中，普通滤镜是通过修改像素来生成效果的，图12-4所示为一个图像文件，图12-5所示是"龟裂缝"滤镜处理后的效果。从"图层"面板中可以看到，"背景"图层的像素被修改了，如果将图像保存并关闭，就无法恢复为原来的效果了。

而智能滤镜是一种非破坏性的滤镜，它将滤镜效果应用于智能对象上，不会修改图像的原始数据，如图12-6所示，该图为"龟裂缝"智能滤镜的处理结果，可以看到，它与普通"龟裂缝"滤镜的效果完全相同。

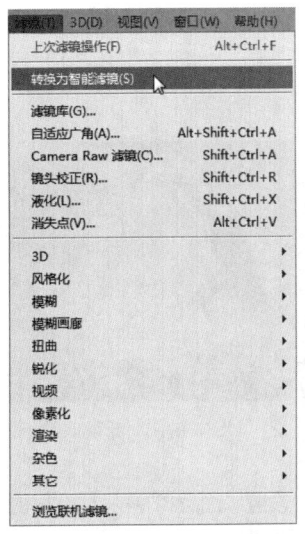

图 12-1 执行"转换为智能滤镜"命令

图 12-4 原始图像

图 12-5 "龟裂缝"滤镜效果

图 12-6 智能滤镜

12.1.2 实战：用智能滤镜制作网点照片

难度：☆ ☆

素材文件	第 12 章 \12.1.2
在线视频	第 12 章 \12.1.2 实战：用智能滤镜制作网点照片 . mp4
技术要点	智能滤镜

步骤 01 启动Photoshop CC 2018软件，选择本章的素材文件"12.1.2 用智能滤镜制作网点照片.jpg"，将其打开，如图12-7所示。

图 12-7 打开素材文件

步骤 02 执行"滤镜"→"转换为智能滤镜"命令，在打开的对话框中单击"确定"按钮，将"背景"图层转换为智能对象，如图12-8所示。

步骤 03 按Ctrl+J组合键复制图层，得到"图层 0 拷贝"图层。将前景色设置为浅紫色。执行"滤镜"→"滤镜库"命令，打开"滤镜库"对话框，选择"素描"滤镜组中的"半调图案"滤镜，设置参数，如图12-9所示，效果如图12-10所示。

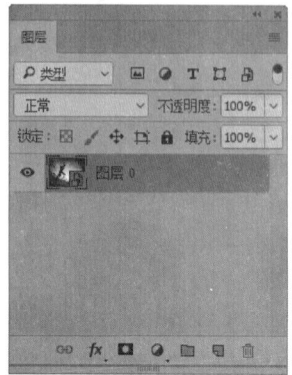

图 12-8 转换为智能对象　　图 12-9 设置"半调图案"

图 12-10 "半调图案"滤镜效果

步骤 04 执行"滤镜"→"锐化"→"USM锐化"命令，对图像进行锐化，使网点变得清晰，如图12-11和图12-12所示。

图 12-11 "USM 锐　　图 12-12 "USM 锐化"滤镜效果
化"对话框

步骤 05 在"图层"面板中，设置"图层 0 拷贝"图层的混合模式为"正片叠底"，如图12-13所示。

图 12-13 "正片叠底"图层混合模式

步骤 06 选择"图层 0"图层,将前景色设置为黄色。执行"滤镜"→"滤镜库"命令,打开"滤镜库"对话框,选择"素描"滤镜组中的"半调图案"滤镜,保持默认参数,得到图12-14所示的效果。执行"滤镜"→"锐化"→"USM锐化"命令,锐化网点,如图12-15所示。

图 12-14 "半调图案"滤镜效果

图 12-15 "USM 锐化"滤镜效果

步骤 07 单击"移动工具" ,移动"图层 0"图层位置,使上下两个图层中的网点错开。单击"裁剪工具" ,将照片边缘裁齐,最终效果如图12-16所示。

图 12-16 最终效果图

12.1.3 实战:修改智能滤镜

难度:☆☆

素材文件	第 12 章 \12.1.3
在线视频	第 12 章 \12.1.3 实战:修改智能滤镜 .mp4
技术要点	修改智能滤镜

步骤 01 接着上一个案例的文档进行操作,修改智能滤镜,双击"图层 0 拷贝"图层的"滤镜库",如图12-17所示。打开"滤镜库"对话框,修改"半调图案"智能滤镜的参数,单击"确定"按钮关闭对话框,效果如图12-18所示。

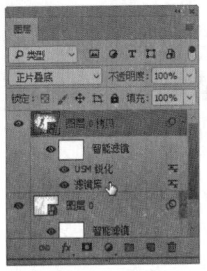 

图 12-17 双击"滤镜库"图 12-18 修改"半调图案"参数

步骤 02 单击"图层 0 拷贝"智能滤镜右侧的"编辑混合选项"图标 ,打开"混合选项"(滤镜库)对话框,可以设置该滤镜的"不透明度"和"模式",如图12-19所示,最终效果如图12-20所示。

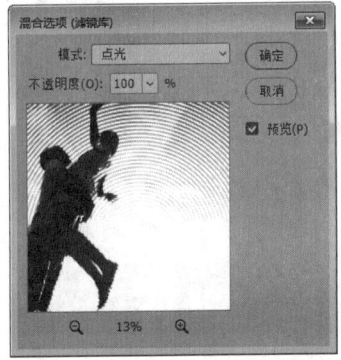

图 12-19 "混合选项(滤镜库)"对话框

图 12-20 最终效果图

12.1.4 实战：遮盖智能滤镜效果

难度：☆☆

素材文件	第 12 章 \12.1.4
在线视频	第 12 章 \12.1.4 实战：遮盖智能滤镜 .mp4
技术要点	遮盖智能滤镜

步骤 01 接着上一个案例的文档进行操作，遮盖智能滤镜。单击"图层 0 拷贝"智能滤镜的蒙版，选择蒙版，在画面右侧创建矩形选区，如图12-21所示。在选区内填充黑色，可以遮盖选区内的滤镜效果，填充白色则显示滤镜效果，如图12-22所示。

图 12-21 创建矩形选区

图 12-22 遮盖滤镜效果

步骤 02 单击智能滤镜的蒙版，单击工具箱中的"渐变工具"，在画面中填充黑白渐变，减弱滤镜效果的强度，使滤镜呈现不同级别的透明度，效果如图12-23所示。

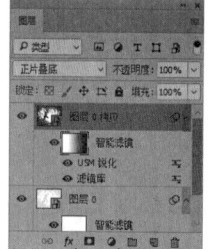

图 12-23 最终效果图

答疑解惑：哪些滤镜可以作为智能滤镜使用？

除"液化"和"消失点"等少数滤镜之外，其他的滤镜都可以作为智能滤镜使用，这其中也包括支持智能滤镜的外挂滤镜。此外，执行"图像"→"调整"→"阴影/高光"命令，也可以作为智能滤镜来应用。

延伸讲解

对普通图层应用滤镜时，需要执行"编辑"→"渐隐"命令修改滤镜的不透明度和混合模式。而智能滤镜则不同，可以随时双击智能滤镜旁边的"编辑混合选项"图标来修改不透明度和混合模式。

12.1.5 重新排列智能滤镜 **重点**

当对一个图层应用了多个智能滤镜以后，在"图层"面板的智能滤镜列表中可以上下拖动这些滤镜，如图12-24和图12-25所示。重排顺序后，滤镜在图像上的作用效果也会发生变化。

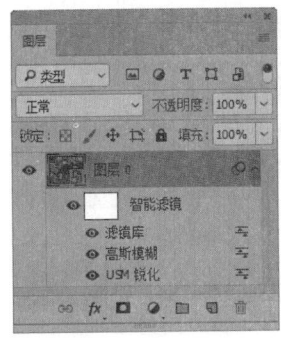

图 12-24 智能滤镜列表

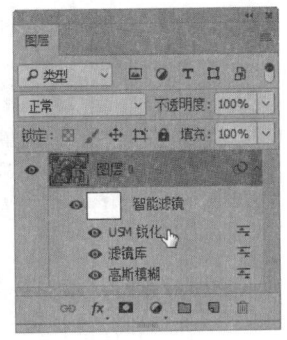

图 12-25 重排顺序

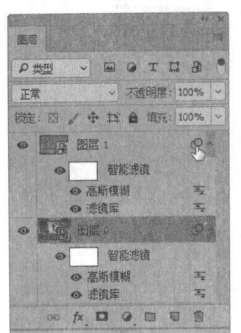

图 12-30 复制所有智能滤镜

12.1.6 显示与隐藏智能滤镜 **重点**

在"图层"面板的智能滤镜列表中，若想隐藏某智能滤镜，单击该智能滤镜前面的 ◉ 图标，即可隐藏该滤镜，如图12-26所示。若想显示该滤镜，可再次单击 ◉ 图标，显示该滤镜，如图12-27所示。

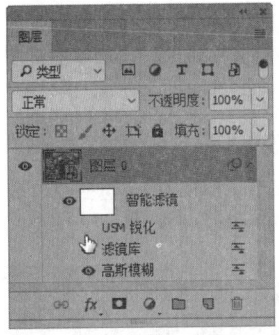

图 12-26 隐藏滤镜

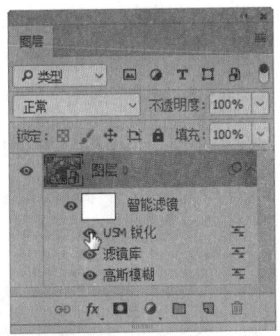

图 12-27 显示滤镜

12.1.7 复制智能滤镜

在"图层"面板中，按住Alt键的同时按住鼠标左键将智能滤镜从一个智能对象拖动到另一个智能对象上，如图12-28所示，或拖动到智能滤镜列表中的新位置，放开鼠标后，可以复制智能滤镜，如图12-29所示。如果要复制所有智能滤镜，可按住Alt键的同时按住鼠标左键拖动智能滤镜到智能对象图层旁边的"智能滤镜"图标 ◉ 上，如图12-30所示。

12.1.8 删除智能滤镜

在智能滤镜列表中可以删除不需要的单个智能滤镜。选择想要删除的智能滤镜，单击鼠标右键，在打开的快捷菜单中执行"删除智能滤镜"命令，删除该滤镜，如图12-31所示，或者按住鼠标左键将要删除的智能滤镜拖动到"图层"面板中的"删除图层"按钮 🗑 上。如果要删除应用于智能对象的所有智能滤镜，可以选择该智能对象图层，然后执行"图层"→"智能滤镜"→"清除智能滤镜"命令，如图12-32所示。

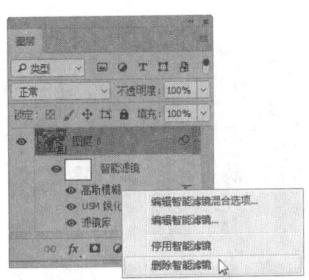
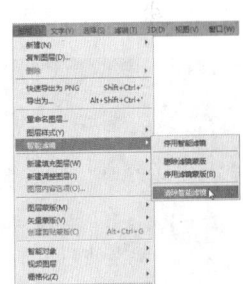

图 12-31 删除智能滤镜　　　图 12-32 清除智能滤镜

12.2 "油画"滤镜

"油画"滤镜是一种新的艺术滤镜，可以让图像产生油画效果。打开一张图像文件，如图12-33所示，执行"滤镜"→"风格化"→"油画"命令，打开"油画"对话框，如图12-34所示。

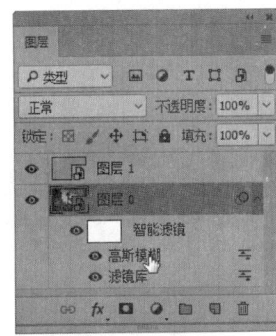

图 12-28 拖动智能滤镜

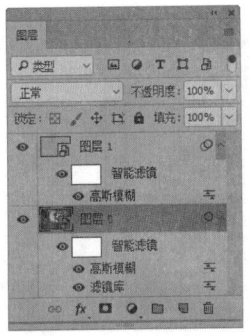

图 12-29 复制单个智能滤镜

图 12-33 打开素材文件

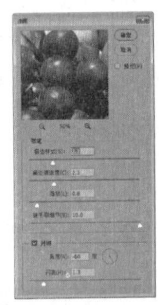

图 12-34 "油画"对话框

◆ 描边样式。用来调整笔触样式。

◆ 描边清洁度。用来设置纹理的柔化程度。

◆ 缩放。用来对纹理进行缩放。

◆ 硬毛刷细节。用来设置画笔细节的丰富程度，该值越
高，毛刷纹理越清晰。

◆ 角度。用来设置光线的照射角度。

◆ 闪亮。可以提高纹理的清晰度，产生锐化效果，如图
12-35和图12-36所示。

图 12-35 "闪亮"值为"2"

图 12-36 "闪亮"值为"10"

12.3 滤镜库

滤镜库整合了"风格化""画笔描边""扭曲""素
描"等多个滤镜组，它可以将多个滤镜同时应用于同一图
像，也能对同一图像多次应用同一滤镜，或者用其他滤
镜替换原有的滤镜。

12.3.1 滤镜库概览　　　重点

执行"滤镜"→"滤镜库"命令，可以打开"滤镜
库"对话框，如图12-37所示。对话框左侧是预览窗口，中

间是6组可供选择的滤镜，右侧是参数设置区。

图 12-37 "滤镜库"对话框

◆ 预览窗口。用于预览应用滤镜的效果。

◆ 缩放区。可缩放预览窗口中的图像。

◆ 滤镜组。滤镜库中共包含6组滤镜，单击滤镜组前面的
▶按钮，可以展开该滤镜组。

◆ 显示/隐藏滤镜缩览图。单击◀按钮，对话框中的滤镜组
会立即隐藏，如图12-38所示。这样图像预览窗口得到
扩大，可以更方便地观察应用滤镜效果，再次单击该按
钮，滤镜列表窗口又会重新显示出来。

◆ 滤镜下拉列表框。该下拉列表框以列表的形式显示了
滤镜组中的所有滤镜，单击下拉按钮▼可以从中进行选
择，如图12-39所示。

图 12-38 隐藏滤镜缩览图

图 12-39 滤镜下拉列表框

◆ 参数设置面板。单击滤镜组中的一个滤镜，可以将该滤镜应用于图像，同时在参数设置面板中会显示该滤镜的参数选项。

◆ 当前选择的滤镜。显示当前使用的滤镜。

◆ 已应用但未选择的滤镜。已经应用到当前图像上的滤镜，其左侧显示了◉图标。

◆ 隐藏的滤镜。隐藏的滤镜其左侧未显示◉图标。

◆ 新建效果图层。单击该按钮可以添加新的滤镜。

◆ 删除效果图层。单击该按钮可删除当前选择的滤镜。

12.3.2 效果图层

在"滤镜库"中选择一个滤镜后，该滤镜就会出现在对话框右下角的已应用滤镜列表中，如图12-40所示。

单击"新建效果图层"按钮，可以添加一个效果图层，如图12-41所示。添加效果图层后，可以选取要应用的另一个滤镜，重复此过程可添加多个滤镜，图像效果也会变得更加丰富，如图12-42所示。滤镜效果图层与图层的编辑方法相同，上下拖动效果图层可以调整它们的顺序，滤镜效果也会发生改变，如图12-43所示。

图 12-40 选择当前滤镜

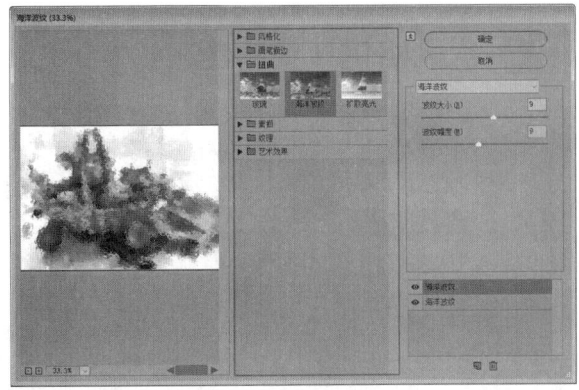

图 12-41 添加效果图层

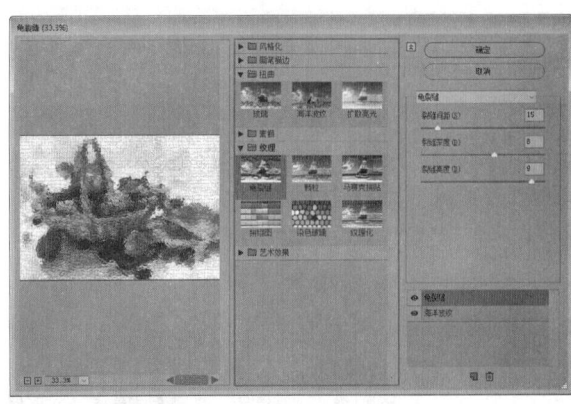

图 12-42 调整滤镜

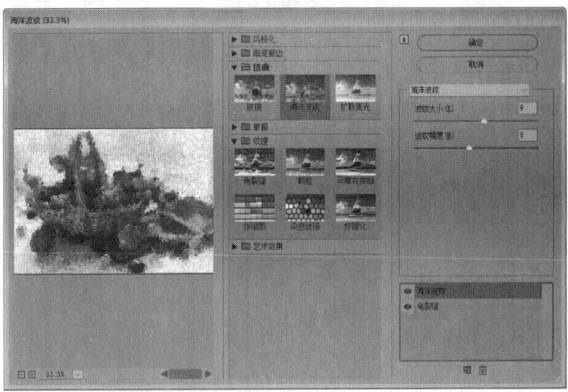

图 12-43 调整滤镜顺序

12.3.3 实战：用滤镜库制作抽丝效果照片

难度：☆☆	
素材文件	第 12 章 \12.3.3
在线视频	第 12 章 \12.3.3 实战：用滤镜库制作抽丝效果照片 .mp4
技术要点	使用滤镜库

步骤 01 启动Photoshop CC 2018软件，选择本章的素材文件"12.3.3 用滤镜库制作抽丝效果照片.jpg"，如图12-44所示。

步骤 02 将前景色设置为棕色（#77413f）、背景色设置为白色，执行"滤镜"→"滤镜库"命令，选择"半调图案"滤镜，设置参数，单击"确定"按钮，关闭对话框，效果如图12-45所示。

图 12-44 打开素材文件

图 12-45 "半调图案"对话框

步骤03 执行"滤镜"→"镜头校正"命令，打开"镜头校正"对话框，设置"晕影"选项组中的"数量"参数，如图12-46所示，为照片添加暗角效果，如图12-47所示。

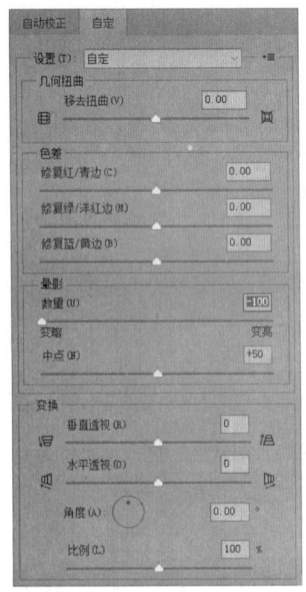

图 12-46 设置"晕影"

图 12-47 暗角效果

步骤04 执行"编辑"→"渐隐镜头校正"命令，在打开的"渐隐"对话框中设置滤镜的混合"模式"为"正片叠底"，如图12-48所示，效果如图12-49所示。

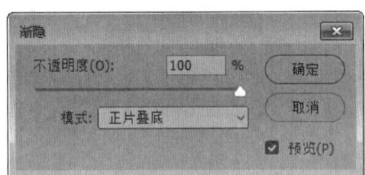

图 12-48 "渐隐"对话框

图 12-49 最终效果图

12.4 "风格化"滤镜组

"风格化"滤镜组可以置换像素，查找并增加图像的对比度，产生绘画和印象派风格效果。

12.4.1 查找边缘

"查找边缘"滤镜可以自动搜索图像的主要颜色区域，将高反差区域变亮，低反差区域变暗，其他区域则介于两者之间，硬边变为线条，柔边变粗，自动形成一个清晰的轮廓，突出图像的边缘。图12-50所示为原始图像，执行"滤镜"→"风格化"→"查找边缘"命令，调整效果如图12-51所示。

图 12-50 原始图像

图 12-51 "查找边缘"滤镜效果

延伸讲解

"查找边缘"滤镜没有参数选项对话框。

12.4.2 拼贴

"拼贴"滤镜可根据指定的值将图像分为块状，并使其偏离原来的位置，产生不规则瓷砖拼凑成的图像效果，其对话框和效果如图12-52和图12-53所示。该滤镜会在各砖块之间生成一定的空隙，可以在"填充空白区域用"选项组内选择空隙中使用什么样的内容填充。

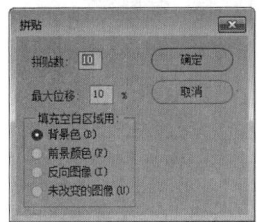

图 12-52 "拼贴"对话框

图 12-53 "拼贴"滤镜效果

◆ 拼贴数。用来设置在图像上每行和每列中要显示的贴块数。

◆ 最大位移。用来设置拼贴偏移原始位置的最大距离。

◆ 填充空白区域用。用来设置填充空白区域的方法。

12.4.3 照亮边缘

"照亮边缘"滤镜用于标识图像颜色的边缘，并向其添加类似于霓虹灯的光亮效果。Photoshop CC 2018将原来"风格化"中的滤镜调整到滤镜库中。执行"滤镜"→"滤镜库"命令，打开"滤镜库"对话框，选择"风格化"滤镜组中的"照亮边缘"滤镜，设置参数如图12-54所示，效果如图12-55所示。

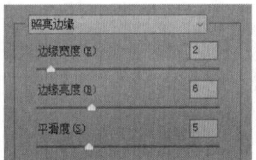

图 12-54 设置"照亮边缘"

图 12-55 "照亮边缘"滤镜效果

◆ 边缘宽度。用来设置发光边缘线条的宽度。

◆ 边缘亮度。用来设置发光边缘线条的亮度。

◆ 平滑度。用来设置发光边缘线条的光滑程度。

12.5 "画笔描边"滤镜组

"画笔描边"滤镜组中包含8种滤镜，它们当中的一部分滤镜通过不同的油墨和画笔勾画图像产生绘画效果，有些滤镜可以添加颗粒、绘画、杂色、边缘细节或纹理。这些滤镜不能用于处理Lab和CMYK颜色模式的图像文件。

12.5.1 成角的线条

"成角的线条"滤镜可以使用对角描边重新绘制图像，用一个方向的线条绘制亮部的区域，再用相反方向的线条绘制暗部区域。图12-56所示为原始图像，执行"滤镜"→"滤镜库"命令，打开"滤镜库"对话框，选择"画笔描边"滤镜组中的"成角的线条"滤镜，设置参数如图12-57所示，效果如图12-58所示。

图 12-56 原始图像

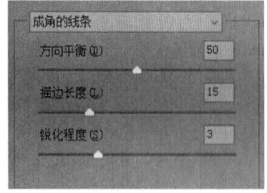 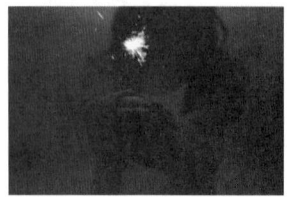

图 12-57 设置"成角的 线条"　　图 12-58 "成角的线条"滤镜 效果

◆ 方向平衡。用来设置对角线条的倾斜角度，取值范围为 0~100。

◆ 描边长度。用来设置对角线条的长度，取值范围为 3~50。

◆ 锐化程度。用来设置对角线条的清晰程度，取值范围为 0~10。

12.5.2 喷色描边

"喷色描边"滤镜可以使用图像的主导色，用成角、喷溅的颜色线条重新绘制图像，产生斜纹飞溅效果。执行"滤镜"→"滤镜库"命令，打开"滤镜库"对话框，选择"画笔描边"滤镜组中的"喷色描边"滤镜，设置参数如图12-59所示，效果如图12-60所示。

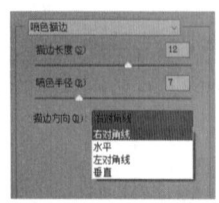 

图 12-59 设置"喷色描边"　　图 12-60 "喷色描边"滤镜 效果

◆ 描边长度。用来设置笔触的长度。

◆ 喷色半径。用来控制喷色的范围。

◆ 描边方向。用来设置笔触的方向。

12.6 "模糊"滤镜组

"模糊"滤镜组中包含"表面模糊""动感模糊""径向模糊"等11种滤镜，它们可以柔化像素，降低相邻像素间的对比度，使图像产生柔和、平滑过渡的效果。

12.6.1 高斯模糊

"高斯模糊"滤镜可以添加细节，使图像产生一种朦胧效果。图12-61所示为原始图像，执行"滤镜"→"模糊"→"高斯模糊"命令，打开"高斯模糊"对话框，如图12-62所示，效果如图12-63所示。

图 12-61 原始图像

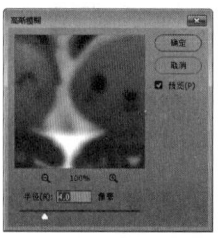 

图 12-62 "高斯模糊"　　图 12-63 "高斯模糊"滤镜效果 对话框

◆ 半径。通过调整"半径"值可以设置模糊的范围，它以像素为单位，数值越高，模糊效果越强烈。

12.6.2 动感模糊

"动感模糊"滤镜可以根据制作效果的需要沿指定方向（-360度~360度）、以指定距离（1~999）模糊图像，产生的效果类似于以固定的曝光时间给一个移动的对象拍照。在表现对象的速度感时会经常用到该滤镜。执行"滤镜"→"模糊"→"动感模糊"命令，打开"动感模糊"对话框，设置参数如图12-64所示，效果如图12-65所示。

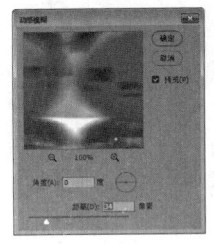 

图 12-64 "动感模糊" 图 12-65 "动感模糊" 滤镜效果
对话框

◆ 角度。用来设置模糊的方向。可输入角度数值，也可以
拖动指针调整角度。

◆ 距离。用来设置像素移动的距离。

12.6.3 表面模糊

"表面模糊" 滤镜能够在保留边缘的同时模糊图
像，可用来创建特殊效果并消除杂色或颗粒。执行 "滤
镜" → "模糊" → "表面模糊" 命令，打开 "表面模糊"
对话框，如图12-66所示，效果如图12-67所示。该滤镜
适合为人像照片磨皮。

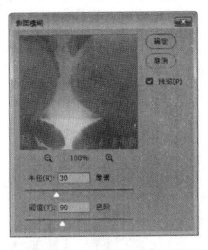 

图 12-66 "表面模糊" 图 12-67 "表面模糊" 滤镜效果
对话框

◆ 半径。用于设置模糊取样区域的大小。

◆ 阈值。用于控制相邻像素色调值与中心像素值相差多大
时才能成为模糊的一部分，色调值差小于阈值的像素将
被排除在模糊之外。

12.6.4 径向模糊

"径向模糊" 滤镜用于模拟缩放或旋转相机时所产
生的模糊，产生的是一种柔化的模糊效果。执行 "滤镜"
→ "模糊" → "径向模糊" 命令，打开 "径向模糊" 对话
框，如图12-68所示，效果如图12-69所示。

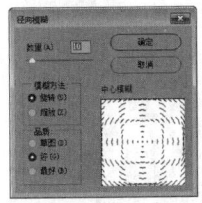 

图 12-68 "径向模糊" 图 12-69 "径向模糊" 滤镜效果
对话框

◆ 数量。用于设置模糊的强度。数值越高，模糊效果越
强烈。

◆ 模糊方法。选择 "旋转" 选项时，图像会沿同心圆环
线产生旋转的模糊效果，如图12-70所示；选择 "缩
放" 选项时，图像从中心向外产生反射模糊效果，如图
12-71所示。

图 12-70 "旋转" 模糊效果

图 12-71 "缩放" 模糊效果

◆ 品质。用来设置应用模糊效果后图像的显示品质。选择
"草图" 选项，处理速度最快，但会产生颗粒状效果；
选择 "好" 和 "最好" 选项，都可以产生较为平滑的效
果，但除非在较大的图像上，否则看不出这两种品质的
区别。

◆ 中心模糊。在该设置框内单击，可以将单击点定义为模
糊的原点，原点位置不同，模糊中心也不相同，图12-72
和图12-73所示分别为不同原点的缩放模糊效果。

图 12-72 模糊中心为左上角

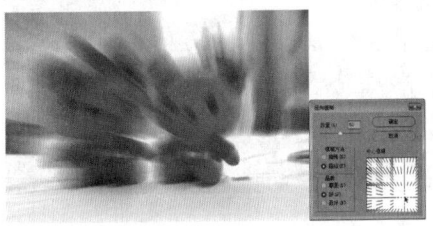

图 12-73 模糊中心为右下角

🔍 **延伸讲解**

　　使用"径向模糊"滤镜处理图像时，需要进行大量的计算，如果图像的尺寸较大，可以先设置较低的"品质"来观察效果，在确认最终效果后，再提高"品质"。

12.7 "扭曲"滤镜组

　　"扭曲"滤镜组中包含12种滤镜，它们可以对图像进行几何扭曲、创建3D或其他整形效果。在处理图像时，这些滤镜会占用大量内存，如果文件较大，可以先在小尺寸的图像上试验。

12.7.1 极坐标

　　"极坐标"滤镜可以将图像从平面坐标转换为极坐标，或者从极坐标转换为平面坐标。使用该滤镜可以创建曲面扭曲效果。执行"滤镜"→"扭曲"→"极坐标"命令，可以打开"极坐标"对话框，如图12-74所示。

◆ 平面坐标到极坐标。使矩形图像变为圆形图像，如图12-75所示。

◆ 极坐标到平面坐标。使圆形图像变为矩形图像，如图12-76所示。

图12-76 极坐标到平面坐标

12.7.2 切变

　　"切变"滤镜是比较灵活的滤镜，可以按照自己设定的曲线来扭曲图像，通过拖动调整框中的曲线应用相应的扭曲效果。图12-77所示为原始图像，执行"滤镜"→"扭曲"→"切变"命令，可以打开"切变"对话框，如图12-78所示。

◆ 曲线调整框。可以通过调整曲线的弧度来控制图像的变形效果，如图12-79和图12-80所示。

◆ 折回。在图像的空白区域中填充溢出图像之外的图像内容，如图12-81所示。

◆ 重复边缘像素。在图像边界不完整的空白区域填充扭曲边缘的像素颜色，如图12-82所示。

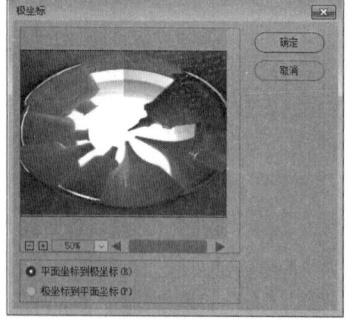

图12-74 "极坐标"对话框

图12-77 原始图像　　　　　图12-78 "切变"对话框

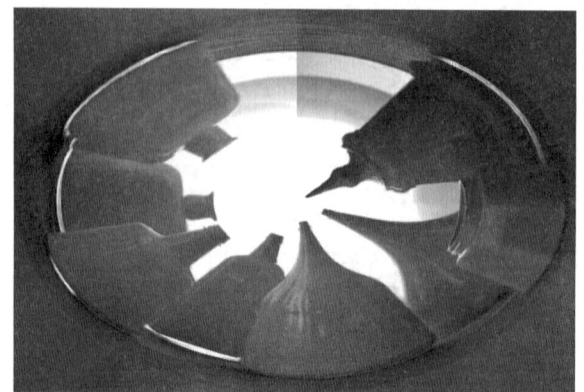

图12-75 平面坐标到极坐标

图12-79 向左变形

图 12-80　向右变形

图 12-81　"折回"效果

图 12-82　"重复边缘像素"效果

12.8　"锐化"滤镜组

"锐化"滤镜组可以通过增强相邻像素间的对比度来聚焦模糊的图像，使图像变得清晰。

12.8.1　"锐化边缘"与"USM锐化"

"锐化边缘"与"USM锐化"滤镜都可以查找图像中颜色发生显著变化的区域，然后将其锐化。

"锐化边缘"滤镜只锐化图像的边缘，同时保留总体的平滑度，该滤镜没有对话框，原始图像如图12-83所示，效果如图12-84所示。

图 12-83　原始图像

图 12-84　"锐化边缘"滤镜效果

"USM锐化"滤镜提供了锐化选项，执行"滤镜"→"锐化"→"USM锐化"命令，打开"USM锐化"对话框，如图12-85所示。对于专业的色彩校正，可以使用该滤镜调整边缘细节的对比度，效果如图12-86所示。

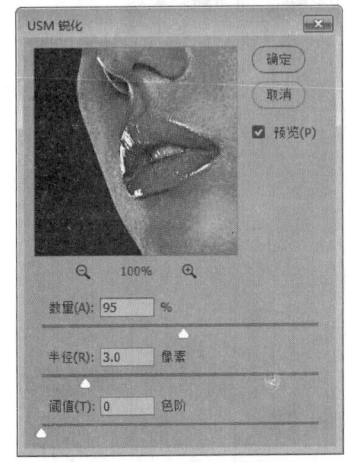

图 12-85　"USM 锐化"对话框

图 12-86　"USM 锐化"滤镜效果

◆ 数量。用来设置锐化强度。该值越高，锐化效果越明显。

◆ 半径。用来设置锐化的范围。

◆ 阈值。只有相邻像素间的差值达到该值所设定的范围时才会被锐化，因此，该值越高，被锐化的像素就越少。

12.8.2 智能锐化

"智能锐化"滤镜的功能比较强大，它具有独特的锐化选项，可以设置锐化算法、控制阴影和高光区域的锐化量。图12-87所示为原始图像，执行"滤镜"→"锐化"→"智能锐化"命令，打开"智能锐化"对话框，如图12-88所示，在操作时，最好将窗口缩放到100%，以便精确查看锐化效果。

图 12-87 原始图像

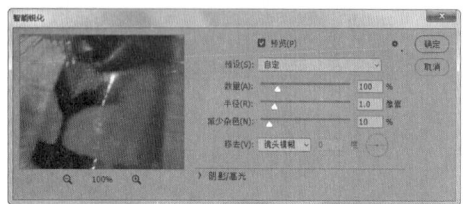

图 12-88 "智能锐化"对话框

◆ 预设。单击 ✓ 按钮打开下拉列表框，可以将当前设置的锐化参数保存为一个预设的参数，此后需要使用它锐化图像时，可在"预设"下拉列表框中选择，有"默认值""载入预设""存储预设""删除预设""自定"选项。

◆ 设置其他选项。单击 ⚙ 按钮，勾选"使用旧版"复选框，可以切换为旧版的选项卡。勾选"更加准确"复选框，可以使锐化的效果更精确，但需要更长的时间来处理文件。

◆ 数量。用来设置锐化数量，较高的值可增强边缘像素之间的对比度，使图像看起来更加锐利，如图12-89所示。

a. "数量"为"100%"   b. "数量"为"500%"

图 12-89 "数量"大小对比

◆ 半径。用来确定受锐化影响的边缘像素的数量，该值越高，受影响的边缘就越宽，锐化的效果也就越明显，如图12-90所示。

a. "半径"为"3"   b. "半径"为"6"

图 12-90 "半径"大小对比

◆ 减少杂色。用来去除图像中的杂色。

◆ 移去。在该选项下拉列表框中可以选择锐化算法。选择"高斯模糊"选项，可使用"USM锐化"滤镜的方法进行锐化；选择"镜头模糊"选项，可检测图像中的边缘和细节，并对细节进行更精细的锐化，减少锐化的光晕；选择"动感模糊"选项，可通过设置"角度"来减少由于相机或主体移动而导致的模糊效果。

◆ 阴影/高光。单击"阴影/高光"左侧的 ❯ 按钮，可打开"阴影"和"高光"选项，如图12-91所示。它们分别调整阴影和高光区域的锐化强度。

● 渐隐量：用来设置阴影或高光中的锐化量，如图12-92所示。

● 色调宽度：用来设置阴影或高光中色调的修改范围。

● 半径：用来控制每个像素周围的区域的大小，它决定了像素是在阴影里，还是在高光中。向左移动滑块会指定较小的区域，向右移动滑块会指定较大的区域。

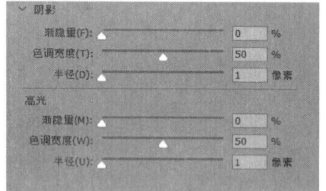

图 12-91 "阴影"和"高光"选项

图 12-92 "渐隐量"效果

12.9 "素描"滤镜组

"素描"滤镜组中包含14种滤镜，它们可以将纹理添加到图像中，常用来模拟素描和速写等艺术效果或手绘外观效果。其中，大部分滤镜在重绘图像时都要使用前景色和背景色，因此，设置不同的前景色和背景色时，可以获得不同的效果。

12.9.1 半调图案

"半调图案"滤镜可以在保持连续色调范围的同时，模拟半调网屏效果。图12-93所示为原始图像，执行"滤镜"→"滤镜库"命令，打开"滤镜库"对话框，选择"素描"滤镜组中的"半调图案"滤镜，设置参数如图12-94所示。

图 12-93 原始图像

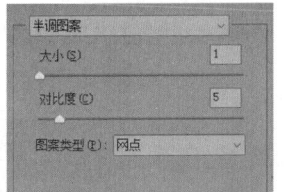

图 12-94 设置"半调图案"

◆ 大小。用来设置网格图案的大小。

◆ 对比度。用来设置前景色与图像的对比度。

◆ 图案类型。在下拉列表框中可以选择图案的类型，包括"圆形""网点""直线"，如图12-95、图12-96和图12-97所示。

图 12-95 "圆形"图案

图 12-96 "网点"图案

图 12-97 "直线"图案

对于"半调图案"滤镜，设置不同的前景色，可以得到不同的网格图案效果，如图12-98所示。

图 12-98 "半调图案"滤镜效果

12.9.2 影印

"影印"滤镜可以模拟影印图像的效果，大的暗部区域趋向于只复制边缘四周，而中间色调为黑色或白色，打开"影印"对话框进行设置，如图12-99所示，效果如图12-100所示。

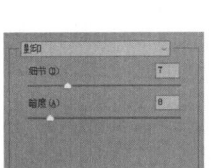

图 12-99 设置"影印"　图 12-100 "影印"滤镜效果

◆ 细节。设置图像细节的保留程度。

◆ 暗度。设置图像暗部区域的强度。

12.10 "像素化"滤镜组

"像素化"滤镜组中的滤镜可以通过使单元格中颜色值相近的像素结成块来清晰地定义一个选区，可用于创建彩块、点状、晶格和马赛克等特殊效果。

12.10.1 彩色半调

"彩色半调"滤镜可以使图像变为网点状效果。它先将图像的每一个通道划分出矩形区域，再以和矩形区域亮度成比例的圆形替代这些矩形，圆形的大小与矩形的亮度成比例，高光部分生成的网点较小，阴影部分生成的网点较大。图12-101所示为原始图像，执行"滤镜"→"像素化"→"彩色半调"命令，打开"彩色半调"对话框，如图12-102所示，效果如图12-103所示。

 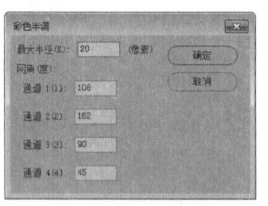

图 12-101 原始图像 　　图 12-102 "彩色半调"对话框

图 12-103 "彩色半调"滤镜效果

◆ 最大半径。用来设置生成的最大网点的半径。

◆ 网角（度）。用来设置图像各个原色通道的网点角度。如果图像为灰度模式，只能使用"通道1"；图像为RGB颜色模式，可以使用3个通道；图像为CMYK颜色模式，可以使用所有通道。当各个通道中的网角设置的数值相同时，生成的网点会重叠显示出来。

12.10.2 马赛克

"马赛克"滤镜可以使像素结为方形块，再给块中的像素应用平均的颜色，创建出马赛克效果。执行"滤镜"→"像素化"→"马赛克"命令，打开"马赛克"对话框，如图12-104所示，效果如图12-105所示。

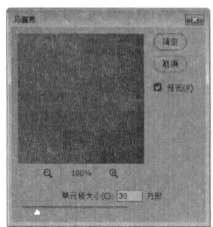 

图 12-104 "马赛克"　　图 12-105 "马赛克"滤镜效果
对话框

◆ 单元格大小。用来设置每个多边形色块的大小。

12.10.3 铜版雕刻

"铜版雕刻"滤镜可以在图像中随机生成各种不规则的直线、曲线和斑点，使图像产生年代久远的金属版雕效果。图12-106所示为原始图像，执行"滤镜"→"像素化"→"铜版雕刻"命令，打开"铜版雕刻"对话框，如图12-107所示。

图 12-106 原始效果 　　图 12-107 "铜版雕刻"对话框

◆ 类型。选择铜版雕刻的类型，包含"精细点""中等点""粒状点""粗网点""短直线""中长直线""长直线""短描边""中长描边""长描边"10种类型。选择其中几种网点类型，效果如图12-108所示。

a. 精细点

b. 短直线

c. 短描边

图 12-108 不同网点类型效果

12.11 "渲染"滤镜组

"渲染"滤镜组中包含5种滤镜，这些滤镜可以在图像中创建灯光效果、3D形状、云彩图案、折射图案和模拟的光反射，是非常重要的特效制作滤镜。

12.11.1 "云彩"和"分层云彩"

"云彩"滤镜可以使用介于前景色与背景色之间的随机值生成柔和的云彩图案，效果如图12-109所示。

"分层云彩"滤镜可以将云彩数据和现有的像素混合，其方式与"差值"模式混合颜色的方式相同。第一次使用滤镜时，图像的某些部分被反相为云彩图案，如图12-110所示，多次应用滤镜之后，就会创建出与大理石纹理相似的凸缘与叶脉图案，如图12-111所示。"云彩"和"分层云彩"滤镜都没有设置参数对话框。

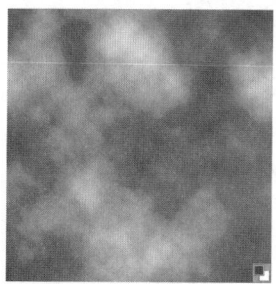

图 12-109 "云彩"滤镜效果　　图 12-110 "分层云彩"滤镜效果

图 12-111 多次"分层云彩"滤镜效果

12.11.2 镜头光晕

"镜头光晕"滤镜可以模拟亮光照射到相机镜头所产生的折射，常用来表现玻璃、金属等反射的反射光，或用来增强日光和灯光效果。图12-112所示为原始图像，执行"滤镜"→"渲染"→"镜头光晕"命令，打开"镜头光晕"对话框，如图12-113所示。

图 12-112 原始图像

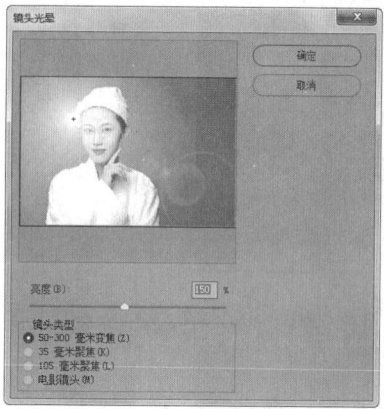

图 12-113 "镜头光晕"对话框

- ◆ 预览窗口。在该窗口中可以通过拖动十字线鼠标指针来调节光晕的位置。
- ◆ 亮度。用来控制镜头光晕的亮度，其取值范围为10%~300%，效果如图12-114所示。
- ◆ 镜头类型。用来选择镜头光晕的类型，包括"50-300毫米变焦""35毫米聚焦""105毫米聚焦""电影镜头"4种类型，效果如图12-115所示。

a. "亮度"为"100%"

b. "亮度"为"200%"

图 12-114 "亮度"效果对比

a.50-300 毫米变焦

b.35 毫米聚焦

c.105 毫米聚焦

d. 电影镜头

图 12-115 不同的 "镜头类型" 效果

12.12 "艺术效果"滤镜组

"艺术效果"滤镜组可以模仿自然或传统介质效果，使图像看起来更贴近绘画或艺术效果。

12.12.1 壁画

"壁画"滤镜使用短而圆的、粗略涂抹的小块颜料，以一种粗糙的风格绘制图像，使图像呈现古壁画般的效果。图 12-116 所示为原始图像，执行"滤镜"

→ "滤镜库" 命令，打开 "滤镜库" 对话框，选择 "艺术效果" 滤镜组中的 "壁画" 滤镜，设置参数如图 12-117 所示，效果如图 12-118 所示。

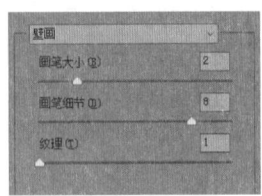

图 12-116 原始图像　　图 12-117 设置 "壁画"

图 12-118 "壁画" 滤镜效果

◆ 画笔大小。用来设置画笔的大小。

◆ 画笔细节。用来设置画笔刻画图像的细腻程度。

◆ 纹理。用来设置添加的纹理的数量，该值越高，绘制的效果越粗糙。

12.12.2 彩色铅笔

"彩色铅笔"滤镜用彩色铅笔在纯色背景上绘制图像，可保留重要边缘，外观呈粗糙阴影线，纯色背景色会透过平滑的区域显示出来。执行"滤镜"→"滤镜库"命令，打开"滤镜库"对话框，选择"艺术效果"滤镜组中的"彩色铅笔"滤镜，设置参数如图 12-119 所示，效果如图 12-120 所示。

◆ 铅笔宽度。用来设置铅笔笔触的宽度。该值越高，铅笔线条越粗。

◆ 描边压力。用来设置铅笔的压力。该值越高，线条越粗犷。

◆ 纸张亮度。用来设置背景色在图像中的明暗程度。数值越大，背景色越明显。

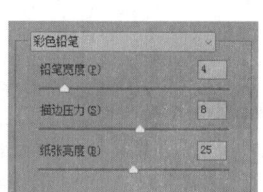

图 12-119 设置 "彩色铅笔"　图 12-120 "彩色铅笔" 滤镜
效果

12.12.3 水彩

　　"水彩" 滤镜能够以水彩的风格绘制图像，它使用蘸了水和颜料的中号画笔绘制以简化细节，当边缘有显著的色调变化时，该滤镜会使颜色饱满。执行 "滤镜" → "滤镜库" 命令，打开 "滤镜库" 对话框，选择 "艺术效果" 滤镜组中的 "水彩" 滤镜，设置参数，如图12-121所示，效果如图12-122所示。

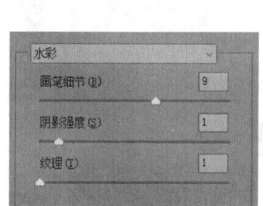

图 12-121 设置 "水彩"　图 12-122 "水彩" 滤镜效果

◆ 画笔细节。用来设置画笔的精确程度，该值越高，画面越精细。

◆ 阴影强度。用来设置暗调区域的范围，该值越高，暗调范围越广。

◆ 纹理。用来设置图像边界的纹理效果，该值越高，纹理越明显。

12.13 "杂色" 滤镜组

　　"杂色" 滤镜组中包含5种滤镜，它们可以添加或去除杂色或带有随机分布色阶的像素，创建与众不同的纹理，也用于去除有问题的区域。

12.13.1 蒙尘与划痕

　　"蒙尘与划痕" 滤镜可通过更改相异的像素来减少杂色，该滤镜对于去除扫描图像中的杂色和折痕特别有效。执行 "滤镜" → "杂色" → "蒙尘与划痕" 命令，打开 "蒙尘与划痕" 对话框，如图12-123所示，效果如图12-124所示。

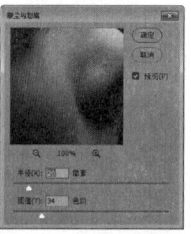

图 12-123 "蒙尘与　图 12-124 "蒙尘与划痕" 滤镜效果
划痕" 对话框

◆ 半径。用来设置柔化图像边缘的范围。

◆ 阈值。用来定义像素的差异有多大才被视为杂点。数值越高，消除杂点的能力越弱。

12.13.2 添加杂色

　　"添加杂色" 滤镜可以将随机的像素应用于图像，模拟在高速胶片上拍照的效果。该滤镜可用来减少羽化选区或渐变填充中的条纹，使经过重大修饰的区域看起来更加真实，或者在一张空白的图像上生成随机的杂点，制作成杂纹或其他底纹的效果。执行 "滤镜" → "杂色" → "添加杂色" 命令，打开 "添加杂色" 对话框，如图12-125所示，效果如图12-126所示。

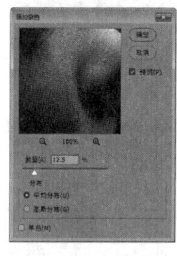
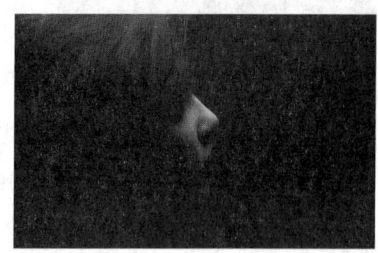

图 12-125 "添加　图 12-126 "添加杂色" 滤镜效果
杂色" 对话框

◆ 数量。用来设置添加到图像中的杂点的数量。

◆ 分布。用来设置杂色的分布方式。选择 "平均分布" 选项，可以随机向图像中添加杂点，杂点效果比较柔和；选择 "高斯分布" 选项，可以沿一条 "钟形" 曲线分布杂色的颜色值，以获得斑点状的杂点效果。

◆ 单色。勾选该复选框以后，杂点只影响原有像素的亮度，且像素的颜色不会发生改变，如图12-127所示，效果如图12-128所示。

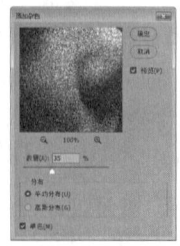

图 12-127 勾选   图 12-128 勾选 "单色" 复选框效果
"单色" 复选框

12.14 "其他" 滤镜组

"其他" 滤镜组中包含5种滤镜，在它们当中，有允许自定义滤镜的滤镜，也有使用滤镜修改蒙版、在图像中使选区发生位移和快速调整颜色的滤镜。

12.14.1 高反差保留

"高反差保留" 滤镜可以在有强烈颜色转变发生的地方按指定的半径保留边缘细节，且不显示图像的其余部分。该滤镜对于从扫描图像中凸显艺术线条和大的黑白区域非常有用。图12-129所示为原始图像，执行 "滤镜" → "其他" → "高反差保留" 命令，打开 "高反差保留" 对话框，如图12-130所示，效果如图12-131所示。

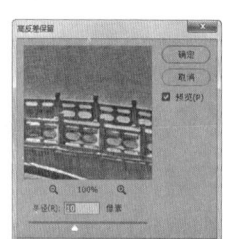

图 12-129 原始图像   图 12-130 "高反差保留" 对话框

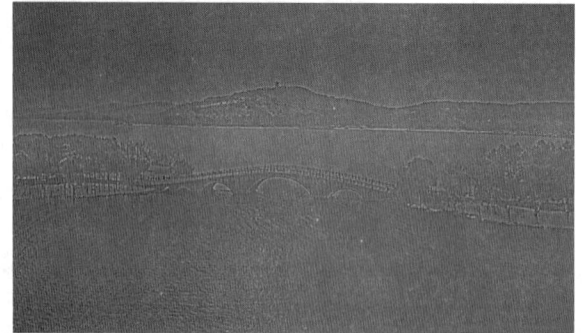

图 12-131 "高反差保留" 滤镜效果

◆ 半径。用于设置滤镜分析处理图像像素的范围。数值越大，所保留的原始像素就越多；当该值为0时，整个图像会变为灰色。

12.14.2 "最大值" 与 "最小值"

"最大值" 和 "最小值" 滤镜可以在指定的半径内，用周围像素的最高或最低亮度值替换当前像素的亮度值。

"最大值" 滤镜对于修改蒙版非常有用。该滤镜可以在指定的半径范围内，用周围像素的最高亮度值替换当前像素的亮度值。"最大值" 滤镜具有阻塞功能，可以展开白色区域，而阻塞黑色区域。"最大值" 对话框如图12-132所示，效果如图12-133所示。

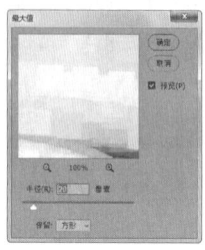

图 12-132 "最大值"   图 12-133 "最大值" 滤镜效果
对话框

◆ 半径。设置用周围像素的最高亮度值来替换当前像素的亮度值的范围。

"最小值" 滤镜具有伸展功能，可以扩展黑色区域，而收缩白色区域。"最小值" 对话框如图12-134所示，效果如图12-135所示。

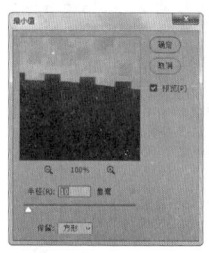

图 12-134 "最小值"   图 12-135 "最小值" 滤镜效果
对话框

◆ 半径。设置滤镜扩展黑色区域、收缩白色区域的范围。

🔍 延伸讲解

"最大值" 滤镜和 "最小值" 滤镜常用来修改通道和图层蒙版，"最大值" 滤镜可以收缩蒙版，"最小值" 滤镜可以扩展蒙版。

12.15 课后习题

12.15.1 使用滤镜库打造手绘效果

难度：☆

素材文件	第 12 章 \12.15.1
在线视频	第 12 章 \12.15.1 使用滤镜库打造手绘效果 .mp4
技术要点	滤镜库的使用

Photoshop CC 2018中的滤镜库功能十分神奇，能够将普通的图像变成具有水彩手绘效果的艺术图像。本习题练习为图像打造浓厚的手绘效果。

打开"鸟.jpg"素材文件，执行"滤镜库"命令，在"滤镜库"中添加"喷色描边""阴影线""喷溅"滤镜，为画面添加效果，最终效果如图12-136所示。

图 12-136 手绘效果图

12.15.2 用"马赛克"滤镜制作趣味照片

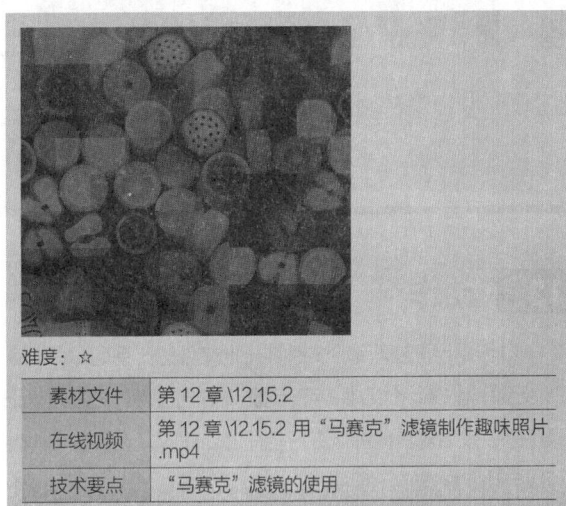

难度：☆

素材文件	第 12 章 \12.15.2
在线视频	第 12 章 \12.15.2 用"马赛克"滤镜制作趣味照片 .mp4
技术要点	"马赛克"滤镜的使用

"马赛克"滤镜可以使像素结成方块状，再给块中的像素应用平均的颜色，创造出马赛克的效果。本习题练习使用"马赛克"滤镜制作趣味照片的操作。

打开"糖果.jpg"素材文件，复制图像，为其添加"马赛克"滤镜，然后修改图层混合模式，最终效果如图12-137所示。

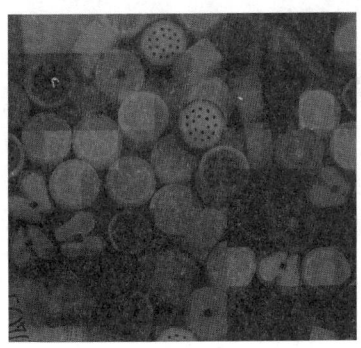

图 12-137 "马赛克滤镜"效果图

第 13 章

动作与任务自动化

动作、批处理、脚本和数据驱动图形都是Photoshop CC 2018的自动化功能。与工业上的自动化类似，Photoshop CC 2018的自动化功能也能解放读者的双手并减少工作量，让图片处理变得轻松、简单和高效。

学习重点与难点

● "动作"面板 `312页` ● 批处理与图像编辑自动化 `317页`

13.1 动作

动作是用于处理单个文件或一批文件的一系列命令。在Photoshop CC 2018中，可以通过动作将图像的处理过程记录下来，以后对其他图像进行相同的处理时，选择该动作便可以自动完成操作任务。

13.1.1 "动作"面板　`重点`

"动作"面板用于创建、播放、修改和删除动作，如图13-1所示。图13-2所示为面板菜单，菜单底部包含了系统预设的一些动作，选择一个动作，可将其载入到面板中，如图13-3所示。如果执行"按钮模式"命令，则所有的动作都会变为按钮状，如图13-4所示。

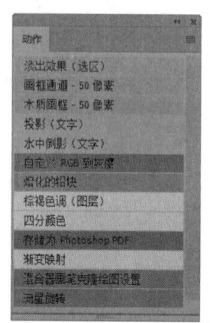

图 13-3 载入动作　图 13-4 按钮模式

◆ 切换项目开/关 ✔。如果动作组、动作和命令前显示有该图标，则表示这个动作组、动作和命令可以选择；如果动作组或动作前没有该图标，则表示该动作组或动作不能被选择；如果某一命令前没有该图标，则表示该命令不能被选择。

◆ 切换对话开/关 ⬚。如果命令前显示该图标，则表示动作执行到该命令时会暂停，并打开相应命令的对话框，此时可修改命令的参数，单击"确定"按钮可继续选择后面的动作；如果动作组和动作前出现该图标，则表示该动作中有部分命令设置了暂停。

◆ 动作组/动作/命令。动作组是一系列动作的集合，动作是一系列操作命令的集合。单击命令前的按钮可以展开命令列表，显示命令的具体参数。

◆ 停止播放/记录 ■。用来停止播放和记录动作。

◆ 开始记录 ●。单击该按钮，可录制动作。

◆ 播放选定的动作 ▶。选择一个动作后，单击该按钮可播放该动作。

◆ "创建新组" ▣。可创建一个新的动作组，以保存新建的动作。

◆ 创建新动作 ▣。单击该按钮，可创建一个新的动作。

◆ 删除 ▥。选择动作组、动作或命令后，单击该按钮，可将其删除。

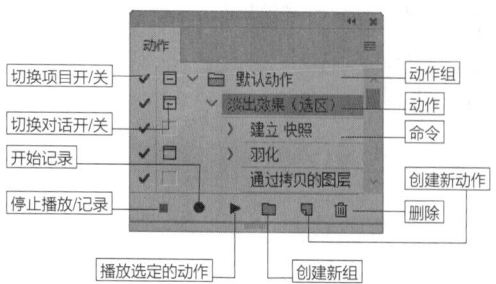

图 13-1 "动作"面板

图 13-2 面板菜单

答疑解惑：动作播放有什么技巧？

◆ 按照顺序播放全部动作。选择一个动作，单击"播放选定的动作"按钮▶，可按照顺序播放该动作中的所有命令。

◆ 从指定的命令开始播放动作。在动作中选择一个命令，单击"播放选定的动作"按钮▶，可以播放该命令及后面的命令，它之前的命令不会播放。

◆ 播放单个命令。按住Ctrl键双击面板中的一个命令，可单独播放该命令。

◆ 播放部分命令。动作组、动作和命令前显示有切换项目开关✓，表示可以播放该动作组、动作和命令。如果取消某些命令前的勾选，这些命令便不能够播放；如果取消某一动作前的勾选，则该动作中的所有命令都不能够播放；如果取消某一动作组前的勾选，则该组中的所有动作和命令都不能够播放。

13.1.2 实战：在动作中插入命令

难度：☆☆

素材文件	第 13 章 \13.1.2
在线视频	第 13 章 \13.1.2 实战：在动作中插入命令 .mp4
技术要点	在动作中插入命令

步骤01 启动Photoshop CC 2018软件，选择本章的素材文件"13.1.2在动作中插入命令.jpg"，将其打开，如图13-5所示。单击"动作"面板中的"曲线"命令，如图13-6所示。

图 13-5 打开素材文件

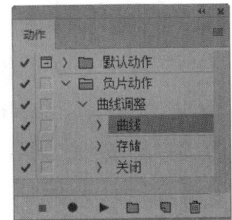

图 13-6 "动作"面板

步骤02 单击"开始记录"按钮●，录制动作，执行"滤镜"→"锐化"→"USM锐化"命令，对图像进行锐化处理，如图13-7所示，然后关闭对话框。

步骤03 单击"停止播放/记录"按钮■，停止录制，即可将锐化图像的操作插入"曲线"动作后面，如图13-8所示。

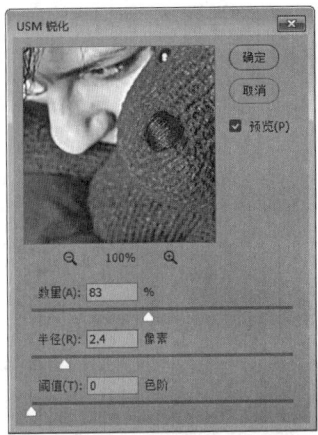

图 13-7 "USM 锐化"对话框

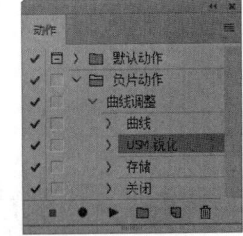

图 13-8 录制完成

13.1.3 实战：在动作中插入菜单项目

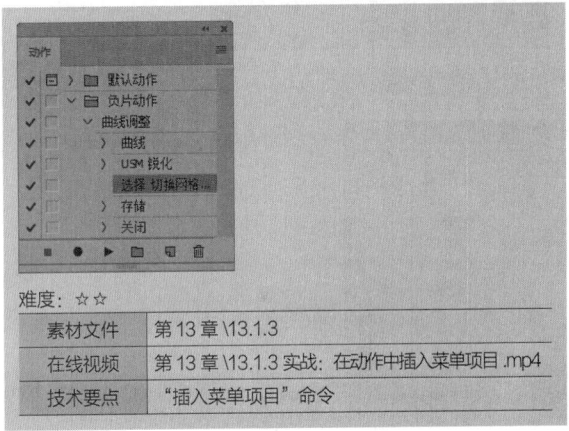

难度：☆☆

素材文件	第 13 章 \13.1.3
在线视频	第 13 章 \13.1.3 实战：在动作中插入菜单项目 .mp4
技术要点	"插入菜单项目"命令

"插入菜单项目"是指在动作中插入菜单中的命令，这样就可以将许多不能录制的命令插入到动作中。

步骤01 选择"动作"面板中的"USM锐化"命令，如图13-9所示。

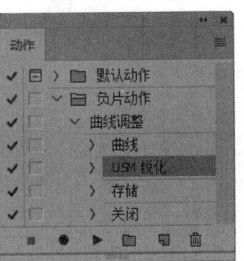

图 13-9 "动作"面板

步骤 02 执行面板菜单中的"插入菜单项目"命令，如图13-10所示，打开"插入菜单项目"对话框，如图13-11所示。执行"视图"→"显示"→"网格"命令，"插入菜单项目"对话框中的"菜单项："后面会出现"显示：网格"字样，如图13-12所示，然后单击"插入菜单项目"对话框中的"确定"按钮，关闭对话框，显示网格的命令便会插入到动作中，如图13-13所示。

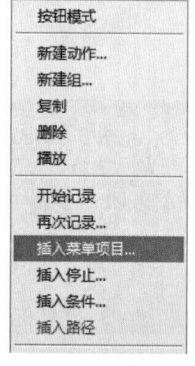

图 13-10 面板菜单　　图 13-11 "插入菜单项目"对话框

图 13-12 显示网格

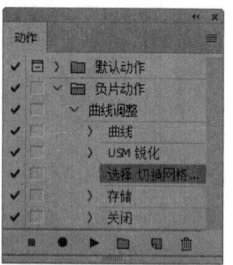

图 13-13 "动作"面板

13.1.4 实战：在动作中插入停止

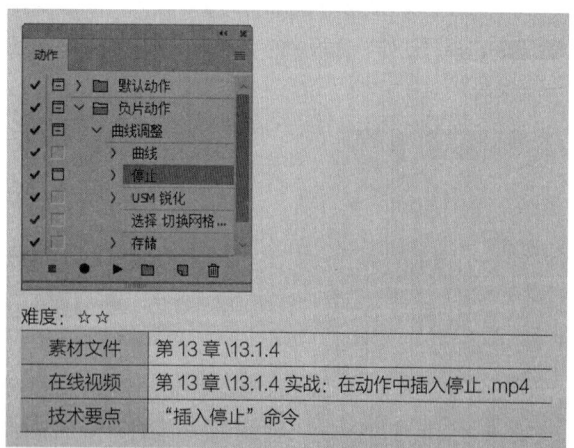

难度：☆☆

素材文件	第 13 章 \13.1.4
在线视频	第 13 章 \13.1.4 实战：在动作中插入停止 .mp4
技术要点	"插入停止"命令

"插入停止"是指让动作播放到某一步时自动停止，这样就可以手动选择无法录制为动作的操作，如使用"绘画工具"进行绘制等。

步骤 01 选择"动作"面板中的"曲线"命令，如图13-14所示。

步骤 02 执行面板菜单中的"插入停止"命令，如图13-15所示，打开"记录停止"对话框，输入提示信息，并勾选"允许继续"复选框，如图13-16所示。单击"确定"按钮关闭对话框，可将停止插入到动作中，如图13-17所示。

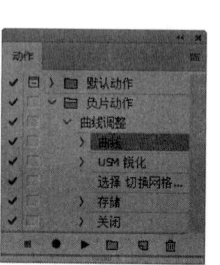
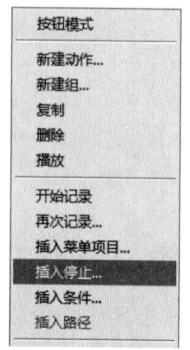

图 13-14 "动作"面板　　图 13-15 面板菜单

图 13-16 "记录停止"对话框

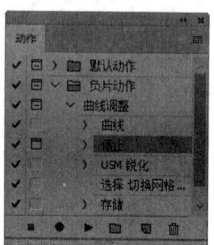

图 13-17 "动作"面板

步骤 03 播放动作时，播放"曲线"命令后，动作就会停止，并弹出在"记录停止"对话框中输入的提示信息，如图13-18所示。单击"停止"按钮停止播放，就可以使用"绘画工具"等编辑图像，编辑完成后，可单击"播放选定的动作"按钮▶，继续播放后面的命令；如果单击对话框中的"继续"按钮，则不会停止，而是继续播放后面的动作。

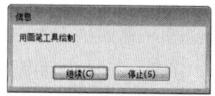

图 13-18 信息提示

13.1.5 实战：在动作中插入路径

难度：	☆☆
素材文件	第 13 章\13.1.5
在线视频	第 13 章\13.1.5 实战：在动作中插入路径 .mp4
技术要点	"插入路径"命令

"插入路径"指的是将路径作为动作的一部分包含在动作内。插入的路径可以是用钢笔和形状工具创建的路径，也可以是从 Illustrator 中粘贴的路径。

步骤 01 启动 Photoshop CC 2018 软件，选择本章的素材文件"13.1.5 在动作中插入路径.jpg"，将其打开，如图 13-19 所示。单击工具箱中的"自定形状工具" ，在工具选项栏中选择"路径"选项，打开"形状"下拉面板，选择"树叶"图形，在画面中绘制该图形，如图 13-20 所示。

图 13-19 打开素材文件

图 13-20 绘制路径

步骤 02 在"动作"面板中选择"USM锐化"命令，如图 13-21 所示，执行面板菜单中的"插入路径"命令，如图 13-22 所示，在该命令后插入路径，如图 13-23 所示。播放动作时，工作路径将被设置为所记录的路径。

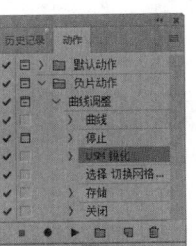

图 13-21 选择命令

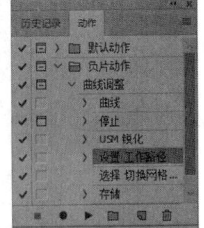

图 13-22 面板菜单

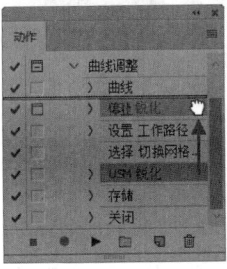

图 13-23 插入路径

延伸讲解

如果要在一个动作中记录多个"插入路径"命令，需要在记录每个"插入路径"命令后，都选择"路径"面板菜单中的"存储路径"命令，否则每记录的一个路径都会替换掉前一个路径。

13.1.6 重排、复制与删除动作

在"动作"面板中，将命令拖动至同一动作或另一个动作中的新位置，即可重新排列命令，如图 13-24 和图 13-25 所示。按住 Alt 键移动动作和命令，或者将动作和命令拖动至"创建新动作"按钮 上，可以将其复制。

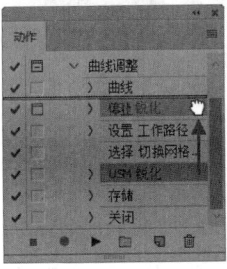

图 13-24 拖动命令

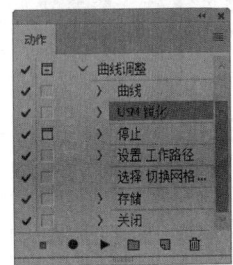

图 13-25 调整命令位置后效果

将动作或命令拖动至"动作"面板中的"删除"按钮 上，可将其删除，执行面板菜单中的"清除全部动作"命令，则会删除所有动作。如果需要将面板恢复为默认的动作，可以执行面板菜单中的"复位动作"命令。

13.1.7 修改动作的名称和参数

如果要修改动作组或动作的名称，可以将它选择，如图 13-26 所示，然后执行面板菜单中的"组选项"或"动作选项"命令，如图 13-27 所示，打开"动作选项"对话框进行设置，如图 13-28 所示。

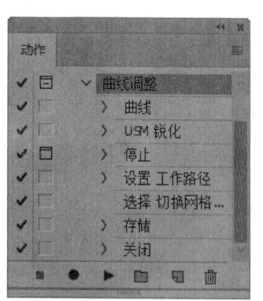

图 13-26 "动作"面板　　图 13-27 面板菜单

图 13-28 "动作选项"对话框

如果要修改命令的参数，可以双击命令，如图13-29所示，打开该命令的对话框以修改参数，如图13-30所示。

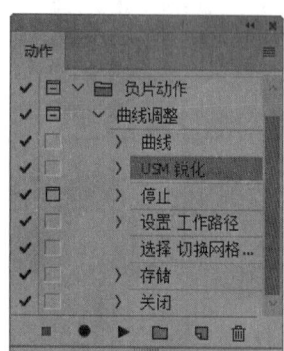

图 13-29 "动作"面板　　图 13-30 "USM 锐化"对话框

13.1.8 指定回放速度

执行"动作"面板菜单中的"回放选项"命令，打开"回放选项"对话框，如图13-31所示。在对话框中可以设置动作的播放速度，或者将其暂停，以便对动作进行调试。

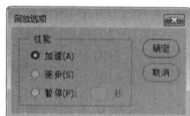

图 13-31 "回放选项"对话框

◆ 加速。默认的选项，以正常的速度播放动作。

◆ 逐步。显示每个命令的处理结果，然后再转入下一个命令，动作的播放速度较慢。

◆ 暂停。选择选该项并输入时间，可指定播放动作时各个命令的间隔时间。

13.1.9 载入外部动作库

执行"动作"面板菜单中的"载入动作"命令，打开"载入"对话框，选择资源"动作库"文件夹中的一个动作，如图13-32所示，单击"载入"按钮，可将其载入到"动作"面板中，如图13-33所示。

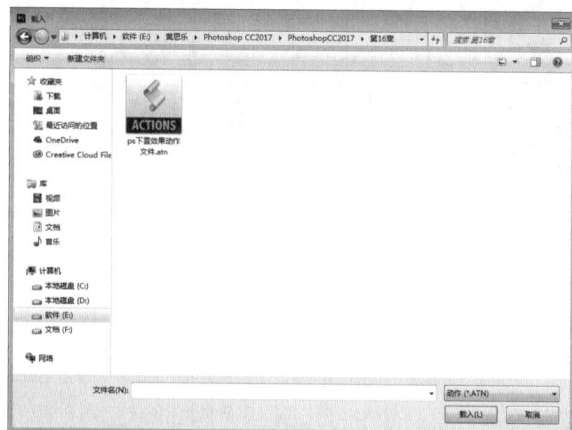

图 13-32 载入动作

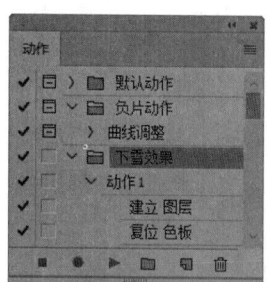

图 13-33 "动作"面板

13.1.10 实战：载入外部动作制作照片魔方

难度：☆☆☆

素材文件	第 13 章 \13.1.10
在线视频	第 13 章 \13.1.10 实战：载入外部动作制作照片魔方 .mp4
技术要点	"载入动作"命令

步骤 01 启动Photoshop CC 2018软件，选择本章的素材文件"13.1.10 载入外部动作制作照片魔方.jpg"，将其打开，如图13-34所示。

图 13-34 打开素材文件

步骤 02 打开"动作"面板，单击面板右上角的 ☰ 按钮，在打开的面板菜单中执行"载入动作"命令，选择资源中提供的"魔方效果"动作，单击"载入"按钮，将它载入"动作"面板中，如图13-35所示。

步骤 03 选择"魔方"动作，如图13-36所示。单击"播放选定的动作"按钮▶播放动作，用该动作处理照片，处理过程需要一定的时间。图13-37所示为动作效果。

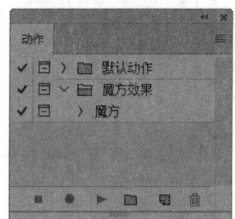 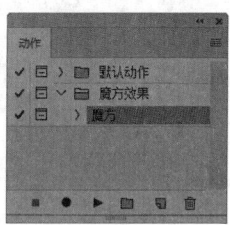

图 13-35 载入动作 　　图 13-36 选择动作

图 13-37 动作效果

13.1.11 条件模式更改

使用动作处理图像时，如果在某个动作中，有一个步骤是将源模式为RGB颜色模式的图像转换为CMYK颜色模式，而当前处理的图像非RGB颜色模式（如灰度模式），就会导致出现错误。为了避免这种情况，可在记录动作时，执行"条件模式更改"命令为源模式指定一个或多个模式，并为目标模式指定一个模式，以便在动作选择过程中进行转换。

执行"文件"→"自动"→"条件模式更改"命令，可以打开"条件模式更改"对话框，如图13-38和图13-39所示。

 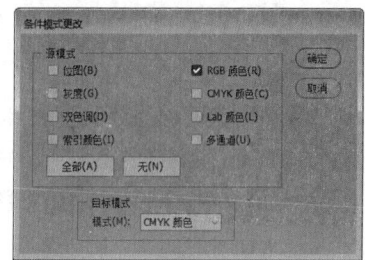

图 13-38 执行命令　　图 13-39 "条件模式更改"对话框

◆ 源模式。用来选择源文件的颜色模式，只有与选择的颜色模式相同的文件才可以被更改。单击"全部"按钮，可选择所有可能的模式；单击"无"按钮，则不选择任何模式。

◆ 目标模式。用来设置图像转换后的颜色模式。

13.2 批处理与图像编辑自动化 重点

批处理对于网站美工和需要处理大量照片的影楼工作人员非常有用，普通用户也能受益。例如，现在很多人喜欢将照片上传到网上，为了避免被盗用，可以用Photoshop制作一个个性化的Logo，在照片上标明版权。一张、两张照片倒还好办，如果是几十张、甚至上百张照片，那一张一张处理起来就相当麻烦了。如果遇到这种情况，就可以用Photoshop CC 2018的动作功能，将Logo打在照片上的操作过程录制下来，再通过批处理对其他照片播放这个动作，Photoshop CC 2018会为每一张照片都添加相同的Logo。

13.2.1 实战：处理一批图像文件

难度：☆☆☆

素材文件	第 13 章 \13.2.1
在线视频	第 13 章 \13.2.1 实战：处理一批图像文件 .mp4
技术要点	"批处理"命令

批处理是指将动作应用于一批目标文件，它可以帮助用户完成大量、重复性的操作，以节省时间，提高工作效率，并实现图片处理的自动化。在进行批处理前，首先应该将需要批处理的文件保存到一个文件夹中，然后在"动作"面板中录制好动作。下面使用已录制的动作来完成此次练习，但需要先整理一下动作。

步骤 01 打开"动作"面板，如图13-40所示，将"负片效果"动作组拖动到"删除"按钮 🗑 上，将其删除，如图13-41所示。

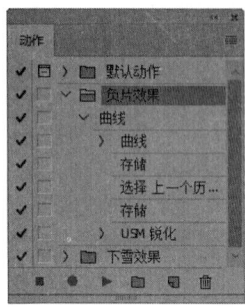

图 13-40 "动作"面板　　图 13-41 删除动作

步骤 02 执行"文件"→"自动"→"批处理"命令，打开"批处理"对话框。在"播放"选项中选择要播放的动作，然后单击"选择"按钮，如图13-42所示，打开"浏览文件夹"对话框，选择图像所在的文件夹，如图13-43所示。

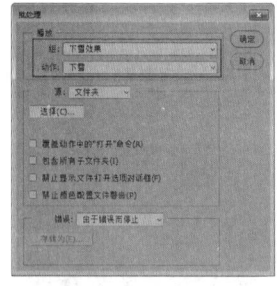 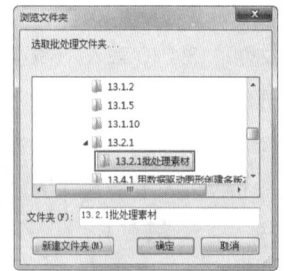

图 13-42 "批处理"对话框　　图 13-43 选择文件夹

步骤 03 在"目标"下拉列表框中选择"文件夹"，单击"选择"按钮，如图13-44所示，在打开的对话框中指定完成批处理后文件的保存位置，然后关闭对话框，勾选"覆盖动作中的'存储为'命令"复选框，如图13-45所示。

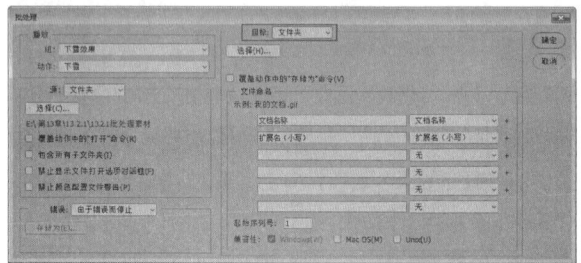

图 13-44 选择目标

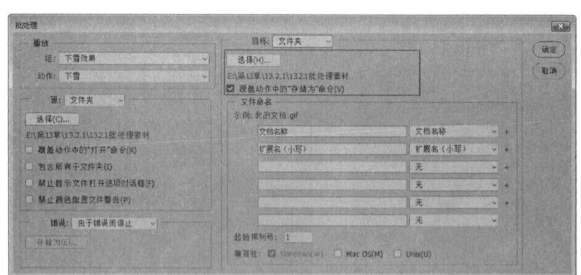

图 13-45 勾选复选框

步骤 04 单击"确定"按钮，系统就会使用所选动作将文件夹中的所有图像都处理为下雪效果，如图13-46所示。在批处理的过程中，如果要中止操作，可以按Esc键。

图 13-46 完成效果

"批处理"对话框的主要选项如下。

◆ 源。在"源"下拉列表框中可以指定要处理的文件。选择"文件夹"并单击下面的"选择"按钮，可在打开的对话框中选择一个文件夹，批处理该文件夹中的所有文件；选择"导入"，可以处理来自数码相机、扫描仪或PDF文档的图像；选择"打开的文件"，可以处理当前所有打开的文件；选择"Bridge"，可以处理Adobe Bridge中选定的文件。

◆ 覆盖动作中的"打开"命令。在批处理时忽略动作中记录的"打开"命令。

◆ 包含所有子文件夹。将批处理应用到所选文件夹中包含的子文件夹。

◆ 禁止显示文件打开选项对话框。批处理时不会打开"文件选项"对话框。

◆ 禁止颜色配置文件警告。关闭颜色方案信息的显示。

◆ 目标。在"目标"下拉列表框中可以选择完成批处理后文件的保存位置。选择"无"，表示不保存文件，文件仍为打开状态；选择"存储并关闭"，可以将文件保存在源文件夹中，并覆盖原始文件；选择"文件夹"并单击选项下面的"选择"按钮，可指定用于保存文件的文件夹。

◆ 覆盖动作中的"存储为"命令。如果动作中包含"存储为"命令，则勾选该复选框后，在批处理时，动作中的"存储为"命令将引用批处理的文件，而不是动作中指定的文件名和位置。

◆ 文件命名。将"目标"选项设置为"文件夹"后，可以在该选项组的6个选项中设置文件的命名规范，指定文件的兼容性，包括Windows、Mac OS和UNIX操作系统。

13.2.2 实战：创建一个快捷批处理程序

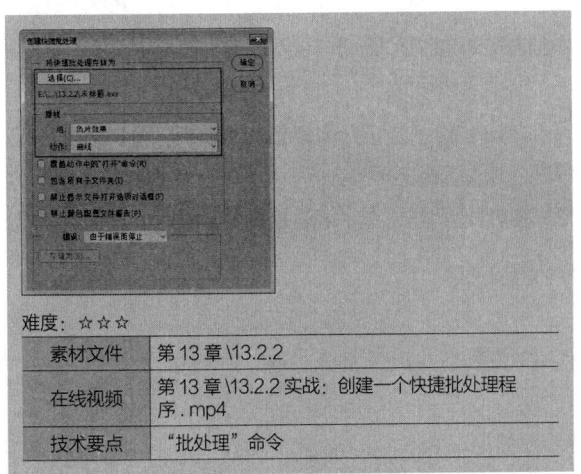

难度：☆☆☆

素材文件	第 13 章 \13.2.2
在线视频	第 13 章 \13.2.2 实战：创建一个快捷批处理程序．mp4
技术要点	"批处理"命令

快捷批处理是一个能够快速完成批处理的小的应用程序，它可以简化批处理操作的过程。创建快捷批处理之前，也需要在"动作"面板中创建所需的动作。

步骤 01 执行"文件"→"自动"→"创建快捷批处理"命令，打开"创建快捷批处理"对话框，它与"批处理"对话框基本相似。选择一个动作，然后在"将快捷批处理存储为"选项组中单击"选择"按钮，如图13-47所示，打开"存储"对话框，为即将创建的快捷批处理设置名称和保存位置。

步骤 02 单击"保存"按钮关闭对话框，返回到"创建快捷批处理"对话框中，此时"选择"按钮的下侧会显示快捷批处理程序的保存位置，如图13-48所示。单击"确定"按钮，即可创建快捷批处理程序并将其保存到指定位置。

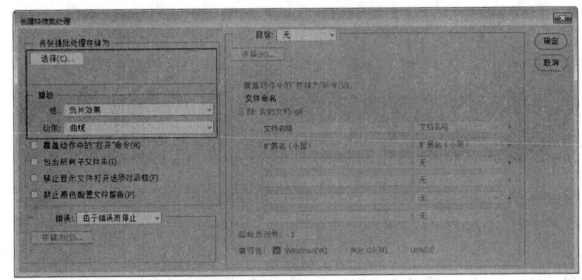

图 13-47　设置名称和保存位置

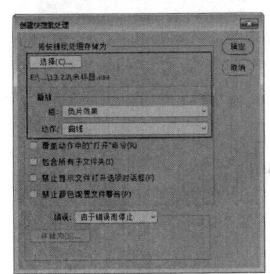

图 13-48　创建快捷批处理

步骤 03 快捷批处理程序的图标为 状。只需将图像或文件夹拖动到该图标上，便可以直接对图像进行批处理，即使没有运行Photoshop CC 2018，也可以完成批处理操作。

13.3 脚本

Photoshop CC 2018通过脚本支持外部的自动化。在Windows操作系统中，可以使用支持COM自动化的脚本语言控制多个应用程序，如Adobe Photoshop、Adobe Illustrator和Microsoft Office等。"文件"→"脚本"子菜单中包含各种脚本命令，如图13-49所示。

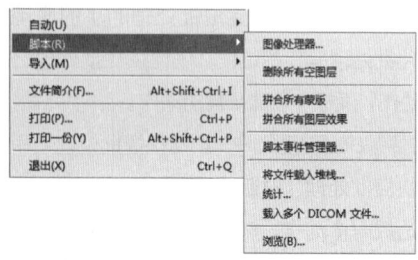

图 13-49 "脚本"菜单

- ◆ 图像处理器。可以使用图像处理器转换和处理多个文件。图像处理器与"批处理"命令不同，不必先创建动作，就可以使用它来处理文件。
- ◆ 删除所有空图层。可以删除不需要的空图层，减小图像文件的大小。
- ◆ 拼合所有蒙版。可以使用脚本将多个蒙版拼合在一起。
- ◆ 拼合所有图层效果。可以将所有图层效果拼合在一起。
- ◆ 脚本事件管理器。可以将脚本和动作设置为自动运行，用事件（如在Photoshop CC 2018中打开、存储或导出文件）来触发动作或脚本。
- ◆ 将文件载入堆栈。可以使用脚本将多个图像载入到图层中。
- ◆ 统计。可以使用统计脚本自动创建和渲染图形堆栈。
- ◆ 载入多个DICOM文件。可以同时载入多个DICOM文件。
- ◆ 浏览。如果要运行存储在其他位置的脚本，可执行该命令，然后浏览到该脚本。

13.4 数据驱动图形

利用数据驱动图形，可以快速准确地生成图像的多个版本，以用于印刷项目或Web项目。例如，以模板设计为基础，使用不同的文本和图像可以制作100种不同的Web横幅。

13.4.1 定义变量

变量用来定义模板中的哪些元素将发生变化。在Photoshop CC 2018中可以定义3种类型的变量：可见性变量、像素替换变量和文本替换变量。要定义变量，需要首先创建模板图像，然后执行"图像"→"变量"→"定义"命令，打开"变量"对话框，如图13-50所示。在"图层"选项中可以选择一个包含要定义为变量的内容的图层。

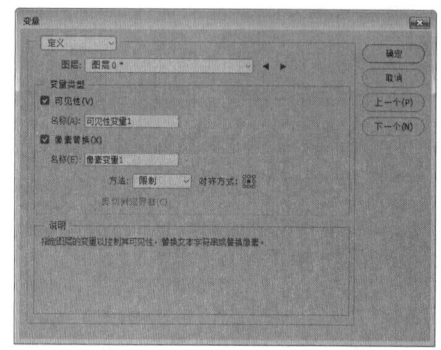

图 13-50 "变量"对话框

可见性变量

可见性变量用来显示或隐藏图层中的图像内容。

像素替换变量

像素替换变量可以使用其他图像文件中的像素替换图层中的像素。勾选"像素替换"复选框后，可在下面的"名称"文本框中输入变量的名称，然后在"方法"下拉列表框中选择缩放替换图像的方法。选择"限制"，可缩放图像以在保留比例的同时将其限制在定界框内；选择"填充"，可缩放图像以使其完全填充定界框；选择"保持原样"，不会缩放图像；选择"一致"，将不成比例地缩放图像以将其限制在定界框内。图13-51至图13-54所示为不同方法的效果展示。

图 13-51 限制

图 13-52 填充

图 13-53 保持原样

图 13-54 一致

单击"对齐方式"图标 上的手柄，可以选取在定界框内放置图像的对齐方式。勾选"剪切到定界框"复选框，则可以剪切未在定界框内的图像区域。

文本替换变量

文本替换变量可替换文字图层中的文本字符串，在操作时首先要在"图层"选项中选择文字图层。

13.4.2 定义数据组

数据组是变量及其相关数据的集合。执行"图像"→"变量"→"数据组"命令,可以打开"变量"对话框以设置数据组选项,如图13-55所示。

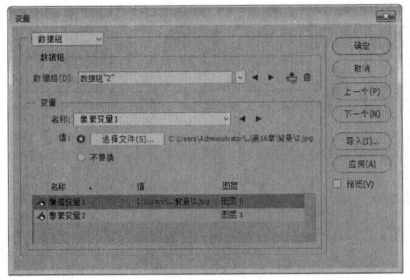

图 13-55 "变量"对话框

◆ 数据组。可以创建数据组。如果创建了多个数据组,可切换数据组。选择一个数据组后,单击"删除"按钮可将其删除。

◆ 变量。可以编辑变量数据。对于可见性变量,选择"可见",可以显示图层的内容,选择"不可见",则隐藏图层内容;对于像素替换变量,选择文件,然后选择替换图像文件,如果在应用数据组前选择"不替换",将使图层保持当前状态。

13.4.3 预览与应用数据组

创建模板图像和数据组后,执行"图像"→"应用数据组"命令,打开"应用数据组"对话框,如图13-56所示。从列表框中选择数据组,勾选"预览"复选框,可在文档窗口中预览图像。单击"应用"按钮,可以将数据组的内容应用于基本图像,同时所有变量和数据组保持不变。

图 13-56 "应用数据组"对话框

导入与导出数据组

除了可以在Photoshop CC 2018中创建数据组外,如果在其他程序,如文本编辑器或电子表格程序(Microsoft Excel)中创建了数据组,可以执行"文件"→"导入"→"变量数据组"命令,将其导入Photoshop CC 2018中。定义变量及一个或多个数据组后,可以执行"文件"→"导入"→"数据组作为文件"命令,按批处理模式使用数据组值将图像输出为PSD文件。

13.4.4 实战:用数据驱动图形创建多版本图像

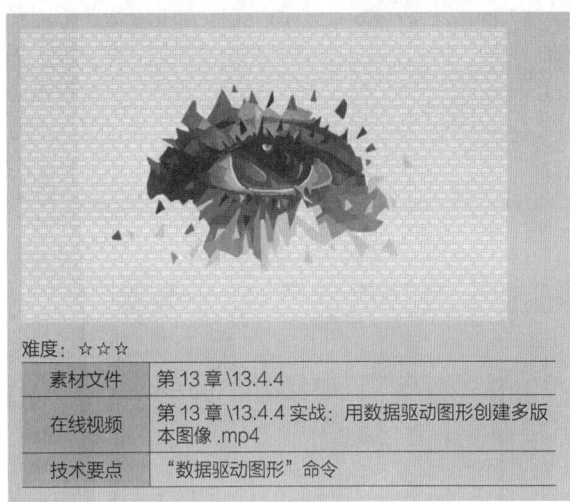

难度:☆☆☆

素材文件	第 13 章 \13.4.4
在线视频	第 13 章 \13.4.4 实战: 用数据驱动图形创建多版本图像 .mp4
技术要点	"数据驱动图形"命令

使用模板和数据组来创建图形时,首先要创建用作模板的基本图形,并将图像中需要更改的部分分离为一个个单独的图层。然后在图形中定义变量,通过变量指定在图像中更改的部分。接下来创建或导入数据组,用数据组替换模板中相应的图像部分。最后再将图形与数据一起导出来生成图形(PSD文件)。下面就通过数据驱动图形来创建多个版本的图像。

步骤 01 启动Photoshop CC 2018软件,选择本章的素材文件"13.4.4 用数据驱动图形创建多版本图像1.png""13.4.4 用数据驱动图形创建多版本图像2.jpg",将其打开,如图13-57和图13-58所示。

图 13-57 打开素材文件

步骤 02 执行"图像"→"变量"→"定义"命令,打开"变量"对话框,在"图层"下拉列表框中选择"图层0",然后勾选"像素替换"复选框,"名称""方法""限制"都使用默认的设置,如图13-59所示。在对话框左上角的下拉列表框中选择"数据组",切换到"数据组"选项设置面板。单击"基于当前数据组创建新数据组"按钮🔄,创建新的数据组,当前的设置内容为"像素变量

1"，如图13-60所示。

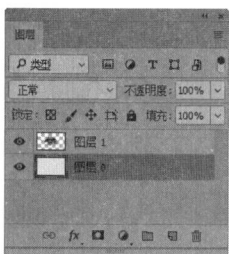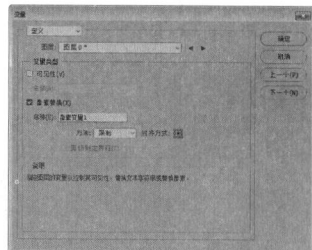

图 13-58 "图层"面板　　图 13-59 "变量"对话框

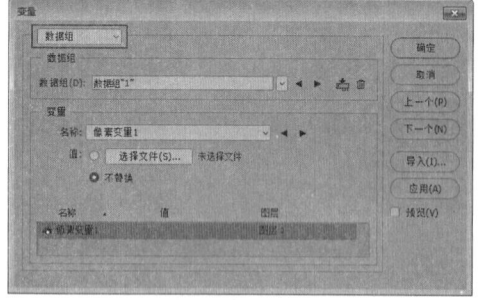

图 13-60 设置"数据组"

步骤 03 单击"选择文件"按钮，选择本章的素材文件"13.4.4用数据驱动图形创建多版本图像3.jpg"，如图13-61所示。单击"打开"按钮，返回到"变量"对话框，如图13-62所示，关闭对话框。

图 13-61 打开素材文件

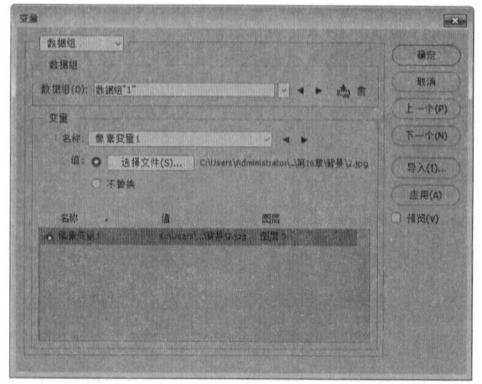

图 13-62 "变量"对话框

步骤 04 执行"图像"→"应用数据组"命令，打开"应用数据组"对话框，如图13-63所示。勾选"预览"复选框，可以看到，文档中背景（"图层0"）图像被替换为指定的另一个背景，如图13-64所示。最后可以单击"应用"按钮关闭对话框。

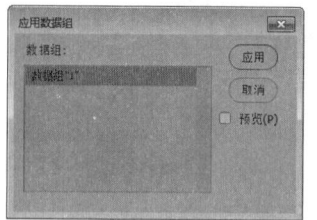

图 13-63 "应用数据组"对话框

图 13-64 图像效果

13.5 课后习题

13.5.1 应用动作

难度：☆

素材文件	第 13 章 \13.5.1
在线视频	第 13 章 \13.5.1 应用动作 .mp4
技术要点	"动作"面板的使用

使用"动作"面板可以为静态图像应用动作效果。本习题练习在"动作"面板应用动作制作暴风雪效果的操作。

打开"枯木.jpg"素材文件，在"动作"面板打开

"图像效果",选择"暴风雪"动作,为图像应用该动作,最终效果如图13-65所示。

图 13-65 "暴风雪"动作效果图

13.5.2 合并到HDR Pro

难度: ☆

素材文件	第 13 章 \13.5.2
在线视频	第 13 章 \13.5.2 合并到 HDR Pro.mp4
技术要点	"合并到 HDR Pro"命令的使用

"自动"命令就是将任务运用系统计算自动进行,通过将复杂的任务组合到一个或多个对话框中,简化了这些任务,从而避免繁重的重复性工作,提高工作效率。本习题练习用"合并到HDR Pro"命令合并图像效果的操作。

打开素材文件,执行"动作"→"合并到HDR Pro"命令,设置曝光值和其他数值,最终效果如图13-66所示。

图 13-66 "合并到 HDR Pro"动作效果图

第14章

综合案例

Photoshop是目前使用频率较多的平面设计软件，在图像处理、图形制作、广告设计、婚纱影楼、淘宝装修、UI设计、特效制作等方面被广泛应用。本章通过各种不同类型的实例讲解，帮助读者在最短的时间内掌握图像处理与平面效果制作的方法。

14.1 精通选区：制作几何海报

难度：☆☆☆

素材文件	第14章 \14.1
在线视频	第14章 \14.1 精通选区：制作几何海报 .mp4
技术要点	椭圆选框工具、矩形选框工具、图层蒙版、画笔工具

步骤01 启动Photoshop CC 2018软件，选择本章的素材文件"14.1 精通选区：制作几何海报.psd"，将其打开，如图14-1所示。单击工具箱中的"椭圆选框工具"，按住Shift键绘制正圆，单击"图层"面板底部的"创建新图层"按钮，新建一个图层，命名为"圆1"，按Alt+Delete组合键填充前景色，如图14-2所示。

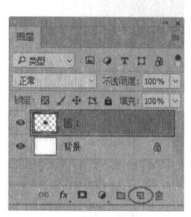

图 14-2 绘制圆形

步骤02 执行"选择"→"变换选区"命令，显示定界框，按住Shift+Alt组合键拖动控制点调整选区大小，如图14-3所示，按Enter键确认。单击"图层"面板底部的"创建新图层"按钮，新建一个图层，命名为"圆2"，按Alt+Delete组合键填充前景色，如图14-4所示。

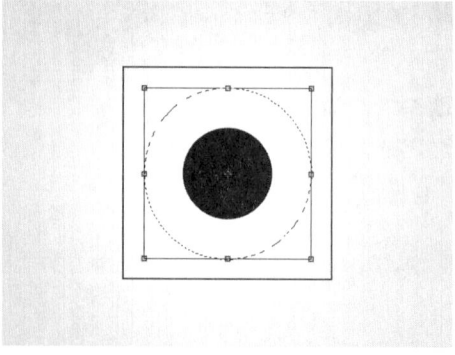

图 14-3 变换选区

图 14-4 新建图层

图 14-1 打开素材文件

步骤03 执行"选择"→"变换选区"命令，按住Shift+Alt组合键拖动控制点调整选区大小，再按Delete键删除选区内容，如图14-5所示。采用同样的方法绘制圆环，得到"圆 3"图层，如图14-6所示。

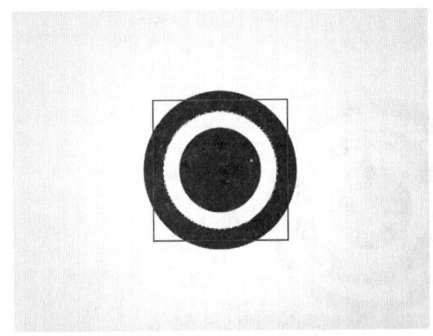

图 14-5 变换选区

图 14-6 绘制圆环

步骤04 执行"文件"→"打开"命令，打开素材文件"人物.jpg"。单击工具箱中的"移动工具"，将素材拖动至当前文件中，按Ctrl+T组合键打开定界框，将其调整至合适的大小和位置，如图14-7所示。按Ctrl+J组合键复制两个图像，并按Ctrl+T组合键将其调整至合适的大小与圆环相对应，如图14-8所示。

图 14-7 调整"人物"素材图像

图 14-8 复制图像

步骤05 单击"人物 拷贝"和"人物 拷贝2"两个图层前面的眼睛按钮，隐藏图层。再按住Ctrl键单击"圆 1"图层的缩览图，载入选区，如图14-9所示。在"图层"面板中选择"人物"图层，再单击 "添加图层蒙版"按钮，即可将选区内容作为图层蒙版，如图14-10所示。

图 14-9 载入选区

图 14-10 添加图层蒙版

步骤06 采用同样的方法载入"圆 2"图层和"圆 3"图层的选区，并分别作为"人物 拷贝"和"人物 拷贝2"图层的蒙版，如图14-11所示。按住Shift键单击选择3个人物图层，再单击"图层"面板底部的"创建新组"按钮，新建一个图层组，命名为"圆"，然后单击"圆 1""圆 2""圆 3"3个图层前面的眼睛按钮，隐藏图层，如图14-12所示。

图 14-11 添加图层蒙版

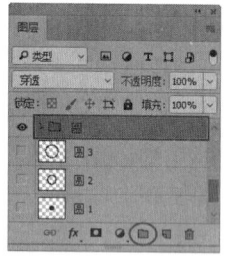

图 14-12 新建图层组

步骤 07 单击工具箱中的"矩形选框工具" ，绘制一个矩形条。单击"图层"面板底部的"创建新图层"按钮 ，新建一个图层，命名为"矩形"，按Alt+Delete组合键填充前景色，如图14-13所示。按Ctrl+D组合键取消选区，再按Ctrl+J组合键复制几个矩形条，并分别移动等距的位置，如图14-14所示。

图 14-13 绘制矩形

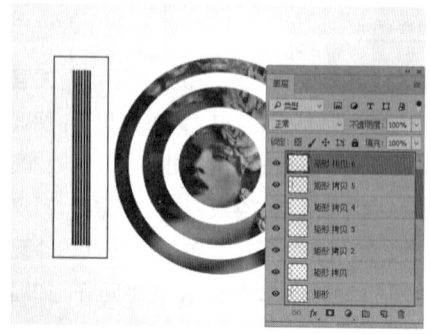

图 14-14 复制矩形

步骤 08 按住Shift键选择所有的矩形图层，再按Ctrl+T组合

键打开定界框，在工具选项栏的"角度"文本框中输入数值，旋转图像，如图14-15所示，按Enter键确认旋转。再单击"图层"面板底部的"创建新组"按钮 ，新建一个图层组，命名为"画笔"，并隐藏其他所有图层，如图14-16所示。

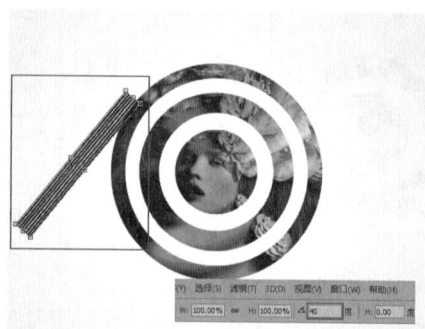

图 14-15 旋转图像

图 14-16 新建图层组

步骤 09 执行"编辑"→"定义画笔预设"命令，打开"画笔名称"对话框，设置名称，如图14-17所示，单击"确定"按钮，即可将图像定义为画笔。单击"画笔"图层组前面的眼睛按钮 ，隐藏该图层组，并显示"圆"图层组和"背景"图层，再单击 "添加图层蒙版"按钮 ，添加图层蒙版，如图14-18所示。

图 14-17 "画笔名称"对话框

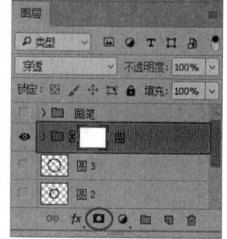

图 14-18 添加图层蒙版

步骤 10 单击工具箱中的"画笔工具" ，并在工具选项栏中选择"自定义画笔"，如图14-19所示。将前景色设置为黑色，在"圆"图层组的蒙版上绘制，如图14-20所示。

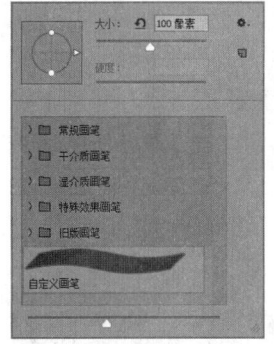

图 14-19 选择"自定义画笔"

图 14-20 绘制蒙版

步骤11 单击工具箱中的"矩形选框工具" ，绘制一个矩形。单击"图层"面板底部的"创建新图层"按钮 ，新建一个图层，命名为"矩形 2"，将前景色设置为黑色，按Alt+Delete组合键填充前景，如图14-21所示。按Ctrl+D组合键取消选区，再按Ctrl+J组合键复制几个矩形，并调整位置，如图14-22所示。

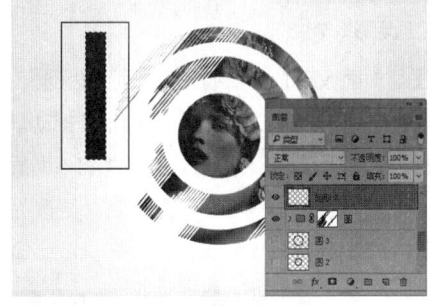

图 14-21 绘制矩形

图 14-22 复制矩形

步骤12 单击"图层"面板底部的"添加图层蒙版"按钮 ，为3个矩形图层添加图层蒙版。再将前景色设置为黑色，单击工具箱中的"画笔工具" ，在蒙版上绘制斜线，如图14-23所示。单击工具箱中的"椭圆选框工具" ，采用同样的方法绘制圆环，添加大小颜色不同的圆环装饰，如图14-24所示。

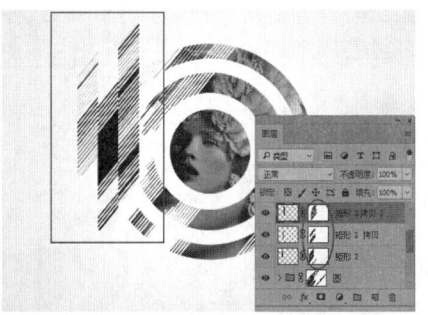

图 14-23 添加图层蒙版

图 14-24 添加圆环装饰

步骤13 单击"图层"面板底部的"添加矢量蒙版"按钮 ，为圆环图层添加图层蒙版。再将前景色设置为黑色，单击工具箱中的"画笔工具" ，在蒙版上绘制斜线，如图14-25所示。单击"图层"面板底部的"创建新图层"按钮 ，新建一个图层，命名为"光圈"，再单击工具箱中的"画笔工具" ，选择"柔边圆"画笔，并设置画笔大小，如图14-26所示。

步骤14 将前景色设置为红色（# ff6959），在图像上单击绘制光圈，如图14-27所示。将该图层的混合模式更改为"滤色"，完成制作，效果如图14-28所示。

图 14-25 绘制蒙版

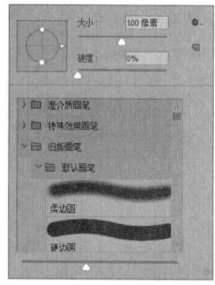

图 14-26 选择"柔边圆"画笔

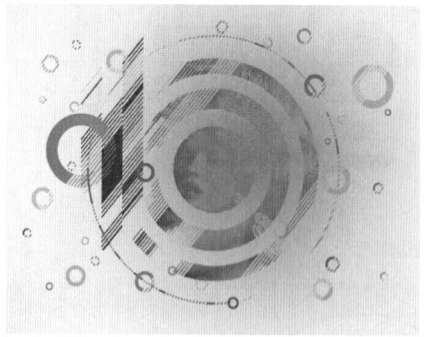

图 14-27 绘制光圈

图 14-28 完成效果

14.2 精通图层样式：制作绚丽光效

难度：☆☆☆☆

素材文件	第 14 章 \14.2
在线视频	第 14 章 \14.2 精通图层样式：制作绚丽光效 .mp4
技术要点	渐变工具、钢笔工具、图层样式、图层混合模式

步骤 01 启动 Photoshop CC 2018 软件，选择本章的素材文件 "14.2 精通图层样式：制作绚丽光效.psd"，将其打开，如图 14-29 所示。单击"图层"面板底部的"创建新图层"按钮，新建一个图层，再单击工具箱中的"渐变工具"，在工具选项栏中单击"径向渐变"按钮，在渐变颜色的下拉列表框中选择"透明彩虹渐变"，如图 14-30 所示。

图 14-29 打开素材文件

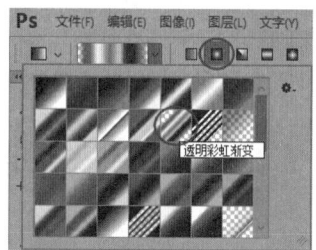

图 14-30 选择"透明彩虹渐变"

步骤 02 单击"图层"面板底部的"创建新图层"按钮，新建一个图层，按住鼠标左键在图像上从中心往外拖动以创建渐变，如图 14-31 所示。在"图层"面板中将该图层的混合模式更改为"柔光"，将"不透明度"更改为"64%"，如图 14-32 所示。

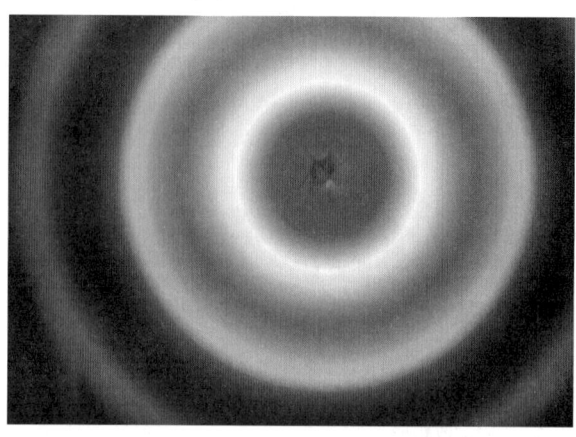

图 14-31 创建渐变

图 14-32 更改混合模式和不透明度

步骤 03 单击工具箱中的"钢笔工具" ，在工具选项栏中选择"形状"，新建一个图层，使用"钢笔工具"绘制一个路径形状，如图14-33所示。

图 14-33 绘制形状

步骤 04 在"图层"面板中将该形状图层的"填充"值更改为"0"，如图14-34所示。双击该图层，打开"图层样式"对话框，选择"内发光"效果，并在右侧设置参数，如图14-35所示。

图 14-34 更改"填充"值

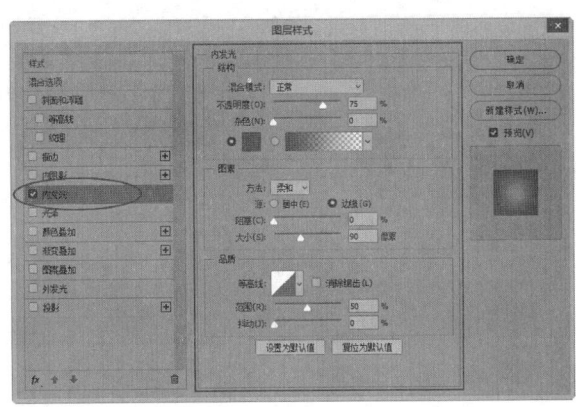

图 14-35 "图层样式"对话框

步骤 05 单击"确定"按钮，即可添加"内发光"的样式效果，如图14-36所示。按Ctrl+J组合键复制一个图层，再按Ctrl+T组合键打开定界框，对形状进行旋转并调整大小和位置，如图14-37所示。

图 14-36 添加"内发光"效果

图 14-37 复制形状

步骤 06 双击"形状1 拷贝"图层，在"图层样式"中修改"内发光"参数，如图14-38所示，效果如图14-39所示。

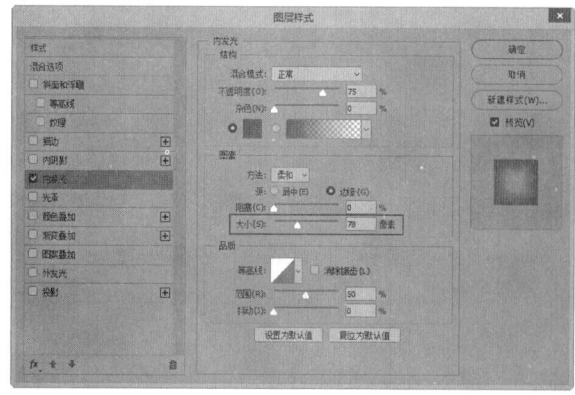

图 14-38 调整"大小"参数

图 14-39 调整"内发光"效果

步骤 07 单击工具箱中的"椭圆工具" ，在工具选项栏中选择"形状"，按住Shift键在画布上绘制一个圆形路径，如图14-40所示。

图 14-40 绘制圆形路径

步骤 08 在"图层"面板中将该形状图层的"填充"值更改为"0"，如图14-41所示。双击该图层，打开"图层样式"对话框，选择"内发光"效果，并在右侧设置参数，如图14-42所示。

图 14-41 更改"填充"值

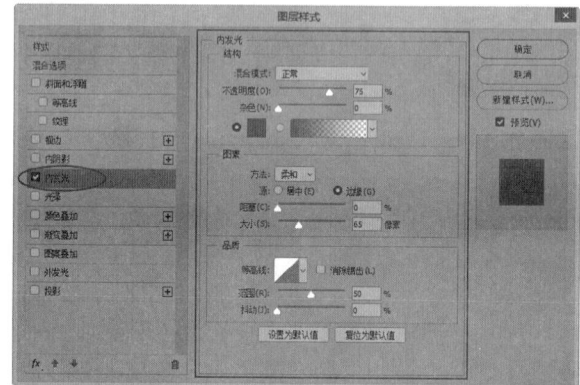

图 14-42 "图层样式"对话框

步骤 09 单击"确定"按钮，即可添加"内发光"的样式效果，如图14-43所示。采用同样的方法，复制并调整圆形大小和位置，如图14-44所示。

图 14-43 添加"内发光"效果

图 14-44 "图层样式"对话框

步骤 10 选择"形状1 拷贝"图层,按Ctrl+J组合键复制一个图层,执行"编辑"→"变换"→"垂直翻转"命令,翻转图形,如图14-45所示。调整大小和位置,如图14-46所示。

图 14-45 翻转形状

图 14-46 调整形状

步骤 11 在"图层"面板中选中该图层的"内发光"效果图层,打开"图层样式"对话框,单击颜色块,在打开的"拾色器(内发光颜色)"面板中更改颜色,并根据形状大小调节"大小"参数,如图14-47所示。单击"确定"

按钮,即可更改形状的发光颜色和大小,如图14-48所示。

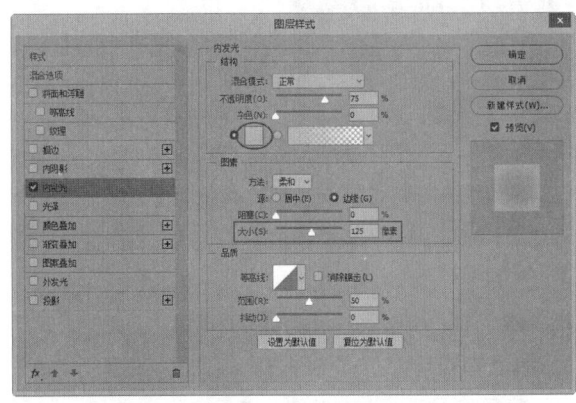

图 14-47 更改颜色和调节"大小"参数

图 14-48 调整"内发光"效果

步骤 12 采用同样的方法,复制形状并调整形状的大小和位置,再在"图层样式"对话框中更改发光颜色和调节"大小"参数,效果如图14-49所示。单击工具箱中的"画笔工具",在工具选项栏中选择"柔边圆"画笔,并设置画笔"大小",如图14-50所示。

图 14-49 制作发光形状

331

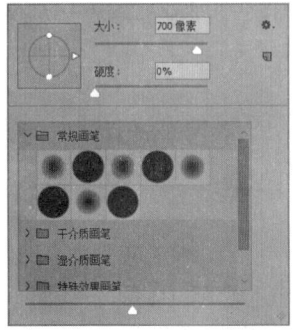

图 14-50 选择"柔边圆"画笔

步骤 13 新建一个图层，将前景色设置为"白色"，在图像上单击，即可绘制一个发光圆形，如图14-51所示。按[或]键调整画笔大小，继续绘制几个发光圆形，如图14-52所示。

图 14-51 绘制发光圆形

图 14-52 继续绘制发光圆形

步骤 14 在"图层"面板中将该图层的混合模式更改为"叠加"，如图14-53所示。再执行"文件"→"打开"命令，打开素材文件"星星.jpg"。单击工具箱中的"移动工具" ，将抠出的人物图像拖动至该文件中，按Ctrl+T组合键打开定界框，将其调整至合适的大小和位置，如图14-54所示。

图 14-53 更改混合模式

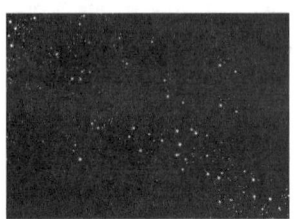

图 14-54 调整素材图像

步骤 15 在"图层"面板中将该图层的混合模式更改为"滤色"，如图14-55所示。隐藏黑色背景，只显示星星图像，完成制作，效果如图14-56所示。

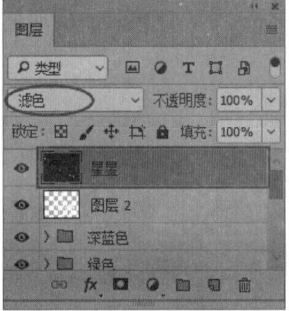

图 14-55 更改混合模式

图 14-56 完成效果

14.3　精通文字特效：制作镂空文字

难度：☆☆☆

素材文件	第 14 章 \14.3
在线视频	第 14 章 \14.3 精通文字特效：制作镂空文字 .mp4
技术要点	滤镜、文字工具、调整图层

步骤 01 启动Photoshop CC 2018软件，选择本章的素材文件"14.3 精通文字特效：制作镂空文字.psd"，将其打开。按Ctrl+J组合键复制一个图层，并转换为智能对象，如图14-57所示。

步骤 02 执行"滤镜"→"Camera Raw滤镜"命令，打开"Camera Raw滤镜"对话框，调节"基本"参数，如图14-58所示。再选择"分离色调"，并调节参数，如图14-59所示。

图 14-57　复制图层

图 14-58　"Camera Raw 滤镜"对话框

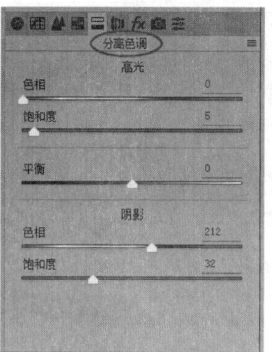

图 14-59　调节参数

步骤 03 单击"确定"按钮，即可应用调整效果，如图14-60所示。再执行"滤镜"→"锐化"→"锐化边缘"命令，锐化图像边缘，如图14-61所示。

图 14-60　调整效果

图 14-61　锐化边缘

步骤 04 单击"图层"面板底部的"创建新的填充或调整图层"按钮，选择"渐变映射"，创建"渐变映射"调整图层。在打开的渐变映射"属性"面板中设置渐变颜色，如图14-62所示，即可添加渐变映射效果，如图14-63所示。

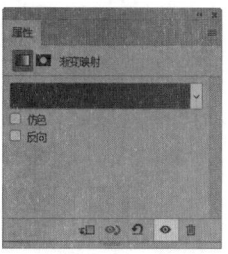

图 14-62　设置渐变颜色

图 14-63 "渐变映射"效果

步骤05 在"图层"面板中将该调整图层的混合模式更改为"柔光",如图14-64所示。单击"图层"面板底部的"创建新的填充或调整图层"按钮，选择"曲线"，创建"曲线"调整图层，在打开的曲线"属性"面板中调整控制点，适当增强全图的对比度，如图14-65所示。

图 14-64 更改"混合模式"

图 14-65 调整曲线参数及效果

步骤06 按Ctrl+Shift+Alt+E组合键盖印图层，得到"图层1"图层，如图14-66所示。

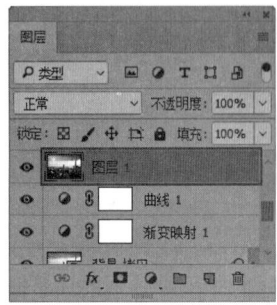

图 14-66 盖印图层

步骤07 执行"滤镜"→"渲染"→"镜头光晕"命令，打开"镜头光晕"对话框。选择"镜头类型"，按住鼠标左键在预览图像上拖动光晕，并调节"亮度"参数，单击"确定"按钮，添加镜头光晕效果，如图14-67所示。

图 14-67 添加镜头光晕

步骤08 单击工具箱中的"横排文字工具"，在工具选项栏中设置字体、大小和颜色。在画布上单击，并在光标处输入文字，再将文字移至合适的位置，如图14-68所示。

图 14-68 输入文字

步骤09 按Ctrl+J组合键复制文字图层，再单击文字图层前面的眼睛按钮，隐藏文字图层，如图14-69所示。单击"图层"面板底部的"创建新图层"按钮，在复制的文字图层下方新建一个图层。将前景色设置为黑色，按Alt+Delete组合键填充前景色，与文字图层合并，并转换为智能对象，如图14-70所示。

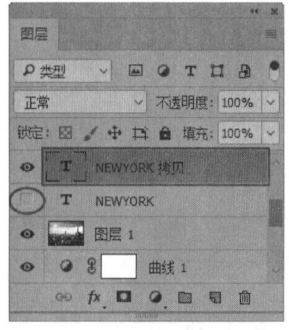

图 14-69 复制并隐藏图层

图 14-70 合并图层

步骤10 执行"滤镜"→"扭曲"→"波浪"命令，打开
"波浪"对话框，调节参数，制作错位的效果，如图
14-71所示。单击"确定"按钮，即可应用"波浪"滤镜
效果，如图14-72所示。

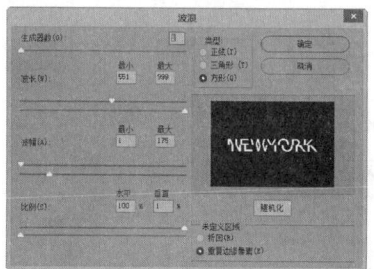

图 14-71 "波浪"对话框

图 14-72 "波浪"效果

步骤11 执行"滤镜"→"像素化"→"碎片"命令，即可
应用"碎片"滤镜效果，如图14-73所示。执行"滤
镜"→"滤镜库"命令，打开"滤镜库"对话框，选择"风
格化"中的"照亮边缘"，并设置参数，将文字制作成线
框效果，如图14-74所示。

图 14-73 "碎片"滤镜效果

图 14-74 "照亮边缘"滤镜参数及效果

步骤12 在"图层"面板中选择"NEWYORK 拷贝"图
层，按Ctrl+A组合键全选对象，再按Ctrl+C组合键复制
对象。然后单击"通道"面板底部的"创建新通道"按钮
，新建一个通道，再按Ctrl+V组合键粘贴对象，如图
14-75所示。

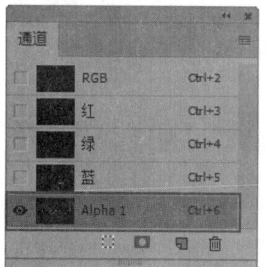

图 14-75 创建新通道

步骤13 按住Ctrl键单击"Alpha 1"图层，即可选择线框
文字部分，如图14-76所示。回到"图层"面板，单击
"NEWYORK 拷贝"图层前面的眼睛按钮，隐藏图
层，再单击"图层"面板底部的"创建新图层"按钮，
新建一个图层。将前景色设置为白色，按Alt+Delete组合
键填充前景色，如图14-77所示。

图 14-76 选择线框文字

图 14-77 填充白色

步骤 14 双击该图层，打开"图层样式"对话框，选择"渐变叠加"样式，并在右侧设置参数，为文字添加"渐变叠加"的样式效果，如图14-78所示。

图 14-78 为文字添加"渐变叠加"效果

步骤 15 按Ctrl+J组合键复制一个图层，并转换为智能对象，执行"滤镜"→"模糊"→"高斯模糊"命令，打开"高斯模糊"对话框，设置"半径"参数，单击"确定"按钮，应用模糊效果，如图14-79所示。

图 14-79 "高斯模糊"参数及效果

步骤 16 按Ctrl+J组合键复制一个图层，将图层的混合模式更改为"叠加"，如图14-80所示。再按Ctrl+J组合键复制一个图层，将其移至"图层 2"图层的下方，并将混合模式更改为"正常"，如图14-81所示。

图 14-80 更改图层混合模式

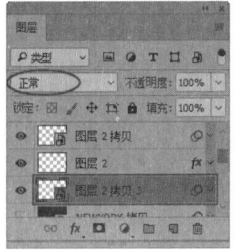

图 14-81 复制图层

步骤 17 执行"滤镜"→"模糊"→"高斯模糊"命令，打开"高斯模糊"对话框，设置"半径"参数，单击"确定"按钮，即可应用模糊效果，如图14-82所示。

图 14-82 "高斯模糊"参数及效果

步骤 18 单击"图层"面板底部的"创建新的填充或调整图层"按钮，选择"色相/饱和度"，创建"色相/饱和度"调整图层。在打开的"色相/饱和度"对话框中调节参数，按Ctrl+Alt+G组合键创建剪贴蒙版，完成制作，如图14-83所示。

图 14-83 最终效果

14.4 精通质感特效：制作雨后玻璃效果

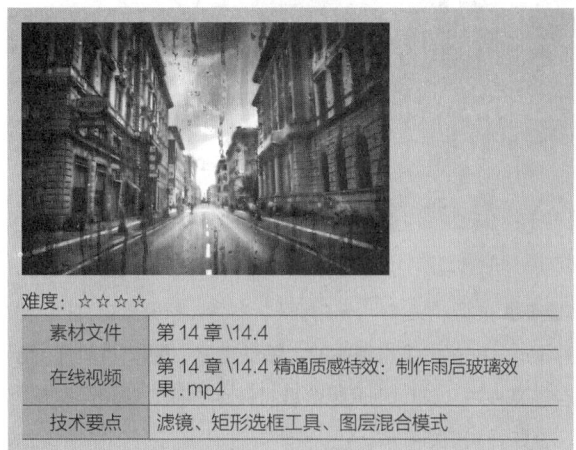

难度：☆☆☆☆

素材文件	第 14 章 \14.4
在线视频	第 14 章 \14.4 精通质感特效：制作雨后玻璃效果 .mp4
技术要点	滤镜、矩形选框工具、图层混合模式

步骤 01 启动Photoshop CC 2018软件，选择本章的素材文件"14.4 精通质感特效：制作雨后玻璃效果.psd"，将其打开。按两次Ctrl+J组合键复制图层，并更改图层名称，如图14-84所示。

步骤 02 在"图层"面板中选择"模糊"图层，并单击"原图"图层前面的眼睛按钮◉，隐藏"原图"图层。执行"滤镜"→"模糊"→"高斯模糊"命令，打开"高斯模糊"对话框，设置"半径"参数，单击"确定"按钮，即可添加模糊效果，如图14-85所示。

图 14-84 复制并重命名图层

图 14-85 "高斯模糊"参数及效果

步骤 03 单击"图层"面板底部的"创建新图层"按钮◻，在"模糊"图层的上方新建一个图层，命名为"水滴"，

并转换为智能对象。再单击工具箱中的"矩形选框工具"▣，在图像上创建矩形选区，如图14-86所示。将前景色设置为黑色，按Alt+Delete组合键填充前景色，如图14-87所示，按Ctrl+D组合键取消选区。

图 14-86 创建矩形选区

图 14-87 填充前景色

步骤 04 在"图层"面板中选择"原图"图层并将其显示，再按Ctrl+Alt+G组合键创建剪贴蒙版，如图14-88所示。采用同样的方法，在"水滴"图层中创建矩形选区并填充颜色，如图14-89所示。

图 14-88 创建剪贴蒙版

图 14-89 绘制矩形

步骤 05 执行"滤镜"→"扭曲"→"波浪"命令，打开"波浪"对话框，调节参数，如图14-90所示。单击"确

定"按钮，应用"波浪"效果，如图14-91所示。

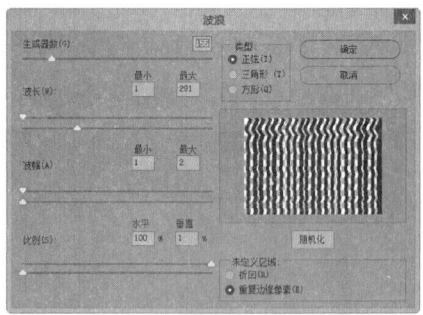

图 14-90 "波浪"对话框

图 14-91 "波浪"滤镜效果

步骤 06 执行"滤镜"→"扭曲"→"波纹"命令，打开"波纹"对话框，调节参数，单击"确定"按钮，应用"波纹"效果，如图14-92所示。单击"图层"面板底部的"添加图层蒙版"按钮■，添加图层蒙版，执行"滤镜"→"渲染"→"分层云彩"命令，在蒙版中添加"分层云彩"滤镜，如图14-93所示。

图 14-92 "波纹"滤镜参数及效果

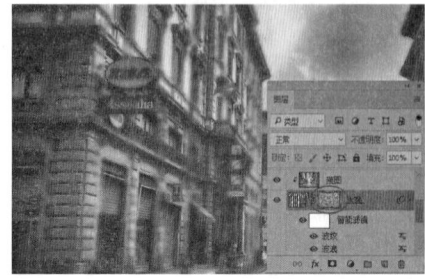

图 14-93 为蒙版添加"分层云彩"滤镜

步骤 07 按Ctrl+L组合键打开"色阶"对话框，调节参数，单击"确定"按钮调整"水滴"蒙版的对比程度，如图

14-94所示。

图 14-94 调整蒙版的色阶

步骤 08 执行"文件"→"打开"命令，打开素材文件"水雾.jpg"。单击工具箱中的"移动工具"■，将其拖动至当前文件中，按Ctrl+T组合键打开定界框，调整至画布大小，如图14-95所示。

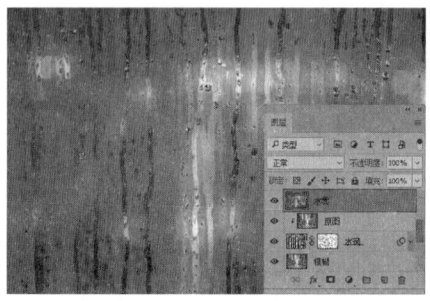

图 14-95 调整素材图像大小

步骤 09 在"图层"面板中将"水雾"图层的混合模式更改为"强光"、将"不透明度"更改为"60%"，如图14-96所示。单击"图层"面板底部的"创建新的填充或调整图层"按钮■，选择"自然饱和度"，创建"自然饱和度"调整图层。在打开的自然饱和度"属性"面板中向左侧拖动"自然饱和度"滑块，降低饱和度，如图14-97所示。

步骤 10 单击"图层"面板底部的"创建新图层"按钮■，新建一个图层，命名为"暗角"。单击工具箱中的"渐变工具"■，在工具选项栏中选择"径向渐变"按钮■，并设置渐变颜色为"透明到黑色"，如图14-98所示。在图像上按住鼠标左键从中心向外拖动，创建渐变，如图14-99所示。

图 14-96 更改混合模式和"不透明度"

图 14-97 调整"自然饱和度"

图 14-98 设置渐变属性

图 14-99 创建渐变

步骤 11 在"图层"面板中将该图层的混合模式更改为"柔光",如图14-100所示。创建"亮度/对比度"调整图层,在打开的亮度/对比度"属性"面板中调节参数,如图14-101所示。

图 14-100 更改混合模式

图 14-101 调整"亮度 / 对比度"

步骤 12 在"图层"面板中选择"模糊"图层,连续按两次Ctrl+J组合键复制两个图层,更改图层名称并移至"模糊"图层的上方,如图14-102所示。选择"模糊 2"图层,再执行"滤镜"→"模糊"→"高斯模糊"命令,打开"高斯模糊"对话框,调节"半径"参数,如图14-103所示,单击"确定"按钮,应用模糊效果。

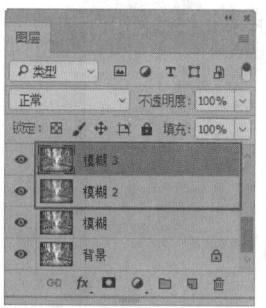
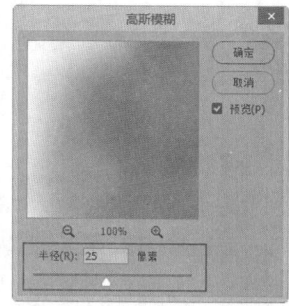

图 14-102 复制图层　　　　　图 14-103 "高斯模糊"对话框

步骤 13 选择"模糊 3"图层,执行"滤镜"→"模糊"→"高斯模糊"命令,打开"高斯模糊"对话框,调节"半径"参数,如图14-104所示,单击"确定"按钮,应用模糊效果。完成制作,如图14-105所示。

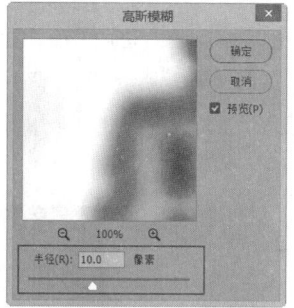

图 14-104 "高斯模糊"对话框

图 14-105 完成效果

14.5 精通照片处理：制作漫画效果

难度：☆

素材文件	第 14 章 \14.5
在线视频	第 14 章 \14.5 精通照片处理：制作漫画效果 .mp4
技术要点	滤镜、图层混合模式

步骤 01 启动Photoshop CC 2018软件，选择本章的素材文件"14.5 精通照片处理：制作漫画效果.jpg"，将其打开，如图14-106所示。

步骤 02 按Ctrl+J组合键，复制两次"背景"图层，在"图层"面板中选择顶部的图层，如图14-107所示。选中背景选区，按Delete键，将背景删除，抠取人物，如图14-108所示。

图 14-106 打开素材文件

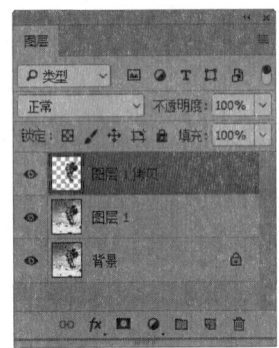

图 14-107 "图层"面板

图 14-108 选中背景选区并删除

步骤 03 隐藏其他图层，选择并显示"背景"图层。执行"滤镜"→"滤镜库"→"艺术效果"→"海报边缘"命令，设置参数，如图14-109所示，为人物添加海报边缘效果。

图 14-109 设置"海报边缘"滤镜参数

步骤 04 选择并显示"图层1"图层，执行"滤镜"→"滤镜库"→"艺术效果"→"木刻"命令，设置参数，如图14-110所示。显示"背景"图层，设置该图层的混合模式为"叠加"、"不透明度"为"50%"，如图14-111所示。

图 14-110 设置"木刻"滤镜参数

图 14-111 设置图层的混合模式

步骤 05 将源图像导入文档中并命名为"原图"，如图14-112所示。执行"滤镜"→"像素化"→"彩色半调"命令，设置参数，如图14-113所示。

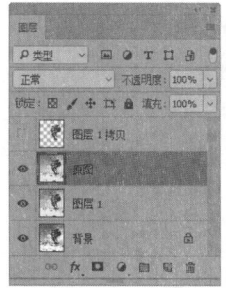

图 14-112 导入原图

图 14-113 设置"彩色半调"滤镜参数

步骤 06 设置"原图"图层的混合模式为"柔光"、"不透明度"为"80%"，如图14-114所示。

步骤 07 新建"色彩"图层，放置在"原图"图层的上方，填充蓝色，设置"色彩"图层的混合模式为"滤色"、图层"不透明度"为"50%"，如图14-115所示。

图 14-114 设置图层混合模式 1

图 14-115 设置图层混合模式 2

步骤 08 显示抠取的人物图层，复制两次该图层，隐藏其他图层，选择并显示最底层的人物图层，如图14-116所示。执行"滤镜"→"滤镜库"→"艺术效果"→"海报边缘"命令，设置参数，如图14-117所示。

步骤 09 设置该图层的混合模式为"叠加"、"不透明度"为"50%"，如图14-118所示。

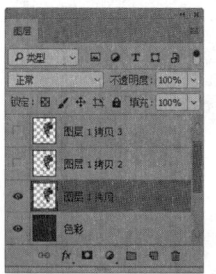

图 14-116 "图层"面板

图 14-117 设置"海报边缘"滤镜参数

图 14-118 设置图层混合模式

步骤 10 选择并显示上一人物图层，执行"滤镜"→"滤镜库"→"艺术效果"→"木刻"命令，设置参数，如图14-119所示。

步骤 11 设置该图层的混合模式为"叠加"、"不透明度"为"50%"。效果如图14-120所示。

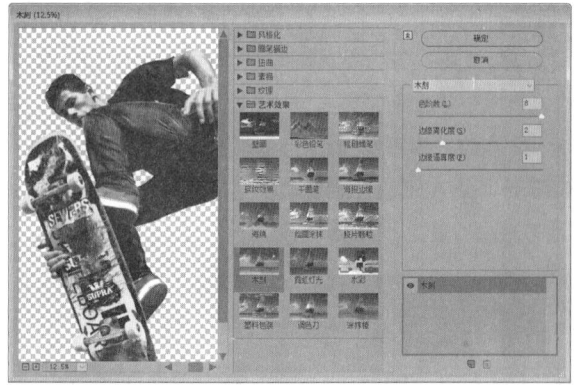

图 14-119 设置"木刻"滤镜参数

图 14-120 设置图层混合模式

步骤12 选择并显示最顶层的人物图层，执行"滤镜"→"像素化"→"彩色半调"命令，参数保持默认。设置该图层混合模式为"柔光"、"不透明度"为"80%"，效果如图14-121所示。双击该图层，打开"图层样式"对话框，选择"描边"样式并设置参数，如图14-122所示。

图 14-121 图像效果

图 14-122 设置"描边"参数

步骤13 合并所有人物图层，单击工具箱中的"矩形工具" ，在人物中间和"背景"图层中间绘制矩形，调整矩形位置，如图14-123所示。打开"漫画元素.psd"素材，拖入当前文件，效果如图14-124所示。

图 14-123 绘制矩形

图 14-124 添加漫画素材

14.6 精通创意合成：合成梦幻城堡

难度：☆ ☆ ☆

素材文件	第 14 章 \14.6
在线视频	第 14 章 \14.6 精通创意合成：合成梦幻城堡 .mp4
技术要点	快速蒙版抠图、图层蒙版、调色

步骤 01 启动Photoshop CC 2018软件，选择本章的素材文件"14.6 精通创意合成：合成梦幻城堡 .psd"，将其打开，如图14-125所示。单击"图层"面板底部的"添加图层蒙版"按钮◻，添加图层蒙版，再单击工具箱中的"渐变工具"▣，按D键重置前景色和背景色，在图像上按住鼠标左键从下往上拖动，创建黑白渐变，从而制作底部透明的效果（"背景"图层为白色），如图14-126所示。

图 14-125 打开素材文件

图 14-126 添加图层蒙版

步骤 02 单击"图层"面板底部的"创建新的填充或调整图层"按钮◻，执行"色彩平衡"命令，创建"色彩平衡"调整图层，并在打开的色彩平衡"属性"面板中调节参数，如图14-127所示。执行"文件"→"打开"命令，打开素材

文件"盘子.png"，单击工具箱中的"移动工具"▣，将图像拖动至当前文件中，按Ctrl+T组合键打开定界框，将其调整到合适大小和位置，如图14-128所示。

图 14-127 调节"色彩平衡"

图 14-128 添加"盘子"素材

步骤 03 单击"图层"面板底部的"创建新图层"按钮◻，新建一个图层，命名为"阴影"，并移至"盘子"图层下方。再单击工具箱中的"椭圆选框工具"◻，在需要添加阴影的位置绘制一个椭圆选区，如图14-129所示。

图 14-129 绘制椭圆选区

步骤 04 将前景色设置为深蓝灰色（#1d3441），按Alt+Delete组合键填充前景色，按Ctrl+D组合键取消选区。再执行"滤镜"→"模糊"→"高斯模糊"命令，打开"高斯模糊"对话框，设置"半径"参数，使阴影边缘模糊，如图14-130所示。

步骤 05 单击"图层"面板底部的"创建新的填充或调整图层"按钮◻，执行"色阶"命令，创建"色阶"调整图层，并在打开的色阶"属性"面板中调节参数，如图14-131所示。

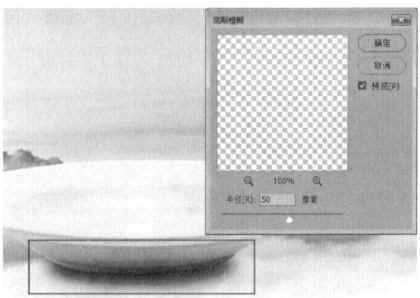

图 14-130 制作盘子阴影区域

图 14-131 调节"色阶"

步骤 06 在"图层"面板中鼠标右键单击"色阶"调整图层，在打开的快捷菜单中执行"创建剪贴蒙版"命令，创建剪贴蒙版，使其只作用于"盘子"图层，如图14-132所示。

图 14-132 创建剪贴蒙版

步骤 07 单击工具箱中的"钢笔工具" ，沿着"盘子"图像内部绘制路径锚点，如图14-133所示。按Ctrl+ Enter组合键将路径转换为选区，如图14-134所示。

图 14-133 绘制路径

图 14-134 将路径转换为选区

步骤 08 新建图层，命名为"遮罩"，将前景色设置为任意颜色，按Alt+Delete组合键填充颜色，再按Ctrl+D组合键取消选区，如图14-135所示。

步骤 09 执行"文件"→"打开"命令，打开素材文件"海洋.jpg"，单击工具箱中的"矩形选框工具" ，创建选区，如图14-136所示。

图 14-135 填充颜色

图 14-136 绘制矩形选区

步骤 10 单击工具箱中的"移动工具" ，将选区图像内容拖动至当前文件中，按Ctrl+T组合键打开定界框，将其调整到合适大小和位置，如图14-137所示。在"图层"面板中鼠标右键单击"海洋"图层，在打开的快捷菜单中执行"创建剪贴蒙版"命令，创建剪贴蒙版。

图 14-137 调整选区的大小和位置

步骤 11 创建"可选颜色"调整图层,并在打开的可选颜色"属性"面板中将"颜色"设置为"青色"并调节参数,如图14-138所示。

图 14-138 调整素材图像

步骤 12 在"图层"面板鼠标中右键单击"选取颜色 1"调整图层,在打开的快捷菜单中执行"创建剪贴蒙版"命令,创建剪贴蒙版,如图14-139所示。创建"曲线"调整图层,并在打开的曲线"属性"面板中按住鼠标左键向上拖动控制点,并创建剪贴蒙版,如图14-140所示。

图 14-139 创建剪贴蒙版

图 14-140 调节"曲线"

步骤 13 打开素材文件"岛屿.jpg",单击工具箱中的"快速选择工具"，创建选区,如图14-141所示。执行"选择"→"在快速蒙版模式下编辑"命令,或单击工具箱中的"以快速蒙版模式编辑"按钮，进入快速蒙版编辑状态,未选择的区域会覆盖一层半透明的颜色,如图14-142所示。

图 14-141 绘制选区

图 14-142 快速蒙版编辑状态

步骤 14 单击工具箱中的"画笔工具"，将前景色设置为黑色,在未选择的图像区域涂抹,将前景色设置为白色,在选择多余的图像区域涂抹,使选区更加精确,如图14-143所示。执行"选择"→"在快速蒙版模式下编辑"命令,或单击工具箱中的"以标准模式编辑"按钮，切换到正常模式,可以看到修改后的选区,如图14-144所示。

图 14-143 在快速蒙版模式下编辑选区

图 14-144 修改后的选区

步骤15 单击工具箱中的"移动工具" ，将选区图像内
容拖动至当前文件中，按Ctrl+T组合键打开定界框，将其
调整到合适大小和位置，如图14-145所示。单击"图层"
面板底部的"添加图层蒙版"按钮 ，为"岛屿"图层添
加图层蒙版，再单击工具箱中的"画笔工具" ，将前景
色设置为黑色，使用柔边画笔涂抹底部边缘，使其自然，
如图14-146所示。

图 14-145 调整素材图像

图 14-146 添加图层蒙版

步骤16 打开素材文件"城堡.png"，单击工具箱中的
"移动工具" ，将图像拖动至当前文件中，按Ctrl+T组
合键打开定界框，将其调整到合适大小和位置。在"图
层"面板中将"城堡"图层移至"岛屿"图层下方，使
"城堡"置于"岛屿"后方，如图14-147所示。

图 14-147 调整素材图像

步骤17 将"帆船.png"素材拖动到编辑的文件中，按
Ctrl+T组合键显示定界框，调整图像的大小和位置。单击

"图层"面板底部的"添加图层蒙版"按钮 ，为"帆
船"图层添加蒙版，再单击工具箱中的"画笔工具" ，
将前景色设置为黑色，使用柔边画笔擦除多余的部分，如
图14-148所示。

图 14-148 添加图层蒙版

步骤18 使用相同的操作方法，添加"飞鸟1.png"、"热气
球1.png."~"热气球3.png"和"云1.png"~"云3.png"
等素材，并调整大小和位置，如图14-149所示。

步骤19 创建"色阶"调整图层并在打开的色阶"属性"面
板中调节参数，如图14-150所示。

步骤20 创建"色彩平衡"调整图层，并在打开的色彩平
衡"属性"面板中调节参数，如图14-151所示。

图 14-149 添加素材图像

图 14-150 调整"色阶"

图 14-151 调节 "色彩平衡"

步骤 21 创建 "渐变映射" 调整图层，并在打开的渐变映射 "属性" 面板中设置渐变颜色，如图14-152所示。

步骤 22 在 "图层" 面板中将 "渐变映射" 调整图层的混合模式更改为 "柔光"，完成制作，如图14-153所示。

图 14-152 设置渐变颜色

图 14-153 完成效果

14.7 精通淘宝装修：海报设计

难度：☆☆☆☆

素材文件	第 14 章 \14.7
在线视频	第 14 章 \14.7 精通淘宝装修：海报设计 .mp4
技术要点	选框工具、形状工具、文字工具、图层样式

步骤 01 启动Photoshop CC 2018软件，选择本章的素材文件 "14.7 精通淘宝装修：海报设计.psd"，将其打开，如图14-154所示。单击 "图层" 面板底部的 "创建新图层" 按钮，新建图层，命名为 "台 1"，再单击工具箱中的 "矩形选框工具"，绘制一个矩形选区，如图14-155所示。

图 14-154 打开素材文件

图 14-155 绘制矩形选区

步骤 02 单击工具箱中的 "渐变工具"，在工具选项栏中单击 "径向渐变" 按钮，设置前景色为深紫色（#6001b0）、背景色为浅紫色（#c17def），在选区内按住鼠标左键拖动以创建渐变，如图14-156所示，按Ctrl+D组合键取消选区。按Ctrl+T组合键打开定界框，单击右键并在快捷菜单中执行 "透视" 命令，如图14-157所示，按Enter键确认调整。

图 14-156 填充渐变色

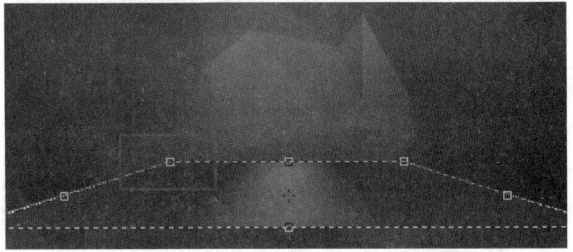

图 14-157 透视变形

步骤 03 单击"图层"面板底部的"创建新图层"按钮，新建一个图层，命名为"台 2"。单击工具箱中的"矩形选框工具"，绘制一个矩形选区，使用"渐变工具"在选区内按住鼠标左键拖动以创建渐变，如图14-158所示，按Ctrl+D组合键取消选区。采用同样的方法，新建一个图层，命名为"变形"，绘制一个矩形选区并填充渐变色，再通过"透视"命令变形，如图14-159所示。

图 14-158 填充渐变色

图 14-159 制作形状

步骤 04 在"图层"面板中将"变形"图层移至"台 1"图层的下方，并将"不透明度"更改为"80%"，如图14-160所示。按Ctrl+J组合键复制一个图层，再按Ctrl+T组合键打开定界框，调整图形，如图14-161所示。

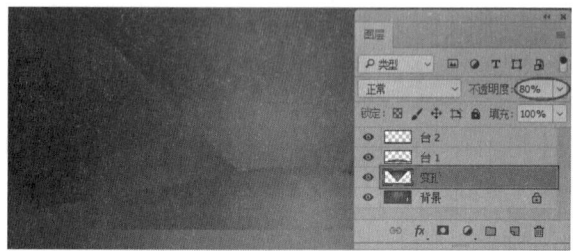

图 14-160 调整图层顺序和"不透明度"

图 14-161 复制图层

步骤 05 打开素材文件"放射光.png"，单击工具箱中

的"移动工具"，将其拖动至当前文件中，按Ctrl+T组合键打开定界框，调整画布大小，如图14-162所示。在"图层"面板中将该图层的混合模式更改为"柔光"、将"不透明度"更改为"80%"，如图14-163所示。

图 14-162 调整素材图像

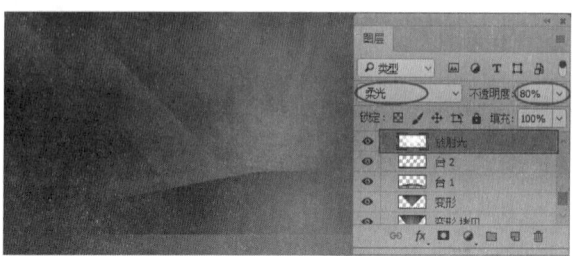

图 14-163 更改混合模式和"不透明度"

步骤 06 单击工具箱中的"椭圆工具"，将前景色设置为白色，按住Shift键绘制一个圆形，如图14-164所示。双击该图层打开"图层样式"对话框，选择"外发光"样式效果，并设置参数，如图14-165所示。

图 14-164 绘制图形

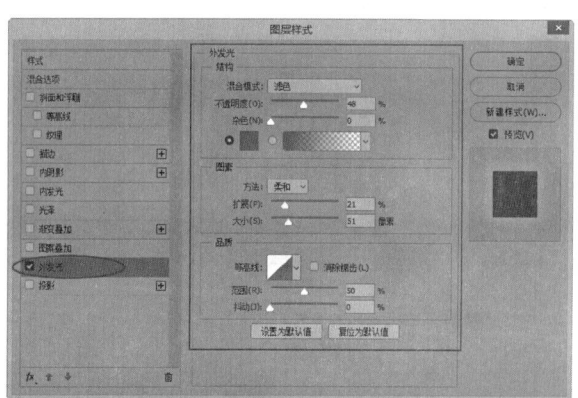

图 14-165 设置样式参数

步骤 07 单击"确定"按钮，即可添加"外发光"效果，如图14-166所示。再单击工具箱中的"椭圆工具" ，将前景色设置为蓝紫色（#6312c9），按住Shift键绘制一个圆形，并调整位置与白色的圆中心对齐，如图14-167所示。

图 14-166 添加"外发光"样式效果

图 14-167 绘制图形

步骤 08 按Ctrl+J组合键复制一个图层，按Ctrl+T组合键打开定界框，按住Shift+Alt组合键等比例中心缩小图形。双击该图层，打开"图层样式"对话框，选择"渐变叠加"样式效果，并设置参数，如图14-168所示。单击"确定"按钮，即可添加"渐变叠加"效果，如图14-169所示。

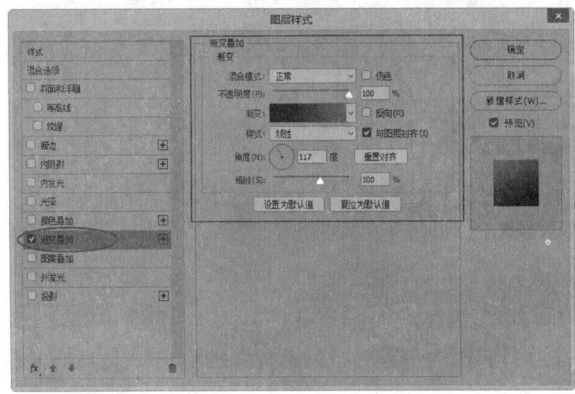

图 14-168 添加"渐变叠加"样式

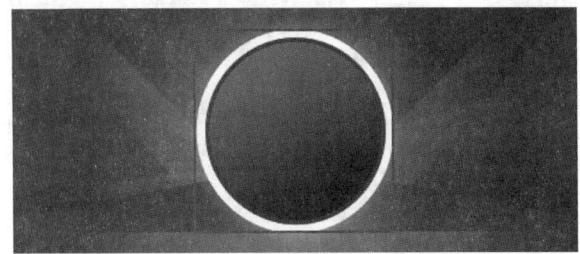

图 14-169 添加"渐变叠加"样式效果

步骤 09 单击工具箱中的"椭圆工具" ，将前景色设置为紫色（# 410686），按住Shift键绘制一个圆形，再将前景色设置为深紫色（# 350278），按住Shift键绘制一个圆形，并调整位置，如图14-170所示。新建一个图层，命名为"黄色 1"，单击工具箱中的"多边形套索工具" ，绘制一个三角形选区，如图14-171所示。

图 14-170 绘制两个圆形

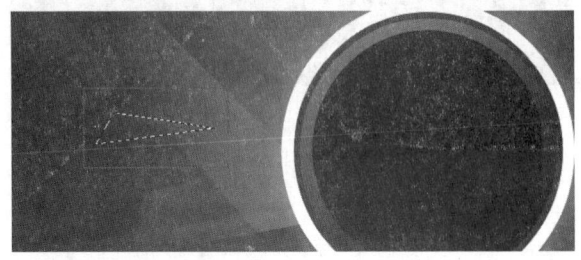

图 14-171 绘制三角形选区

步骤 10 将前景色设置为黄色（#fada0b），按Alt+Delete组合键填充前景色，如图14-172所示。在"黄色 1"图层的下方新建一个图层，命名为"黄色 1-1"。单击工具箱中的"多边形套索工具" ，绘制一个多边形选区，如图14-173所示。

图 14-172 填充颜色

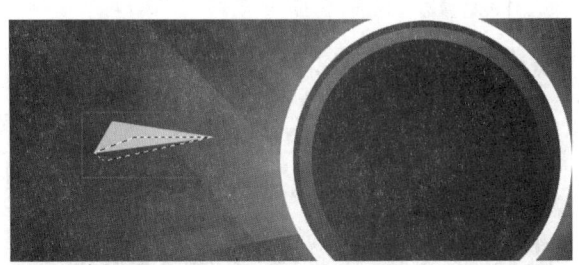

图 14-173 绘制选区

步骤 11 将前景色设置为浅黄色（# f9fe0e），按Alt+

Delete组合键填充前景色，如图14-174所示。采用同样的方法，绘制更多颜色的几何装饰，如图14-175所示。

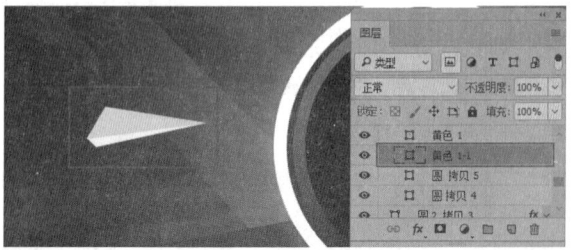

图 14-174 填充颜色

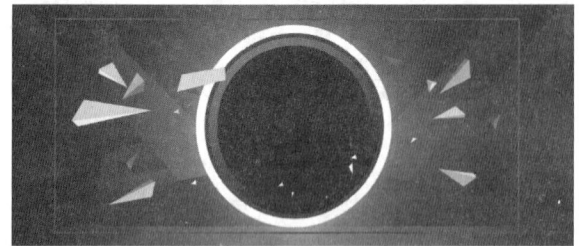

图 14-175 制作几何装饰

步骤 12 单击工具箱中的"横排文字工具" T，在工具选项栏中设置字体、大小和颜色，如图14-176所示。在画布上单击，并在光标处输入文字，如图14-177所示。

图 14-176 设置文字属性

图 14-177 输入文字

步骤 13 按Ctrl+T组合键打开定界框，旋转文字，如图14-178所示。按Ctrl+J组合键复制一个文字图层，再双击图层，打开"图层样式"对话框，选择"渐变叠加"样式效果，并设置参数，如图14-179所示。

图 14-178 旋转文字

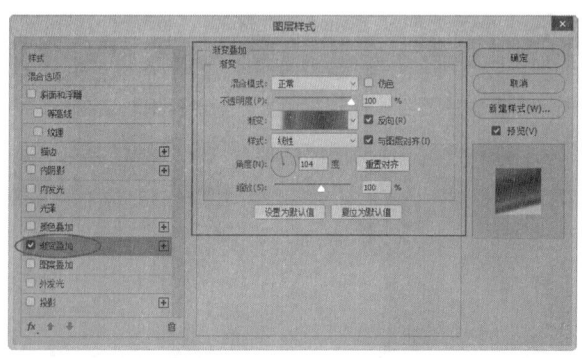

图 14-179 添加"渐变叠加"样式

步骤 14 选择"投影"样式效果，并设置参数，如图14-180所示。单击"确定"按钮，即可应用样式效果，如图14-181所示。

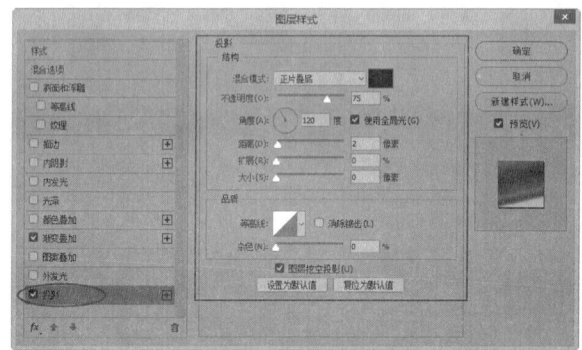

图 14-180 添加"投影"样式

图 14-181 应用样式效果

步骤 15 在"图层"面板中将复制的文字图层移至原文字图层的下方，再单击工具箱中的"移动工具" ，向右下方移动位置，如图14-182所示。再按Ctrl+J组合键复制一个图层，双击"渐变叠加"，打开"图层样式"对话框，更改"渐变叠加"样式的颜色和参数，如图14-183所示。

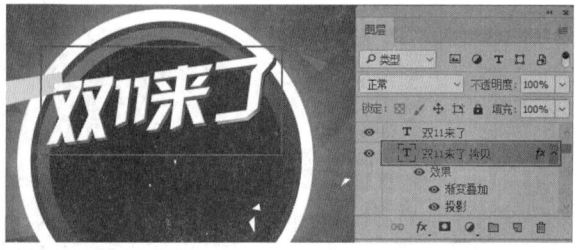

图 14-182 移动文字

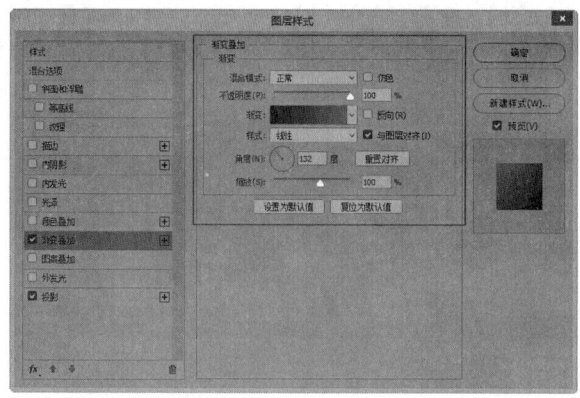

图 14-183 更改"渐变叠加"

步骤 16 单击"确定"按钮,应用修改后的效果,将该文字图层移至复制的图层下方,再单击工具箱中的"移动工具" ,向右下方移动位置,如图14-184所示。按Ctrl+J组合键复制一个图层,双击"效果"打开"图层样式"对话框,取消选择"渐变叠加"样式,再选择"颜色叠加"样式,并将颜色更改为深蓝色(# 3f53e7),将其移至文字图层的最下方,并调整位置,如图14-185所示。

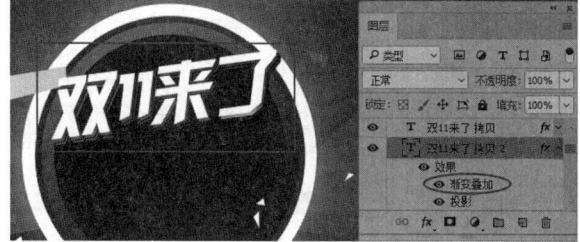

图 14-184 移动文字

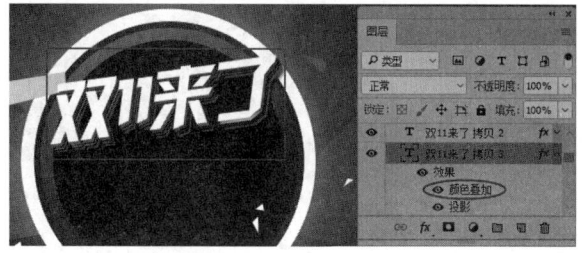

图 14-185 添加"颜色叠加"样式

步骤 17 单击工具箱中的"横排文字工具" ,输入文字"疯抢24小时",再采用同样的方法制作文字,如图14-186所示。新建一个图层,命名为"矩形",单击工具箱中的"矩形选框工具" ,绘制一个矩形选区,按Alt+Delete组合键填充前景色,如图14-187所示,按Ctrl+D组合键取消选区。

图 14-186 制作文字

图 14-187 绘制矩形选区

步骤 18 在"图层"面板中双击"矩形"图层,打开"图层样式"对话框,添加"渐变叠加"和"描边"样式效果,参数如图14-188和图14-189所示。单击"确定"按钮,即可应用样式效果。再单击工具箱中的"移动工具" ,移动到合适位置,然后执行"文件"→"打开"命令,打开素材文件"logo.png",将其拖动至当前文件中,调整大小和位置,如图14-190所示。

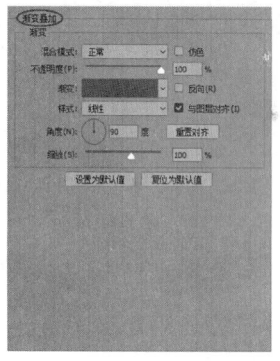 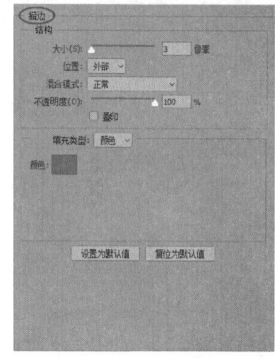

图 14-188 添加"渐变叠加"   图 14-189 添加"描边"样式
样式

图 14-190 调整素材图像

步骤 19 单击工具箱中的"圆角矩形工具" ,绘制一个圆角矩形,并在"属性"面板中设置圆角大小为"15像素",如图14-191所示。栅格化图层,再双击该图层,打开"图层样式"对话框,添加"渐变叠加""描边""斜面和浮雕"样式效果,如图14-192、图14-193和图14-194所示,添加后的效果如图14-195所示。

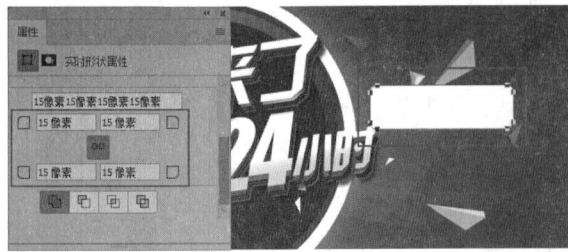

图 14-191 绘制圆角矩形

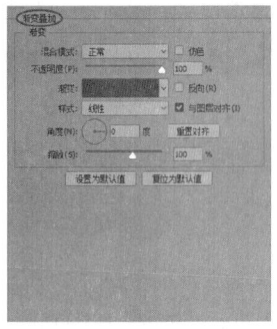

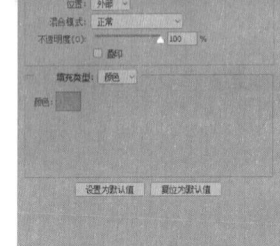

图 14-192 添加"渐变叠加"样式　　图 14-193 添加"描边"样式

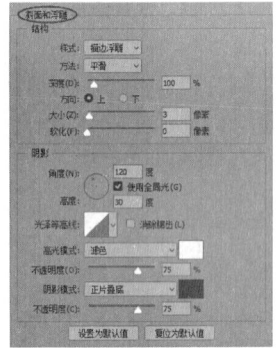

图 14-194 添加"斜面和浮雕"样式

图 14-195 应用样式效果

步骤 20 单击工具箱中的"横排文字工具" **T**,在工具选项栏中设置字体为"汉仪菱心体简"、字号为"70点",输入文字,并移动到圆角矩形上方,如图14-196所示。双

击该图层,打开"图层样式"对话框,添加"渐变叠加"和"描边"样式效果,如图14-197和图14-198所示。

图 14-196 输入文字

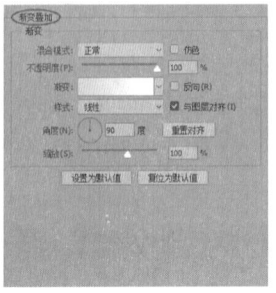

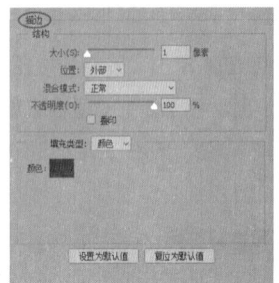

图 14-197 添加"渐变叠加"样式　　图 14-198 添加"描边"样式

步骤 21 单击"确定"按钮,即可应用样式效果。再单击工具箱中的"矩形工具" **▭**,将前景色设置为白色,绘制矩形条,按Ctrl+J组合键复制一个矩形条,并移动位置,如图14-199所示。新建一个图层,命名为"光线",单击工具箱中的"椭圆选框工具" **◯**,绘制一个椭圆选区,使用"渐变工具",填充"白色到透明"的径向渐变,如图14-200所示,按Ctrl+D组合键取消选区。

图 14-199 制作矩形条

图 14-200 填充渐变色

步骤 22 执行"文件"→"打开"命令,打开素材文件

"光晕.png"，按Ctrl+T组合键打开定界框，调整大小和位置，如图14-201所示。在"图层"面板中将该图层的混合模式更改为"变亮"，如图14-202所示。

图 14-201 调整素材图像

图 14-202 更改混合模式

步骤 23 打开素材文件"金币.png"，将其拖动至当前文件中，按Ctrl+T组合键打开定界框，调整大小和位置，如图14-203所示。按Ctrl+J组合键复制一个金币，再执行"菜单"→"滤镜"→"模糊"→"动感模糊"，打开"动感模糊"对话框，设置参数，如图14-204所示。

图 14-203 调整素材图像

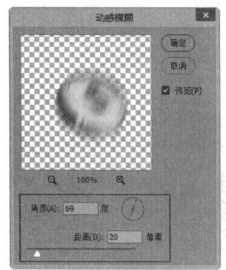

图 14-204 "动感模糊"对话框

步骤 24 单击"确定"按钮，应用模糊效果，再在"图层"面板中将该图层移至"金币"图层的下方，如图14-205所示。再打开几个素材文件"星星.png""光

1.png""光2.png""飘带.png"，将它们拖动至当前文件中，按Ctrl+J组合键复制素材图像，再按Ctrl+T组合键打开定界框，调整大小和位置，完成制作，如图14-206所示。

图 14-205 调整图层顺序

图 14-206 完成效果

14.8 精通平面设计：创意旅游海报

难度：☆☆☆

素材文件	第 14 章 \14.8
在线视频	第 14 章 \14.8 精通平面设计：创意旅游海报 .mp4
技术要点	"钢笔工具"抠图、图层蒙版、剪贴蒙版

步骤 01 启动Photoshop CC 2018软件，选择本章的素材文件"14.8 精通平面设计：创意旅游海报.psd"，将其打开，如图14-207所示。按Ctrl+O组合键打开"椰子.png"素材文件，单击工具箱中的"移动工具"，将图像拖动至当前文件中，按Ctrl+T组合键显示定界框，调整素材的大小和位置，如图14-208所示。

图 14-207 打开素材文件

图 14-208 添加"椰子"素材

步骤 02 单击"图层"面板底部的"创建新图层"按钮 🖿，新建一个图层，命名为"阴影"，并移至"椰子"图层下方。再单击工具箱中的"椭圆选框工具" ▭，在添加阴影的位置绘制一个椭圆选区，如图14-209所示。

步骤 03 将前景色设置为蓝灰色（#1a2e46），按Alt+Delete组合键填充前景色，按Ctrl+D组合键取消选区，再执行"滤镜"→"模糊"→"高斯模糊"命令，打开"高斯模糊"对话框，设置"半径"参数，使阴影边缘模糊，如图14-210所示。

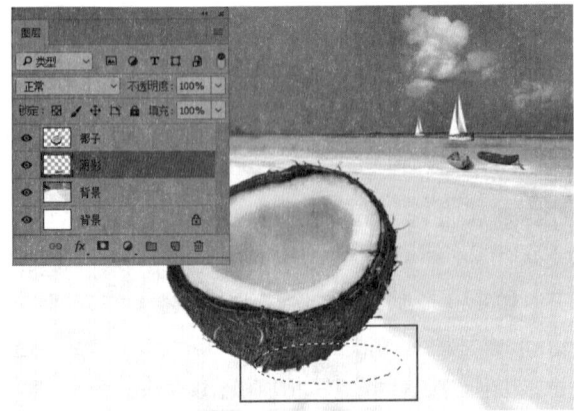

图 14-209 绘制椭圆选区

图 14-210 制作椰子底部阴影区域

步骤 04 在"图层"面板中将"阴影"图层的混合模式更改为"正片叠底"，如图14-211所示。新建图层，命名为"深阴影"，单击"椭圆选框工具" ▭，在靠近椰子底部的位置绘制一个小一点的椭圆选区，如图14-212所示。

图 14-211 设置图层混合模式

图 14-212 绘制椭圆选区

步骤 05 将前景色设置为深蓝灰色（#1b3048），按Alt+Delete组合键填充前景色，按Ctrl+D组合键取消选区。再执行"滤镜"→"模糊"→"高斯模糊"命令，打开"高斯模糊"对话框，设置"半径"参数，使阴影边缘模糊，如图14-213所示。

步骤 06 在"图层"面板中将"深阴影"图层的混合模式更改为"线性光"，如图14-214所示。再单击"创建新的填充或调整图层"按钮 ⬤ ，执行"色阶"命令，在"椰子"图层上方创建"色阶"调整图层，并在色阶"属性"面板中调节参数，如图14-215所示。

图 14-213 制作阴影区域

图 14-214 设置图层混合模式

图 14-215 调整"色阶"

步骤 07 右键单击图层，在打开的快捷菜单中执行"创建剪贴蒙版"命令，使其只作用于"椰子"图层，如图14-216

所示。单击工具箱中的"钢笔工具" ⬤ ，沿着"椰子"图像内部绘制路径锚点，如图14-217所示。

图 14-216 创建剪贴蒙版

图 14-217 绘制路径

步骤 08 按Ctrl+Enter组合键将路径转换为选区，如图14-218所示。新建一个图层，命名为"遮罩"，将前景色设置为任意颜色，按Alt+Delete组合键填充颜色，再按Ctrl+D组合键取消选区，如图14-219所示。

图 14-218 将路径转换为选区

图 14-219 填充颜色

步骤 09 执行"文件"→"打开"命令，打开素材文件"海洋.jpg"，单击工具箱中的"矩形选框工具"▦，创建选区，如图14-220所示。单击工具箱中的"移动工具"✛，将选区图像内容拖动至当前文件中，按Ctrl+T组合键打开定界框，将其调整到合适大小和位置，如图14-221所示。

图 14-220 绘制矩形选区

图 14-221 调整素材图像

步骤 10 在"图层"面板中右键单击"海洋"图层，在打开的快捷菜单中执行"创建剪贴蒙版"命令，如图14-222所示。新建图层，命名为"海洋阴影"，单击工具箱中的

"画笔工具"✐，将前景色设置为黑色，在"海洋"图像的边缘处涂抹，如图14-223所示。

图 14-222 创建剪贴蒙版

图 14-223 涂抹图像

步骤 11 在"图层"面板中将"海洋阴影"图层的混合模式更改为"柔光"，并创建剪贴蒙版，如图14-224所示。单击"创建新的填充或调整图层"按钮⚫，执行"可选颜色"命令，再在可选颜色"属性"面板中选择"青色"并调节参数，如图14-225所示。

图 14-224 创建剪贴蒙版

图 14-225 调整"可选颜色"

步骤 12 在"图层"面板中右键单击图层，在打开的快捷菜单中执行"创建剪贴蒙版"命令，创建剪贴蒙版，如图 14-226 所示。打开素材文件"海浪.png"，将图像拖动至当前文件中，按 Ctrl+T 组合键打开定界框，将其进行旋转并调整到合适大小和位置，如图 14-227 所示。

图 14-226 创建剪贴蒙版

图 14-227 添加"海浪"素材

步骤 13 单击"图层"面板底部的"添加图层蒙版"按钮 ，为图层添加蒙版。再单击工具箱中的"画笔工具" ，将前景色设置为黑色，使用柔边画笔擦除多余的部分，如图

14-228 所示。

步骤 14 打开素材文件"沙滩.png"，单击工具箱中的"多边形套索工具" ，绘制选区，如图 14-229 所示。

图 14-228 隐藏多余海浪素材

图 14-229 绘制选区

步骤 15 单击工具箱中的"移动工具" ，将选区图像内容拖动至当前文件中。按 Ctrl+T 组合键打开定界框，将其调整到合适大小和位置，如图 14-230 所示。

图 14-230 调整素材的大小和位置

步骤 16 单击"图层"面板底部的"添加图层蒙版"按钮 ，为图层添加蒙版。再单击工具箱中的"画笔工具" ，将前景色设置为黑色，使用柔边画笔擦除多余的部分，如图 14-231 所示。

图 14-231 擦除多余图像

步骤 17 按照上述添加素材的操作，添加其他的素材，并为添加的素材添加图层蒙版，用黑色的画笔隐藏多余的素材，如图14-232所示。

图 14-232 添加其他素材图像

步骤 18 按住Ctrl键单击"椰树 1"图层的缩览图，载入选区。将前景色设置为浅灰色（#bfbfbf），新建一个图层后按Alt+Delete组合键填充前景色，如图14-233所示。

图 14-233 填充浅灰色

步骤 19 单击"图层"面板底部的"添加图层蒙版"按钮 ◻，为图层添加蒙版。再单击工具箱中的"画笔工具" ✐，将前景色设置为黑色，使用柔边画笔擦除多余的部分，然后将该图层移至"椰树 1"图层的下方，并将混合模式更改

为"正片叠底"，如图14-234所示。

步骤 20 使用同样的方法制作其他椰树的投影，如图14-235所示。

图 14-234 制作椰树投影

图 14-235 制作其他椰树投影

步骤 21 打开"植物.png""植物2.png""沙滩椅.png"素材文件，将图像拖动至当前文件中。按Ctrl+T组合键打开定界框，将其调整到合适大小和位置，如图14-236所示。

图 14-236 添加素材图像

步骤 22 单击工具箱中的"多边形套索工具" ✉，在图像上绘制沙滩椅的投影形状。将前景色设置为灰色（#7e7e7e），

新建图层并填充颜色，再添加"高斯模糊"效果，制作阴影，如图14-237所示。

图 14-237 制作投影效果

步骤23 执行"文件"→"打开"命令，打开4个素材文件"伞.png""花.png""人.png""救生圈.png"，将图像拖动至当前文件中。按Ctrl+T组合键打开定界框，将其调整到合适大小和位置，并调整图层的顺序，如图14-238所示。选择"救生圈"图层，按Ctrl+J组合键复制一个，将该图层的混合模式更改为"正片叠底"，并移至"救生圈"图层的下方，制作阴影的效果，如图14-239所示。

图 14-238 添加素材图像

图 14-239 制作阴影效果

步骤24 打开素材文件"旗杆.png"，将图像拖动至当前文件中，按Ctrl+T组合键打开定界框，将其调整到合适大小和位置，如图14-240所示。执行"编辑"→"操控变形"命令，在旗杆的两端单击添加控制点，固定位置。再在需要变形的位置添加控制点并进行拖动，即可使旗杆变形，如图14-241所示。

图 14-240 调整素材图像　　　图 14-241 操控变形

步骤25 打开素材文件"旗帜.png"，将图像拖动至当前文件中，按Ctrl+T组合键打开定界框，将其调整到合适大小和位置，并将该图层移动至"旗杆"图层的下方，如图14-242所示。创建"曲线"调整图层并创建剪贴蒙版，再在曲线"属性"面板中调整控制点，将"旗帜"图像适当调亮，如图14-243所示。

图 14-242 调整素材图像

图 14-243 调节"曲线"

步骤26 单击工具箱中的"横排文字工具"，输入文字并设置字体、颜色及大小，如图14-244所示。再打开6个素材文件"帽子.png""飞机.png""海星.png""海螺.

png""小鸟1.png""小鸟2.png",将图像都拖动至当前文件中,按Ctrl+T组合键打开定界框,将其调整到合适大小和位置,完成制作,如图14-245所示。

图 14-244 添加文字

图 14-245 完成效果

14.9 精通UI设计:制作UI图标

难度:☆☆☆☆

素材文件	第14章\14.9
在线视频	第14章\14.9 精通 UI 设计:制作 UI 图标 .mp4
技术要点	形状工具、布尔运算、图层样式

步骤01 启动Photoshop CC 2018软件,执行"文件"→"新建"命令,在弹出的"新建文档"对话框中设置图14-246所示的参数。单击"创建"按钮,新建一个空白文档。

步骤02 设置前景色为"#4f4840",按Alt+Delete组合键填充前景色。双击"背景"图层,将其转换为普通图层。执行"滤镜"→"杂色"→"添加杂色"命令,在弹出的对话框中设置参数,单击"确定"按钮为背景添加杂色效果,如图14-247所示。

步骤03 新建图层,设置前景色为"#ba9776"。单击工具箱中的"画笔工具" ,在"画笔预设选取器"中设置画笔"大小"为"1000像素"、"硬度"为"0"。在画布顶部单击,并设置其混合模式为"滤色"、"不透明度"为"46%",制作画布上的高光区域,如图14-248所示。

图 14-246 新建文档　　图 14-247 添加杂色效果

图 14-248 绘制局部高光

步骤04 单击工具箱中的"圆角矩形工具" ,设置工具选项栏中的工具模式为"形状"、"填充"颜色为"#31221d"、"描边"为无、"半径"为"100像素",在画布上单击,弹出"创建矩形"对话框,设置如图14-249所示的参数。

步骤05 单击"确定"按钮创建一个圆角矩形,按Ctrl+J组合键两次,复制圆角矩形,得到图14-250所示的矩形形状图层。

步骤 06 选择"圆角矩形 1"图层，隐藏其他两个形状图层。单击"属性"面板中的"蒙版"按钮，设置"羽化"为"10.0像素"，并设置其图层"不透明度"为"20%"，制作图标的投影，如图14-251所示。

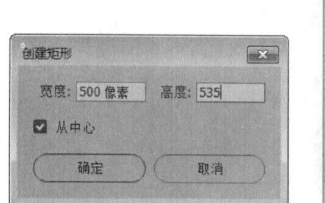

图 14-249 "创建矩形"对话框

图 14-250 复制形状图层

步骤 08 选择并显示"圆角矩形 1 拷贝 2"图层，打开"属性"面板，更改形状的宽、高度及颜色。将鼠标指针放置在左上角半径上，当鼠标指针变为形状时，按住鼠标左键拖动以更改圆角矩形的角半径，如图14-253和图14-254所示。

图 14-253 "属性"面板　　图 14-254 更改其他圆角矩形形状

步骤 09 使用"圆角矩形工具"绘制白色形状的矩形，修改"属性"面板中的宽、高参数，填充颜色及角半径参数，按Ctrl+Alt+G组合键创建剪贴蒙版，并设置形状图层的"不透明度"为"50%"，效果如图14-255所示。

步骤 10 按Ctrl+J组合键两次复制形状图层，创建剪贴蒙版。按Ctrl+T组合键显示定界框，分别调整形状图层的旋转角度，并将最上面的图层的"不透明度"设置为"100%"，如图14-256所示。

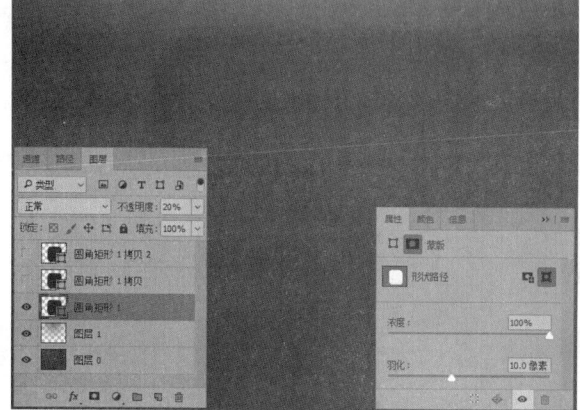

图 14-251 制作图标投影

步骤 07 选择并显示"圆角矩形 1 拷贝"图层，单击"属性"面板中的"实时形状属性"按钮，设置形状高度为"548像素"。单击"蒙版"按钮，设置"羽化"为"10.0"像素，并移动矩形位置，如图14-252所示。

图 14-255 创建剪贴蒙版

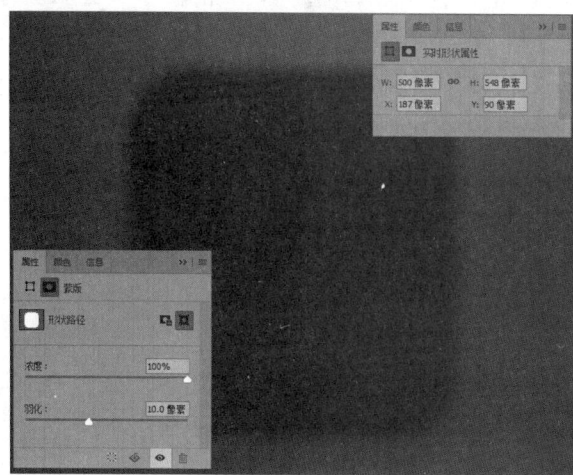

图 14-252 加深图标投影

图 14-256 旋转形状

步骤11 单击工具箱中的"横排文字工具" ，设置工具选项栏中的字体为"黑体"、字号为"85.72点"，在白色矩形上输入文字。双击该图层，打开"图层样式"对话框，勾选"渐变叠加"复选框，设置参数，制作图标上的文字，如图14-257所示。

步骤12 单击工具箱中的"圆角矩形工具" ，设置工具选项栏中的工具模式为"形状"、"填充"颜色为"#ded9d3"、圆角"半径"为"90像素"，按住鼠标左键沿着已绘制的圆角矩形拖动以绘制形状。按Ctrl+C组合键复制绘制的形状，按Ctrl+V组合键在图层上粘贴形状，按Ctrl+T组合键显示定界框，设置旋转角度为45度，如图14-258所示。

图 14-257 制作文字

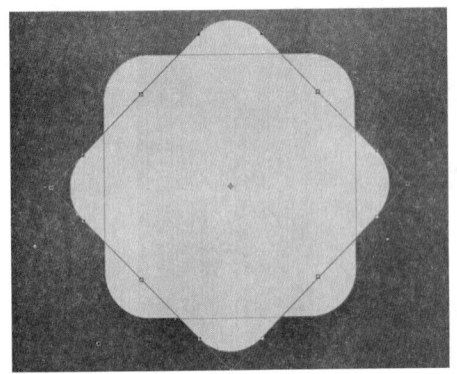

图 14-258 旋转复制的形状

步骤13 将鼠标指针放在定界框内，当鼠标指针变为 ▶ 形状时按住鼠标左键拖动以移动形状的位置，按Enter键确认变形。单击工具选项栏中"路径操作"按钮 ，选择"减去顶层形状"选项，用上面的形状减去下面的形状，得到图14-259所示的图像效果。

步骤14 双击该图层，打开"图层样式"对话框，设置"斜面与浮雕""内发光"图层样式并调整参数，如图14-260所示。为减去顶层的形状设置图层样式，如图14-261所示。

图 14-259 减去顶层形状

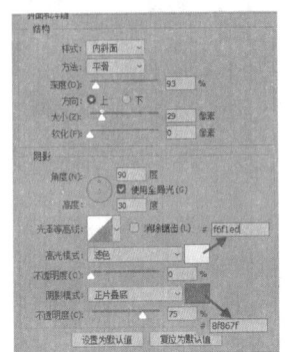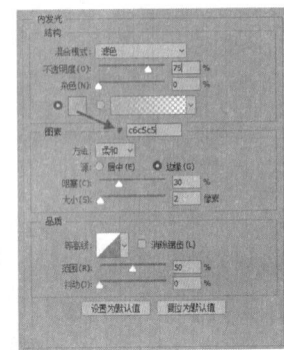

图 14-260 "斜面与浮雕"及"内发光"参数设置

图 14-261 添加图层样式后的效果

步骤15 按Ctrl+J组合键复制该形状并向下移动一层。单击工具箱中的"移动工具" ，按↑方向键，向上移动图像，在"图层"面板中单击"效果"前面的眼睛图标，隐藏添加的效果，如图14-262所示。

图 14-262 制作邮件的阴影区域

步骤16 单击工具箱中的"直接选择工具" ，单击形状图层显示路径，在路径上单击锚点，向下移动锚点位置，如图14-263所示。打开"属性"面板，设置"羽化"数值，双击"图层"面板中形状图层图标，打开"拾色器（纯色）"对话框，更改形状的颜色，制作邮件的阴影区域，如图14-264所示。

图 14-263 调整锚点位置

图 14-264 设置"羽化"参数并填充颜色

步骤 17 按Ctrl+O组合键打开"亮度对比度.jpg"素材文件，将该素材添加到当前文件中，按Ctrl+T组合键显示定界框调整素材的大小，按Ctrl+Alt+G组合键创建剪贴蒙版，并设置图层的混合模式为"明度"，制作图标的高光区域，如图14-265所示。

步骤 18 复制"圆角矩形 2"形状图层，按Ctrl+】组合键将该图层置入最顶层，按Ctrl+Alt+G组合键创建剪贴蒙版（此时将添加的素材也一起创建剪贴蒙版），隐藏"斜面和浮雕""内发光"图层样式，重新设置"内阴影"及"外发光"的参数，如图14-266所示。

图 14-265 添加素材

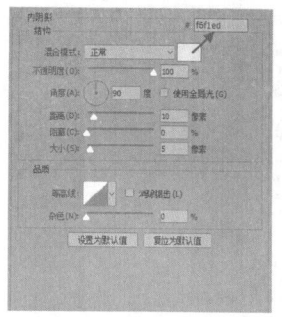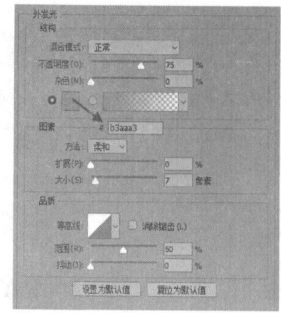

图 14-266 设置"内阴影"和"外发光"参数

步骤 19 在"图层"面板中设置该图层的"填充"为"0"。单击"图层"面板底部"添加图层蒙版"按钮 ，为该图层添加蒙版。单击工具箱中的"画笔工具" ，设置前景色为黑色，减小画笔的大小，在画布上单击，隐藏多余的图层样式效果，如图14-267所示。

步骤 20 单击工具箱中的"圆角矩形工具" ，设置工具选项栏中的工具模式为"形状"、"填充"为无、"描边"颜色为"#aba69f"、"描边"宽度为"2.38像素"、"描边"类型为虚线、"半径"为"90像素"，在画布中绘制形状，并旋转45度，制作邮件的虚线，如图14-268所示。

图 14-267 隐藏多余的图层样式效果

图 14-268 制作邮件虚线

步骤 21 按Ctrl+Alt+G组合键创建剪贴蒙版。双击该图层，打开"图层样式"对话框，设置"投影"参数，让邮件的虚线更加逼真，如图14-269所示。

步骤 22 采用绘制邮件下边图形的操作方法，绘制邮件上面的形状，效果如图14-270所示。

图 14-269 设置"投影"参数

图 14-270 绘制邮件上方形状

步骤 23 单击工具箱中的"钢笔工具" ，设置工具模式为"形状"、"描边"为无，在邮件上方绘制形状，并为该形状添加"内阴影"效果，设置该图层"填充"为"0"，得到图14-271所示的效果。

图 14-271 设置"内阴影"参数及填充效果

步骤 24 按Ctrl+J组合键复制绘制的形状，双击图层，打开"图层样式"对话框，设置"斜面和浮雕"及"内阴影"参数，如图14-272所示，制作邮件边框。

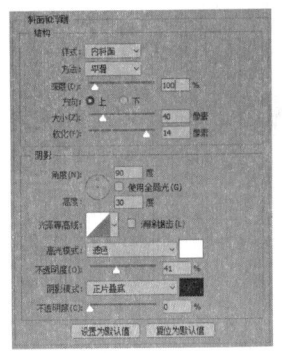 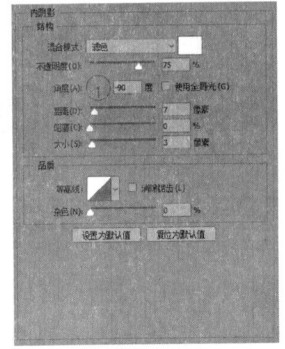

图 14-272 设置"斜面和浮雕"及"内阴影"参数

步骤 25 单击"添加图层蒙版"按钮 ，为该图层添加蒙版。单击工具箱中的"画笔工具" ，设置前景色为黑色，在邮件边框两侧单击，隐藏部分边框，如图14-273所示。

图 14-273 隐藏部分边框

步骤 26 采用步骤23中使用"钢笔工具"绘制形状的操作方法，绘制其他的形状，并在工具选项栏中设置"填充"为"渐变"，如图14-274所示。

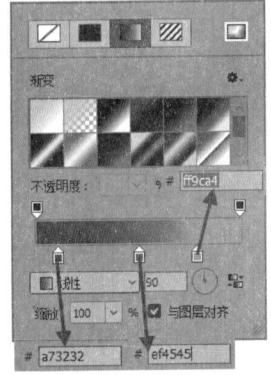

图 14-274 设置"渐变填充"参数

步骤 27 双击该图层，打开"图层样式"对话框，设置"内阴影"参数，完成图标的制作，如图14-275所示。

图 14-275 最终效果

14.10 精通UI设计：制作登录界面

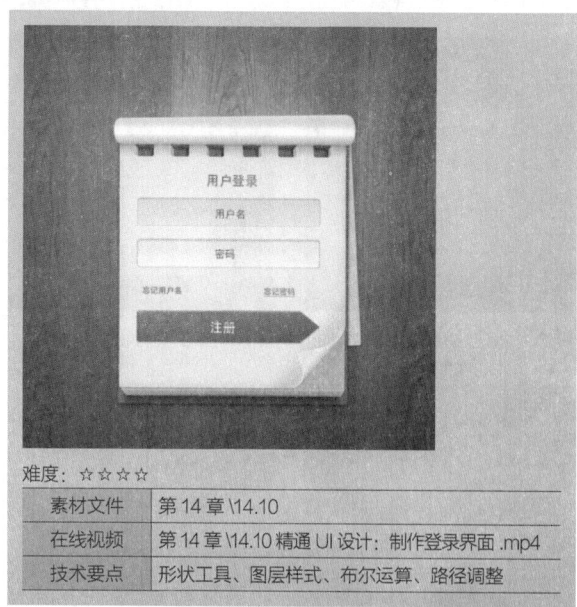

难度：☆☆☆☆

素材文件	第 14 章 \14.10
在线视频	第 14 章 \14.10 精通 UI 设计：制作登录界面 .mp4
技术要点	形状工具、图层样式、布尔运算、路径调整

步骤 01 启动Photoshop CC 2018软件，执行"文件"→"打开"命令，或按Ctrl+O组合键打开"木纹底纹jpg"素材文件。双击"背景"图层，将其转换为普通图层，双击该图层打开"图层样式"对话框，勾选"渐变叠加"复选框，设置参数，如图14-276所示。

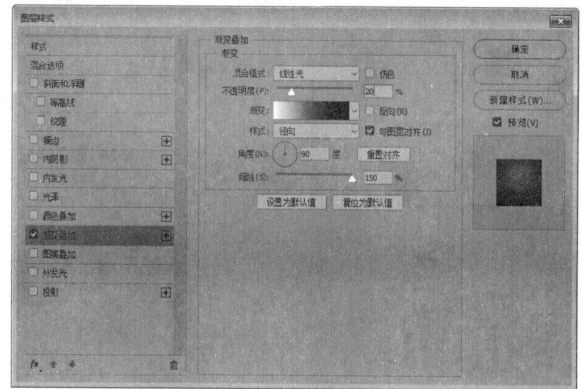

图 14-276 设置"渐变叠加"参数

步骤 02 单击工具箱中的"圆角矩形工具" ，设置工具选项栏中的工具模式为"形状"、"填充"颜色为"#7299a4"、"描边"为无、"半径"为"2像素"，在"木纹底纹"素材上绘制宽为529像素、高为619像素的矩形，如图14-277所示。

步骤 03 双击该圆角矩形形状图层，打开"图层样式"对话框，设置"斜面和浮雕""内发光""图案叠加""外发光""投影"等图层样式的参数，如图14-278和图14-279所示。

图 14-277 绘制圆角矩形

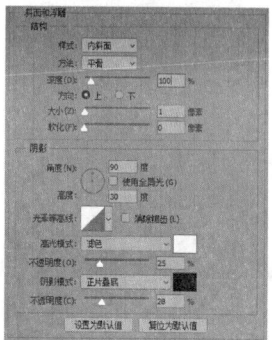

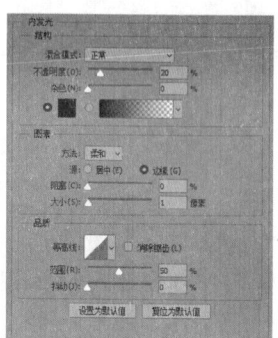

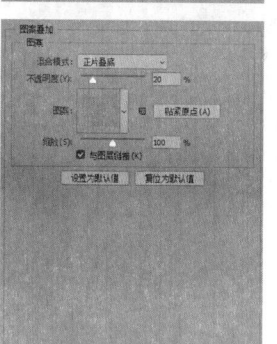

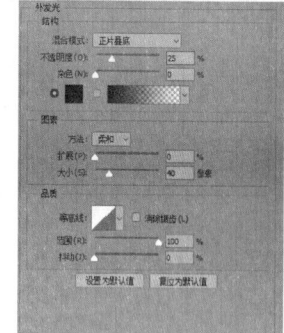

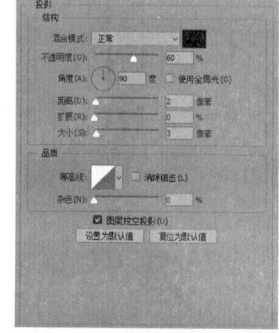

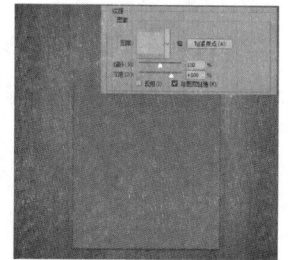

图 14-278 设置图层样式参数

图 14-279 添加图层样式后效果展示

步骤 04 单击工具箱中的"圆角矩形工具" ▣ ，创建宽为80像素、高为474像素的圆角矩形。按Ctrl+T组合键显示定界框，将鼠标指针放在定界框外，当鼠标指针变为 ↻ 形状时，旋转圆角矩形形状，并将该形状图层放置在蓝色的矩形下方，如图14-280所示。

图 14-280 绘制白色圆角矩形

步骤 05 双击该图层，打开"图层样式"对话框，设置各项参数，如图14-281所示。

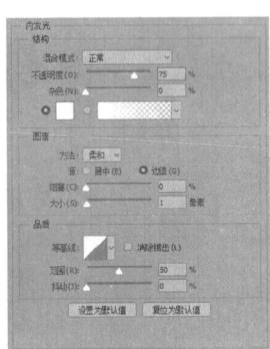
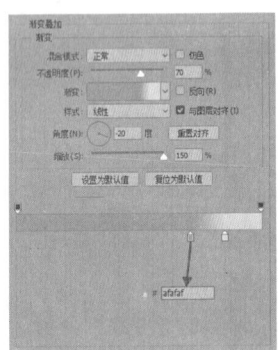
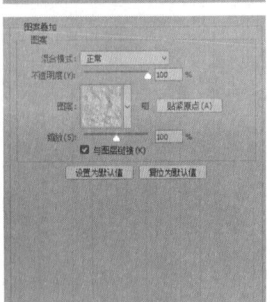
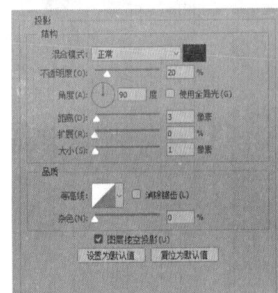

图 14-281 设置图层样式参数

步骤 06 单击"图层"面板底部的"创建新组"按钮 ▣ ，新建图层组，命名为"page"。单击工具箱中的"圆角矩形工具" ▣ ，设置"填充"颜色为白色，单击"路径操作"按钮 ▣ ，选择"减去顶层形状"选项，设置"半径"为"2像素"，在蓝色矩形上绘制白色矩形，如图14-282 所示。

步骤 07 设置圆角矩形的"半径"为"5像素"，在白色矩形上绘制矩形，此时"路径操作"变为"减去顶层形状"选项，绘制的形状与白色的形状相减，得到图14-283所示的效果。

步骤 08 单击工具箱中的"路径选择工具" ▶ ，将鼠标指针

放在创建的形状上，按住 Alt 键的同时按住鼠标左键拖动，复制形状，如图 14-284 所示。

图 14-282 绘制白色圆角矩形　图 14-283 布尔运算

图 14-284 复制形状

步骤 09 按住 Shift 键选中创建的矩形形状，单击工具选项栏中的"路径对齐方式"按钮 ▣ ，选择"按宽度均匀分布"选项，对齐各个形状，如图 14-285 所示。

步骤 10 双击该图层，打开"图层样式"对话框，设置"内发光""渐变叠加""投影"参数，为白色底页添加图层效果，如图 14-286 所示。

图 14-285 按宽度均匀分布形状

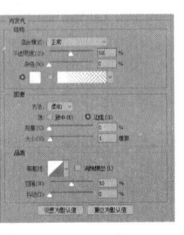
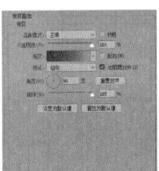
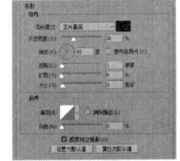

图 14-286 设置图层样式参数

步骤 11 按Ctrl+J组合键复制形状图层，执行"图层"→"图层样式"→"清除图层样式"命令，清除所有的图层样式。双击形状图标，在弹出的"拾色器（纯色）"对话

框中设置填充颜色为黑色，按Ctrl+[组合键向下移动图层。
单击工具箱中的"移动工具" ，按方向键移动形状，如
图14-287所示。

步骤 12 单击工具箱中的"直接选择工具" ，框选黑色
形状下面的锚点，调整形状的高度，如图14-288所示。在
"图层"面板上单击右键，在弹出的快捷菜单中执行"转
换为智能对象"命令，将形状图层转换为智能对象。

步骤 13 单击"图层"面板底部的"添加图层蒙版"按钮
，添加图层蒙版。单击工具箱中的"多边形套索工
具" ，在形状上创建选区，如图14-289所示。

图 14-287 制作阴影区域

图 14-288 调整锚点位置

图 14-289 创建选区

步骤 14 按Ctrl+Shift+I组合键反选选区，执行"选
择"→"修改"→"羽化"命令，在弹出的对话框中设置
"羽化半径"为"20"像素，设置前景色为80%的灰色（#
535353），按Alt+Delete组合键填充前景色，渐隐背景，
如图14-290所示。

步骤 15 按Ctrl+D组合键取消选区。选择形状图层，执行
"滤镜"→"模糊"→"动感模糊"命令，在弹出的对话框
中设置"动感模糊"参数，如图14-291所示。

步骤 16 执行"滤镜"→"模糊"→"高斯模糊"命令，在
弹出的对话框中设置"高斯模糊"参数，模糊阴影区域，如
图14-292所示。

图 14-290 渐隐背景

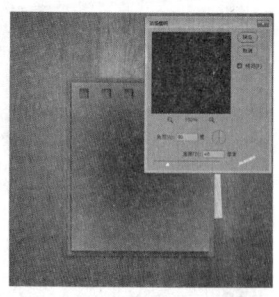

图 14-291 设置"动感模糊"
参数

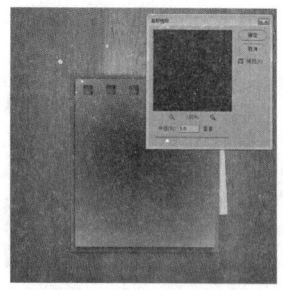

图 14-292 设置"高斯模糊"参数

步骤 17 选择"图层"面板最上面一层，按Ctrl+J组合键复
制形状图层，隐藏其图层样式。单击工具箱中的"直接选择
工具" ，框选锚点，调整形状的大小，形成一个立体笔记
本的效果，如图14-293所示。

步骤 18 打开"图层样式"对话框，在对话框中修改"内发
光"及"渐变叠加"的参数，让笔记本更加逼真，如图14-
294所示。

图 14-293 复制形状图层制作立体效果

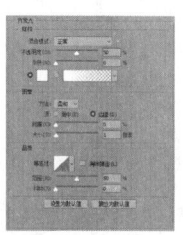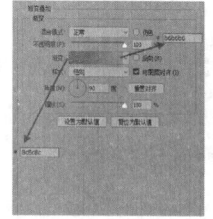

图 14-294 设置图层样式参数

步骤 19 按Ctrl+J组合键两次复制形状，同上述操作方法修
改形状图层的锚点位置，如图14-295所示。选择最上面的
形状图层，打开"图层样式"对话框，在对话框中修改"内

发光""渐变叠加""图案叠加"的参数,让笔记本贴近真实效果,如图14-296所示。

图 14-295 调整形状图层锚点位置

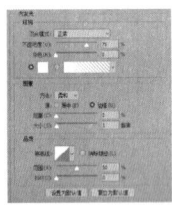 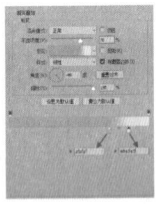 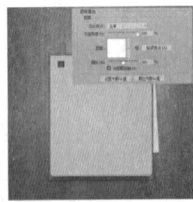

图 14-296 设置图层样式参数

步骤 20 按Ctrl+J组合键复制形状图层,采用步骤12中调整锚点的操作方法调整复制形状的锚点。单击工具箱中的"添加锚点工具" ,在右下角处添加锚点,如图14-297所示。按住Alt键的同时单击圆角处的锚点,删除多余的锚点,如图14-298所示。

步骤 21 单击工具箱中的"转换点工具" ,按住Alt键调整曲线手柄,如图14-299所示。

图 14-297 添加锚点　　　　图 14-298 删除多余锚点

图 14-299 调整曲线手柄

步骤 22 多次添加锚点并调整锚点的位置,修改笔记本纸张的形状,如图14-300所示。双击图层后面的效果图标 ,打开"图层样式"对话框,修改参数,如图14-301所示。

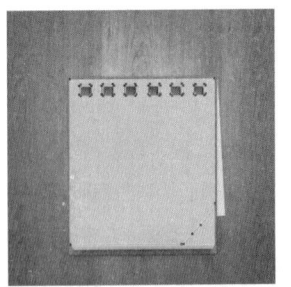

图 14-300 修改形状的锚点位置

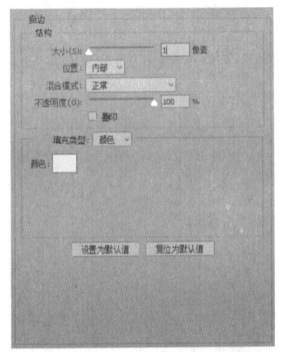 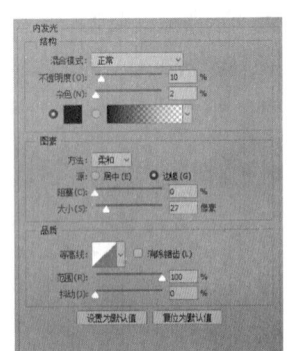

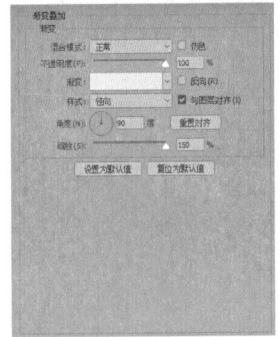

图 14-301 设置图层样式参数 1

步骤 23 复制调整后的形状图层,设置"图层"的"填充"为"0"。双击后边的效果图标,修改"图层样式"参数,如图14-302所示。

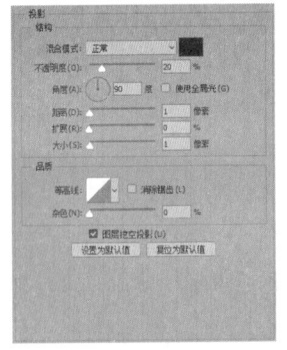 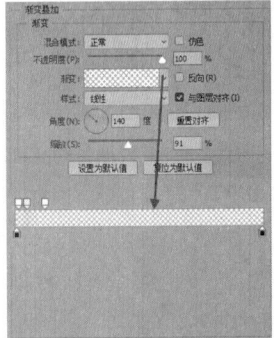

图 14-302 设置图层样式参数 2

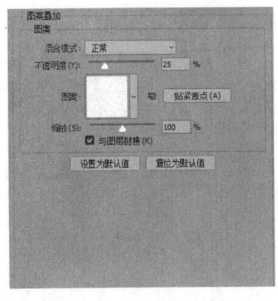 

图 14-302 设置图层样式参数 2（续）

步骤 24 复制该图层，修改图层样式参数，如图14-303所示。

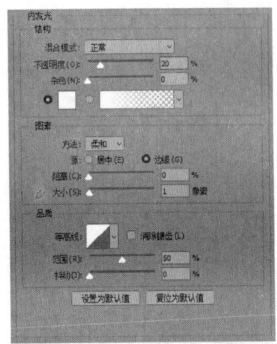 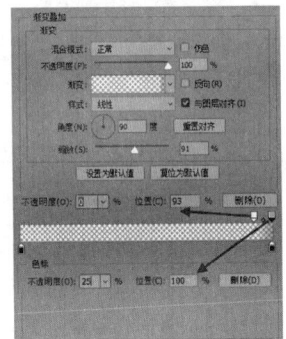

图 14-303 制作阴影区域

步骤 25 在"图层"面板中选择最上面的图层组，单击"创建新组"按钮，新建图层组，并命名为"notepad"。单击工具箱中的"钢笔工具"，设置工具选项栏中的工具模式为"形状"，绘制图14-304所示的形状。

图 14-304 绘制形状

步骤 26 双击该图层，打开"图层样式"对话框，设置"内阴影""渐变叠加""图案叠加"参数，为形状添加图层样式，制作笔记本的卷页效果，如图14-305所示。

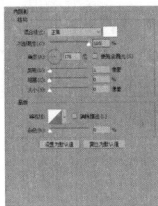 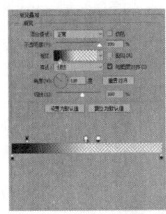 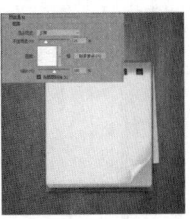

图 14-305 设置图层样式参数制作笔记本卷页效果

步骤 27 同上一步制作笔记本卷页的操作方法，绘制笔记本翻页的效果，如图14-306所示。

步骤 28 选择笔记本卷页形状图层并隐藏翻页图层，单击工具箱中的"钢笔工具"，设置工具模式为"形状"、"填充"颜色为"#2a373b"，在中间镂空的形状上绘制图14-307所示的形状。

步骤 29 按住Alt+Shift组合键的同时拖动形状，水平复制形状，如图14-308所示。

图 14-306 制作笔记本翻页效果　　图 14-307 绘制形状

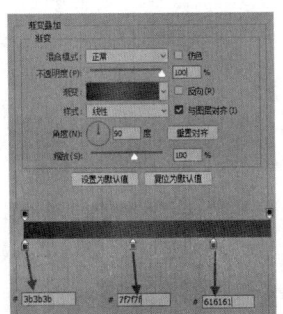

图 14-308 水平复制形状

步骤 30 显示翻页形状图层，并为绘制的形状图层添加"渐变叠加""投影"效果，制作笔记本翻页的底端效果，如图14-309所示。

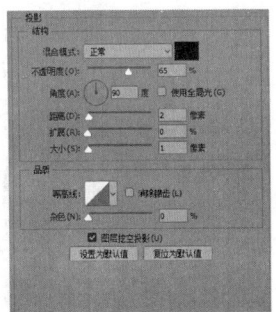

图 14-309 设置图层样式参数，制作笔记本翻页底端效果

图 14-309 设置图层样式参数，制作笔记本翻页底端效果（续）

步骤 31 在"图层"最上方新建图层组。单击工具箱中的"圆角矩形工具" ，设置工作模式为"形状"、"半径"为"5像素"，在笔记本上绘制形状。单击工具箱中的"删除锚点工具" ，删除右边的锚点，如图14-310所示。

步骤 32 单击工具箱中的"转换点工具" ，在右侧两个锚点上单击，将平滑点转换为角点，如图14-311所示。

步骤 33 利用"添加锚点工具"在右侧锚点中间添加锚点，单击"直接选择工具" ，移动锚点位置，单击"转换点工具" ，将平滑点转换为角点，如图14-312所示。

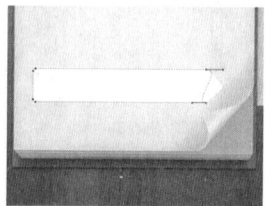

图 14-310 删除锚点

图 14-311 将平滑点转换为角点

图 14-312 添加锚点

步骤 34 双击该图层，打开"图层样式"对话框，为该形状添加"描边""内阴影""内发光""渐变叠加""投影"效果，如图14-313所示。

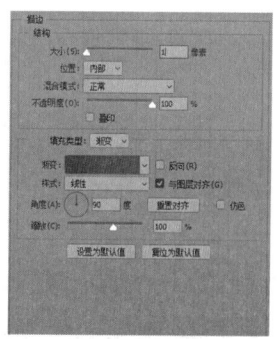

图 14-313 设置图层样式参数

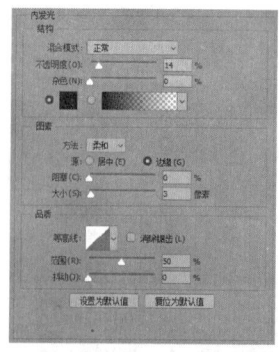

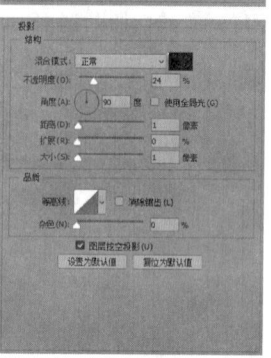

图 14-313 设置图层样式参数（续）

步骤 35 使用同样的方法，绘制其他的形状，如图14-314所示。

步骤 36 单击工具箱中的"横排文字工具" ，设置工具选项栏中的字体为"黑体"、字号为"30点"、文本颜色为白色，在红色的形状上输入文字，并为文字添加"描边"效果，如图14-315所示。

步骤 37 采用上一步的方法，输入其他文字，完成登录界面的制作，如图14-316所示。

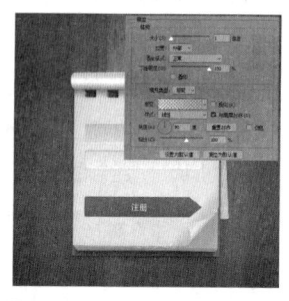

图 14-314 绘制其他形状　　　图 14-315 输入文字

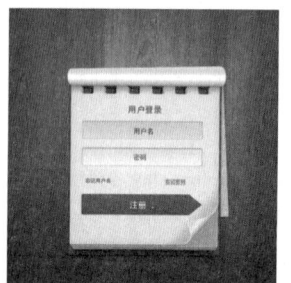

图 14-316 登录界面效果图

14.11 课后习题

14.11.1 简约图标设计

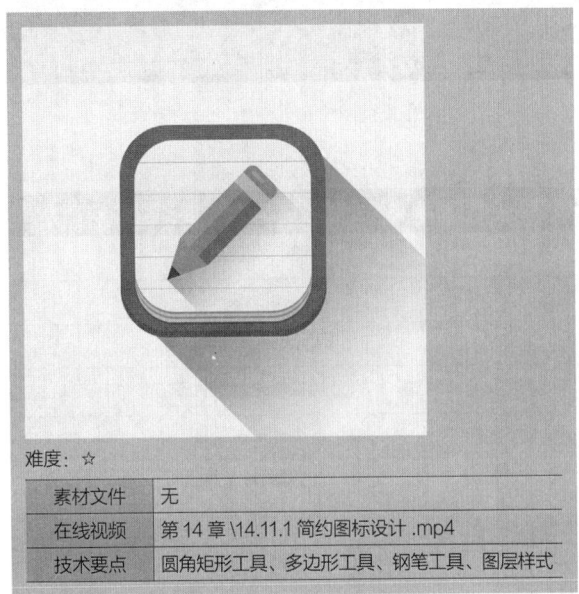

难度：☆

素材文件	无
在线视频	第 14 章 \14.11.1 简约图标设计 .mp4
技术要点	圆角矩形工具、多边形工具、钢笔工具、图层样式

本习题练习制作一个简约风图标。简约的UI设计能够给人舒适的感觉，不需要添加过多的装饰，但是需要精致干净。

在设计过程中首先使用"圆角矩形工具" 制作出边框，再使用图层样式制作翻页效果，最后利用"多边形工具" 和"矩形工具" ，结合"钢笔工具" ，制作铅笔图标，整个图标营造出简约、清新的氛围，最终效果如图14-317所示。

图 14-317 简约图标设计效果图

14.11.2 瓶中的世界

难度：☆

素材文件	第 14 章 \14.11.2
在线视频	第 14 章 \14.11.2 瓶中的世界 .mp4
技术要点	通道抠图、图层蒙版、剪贴蒙版、套索工具

玻璃制品往往给人一种透视感，透过玻璃看事物会有梦幻的感觉。本习题练习合成图像的操作，制作瓶中的梦幻世界。

首先将玻璃瓶载入选区，添加图层蒙版，使用"通道"面板将选取好的小岛和海水拖动到玻璃瓶中，使用"画笔工具" 进行处理，再使用"套索工具" ，结合图层蒙版，将其他素材合成到玻璃瓶中，最终效果如图14-318所示。

图 14-318 瓶中的世界效果图

Photoshop CC 2018快捷键总览

为了方便用户查阅和使用Photoshop CC 208 快捷键进行操作，现将常用的工具、面板和命令等快捷键及其功能列表如下。

1. 工具快捷键

快捷键	功　能	快捷键	功　能
A	路径直接选择工具	N	3D 环绕工具
B	画笔工具组	O	减淡工具组
C	裁剪工具组	P	钢笔 / 自由钢笔工具
D	切换前 / 背景色为默认颜色	Q	切换快速蒙版状态
E	橡皮擦工具组	R	旋转视图工具
F	满屏显示切换	S	仿制图章工具组
G	渐变工具组	T	横排文字工具组
H	抓手工具	U	矩形工具组
I	吸管工具组	V	移动工具组
J	污点修复画笔工具组	W	快速选择工具组
K	3D 旋转工具	X	交换前 / 背景色
L	套索工具组	Y	历史记录画笔工具组
M	矩形选框工具组	Z	缩放工具

2. 面板显示常用快捷键

快捷键	功　能
F1	打开帮助
F2	剪切
F3	复制
F4	粘贴
F5	隐藏 / 显示 "画笔" 面板
F6	隐藏 / 显示 "颜色" 面板
F7	隐藏 / 显示 "图层" 面板
F8	隐藏 / 显示 "信息" 面板
F9	隐藏 / 显示 "动作" 面板
Tab	显示 / 隐藏所有面板
Shift + Tab	显示 / 隐藏工具箱外的面板

3. 选择和移动时所使用的快捷键

快捷键	功　能
任一选择工具 + 空格键 + 拖动	选择时移动选区域的位置
任一选择工具 + Shift + 拖动	在当前选区添加选区
任一选择工具 + Alt + 拖动	从当前选区减去选区

(续表)

快捷键	功 能
任一选择工具 + Shift + Alt + 拖动	交叉当前选区
Shift + 拖动	限制选择为方形或圆形
Alt + 拖动	以某一点为中心开始绘制选区
Ctrl	临时切换至移动工具
Alt + 单击	从 工具临时切换至 工具
Alt + 拖动	从 工具临时切换至 工具
Alt + 拖动	从 工具临时切换至 工具
Alt + 单击	从 工具临时切换至 工具
+ Alt + 拖动选区	移动复制选区图像
任一选择工具 + ←、→、↑、↓	每次移动选区 1 个像素
Ctrl + ←、→、↑、↓	每次移动图层 1 个像素
Shift + 拖动参考线	将参考线紧贴至标尺刻度
Alt + 拖动参考线	将参考线更改为水平或垂直

4. 编辑路径时所使用的快捷键

快捷键	功 能
+ Shift + 单击	选择多个锚点
+ Alt + 单击	选择整个路径
+ Alt + Ctrl + 拖动	复制路径
Ctrl + Alt + Shift + T	重复变换复制路径
Ctrl	从任一钢笔工具切换至
Alt	从 切换至
Alt + Ctrl	指针在锚点或方向点上时从 切换至
任一钢笔工具 + Ctrl + Enter	将路径转换为选区

5. 菜单命令快捷键

菜单	快捷键	功 能
文件菜单	Ctrl + N	打开"新建"对话框,新建一个图像文件
	Ctrl + O	打开"打开"对话框,打开一个或多个图像文件
	Ctrl + Alt +Shift + O	打开"打开为"对话框,以指定格式打开图像文件
	Ctrl+Alt+O	打开 Bridge
	Ctrl + W 或 Alt + F4	关闭当前图像文件
	Ctrl + Alt+W	关闭全部
	Ctrl + Shift +W	关闭并转移到 Bridge
	Ctrl + S	保存当前图像文件
	Ctrl + Shift + O	打开 Bridge 浏览图像文件
	Ctrl + Shift + S	打开"另存为"对话框保存图像文件
	Ctrl + Alt + Shift + S	将图像文件保存为网页
	Ctrl + Shift + P	打开"页面设置"对话框

(续表)

菜单	快捷键	功能
文件菜单	Ctrl + P	打开"打印"对话框，预览和设置打印参数
	Ctrl +Alt+Shift+ P	打印副本
	F12	恢复图像到最近保存的状态
	Alt + F4 或 Ctrl + Q	退出程序
	Ctrl + K	打开"首选项"对话框，设置操作环境
编辑菜单	Ctrl + Z	还原和重做上一次的编辑操作
	Ctrl + Shift + Z	还原前一次操作
	Ctrl + Alt + Z	重做后一次操作
	Ctrl + Shift + F	渐隐
	Ctrl + X	剪切图像
	Ctrl + C	复制图像
	Ctrl + Shift + C	合并复制所有图层中的图像内容
	Ctrl + V 或 F4	粘贴图像
	Ctrl + Shift + V	粘贴图像到选择区域
	Delete	清除选取范围内的图像
	Shift + F5	打开"填充"对话框
	Alt + Delete	用前景色填充图像或选取范围
	Ctrl + Delete	用背景色填充图像或选取范围
	Ctrl + T	自由变换图像
	Ctrl + Shift + T	再次变换
图像菜单	Ctrl + L	打开"色阶"对话框调整图像色调
	Ctrl + Shift + L	执行"自动色调"命令
	Ctrl + Alt + Shift + L	执行"自动对比度"命令
	Ctrl + Shift + B	执行"自动颜色"命令
	Ctrl + M	打开"曲线"对话框，调整图像的色彩和色调
	Ctrl + B	打开"色彩平衡"对话框，调整图像的色彩平衡
	Ctrl + U	打开"色相/饱和度"对话框，调整图像的色相、饱和度和明度
	Ctrl + Shift + U	执行"去色"命令，去除图像的色彩
	Ctrl+Alt+Shift+B	打开"黑白"对话框
	Ctrl + I	执行"反相"命令，将图像颜色反相
	Ctrl+Alt+I	打开"图像大小"对话框
	Ctrl+Alt+C	打开"画布大小"对话框
图层菜单	Ctrl + Shift + N	打开"新建图层"对话框，建立新的图层
	Ctrl + J	将当前图层选取范围内的内容复制到新建的图层，若当前无选区，则复制当前图层
	Ctrl + Shift + J	将当前图层选取范围内的内容剪切到新建的图层
	Ctrl + G	新建图层组
	Ctrl + Shift +G	取消图层编组
	Ctrl+Alt+G	创建/释放剪贴蒙版
	Ctrl + Shift +]	将当前图层移动到最顶层
	Ctrl +]	将当前图层上移一层
	Ctrl + [	将当前图层下移一层
	Ctrl + Shift + [	将当前图层移动到最底层
	Ctrl + E	将当前图层与下一图层合并（或合并链接图层）
	Ctrl + Shift + E	合并所有可见图层

(续表)

菜单	快捷键	功能
选择菜单	Ctrl + A	全选整个图像
	Ctrl + Alt + A	全选所有图层
	Ctrl + D	取消选择
	Ctrl + Alt + R	打开"调整边缘"对话框
	Ctrl + Shift + D	重复上一次范围选取
	Ctrl + Shift + I 或 Shift+F7	反转当前选取范围
	Shift+F6	打开"羽化"对话框,羽化选取范围
视图菜单	Ctrl + Y	校样图像颜色模式
	Ctrl + Shift + Y	色域警告,在图像窗口中以灰色显示不能印刷的颜色
	Ctrl + +	放大图像显示
	Ctrl +-	缩小图像显示
	Ctrl + 0	满画布显示图像
	Ctrl + Alt + 0 或 Ctrl +1	以实际像素显示图像
	Ctrl + H	显示 / 隐藏选区蚂蚁线、参考线、路径、网格和切片
	Ctrl + Shift + H	显示 / 隐藏路径
	Ctrl + R	显示 / 隐藏标尺
	Ctrl +;	显示 / 隐藏参考线
	Ctrl + '	显示 / 隐藏网格
	Ctrl + Alt + ;	锁定参考线
滤镜菜单	Ctrl+Alt+F	执行上一次滤镜
	Alt+Shift+Ctrl+A	自适应广角
	Shift+Ctrl+A	Camera Raw 滤镜
	Shift+Ctrl+R	打开"镜头校正"对话框
	Shift+Ctrl+X	打开"液化"对话框
	Alt+Ctrl+V	打开"消失点"对话框

6. 图像窗口查看快捷键

快捷键	功能
双击工具箱工具或按 Ctrl + 0	满画布显示图像
Ctrl + +	放大视图显示
Ctrl + −	缩小视图显示
Ctrl + Alt + 0	实际像素显示
任意工具 + Space	切换至抓手工具,按住鼠标左键拖动可移动图像窗口中的图像
Ctrl + Tab	切换至下一幅图像
Ctrl + Shift + Tab	切换至上一幅图像
Page Down	图像窗口向下滚动一屏
Page Up	图像窗口向上滚动一屏
Shift + Page Down	图像窗口向下滚动 10 像素
Shift + Page Up	图像窗口向上滚动 10 像素
Home	移动图像窗口至左下角
End	移动图像窗口至右下角

7. "图层"面板常用快捷键

快 捷 键	功 能
Ctrl + Shift +N	新建图层
Alt + Ctrl + G	创建 / 释放剪贴蒙版
Ctrl + E	合并图层
Shift + Ctrl + E	合并可见图层
Alt + [或]	选择下一个或上一个图层
Shift + Alt +]	激活底部或顶部图层
设置图层的不透明度	快速输入数字。例如，5 表示不透明度为 5%，16 表示不透明度为 16%

8. "画笔"面板常用快捷键

快 捷 键	功 能
Alt + 单击画笔	删除画笔
[或]	增大或减小画笔尺寸
Shift + [或]	增大或减小画笔硬度
< 或 >	循环选择画笔

9. 文字编辑快捷键

快 捷 键	功 能
T + Ctrl + Shift + L	将段落左对齐
T + Ctrl + Shift + C	将段落居中
T + Ctrl + Shift + R	将段落右对齐
Ctrl + A	选择所有字符
Shift + 单击	选择插入光标至单击处之间的所有字符
Ctrl + Shift + < 或 >	将所选文字字号减小 / 增大 2 点
Ctrl + Alt + Shift + < 或 >	将所选文字字号减小 / 增大 10 点
Alt + ← 或 →	减小 / 增大当前插入鼠标指针位置的字符间距

10. 绘图快捷键

快 捷 键	功 能
任一绘图工具 + Alt	临时切换至吸管工具
Shift +	切换至取样工具
+ Alt + 单击	删除取样点
+ Alt + 单击	选择颜色至背景色
Alt + Backspace (Delete)	填充前景色
Ctrl + Backspace (Delete)	填充背景色
/	打开 / 关闭 "保留透明区域" 选项，相当于 "图层" 面板按钮
绘画工具 + Shift + 单击	连接点与直线
+ Alt + 拖移鼠标指针	抹到历史记录